“十二五”普通高等教育本科国家级规划教材

机械设计基础

Jixie Sheji Jichu

第四版

西北工业大学　西安石油大学
西安理工大学　西安工业大学　合编

李育锡　苏　华　主编

高等教育出版社·北京

内容提要

本书是“十二五”普通高等教育本科国家级规划教材，是在第三版的基础上，参照教育部新制订的高等学校非机械类及近机械类专业机械设计基础课程教学基本要求修订而成的。

全书分为四部分：第一部分介绍机械零件的常用材料、结构工艺性以及工作能力计算的理论基础；第二部分介绍各种常用传动机构的设计基础、机构运动简图的绘制方法和平面机构自由度的计算；第三部分介绍各种通用机械零件的设计基础；第四部分介绍机械的平衡和调速，并简单介绍机械传动系统设计。各章均附有一定数量的思考题和练习题。为便于学生完成作业，书后附有部分零件的有关标准。

本书可作为普通高等学校非机械类、近机械类专业的教材，也可供其他有关专业的师生及工程技术人员参考。

图书在版编目(CIP)数据

机械设计基础 / 李育锡，苏华主编；西北工业大学等编. --4版. --北京：高等教育出版社，2018.5（2023.2重印）
ISBN 978-7-04-049572-0

Ⅰ.①机… Ⅱ.①李…②苏…③西… Ⅲ.①机械设计-高等学校-教材 Ⅳ.①TH122

中国版本图书馆CIP数据核字(2018)第060189号

策划编辑	宋 晓	责任编辑	宋 晓	封面设计	张 志	版式设计	王艳红
插图绘制	于 博	责任校对	窦丽娜	责任印制	刁 毅		

出版发行	高等教育出版社	网 址	http://www.hep.edu.cn
社 址	北京市西城区德外大街4号		http://www.hep.com.cn
邮政编码	100120	网上订购	http://www.hepmall.com.cn
印 刷	肥城新华印刷有限公司		http://www.hepmall.com
开 本	787mm×1092mm 1/16		http://www.hepmall.cn
印 张	19.25	版 次	1999年11月第1版
字 数	470千字		2018年5月第4版
购书热线	010-58581118	印 次	2023年2月第5次印刷
咨询电话	400-810-0598	定 价	35.00元

物 料 号 49572-00

第四版前言

本书是在总结第三版使用经验的基础上，根据目前教学改革的实际需要，结合机械工程的新发展修编而成的。

本书的风格、体系和章节顺序与第三版基本相同，部分章节在内容上作了一些增补和删减，并更正或改进了原书在文字、插图、计算中的某些疏漏和印刷中的错误，进一步提高了质量。与第三版相比，本书在内容上有增有减，并对书中的部分国家标准作了更新，对几个章节的内容作了改写，增加了与实际工程以及日常生活相关的习题和思考题。总的篇幅有少量变化，以适应教学的需要。

在本书的编写过程中，编者参照目前高等学校非机械类和近机械类专业机械设计基础课程教学基本要求，从如何有利于教学这一基本目标出发，删繁求简，着重讲清有关机械设计的基本概念、基本理论和基本方法，强调整体概念，简化理论论证和设计计算，适当扩大知识面，增强与工程实际的联系，力求全书简明易懂、好教好学和更具启迪性。

本书第一版于1999年出版，由西北工业大学陈作模、李继庆、李育锡，西安石油学院王鸿飞、吴伟，西安理工大学熊绮华、任欣堂，西安工业学院张君安、高嵩、马保吉编写，由李继庆、陈作模任主编。本书第二版于2006年出版；第三版为普通高等教育“十一五”国家级规划教材；第四版为“十二五”普通高等教育本科国家级规划教材。

参加第四版编写工作的有西北工业大学李育锡、苏华、李洲洋，西安石油大学吴伟、秦彦斌，西安理工大学穆安乐、王慧武，西安工业大学朱育权、王丽君，并由李育锡、苏华任主编。

本书承西北工业大学陈作模教授细心审阅，提出了很多宝贵的意见，在此表示衷心感谢。

由于编者水平所限，不当及漏误之处在所难免，敬请广大读者给予批评指正。

编　者

2017年12月

目　录

绪　论

在进入本课程学习以前，首先需要了解一些基本概念及术语，如零件、构件、机构、机器和机械等，然后才能具体地讨论本课程所研究的对象和内容，从而进一步明确学习本课程的目的及学习中应注意的事项。

为使读者对机械设计有一个总体轮廓的概括认识，这里对机械设计的基本要求和一般过程也作了简略的介绍。

§0-1　本课程研究的对象和内容

一、几个术语

1）零件　任何机器都是由许多零件组成的。若将一部机器拆卸，拆到不可再拆的最小单元就是零件。从制造工艺角度来看，零件是加工的最小单元。

2）构件　一个构件通常是由若干零件组成的。如内燃机中的连杆，其结构如图 0-1 所示，它由连杆体 1、连杆头 2、轴套 3、轴瓦 4、螺栓 5 和螺母 6 等零件组成。这些零件刚性地连接在一起组成一个刚性系统，机器运动时作为一个整体来运动。所以，构件是一个由若干零件组成的刚性系统，是运动的最小单元①。当然也有的构件仅由一个零件组成。

3）机构　机构是由若干构件组成的一个人为的构件组合体。机构的功用在于传递运动或改变运动的形式。如图 0-2 所示的凸轮机构，能将凸轮 1 的连续回转运动转变为推杆（锤头）2 的往复直线运动；图 0-3 所示的连杆机构，能将构件 1 的回转运动转变为构件 3 的往复摆动；图 0-4 所示的齿轮机构，则是通过一对相互啮合的齿轮，将轴 1 的回转运动传递给轴 2。组成机构的各构件之间的相对运动是有规律的（是一个变量或多个变量的函数）。

4）机器　机器是由若干机构组成的。机器的类型虽然很多，但组成机器的常用机构的类型并不多，如常见的机床、起重机、缝纫机、内燃机等机器，都是由连杆机构、齿轮机构、凸轮机构、传动带等常用机构组合而成的。机器可用来变换或传递能量、物料和信息。如电动机或发电机用来变换能量，加工机械用来变换物料的状态，起重运输机械用来传递物料，计算机则用来变换信息等。

5）机械　一般常将机器和机构总称为机械。

---

① 在机器中除上述的刚性构件外，还有由带、链、绳索等组成的柔性构件，以及在液压和气动传动中的液体构件和气体构件。不过一般所谓的构件多指刚性构件。

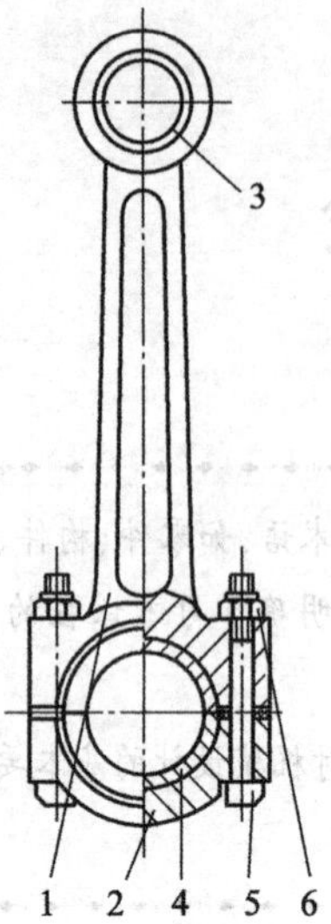

图 0-1　连杆

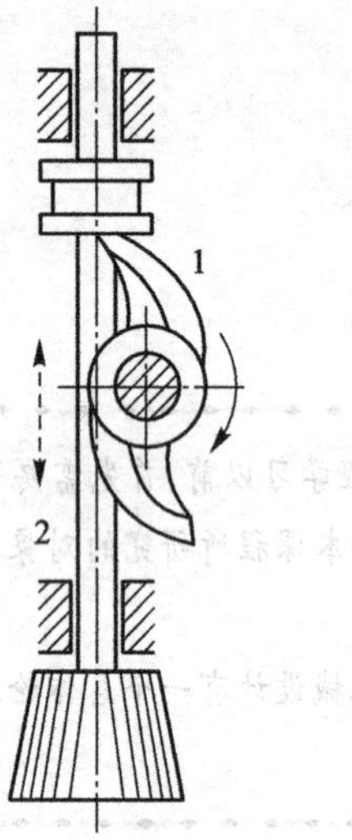

图 0-2　凸轮机构

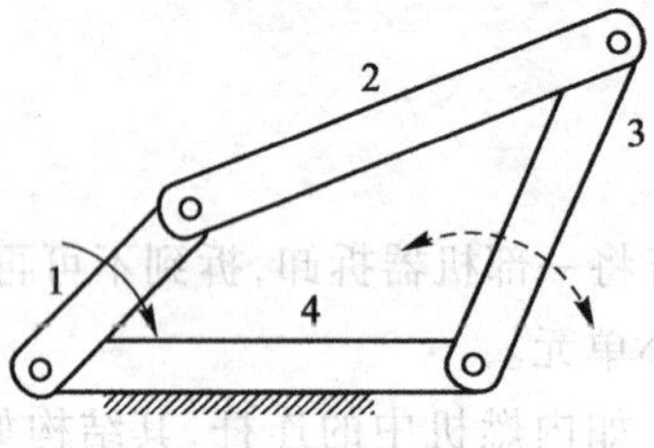

图 0-3　连杆机构

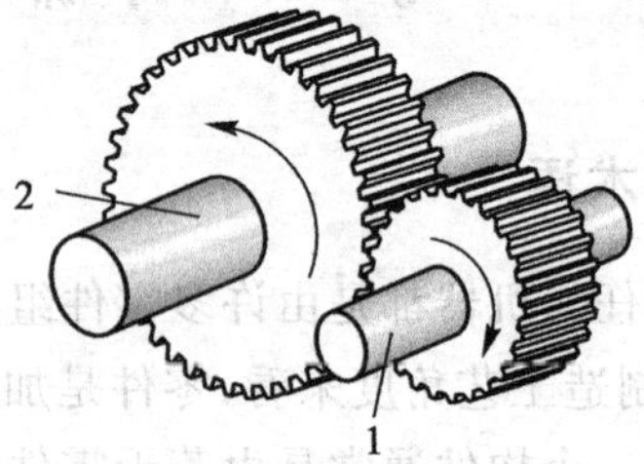

图 0-4　齿轮机构

二、本课程研究的对象和内容

机械设计基础是一门研究机械传动及其设计中的一些基础知识的课程，其研究内容主要有以下几个方面：

1. 机械零件的常用材料及结构强度

主要介绍机械零件常用材料及其选用原则，零件受力及变形的基本形式及其强度计算。

2. 常用传动机构设计

1）机构的组成原理　研究构件组成机构的原理以及各构件间具有确定运动的条件。

2）常用机构的分析和设计　对常用机构的运动和工作特点进行分析，并根据一定的运动要求和工作条件来设计机构。

3. 通用机械零件设计

根据使用范围的不同，机械零件可分为两类：一类为广泛用于各种机械的通用零件，如螺钉、键、销、轴、轴承、弹簧、齿轮等；另一类则是只用在某些机械中的专用零件，如风扇的叶片、洗衣机的波轮等。本书只研究通用零件的设计和选用问题，包括零件工作能力设计和结构设计，以及标准零、部件的选用等问题。

4. 有关机械总体设计中的一些问题

有关机械总体设计中的一些问题包括机械的平衡和调速，机械设计的基本要求和一般步骤，工作循环图等。

§0-2 机械设计的基本要求和一般过程

一、机械设计的基本要求

所设计的机械一般应满足如下要求：

1）使用要求 所设计的机械应在规定的寿命期限内能正常完成预期的使用功能。这是最主要的要求。

2）经济要求 所设计的机械设备应在设计、制造和使用的全过程中都有低的成本。为此应采用恰当的设计方法，缩短设计周期；选用适当的原材料，减小设备的尺寸、质量；注意零件的制造和装配工艺性；减少设备在运行中的各种消耗，提高劳动生产率，降低维修管理费用等。

3）社会要求 操作方便，使操作者感到安全舒适；有大方宜人的外形和色彩，具有市场竞争力；符合国家环境保护等有关法令。

二、机械设计的一般过程

根据设计任务轻重的不同，设计过程的繁简程度显然不会一样，但大致要经过如表 0-1 所示的几个阶段。

表 0-1 机械设计的一般过程

阶段	内容	应完成的工作
计划	1. 根据市场需要，或受用户委托，或由上级下达，提出设计任务。 2. 进行可行性研究，重大的问题应召开有各方面专家参加的评审论证会。 3. 编制设计任务书	1. 提出可行性报告。 2. 提出设计任务书。任务书应尽可能详细具体，它是以后设计、评审、验收的依据。 3. 签订技术经济合同
方案设计	1. 根据设计任务书，通过调查研究和必要的试验分析，提出若干个可行方案。 2. 经过分析对比、评价、决策，确定最佳方案	提出最佳方案的原理图和机构运动简图
技术设计	1. 绘制总装配图和部件装配图。 2. 绘制零件工作图。 3. 绘制电路系统图、润滑系统图等。 4. 编制各种技术文件	1. 提出整个设备的标注齐全的全套图样。 2. 提出设计计算说明书、使用维护说明书、外购件明细表等
试制试验	通过试制、试验发现问题，加以改进	1. 提出试制、试验报告。 2. 提出改进措施

续表

阶　段	内　容	应完成的工作
投产以后	设备投产以后，并非设备设计工作的终结，要根据用户的意见、使用中发现的问题，以及市场的变化，作相应改进和更新设计	收集问题，发现问题，改进设计

机械设计工作是一项创造性劳动，在设计之初许多问题和矛盾尚未暴露，因而上述设计过程一般说不会是一帆风顺的，也不会一次就能依次进行到底，而是不断出现反复和交叉，这是在设计中经常遇到的正常现象。

§0-3　学习本课程的目的及学习中应注意的事项

几千年前，人们就学会了使用机械。今天，成千上万种机械正在各个领域中为人们的生产、工作和生活服务，随着办公机械和家用机械的兴起，机械和人类的关系越来越密切。如今，科技的进步也推动着机械工业的迅猛发展。机械在各个行业中都有着重要的作用，它既是各个行业的装备部，又是许多产品的重要组成部分。为了完成国家的现代化建设，发展生产和改善人民生活，应力求在一切能够使用机械操作的地方尽快地使用机械操作。这就需要创造更多的新机械，革新现有机械，充分利用各种机械设备。所以，作为一名高校学生，无论如何都应具备一定的机械设计基础知识。

为了学好本课程，在学习中应注意以下几个问题。

1）应注意本课程的性质和特点　本课程是建立在物理、数学、理论力学、机械制图等课程之上的一门技术基础课。它不是专业课，不专门研究某一种机械，而是研究组成一般机械的常用机构、通用零件和在机械设计中一些常遇到的基本共性问题。通过对本课程的学习要综合应用以前所学的各有关知识（理论知识和实践知识）去着手解决工程实际中的具体问题，因此本课程的实践性很强。要学好本课程，必须注意理论联系实际，平时多留意观察、分析所遇到的各种机械，以丰富自己的感性知识，并用所学的理论知识去分析它，以加深理解。

2）要学会综合考虑问题　因为任何实际问题都是多侧面的综合问题，任何一方面考虑不到，都会给设计带来缺陷。因此，本课程涉及面广、头绪多是其特点之一。从表面看，本课程似乎系统性不强，较难掌握，其实它是紧紧围绕如何设计好一台机械设备这根主线来阐述各方面问题的。因此，在学习中既要抓住课程重点，又不忽视细节问题。这样，随着学习的深入，读者对本课程规律性的认识自会逐步加深。

3）要有工程观点　所谓工程观点，就是要讲究经济、实用、高效。一个实际工程问题，一般都可通过多种途径，用不同的方法获得解决，至于最终采用哪种途径，用什么方法，这就要求设计人员具有分析、比较、判断、决策的能力。在学习时着重培养自己这方面的能力是十分重要的。

4）应抓住重点　本课程的术语、符号、公式较多，这是本课程的又一特点，必须给以足够的注意。术语是工程界的通用语言，必须正确理解它的含义。对大多数公式（除少数基本公式外）来说都不需要强记，只要能正确理解和使用即可。为此必须了解公式的适用场合，公式中各符号的意义，所使用的单位及各参数的合理选用范围。因此，在学习时应把注意力集中在掌握设计观点和设计方法上，应着重理解而不是强记，要勤思考、多实践。

思　考　题

0-1　构件和零件有何不同？

0-2　机器和机构的异同点各是什么？

0-3　机械设计的基本要求有哪些？什么是最主要的？

0-4　机械设计的一般过程如何？为什么说机械设计一般不会一帆风顺地一次就能依次完成全部设计？

第一部分

机械零件材料及结构强度基础

第一章　机械零件的常用材料和结构工艺性

本章首先介绍机械零件常用的材料、钢的热处理，以及如何正确选用机械零件的材料；然后介绍零件的结构工艺性，以便于零件的加工、装配和改善零件的工作条件等；最后介绍零件的标准化问题。

§1-1　机械零件的常用材料及其选用

一、机械零件的常用材料

制造机械零件的材料目前用得最多的是金属材料，其又分为钢铁材料和非铁合金（如铜、铝及其合金等）；其次是非金属材料（如工程塑料、橡胶、玻璃、皮革、纸板、木材及纤维制品等）和复合材料（如纤维增强塑料、金属陶瓷等）。

随着科学技术的飞速发展，材料工业日新月异，新材料不断涌现，材料的品种和规格也不断增多。但目前在机械工业中用来制作机械零件的基础材料仍然是金属材料。下面对其作一简略介绍。

1. 钢

钢是一种碳质量分数低于2%的铁碳合金。它有高的强度、塑性和韧性，可用锻造、辗轧、冲压、焊接、铸造等方法来获得零件的毛坯，应用极广。

按照用途的不同，钢可分为结构钢（用于制造各种机械零件和工程结构的构件）、工具钢（用于制造刀具、量具和模具等）和特殊钢（如不锈钢、耐热钢、耐酸钢等，用于一些特殊场合）。根据化学成分的不同，钢可分为非合金钢（又称碳钢）、低合金钢和合金钢。以下着重介绍结构钢。

1）普通碳素结构钢　普通碳素结构钢的牌号及性能如表1-1[①]所示。

普通碳素结构钢的牌号用该种材料当其厚度（或直径）≤16 mm时的屈服强度值前面加Q（“屈”字汉语拼音的首字母）来表示，如Q235。

普通碳素结构钢在冶炼时主要控制其力学性能，而对钢的化学成分的控制则较松。为了表示这种钢的等级（控制其杂质成分的松严程度不同），可再在上述牌号后加注A、B、C、D字样，如Q235A。A等级的杂质成分控制最松，D等级控制最严。

2）优质碳素结构钢　优质碳素结构钢的牌号和性能如表1-2所示。

钢的牌号用两位数字表示，用以表明该种钢的平均碳质量分数为万分之几（如30钢表示其

---

① 目前金属材料室温拉伸试验方法的标准为GB/T 228.1—2010，由于目前原有的金属材料力学性能数据是采用旧标准测定和标注的，所以原有旧标准GB/T 228—1987仍然沿用，本教材为叙述方便采用旧标准。

平均碳质量分数约为万分之三十）。碳质量分数低于0.25%的钢为低碳钢，其强度和硬度低，但塑性和焊接性能好，适合于用冲压、焊接等方法成形。碳质量分数在0.25%～0.6%之间的钢为中碳钢，有好的综合力学性能，应用最广。碳质量分数高于0.6%的钢为高碳钢，常用作弹性或易磨损零件。

表1-1 普通碳素结构钢（摘自GB/T 700—2006）

牌号	力学性能（不小于）			用途
	抗拉强度 σ_b /MPa*	屈服强度 σ_s /MPa**	伸长率 δ /%***	
Q195	315～430	195	33	冲压件、焊接件及受载小的机械零件，如垫圈、开口销、铆钉、地脚螺栓等
Q215 Q235	335～450 375～500	215 235	31 26	焊接件、金属结构件及螺栓、螺母、铆钉、销轴、连杆、支座等受载不大的机械零件
Q275	410～540	275	22	金属结构件及螺栓、螺母、垫圈、楔、键、转轴、心轴、链轮、吊钩、连杆等受力较大的机械零件

* 物体内部单位截面面积上所承受的内力称为应力，单位为MPa（1 MPa = 1 N/mm^2）。拉伸试验时，试样拉断前所承受的最大标称应力，称为材料的抗拉强度（或抗拉强度极限）（详见本书第二章）。

** 在拉伸试验过程中，当拉伸力不再增加（保持恒定），而试样仍在继续伸长（变形）时的应力，称为材料的屈服强度（或屈服极限）（详见本书第二章）。

*** 在拉伸试验中，直至试样拉断，画在试样上两标线间标距的伸长量与原标距的比的百分数称为材料的伸长率，用 δ% 表示。

表1-2 优质碳素结构钢（摘自GB/T 699—2015）

牌号	力学性能（不小于）			用途
	抗拉强度 σ_b /MPa	屈服强度 σ_s /MPa	伸长率 δ /%	
10 20	335 410	205 245	31 25	冷冲压件、连接件及渗碳零件，如心轴、套筒、螺栓、螺母、吊钩、摩擦片、离合器盘等
30 45	490 600	295 355	21 16	调质零件，如齿轮、套筒、连杆、轴类零件及连接件等
60 70	675 715	400 420	12 9	弹簧、弹性垫圈、凸轮及易磨损零件

3）合金结构钢　在碳素结构钢中添加合金元素后的钢为合金结构钢。添加合金元素的目的在于改善钢的力学性能、工艺性能及物理性能等。常用的合金元素有锰（Mn）、硅（Si）、铬（Cr）、镍（Ni）、钼（Mo）、钨（W）、钒（V）、钛（Ti）、硼（B）等。

合金结构钢的种类很多，在表1-3中列出了其中几种作为示例。合金结构钢的牌号用数字和合金元素符号表示。例如20Mn2，其最左两位数字表示其碳平均质量分数约为万分之二十，

Mn2 表示锰平均质量分数约为 2%。当合金元素的平均质量分数低于 1.5%时，仅用元素符号表示，如 20Cr。对于含硫、磷杂质较少的高级优质钢，在其牌号后加注“A”来表示，如 50CrVA。

表 1-3 合金结构钢(摘自 GB/T 3077—2015)

牌号	力学性能(不小于)			用途
	抗拉强度 σ_b /MPa	屈服强度 σ_s /MPa	伸长率 δ /%	
20Cr	835	540	10	用于要求心部强度较高，承受磨损，尺寸较大的渗碳零件
20Mn2	785	590	10	可代替 20Cr 钢制造齿轮、轴等渗碳零件
40Cr	980	785	9	用于较重要的调质零件，如连杆、重要齿轮、曲轴等
35SiMn	885	735	15	可代替 40Cr 钢制造齿轮、轴类零件
20CrMnMo	1180	885	10	用于硬度高、韧性好的零件，如传动齿轮和曲轴等
50CrVA	1 280	1 130	10	大截面高强度弹簧

结构钢零件的尺寸较大、形状复杂、要求较高时，可用铸造方法获得毛坯。一般工程用铸造碳钢如表 1-4 所示。铸钢的牌号由“铸钢”二字的汉语拼音字首和材料的屈服强度与抗拉强度所组成。

表 1-4 一般工程用铸造碳钢(摘自 GB/T 11352—2009)

牌号	力学性能(不小于)			用途
	抗拉强度 σ_b /MPa	屈服强度 σ_s 或 $\sigma_{0.2}^{*}$ /MPa	伸长率 δ /%	
ZG230-450	450	230	22	机座、机盖、箱体等。焊接性良好
ZG270-500	500	270	18	飞轮、机架、蒸汽锤、联轴器、水压机工作缸，焊接性尚好
ZG310-570	570	310	15	联轴器、气缸、齿轮、重载荷机架等
ZG340-640	640	340	10	起重运输机中的齿轮、联轴器等重要零件

* 对于无明显屈服现象的材料，以试样在拉伸过程中永久变形为原长的 0.2%时的应力作为材料的屈服强度，用 $\sigma_{0.2}$ 表示。

2. 铸铁

碳质量分数高于 2%的铁碳合金为铸铁。其性脆，不适于锻压和焊接，但其熔点较低，流动性好，可以铸造形状复杂的大小铸件。常用的铸铁有灰铸铁、球墨铸铁、可锻铸铁和合金铸铁等。灰铸铁应用最多，其性能如表 1-5 所示。其牌号由“灰铁”二字汉语拼音字首和材料的最小抗拉强度值(采用 $\phi30$ mm 试样)所组成。

表 1-5　灰铸铁(摘自 GB/T 9439—2010)

牌　号	力学性能		用　途
	抗拉强度 σ_b /MPa	抗压强度 σ_c /MPa	
HT200	200	720	气缸、齿轮、机床、飞轮、齿条、衬筒、一般机床铸有导轨的床身、液压筒、泵的壳体等
HT250	250	840	阀壳、油缸、气缸、联轴器、机体、齿轮、齿轮箱外壳、飞轮、凸轮、轴承座等
HT300	300	960	齿轮、凸轮、车床卡盘、压力机的床身、导板、增压液压筒、泵的壳体等

3. 有色金属

有色金属及其合金种类繁多,由于其各具有某些特殊的性能,所以在一些特殊的场合获得应用,尤以铜、铝及其合金在机械工业中应用广泛。

1) 铜及铜合金　纯铜由于其力学性能很低,故在机械工业中的应用并不多,一般采用的是铜合金。铜合金有一定的强度和硬度,导电性、导热性、减摩耐磨性和耐蚀性良好,是制造电工器件和耐磨蚀零件的重要材料。

常用的铜合金有黄铜和青铜之分,黄铜为锌质量分数较高(≥15%)的铜锌合金;青铜又分为锡青铜(铜与锡的合金)和无锡青铜(铜与铅、铝、镍、锰、硅、铍等的合金)。铜合金可以铸造,也可以压力加工(以板、棒、管形式供应)。表 1-6 列出了部分铜合金。

表 1-6　铜　合　金

牌　号*	力学性能		材料状态	用　途
	抗拉强度 σ_b /MPa	伸长率 δ /%		
ZCuSn10P1 (10-1 锡青铜)	220 310	3 2	砂　模 金属模	受冲击载荷的耐磨件,如齿轮、蜗轮、轴瓦、衬套、丝杆螺母等
ZCuAl10Fe3 (10-3 铝青铜)	490 540	13 15	砂　模 金属模	重要的轴承、轴套、轮缘及大型铸件等
H62 (62 黄铜)	370	18	棒　材	螺母、垫圈、铆钉、弹簧等

* 在牌号前带"Z"字母的材料为铸造用。ZCuSn10P1 和 ZCuAl10Fe3 摘自 GB/T 1176—2013,H62 摘自 GB/T 4423—2007。

2) 铝及铝合金　铝及铝合金是应用最广的轻金属,纯铝有良好的塑性、耐蚀性、导电性、导热性和焊接性,但强度、硬度较低。在铝中加入合金元素硅、铜、镁、锰、锌等,可以获得重量轻、强度高的零件。

铝合金分为铸造铝合金和形变铝合金两类,后者又包含防锈铝、锻铝、硬铝及超硬铝等类。表 1-7 列出了部分铝合金的性能。

表 1-7 铝 合 金

牌 号*	力学性能		材料状态（棒材）	用 途
	抗拉强度 σ_b /MPa	伸长率 δ /%		
2A11（LY11，硬铝）	370	12	淬火，自然时效	中等强度零件及焊接件，如螺栓、铆钉、接头、骨架等
7A04（LC4，超硬铝）	530	6	淬火，人工时效	高强度零件、大梁、框架等
ZAlSi7Mg（ZL101 铸铝硅合金）	225	1	淬火，人工时效	中等强度、形状复杂的零件，如支架、壳体、发动机附件等

* 2A11 和 7A04 摘自 GB/T 3191—2010，ZAlSi7Mg 摘自 GB/T 1173—2013。

4. 工程塑料

工程塑料是在工程中用来作结构或传动件材料的塑料，它有较高的强度，质量小，绝缘性、减摩耐磨性、耐蚀性、耐热性好等。一般说来，其成形工艺性好，生产率高，故发展很快，产量逐年剧增，应用范围日益扩大，越来越受到工程界的重视。但由于目前其力学性能与钢铁材料相比尚有较大的差距，因而应用也受到一定的限制。在表 1-8 中示例性地列出了几种工程塑料的性能。

表 1-8 工 程 塑 料

名 称	力学性能		用 途
	抗拉强度 σ_b /MPa	伸长率 δ /%	
尼龙 66	46~81.3	60~200	适用于中等载荷、温度≤100~120 ℃、无润滑或少润滑条件下工作的耐磨受力传动零件
聚四氟乙烯（PTFE，F-4）	13.7~24.5	250~350	主要用作耐化学腐蚀、耐高温的密封元件，也用作输送腐蚀介质的高温管道、耐腐蚀衬里、容器以及轴承、导轨、无油润滑活塞环、密封圈等
酚醛塑料（PF）	24.5		常用的为层压酚醛塑料和粉末状压制塑料，有板材、管材及棒料等。可用作轴承、轴瓦、带轮、齿轮、制动装置和离合装置的零件、摩擦轮及电气绝缘零件等

二、钢的热处理简介

钢的热处理是将钢在固态下进行不同温度的加热、保温和冷却的工艺方法（图 1-1），促使其内部组织结构发生变化，从而达到提高零件的力学性能和改善其工艺性能的目的。正因为钢的热处理是在不改变所选用金属材料牌号的前提下，使之得以强化，能充分发挥材料的内部潜力，故是节约材料、提高机械产品质量、降低成本的一种重要手段。钢的常用热处理方法有退火、正火、淬火、回火、调质及化学热处理等。

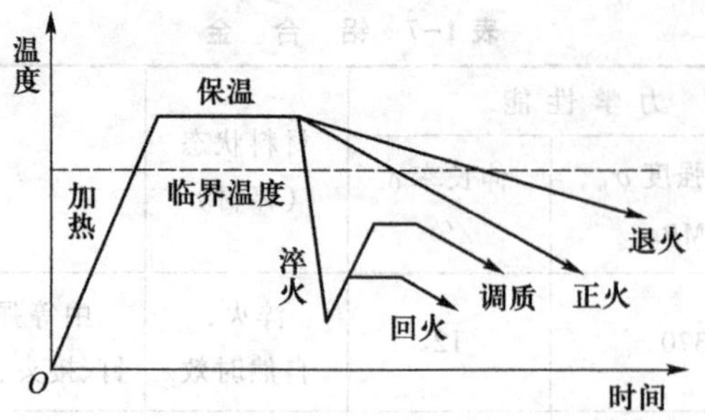

图 1-1　钢的热处理

1. 退火、正火

把钢加热到临界温度(在钢的固态范围内,引起钢内部组织结构发生变化的温度)以上,然后随炉缓冷的过程称为退火。其目的是降低材料的硬度,提高塑性,细化结晶组织结构,改善切削加工性能,消除铸、锻件及焊接件等由于冷热变形所引起的内应力。

正火和退火的工艺过程相似,所不同的是正火是在空气中冷却,冷却速度较快,因而可以获得较细的结晶组织结构,改善材料的综合力学性能,得到较高的强度和硬度。

2. 淬火、回火、调质

把钢加热到临界温度以上,保温一定时间,然后使之在水或油中迅速冷却的过程称淬火。由于材料内部组织结构的变化,其硬度提高,增强了材料的耐磨性;但材料的脆性也增加,塑性、韧性降低,并在材料内部形成较大的淬火应力,会导致零件的变形或开裂。为了消除淬火应力,提高材料的塑性和韧性,淬火后零件需经回火处理。回火是把淬火后的零件再次加热到一定温度(低于临界温度),保温一定时间,然后在空气中冷却。根据要求的不同,可以采用不同的回火温度,回火温度愈高,材料的硬度和强度下降愈多,而塑性和韧性则显著提高。

低温回火(150~250 ℃),主要用来降低材料的脆性和淬火应力,并能保持高的硬度,适用于要求高硬度的耐磨零件,如刀具、模具等。

中温回火(350~500 ℃),目的在于在保持一定韧性的条件下,提高材料的弹性和屈服强度,主要用于各种弹簧和承受冲击的零件。

高温回火(500~650 ℃),淬火加高温回火的工艺过程,称为调质。调质处理可以提高和改善材料的综合力学性能。所以一些重要的受力零件,特别是一些在变应力下工作的零件,如连杆、齿轮和轴等,常采用调质处理。

对于一些要求表面有高硬度以增加其耐磨性,而心部有高韧性以提高其抗冲击能力的零件,可以采用表面淬火工艺,如火焰表面淬火、高频表面淬火等。

3. 化学热处理

化学热处理是把零件放入化学介质(如碳、氮等)中加热、保温,使介质元素渗入零件表层中,使其化学成分改变,从而使表层的组织性能变化。常用的化学热处理方法有:

1) 渗碳　常用于低碳钢或低碳合金钢,渗碳使零件表层碳的质量分数增高,然后通过淬火,使表面的硬度和耐磨性提高,而心部仍保持良好的塑性和韧性,使零件既耐磨又抗冲击。

2) 渗氮(氮化)　渗氮是在零件表面形成一层高硬度的氮化层,以提高零件表面的耐磨性和抗疲劳强度。渗氮温度较低,零件变形小,但渗氮层较薄,不能承受大的压力和冲击。

3）碳氮共渗（氰化）　碳氮共渗工艺是在碳氮共渗后淬火加低温回火，其渗层的硬度和耐磨性比渗碳层高。由于碳氮共渗温度比渗碳温度低，故零件变形小。碳氮共渗常用于低碳钢或中碳钢。

三、选用材料的基本原则

在机械设计中，零件材料选用是否合理，将直接影响机械的使用性能、工作可靠性和经济性。因此，合理地选用材料是一项十分重要的工作，在选用材料时，应注意以下几方面的要求。

1. 使用方面的要求

所选用材料首先应满足零件工作上的需要，故在选用材料时应考虑：

1）零件所受载荷的大小和性质，以及应力状态（大小、性质、分布情况）　例如：以承受拉伸为主的零件，通常选用钢材，而不宜用抗拉强度很差的铸铁；以受压为主的零件可考虑选用铸铁，以发挥铸铁抗压强度比抗拉强度高得多的优点；当零件承受冲击载荷时，应选韧性较好的材料。

2）零件的工作条件　例如零件的工作环境温度高时应选高温力学性能较好的材料，零件与有腐蚀性的介质接触时应选耐蚀材料，零件间有较大的相对滑动速度时应选用减摩耐磨材料，等等。

3）零件的尺寸及重量限制　如在飞机制造中，为了减轻零件的重量，常采用轻合金和具有高强度的合金钢或复合材料。

4）零件的重要程度　对于重要的零件，为保证设备和人身安全，常选综合力学性能较好的材料。

5）其他特殊要求　如导电性、抗磁性等。

上述各点不应孤立地单独考虑，而应综合考虑。例如，并不是所有受力较大的零件都要采用高强度的材料，若对零件的尺寸和重量没有严格限制，就可以采用强度较低而资源丰富、价格低廉的材料。应该指出，为了满足一些较高的使用要求，并不一定非采用价格昂贵的高性能金属不可，而应尽可能适当地采用各种热处理、表面涂镀、局部镶嵌、表面强化（喷丸、滚压）等办法，来满足各种特殊使用要求。

2. 工艺方面的要求

所选材料要保证零件能很方便地制造出来，即应与零件结构和复杂程度、尺寸大小和毛坯的制造方法相适应。例如，外形复杂、尺寸较大的零件，若考虑用铸造毛坯，则应选用适合铸造的材料；若考虑用焊接毛坯，则应选用焊接性能较好的材料，例如碳质量分数大于0.5%的钢难以焊接；尺寸小、外形简单、批量大的零件适于冲压或模锻，所选材料的塑性应较好。

零件材料的选用和零件的结构设计是互相影响的，在选用材料时要考虑零件的结构形状，而在作零件的结构设计时又应考虑零件所选用的材料及毛坯的制造方法。

3. 经济方面的要求

所选材料应保证零件能最经济地制造出来，这不仅要考虑原材料价格的高低，而且还应考虑整个零件制造成本的高低。例如铸铁虽然比钢材的价格低，但对一些单件生产的尺寸较大的机座，采用型材焊接往往比用铸铁铸造快而成本低，因为铸造时需要制作价格贵而费时的木模。

由于焊接技术的发展，使有可能用较小而简单的锻件和型材焊成大而复杂的毛坯，这样既可降低产品成本，缩短制造周期，还可提高产品质量。

在设计中应注意不用或少用我国较为稀缺的原材料（如铜、镍等），积极采用代用材料，推广采用我国富有的新钢种（如低合金钢）。注意市场和本单位的材料供应情况，尽可能就地取材，同时还应减少同一设备中材料的品种、规格、数量，以免给供应和生产造成困难。

总之，在选用材料时，应结合零件的使用情况、各种材料的性能和毛坯的制造方法等因素予以综合考虑，分清主次，以满足主要要求，协调次要要求。在选用材料时，还应注意本单位对材料使用的有关规定及经验，参照已成功使用着的同类机器中各零件材料的应用情况，这些都将有助于对零件材料的选取。

§1-2 机械零件的结构工艺性

机械零件的结构设计是整个机械设计工作中重要的一环。零件的结构设计就是要确定零件各部分的形状、尺寸、配合要求和制造精度等。零件结构设计的好坏，影响零件的制造和装配是否容易，使用维护和检修是否方便，以及成本的高低。好的结构设计是保证零件有良好工艺性的前提。良好的工艺性是指：能以最低的成本和最少的劳动量将零件制造出来，并便于装配、维修和更换。在作零件的结构设计时，应注意如下事项。

1. 要便于零件毛坯的制造

零件的结构形状和零件毛坯的制造是互相影响的。零件结构的复杂程度和尺寸大小往往决定了毛坯的制造方法，而毛坯的制造方法又反过来影响着零件的结构设计。

零件毛坯有铸件、锻件、轧制件、冲压件和焊接件等。毛坯结构设计应注意的事项，举例说明如表 1-9 所示。

表 1-9　毛坯结构设计中的一些注意事项

注意事项	不好的设计	改进后的设计
	铸造	
铸件上的壁厚不宜过薄（不得小于铸造材料和工艺水平所允许的最小壁厚，否则会产生浇注不足）或过厚（会引起缩孔），各部分壁厚应均匀。为了增大零件的强度和刚度，可适当设置加强筋	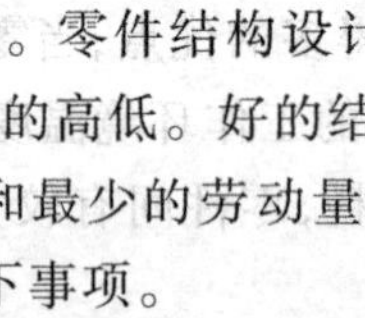 (a)	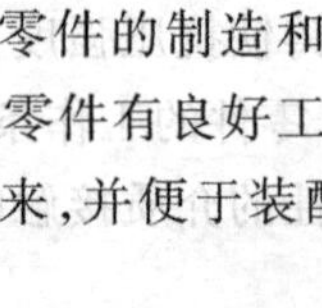 (b)
为了便于制型和减小应力集中，铸件在两个面的交界处都应作出圆角。不同壁厚的交界处，当壁厚相差超过一倍时，应作出过渡斜度，以减小应力集中和避免缩孔、裂缝	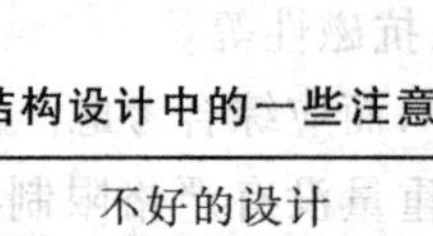 (c)	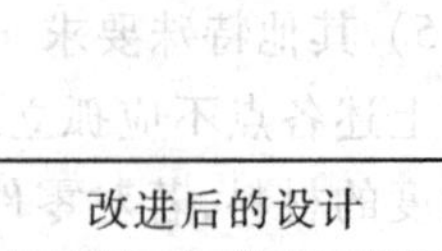 (d)

续表

注意事项	不好的设计	改进后的设计
	铸　　造	
铸件在顺着起模方向应设有铸造斜度，以利起模。同时，为了简化造型工艺，铸件上应避免出现内凹的形状	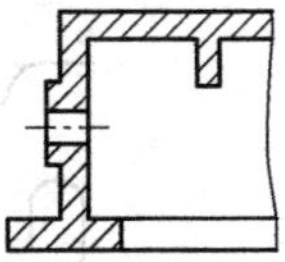 (e)	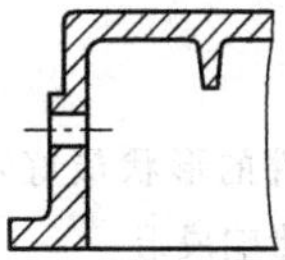 (f)
	锻造（自由锻）	
自由锻件毛坯，外形应尽可能简单，一般不允许有加强筋	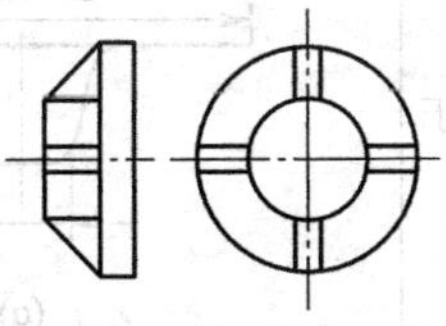 (g)	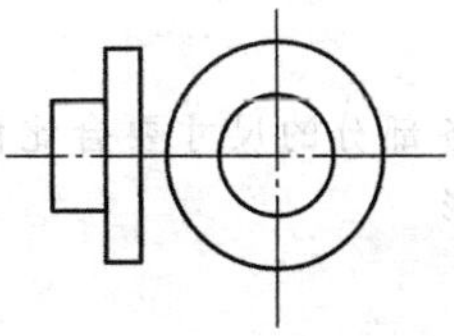 (h)
锻件外形应平直、对称，避免采用锥形、楔形	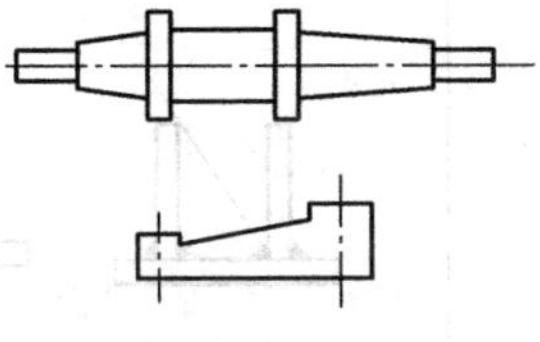 (i)	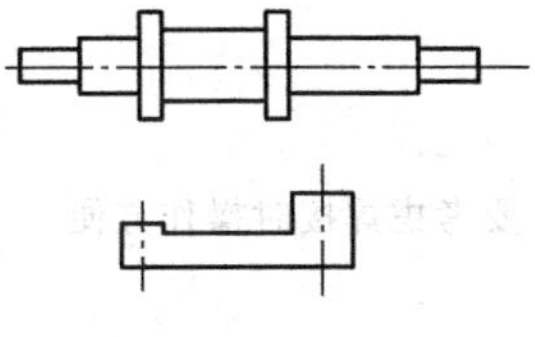 (j)
不允许在叉形件内部设置凸台	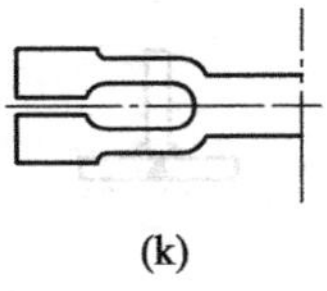 (k)	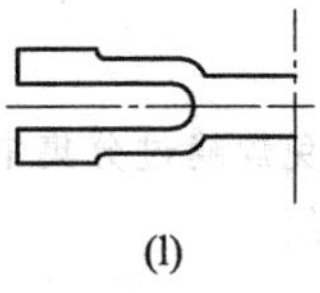 (l)
	冲　　压	
冲裁件轮廓应倒圆，以提高模具寿命	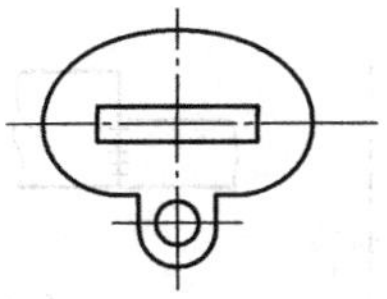 (m)	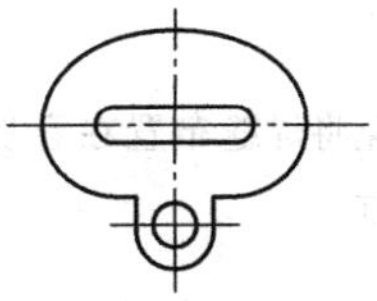 (n)

续表

注 意 事 项	不好的设计	改进后的设计
	冲　压	
弯曲件的形状最好对称，以免冲压力不对称影响成形	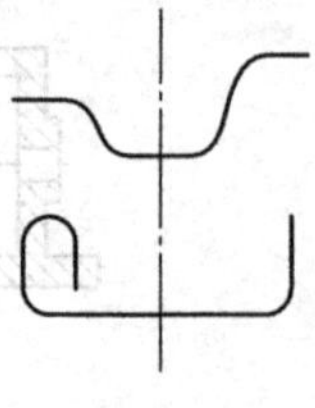 (o)	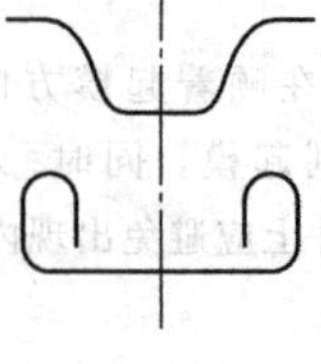 (p)
各部分的尺寸要合比例，否则难于成形	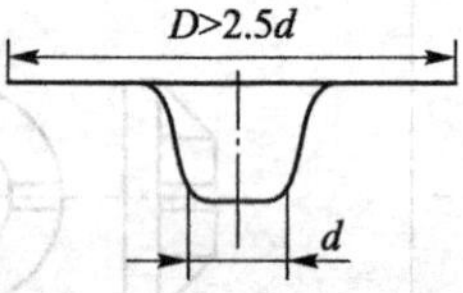 (q)	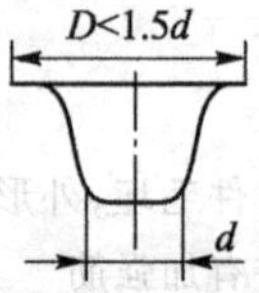 (r)
	焊　接	
要考虑焊接时操作方便	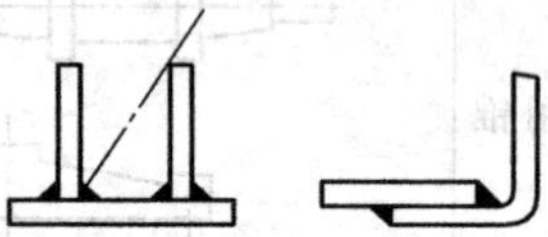 (s)	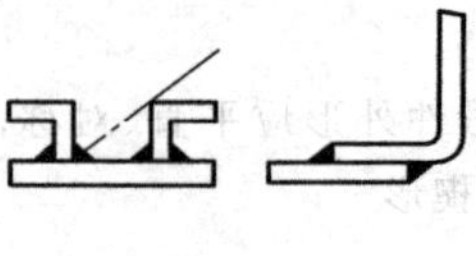 (t)
应避免焊缝过分集中，以减小变形和防止裂纹	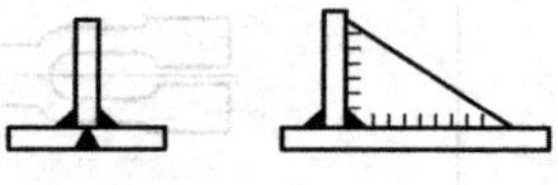 (u)	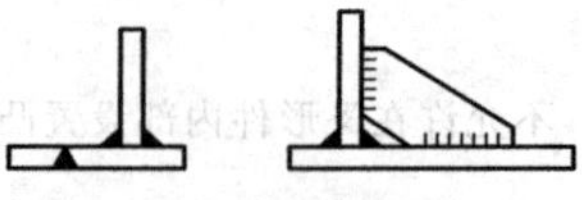 (v)
避免将焊缝布置在容易形成应力集中的地方	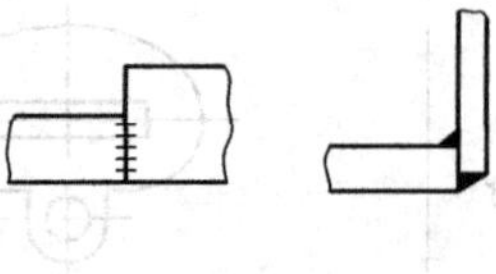 (w)	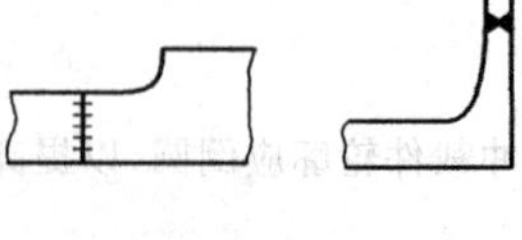 (x)

2. 要便于零件的机械加工

机械加工是获得零件精确形状、尺寸和表面质量的主要方法。常用的机械加工方法有车、铣、刨、磨、镗、钻、铰等。加工方法不同，对零件结构工艺性要求也不同。现将其中的一些注意事项举例列于表 1-10 中。

3. 要便于零件的装卸和可靠定位

在作零件的结构设计时，还应考虑装配工艺性问题，即零件要能装得上和卸得下，装卸要方便。零件在安装时要能得到可靠而准确的定位，表 1-11 中对其中几点举例做了说明。

表 1-10　考虑机械加工工艺性零件结构设计中的一些注意事项

注 意 事 项	不好的设计	改进后的设计
被加工面的尺寸和数量应尽可能减少	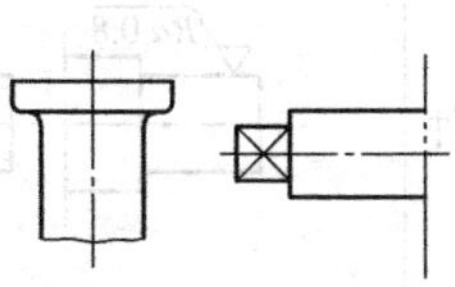 (a)	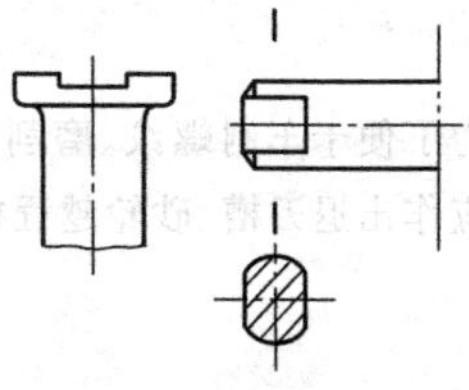 (b)
被加工面应力求布置在同一平面上，加工面和不加工面应明显分开	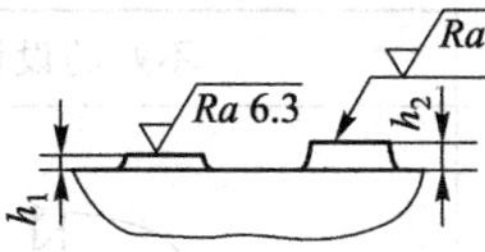 (c)	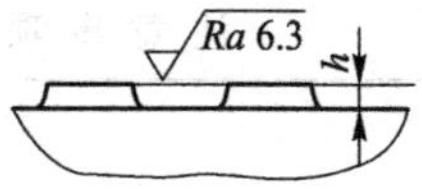 (d)
在可能的情况下，统一同一零件上的切槽、圆角、键槽等尺寸，以简化加工	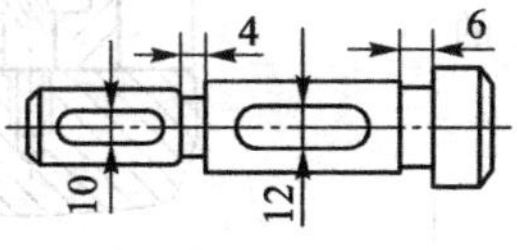 (e)	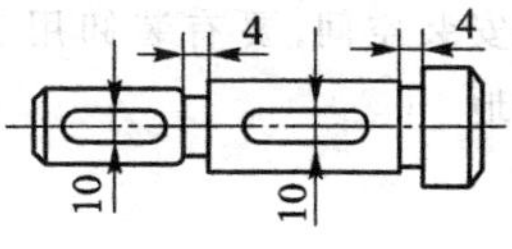 (f)
不通孔的孔底若无特殊需要应设计成与钻头锥顶角（120°）相同的圆锥面，以便加工，避免采用特殊刀具	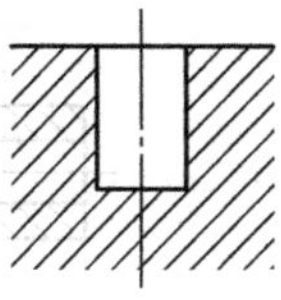 (g)	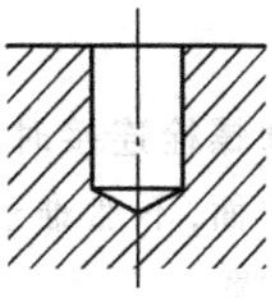 (h)
在斜面或曲面上钻孔时，应制出平面，以免钻头受力不均，使孔偏斜或折断钻头	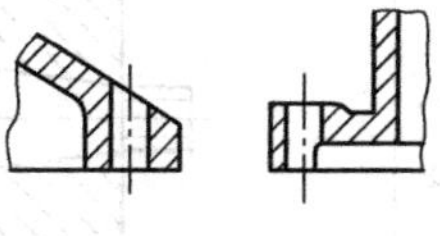 (i)	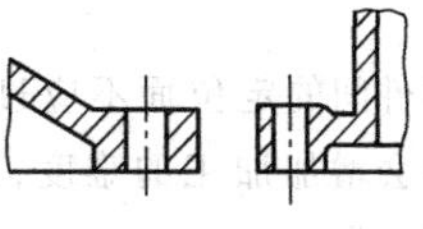 (j)

续表

注 意 事 项	不好的设计	改进后的设计
零件结构要便于加工，保证有足够的加工空间，使刀具能顺利到达工位	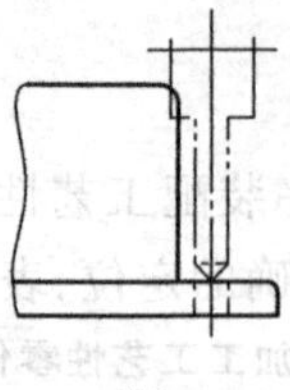 (k)	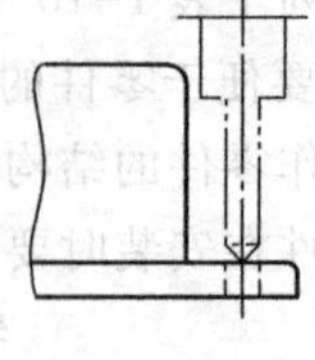 (l)
为了便于车制螺纹、磨削加工等，零件上应作出退刀槽、砂轮越程槽等	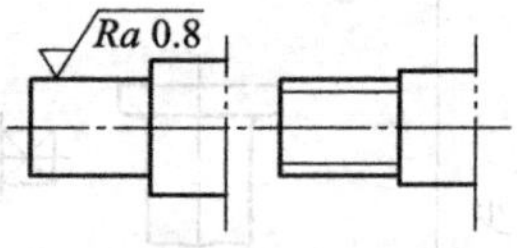 (m)	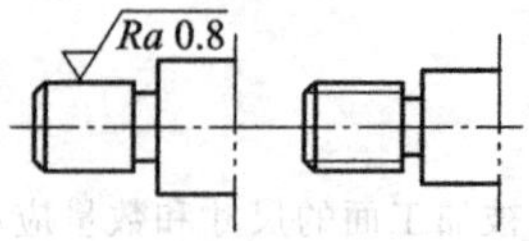 (n)

表 1-11　零件结构设计有关装配工艺性的一些注意事项

注 意 事 项	不好的设计	改进后的设计
零件要能装得上和卸得下，要有足够的安装空间，要有装卸用工具活动的余地	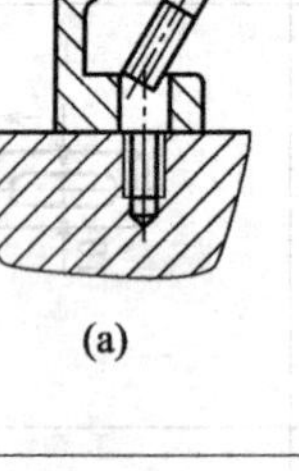 (a)	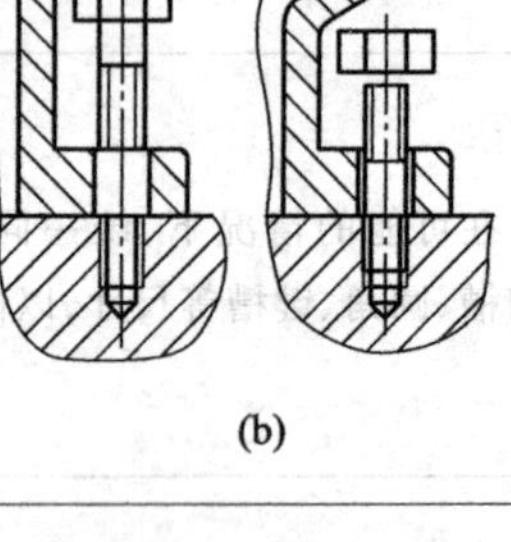 (b)
用普通螺栓连接时，零件安装要有可靠的定位面，不然难于准确确定零件间的相互位置	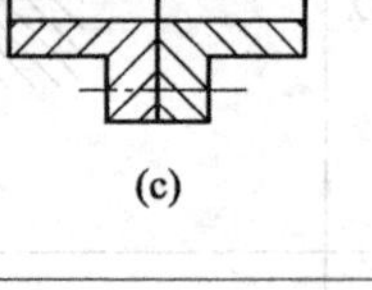 (c)	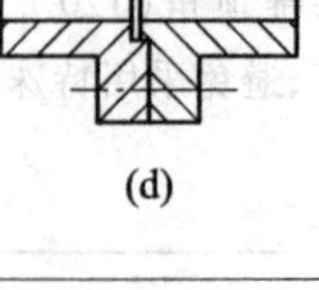 (d)
零件间的定位面不应过多（过定位），不然会增加加工的难度，甚至反会使定位不可靠	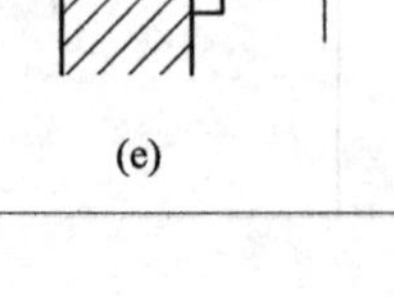 (e)	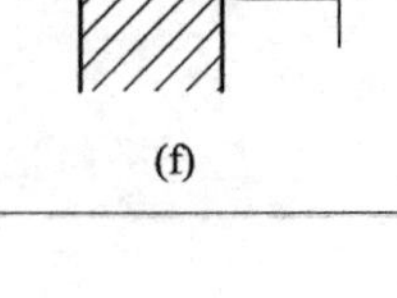 (f)

续表

注 意 事 项	不好的设计	改进后的设计
用于定位的销孔，尽可能钻穿，以便销子容易取出，也便于加工时铁屑的排出	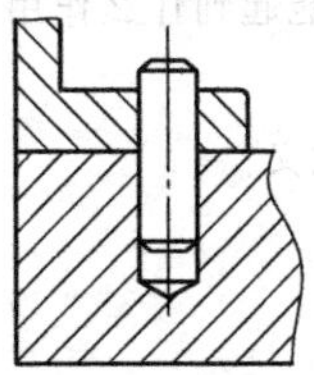 (g)	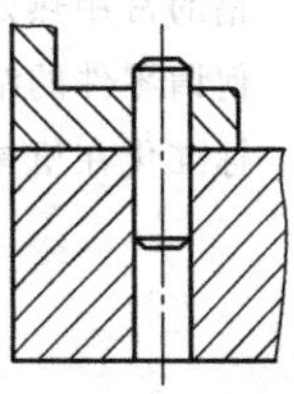 (h)

§1-3 机械设计中的标准化

为了有利于保证产品质量，减轻设计工作量，便于零部件的互换和组织专业化的大生产，以降低生产成本。国家和各部委等制定了一系列的标准，分别称为国家标准（GB）、行业标准（如机械行业标准——JB，黑色冶金行业标准——YB）和专业标准。

在机械设计中常用到很多通用零部件，由于其应用面广、量大，绝大多数已标准化，称之为标准件（如螺钉、螺母、销钉、联轴器、滚动轴承等），并由专门化的工厂生产。因其生产批量大、成本低、质量有保证，同时，在设计中主要是选用，简化了设计工作，缩短了设计时间，加快了设计进程，故在设计中应尽可能选用标准件，并遵守一系列的标准规定。一般说，标准是整个国家、部门或企业长期理论研究和实践工作经验的总结，具有先进性、规范性和实用性，故遵照标准可避免或减少由于个人设计经验不足而出现的偏差。

近年来，我国为了便于加强对国家标准的管理和监督执行，将国家标准分为两大类。

一类为强制性国家标准，其代号为 GB ××××（标准序号）—××××（批准年代），如 GB 10409—2001（防盗保险柜），GB 15578—2008（电阻焊机的安全要求）。强制性国家标准只占整个国家标准中的极少数，但必须严格遵照执行，否则就是违法。

另一类为推荐性国家标准，其代号为 GB/T ××××—××××，如 GB/T 12368—1990（锥齿轮模数）。这类标准占整个国标中的绝大多数。如无特殊理由和特殊需要，必须遵守这些国家标准，以期取得事半功倍的效果。

要注意，因国家标准的这种分类方法从 1993 年起才开始执行，故许多 1993 年前颁布的国家标准应由 GB 改为 GB/T。

此外，尚有一部分国家标准为准备降为行业标准而尚未转化的原国家标准，其代号为 GB/ * ××××—××××，如 GB/ * 11368—1989（齿轮传动装置清洁度）。

思 考 题

1-1 机械零件常用的材料有哪些？零件选材时应考虑哪些主要要求？

1-2 试说明下列材料牌号的意义：

Q235,45,40Cr,65Mn,ZG230-450,HT200,ZCuSn10P1。

1-3 钢与铸铁是如何区分的？

1-4 当零件的工作条件苛刻时，是否一定要选用价格昂贵的好材料？

1-5 钢的常用热处理方法有哪些，各能起到什么作用？

1-6 何谓零件的结构工艺性？

1-7 标准化在机械设计中有何重要意义？

第二章 机械零件工作能力计算的理论基础

本章对机械零件工作能力计算中的一些共性基础理论问题集中作了概略性介绍,主要包括机械零件的变形基本形式、金属材料的力学性能、机械零件强度对其工作能力的影响以及相应的设计准则。机械零件的强度是本章学习的重点。

§2-1 机械零件的工作能力及其变形的基本形式

一、机械零件的工作能力

机械零件这一术语通常是指组成机器的最小单元,而把为完成同一工作任务在结构上组合在一起,并协同工作的零件的组合体称为部件。

机械运转时,机械零件丧失工作能力或达不到设计要求性能的情况称为失效。失效并不意味着简单意义上的破坏。常见的失效形式有:因强度不足而断裂,过大的弹性变形或塑性变形,摩擦表面的过度磨损、打滑或过热,连接松动;容器、管道等的泄漏,运动精度达不到设计要求等。同一种零件可能发生几种不同形式的失效。

机械零件不发生失效的安全工作限度称为工作能力。影响机械零件工作能力的主要因素有载荷、变形、速度、温度、压力、零件的形状、加工质量等。同一种零件对应于不同的失效形式有不同的工作能力。对于载荷而言,工作能力又称为承载能力。在确定机械零件的承载能力时,主要考虑以下两个方面。

1. 机械零件的强度

所谓强度是指零件在外载荷作用下抵抗断裂破坏或过大塑性变形(外载荷去掉后不能恢复的变形)的能力。零件发生断裂或发生塑性变形,势必影响其正常工作。

2. 机械零件的刚度

所谓刚度是指零件在外载荷作用下抵抗过大弹性变形(外载荷去掉后可以恢复的变形)的能力。虽然这类变形可以恢复,但对于某些零件来说,弹性变形超过了某一允许的限度同样可能导致机械不能正常工作。如图 2-1 所示,车床在加工工件时,若其主轴弹性变形过大,则难以保证被加工工件的精度(如图所示,工件的圆柱面被加工成了圆锥面),同时车床主轴轴承还会发生偏磨,影响其使用寿命。

综上所述,具有足够的强度和刚度是设计零件时必须满足的最基本、最主要的要求。在进行具体零件设计时,可能有所侧重,即有些零件以强度为主,而另一些零件则以刚度为主。另外,在设计某些零件时还需要考虑耐磨性、稳定性、可靠性、温度等方面对工作能力影响的问题。

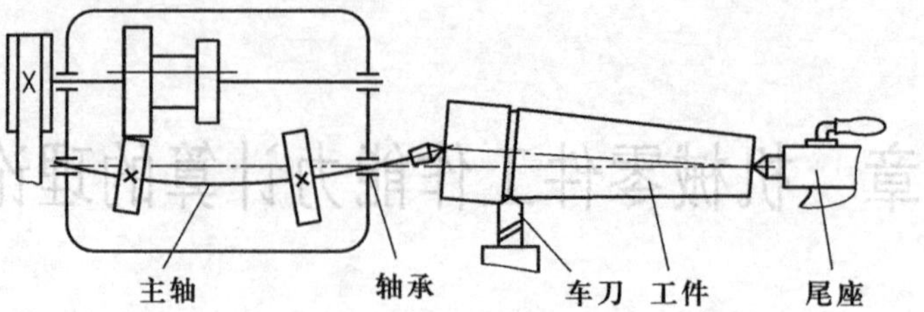

图 2-1　在车床上车削工件

二、机械零件变形的基本形式

各种机械零件在不同的载荷作用下可能产生不同形式的变形,但最基本的形式有拉压、剪切、扭转、弯曲四种。图 2-2 中列举了这四种基本变形的实例。图 2-2a 所示为一液压传动机构,其中活塞杆在油压和工作阻力作用下受拉;图 2-2b 所示为一螺旋千斤顶,其中螺杆在举升重物的重力作用下受压。上述两零件受力后分别将沿其轴线方向产生拉伸变形和压缩变形。图

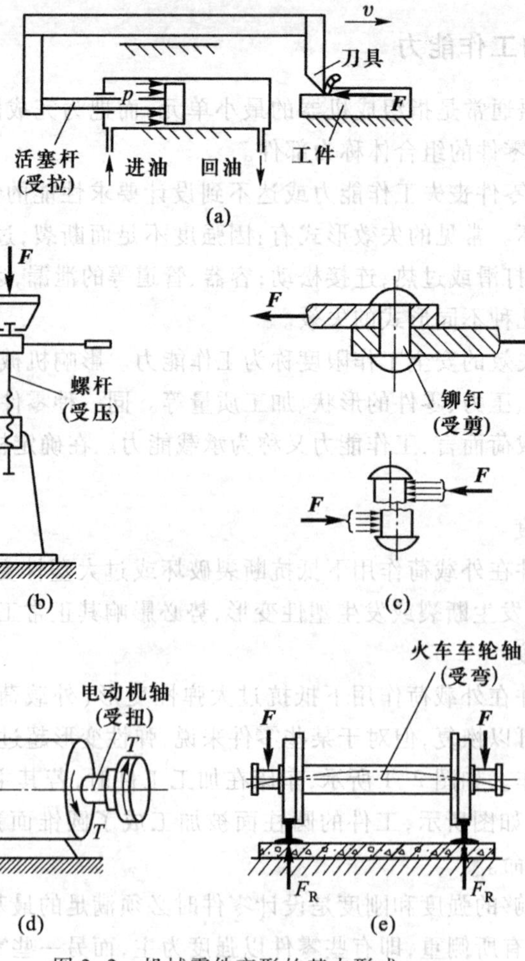

图 2-2　机械零件变形的基本形式

2-2c 所示为一传递横向载荷的铆钉连接，铆钉受力后沿其横截面方向将发生错动，即产生剪切变形。图 2-2d 所示为一电动机，电动机运转时电动机轴在与其轴线垂直的平面内受到一力偶矩 T 的作用，使得轴的横截面绕其轴线产生相对转动，即产生扭转变形。图 2-2e 所示为一火车车轮轴，车轮轴在垂直于轴线的载荷作用下，其轴线将发生弯曲，即产生弯曲变形。另外，某些机械零件在载荷作用下可能同时出现几种基本变形，这类变形称为组合变形。本章主要讨论四种基本变形的强度问题。

§2-2 轴的拉伸和压缩

在工程中经常会遇到承受拉伸或压缩载荷的零件。图 2-3a 所示为一起重滑轮中的松连接螺栓，其中螺栓杆受沿其轴线方向的拉伸载荷 F 作用。若将其简化，可得如图 2-3b 所示的力学模型，该杆在力 F 作用下将沿轴线方向产生拉伸变形。同理，当一直杆受沿其轴线方向的压缩载荷作用时，将产生压缩变形。为了确定其强度条件，首先要进行内力与应力分析。

一、横截面上的内力与应力

在轴向拉、压外力作用下，零件将产生拉伸或压缩变形。为了抵抗这种变形，零件内部各质点间将产生相应的相互作用力，这种由外力引起的零件内部质点间的相互作用力称为内力。内力由外力引起，随外力的增大而增大，当增大到某一极限值时，零件将发生破坏。

为了显示内力，对于图 2-3b 所示在外力作用下处于平衡状态的受拉直杆，可假想沿 $n—n$ 截面把杆切开，将其分为Ⅰ、Ⅱ两段，并取Ⅰ段分析，如图 2-3c 所示。这时在 $n—n$ 截面上一定存在一个Ⅱ段对Ⅰ段的作用力，这一作用力就是 $n—n$ 截面上的内力。内力连续分布于整个截面上。若用 F_A 表示该截面上内力系之合力，则 F_A 必与 F 共线，即均沿该杆的轴线，故亦称为轴力。列出力平衡方程 $\sum F_x=0$，可得

$$F_A=F$$

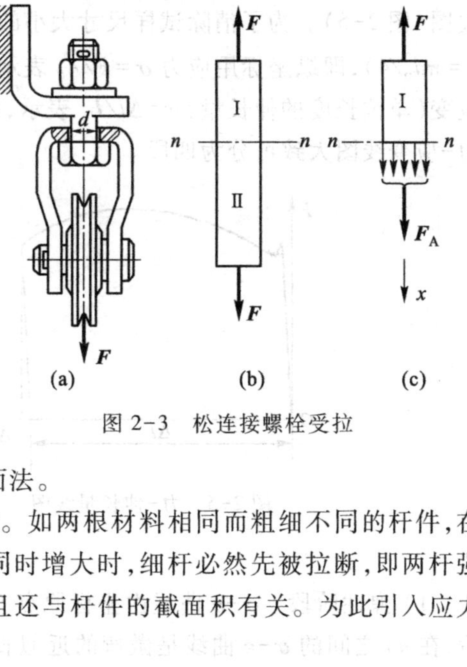

图 2-3　松连接螺栓受拉

拉伸时轴力指出截面，规定为正；压缩时轴力指向截面，规定为负。这种分析求解内力的方法称为截面法。

只根据轴力并不能判断杆件是否具有足够的强度。如两根材料相同而粗细不同的杆件，在相同拉力作用下，两杆轴力显然是相同的。但当拉力同时增大时，细杆必然先被拉断，即两杆强度不同。这说明杆件的强度不仅与轴力大小有关，而且还与杆件的截面积有关。为此引入应力的概念。

应力为截面上单位面积的内力。对于受拉（压）的等截面直杆，内力在横截面上是均匀分布的，其横截面上的应力为拉（压）应力。若用 σ 表示横截面上的应力，则

$$\sigma=\frac{F_A}{A} \tag{2-1}$$

式中：A 为横截面的面积（mm^2）；F_A 为内力（N）；σ 的单位为 MPa。

应力 σ 与内力 F_A 同向，且垂直于横截面，这种垂直于横截面的应力称为正应力。σ 的正负号与 F_A 相同，即拉伸应力为正，压缩应力为负。应力的单位是 Pa，$1\ Pa = 1\ N/m^2$，常用单位是 MPa，$1\ MPa = 10^6\ Pa = 1\ N/mm^2$。

通过式（2-1）可以计算出受力零件的拉（压）应力，但仅知道零件的应力尚不能判断此零件是否有足够的强度，为此还必须知道零件材料的力学性能。

二、金属材料的力学性能

材料的力学性能是指材料在外力作用下，在变形与破坏方面表现出的种种性能。这些性能必须通过试验才能获得。下面讨论在常温、静载下材料的力学性能。

1. 低碳钢拉伸时的力学性能

碳质量分数小于 0.25% 的钢称为低碳钢。低碳钢是机械工程中最常用的钢材之一，它所表现出的力学性能比较全面，也比较典型。

按 GB/T 228.1—2010 的规定，将低碳钢制成如图 2-4 所示的标准试件，在室温下把试样装入拉伸试验机的夹头中，缓慢加载，并记录下拉力 F 与对应标距 L_0 的伸长量 Δl 之间的关系，若以纵坐标表示拉力 F，横坐标表示伸长量 Δl，便可得到力-伸长量线图（图 2-5）。为了消除试样尺寸大小的影响，可将力 F 除以试件受拉前的原始横截面面积 A_0（$=\pi d_0^2/4$），即纵坐标用应力 $\sigma = F/A_0$ 表示，而将伸长量 Δl 除以试件的原始标距 L_0，即横坐标用应变（单位长度的伸长量）$\varepsilon = \Delta l/L_0$ 表示，即可得应力-应变（σ-ε）线图（图 2-6）。低碳钢的应力-应变线图大致可分为四段。

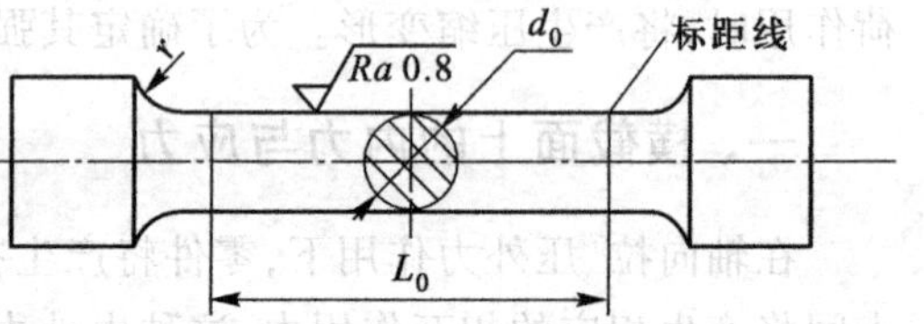

图 2-4　拉伸试样

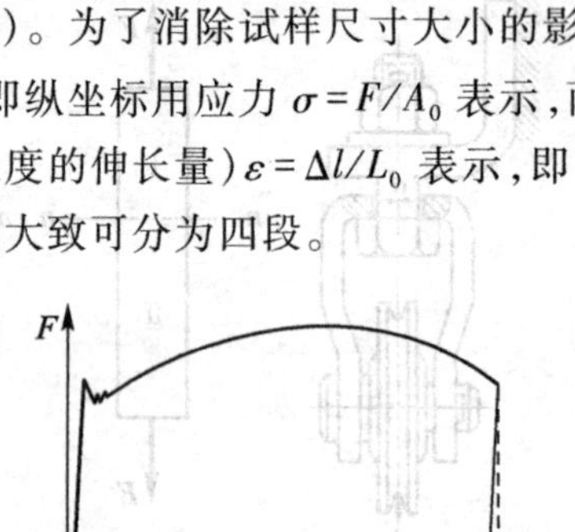

图 2-5　力-伸长量线图

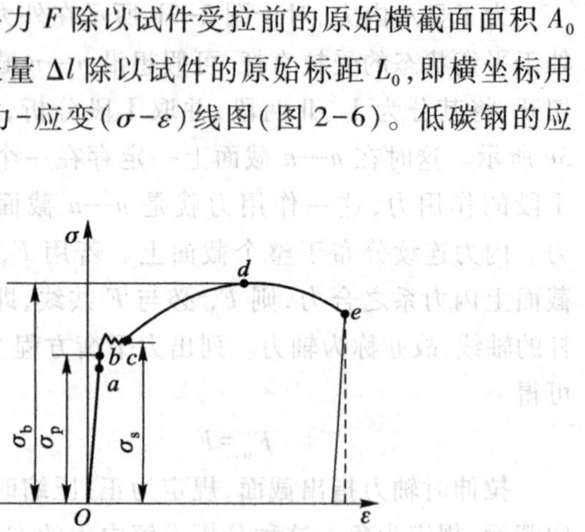

图 2-6　应力-应变线图

1）弹性阶段　σ-ε 曲线由坐标原点 O 至 a 一段为直线，说明这时 ε 与 σ 成正比。在点 a 以后，在 ab 之间的 σ-ε 曲线是微弯的近似直线，此时试件出现了与 σ 非比例的伸长，但解除拉力后变形仍可完全消失，故称这种变形为弹性变形。一般把点 a 所对应的应力称为比例极限，点 b 所对应的应力称为弹性极限，用 σ_p 表示。这两点非常接近，一般不严格区分。

在应力大于弹性极限后，如再解除拉力，这时试件变形的一部分随之消失，这就是上面提到的弹性变形。但还留下一部分不能消失的变形，这种变形称为塑性变形或残余变形。

2）屈服阶段　过点 b 后，应变明显增加，甚至在应力略有下降后应变仍在增加，$\sigma-\varepsilon$ 曲线呈略带锯齿形的水平线。此现象说明材料暂时失去了抵抗变形的能力，称为屈服现象，屈服阶段的最低应力称为屈服强度（或屈服极限），用 σ_s 表示。对于低碳钢等塑性材料制成的零件来说，零件常因出现过量的塑性变形而失效，故以屈服极限 σ_s 作为塑性材料的极限应力 σ_{lim}（极限应力是材料抵抗某种失效能力的极限值）。

3）强化阶段　超过点 c 后，材料又恢复了抵抗变形的能力，这时要使试件继续变形必须增大拉力，这种现象称为材料的强化。强化阶段的最高点 d 所对应的应力通常被认为是材料所能承受的最大应力，称为材料的强度极限，用 σ_b 表示。在强化阶段试件的横向尺寸明显缩小。

4）颈缩阶段　过点 d 后，试件局部变细，出现颈缩现象（图 2-7），由于在颈缩部分试件横截面面积减小，使试件继续伸长所需的拉力也相应减小。这时，在应变增大的同时名义应力 $\sigma=F/A_0$ 在降低（若按颈缩处的实际最小截面来计算应力，实际应力实际上仍在增大），降至 e 点试件断裂。

试件断裂后，原变形中的弹性变形因恢复而消失，塑性变形则保留了下来。工程上常用试件断裂后塑性变形的大小来衡量材料塑性的大小，常用指标有伸长率 δ 和断面收缩率 ψ。

设试件断裂后的标距为 L_1（图 2-8），颈缩处的最小横截面面积为 A_1，则伸长率

$$\delta=\frac{L_1-L_0}{L_0}\times100\% \tag{2-2}$$

断面收缩率

$$\psi=\frac{A_0-A_1}{A_0}\times100\% \tag{2-3}$$

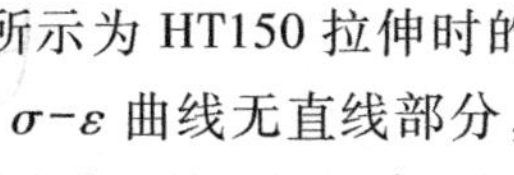

图 2-7　颈缩现象

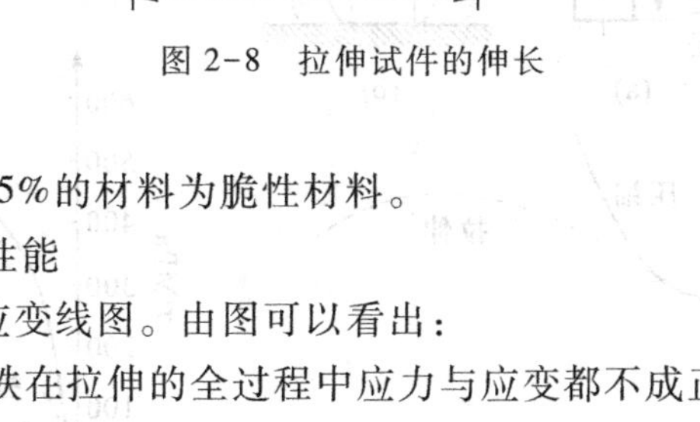

图 2-8　拉伸试件的伸长

一般定义：$\delta>5\%$ 的材料为塑性材料；$\delta<5\%$ 的材料为脆性材料。

2. 铸铁等其他金属材料拉伸时的力学性能

图 2-9 所示为 HT150 拉伸时的应力-应变线图。由图可以看出：

1）整个 $\sigma-\varepsilon$ 曲线无直线部分，说明铸铁在拉伸的全过程中应力与应变都不成正比；

2）材料无明显的屈服现象，也无颈缩现象；

3）材料断裂时的强度极限不高，应变很小，一般拉断后的伸长率 δ 仅为 0.5%～0.6%，故铸铁为脆性材料。

因为铸铁受拉伸时不出现屈服现象，故其极限应力 σ_{lim} 应为其强度极限 σ_b。

图 2-10 所示为几种其他材料的应力-应变线图。由图可见，不同材料的 $\sigma-\varepsilon$ 曲线形状各异，故其力学性能也各不相同。

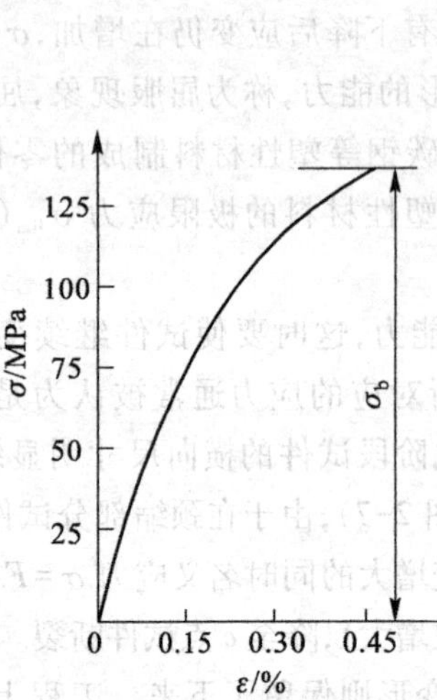

图 2-9　HT150 拉伸时的应力-应变线图

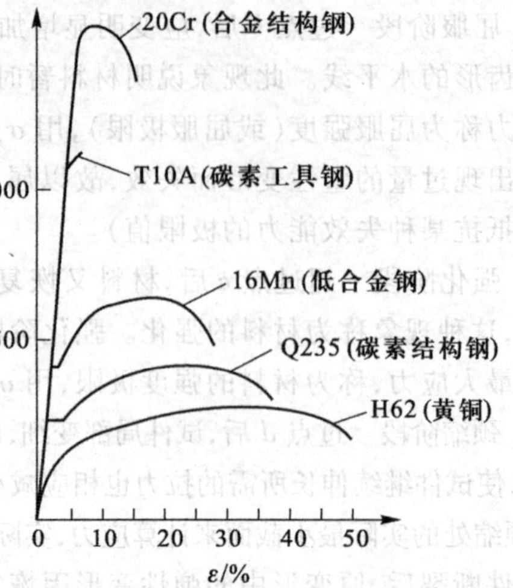

图 2-10　几种材料的应力-应变线图

3. 金属材料压缩时的力学性能

压缩试样一般制成图 2-11a 所示的圆柱形。

低碳钢受压时的应力-应变线图如图 2-11c 所示。由图可以看出,其屈服前的图形及屈服强度与拉伸时完全一致,但在进入强化阶段后,随着应变的增加,名义应力加速上升,其原因是这时试件出现鼓形,且愈压愈扁(图 2-11b),承载面积愈来愈大,但不会断裂,因而最终测不到强度极限 σ_b 值。

图 2-12a 所示为铸铁受压时的应力-应变线图,其形状与拉伸时相似,但强度极限与应变量均远比拉伸时大得多,这说明铸铁的抗压能力远高于抗拉能力。图 2-12b 是铸铁试件破裂时的图形。

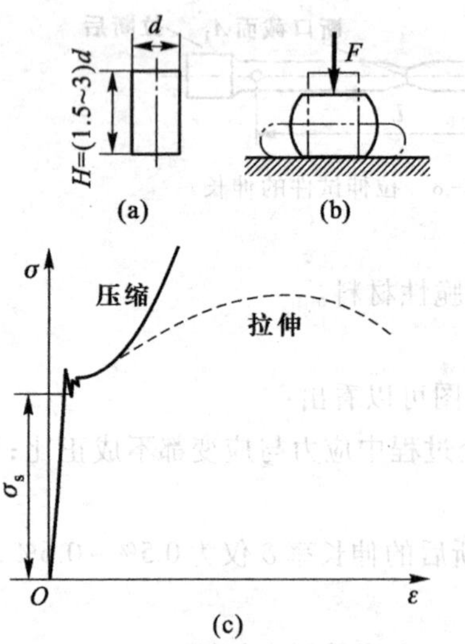

图 2-11　低碳钢受压

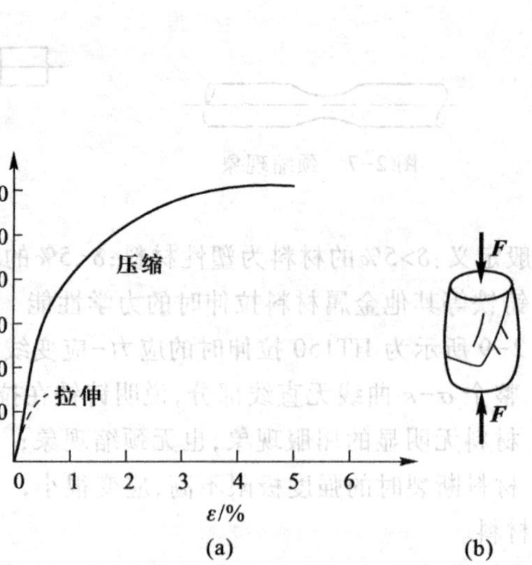

图 2-12　铸铁受压

4. 胡克定律和泊松比

由低碳钢的拉压试验可知，当应力在比例极限以内时，应力与应变成正比，即

$$\sigma = E\varepsilon \tag{2-4}$$

上式就是拉压胡克定律，式中的 E 为比例常数，其值与材料的性质有关，称为材料的拉压弹性模量（简称弹性模量），它的单位与应力单位相同，其值可通过拉伸试验求得。弹性模量的大小表示材料抵抗弹性变形的能力。碳钢的弹性模量 $E = 2.06\times10^5$ MPa。

在杆件产生轴向伸长的同时，其横向尺寸将缩小，用 ε' 表示其横向应变，由试验得知，在弹性范围内，材料的横向应变与轴向应变之比的绝对值为一常数，即

$$\left|\frac{\varepsilon'}{\varepsilon}\right| = \mu \tag{2-5}$$

式中，μ 为材料的泊松比。碳钢的泊松比 $\mu\approx0.3$。

三、轴向拉压的强度条件

为了使零件有足够的强度，零件在载荷作用下的最大应力必须小于材料的极限应力 $\sigma_{\lim}$，即 $\sigma<\sigma_{\lim}$。对于塑性材料，应取材料的屈服极限 σ_s 作为极限应力；而对于脆性材料，则应取材料的强度极限 σ_b 作为极限应力。另外，在强度计算中还应考虑一定的安全裕度，为此引入零件的许用应力 $[\sigma]$，即

$$[\sigma] = \frac{\sigma_{\lim}}{S} \tag{2-6}$$

式中，S 为安全系数。在确定安全系数时应根据载荷和应力的性质及其计算的准确性、材料的性质和材质的不均匀性、零件的重要程度、零件的工艺质量、机器运行条件（平稳、冲击等）、工作环境状况（腐蚀、温度等）等方面情况加以综合考虑。也可以参照有关设计手册进行选取。合理选择安全系数是设计中的一项重要工作，在保证安全、可靠的前提下，应尽量选用较小的安全系数。

综上所述，受轴向拉、压杆件的强度条件为

$$\sigma = \frac{F}{A} \leqslant [\sigma] \tag{2-7}$$

式中：A 为杆件危险横截面的面积（mm^2）；F 为轴向力（N）；σ 和 $[\sigma]$ 的单位为 MPa。

四、应力集中的概念

等截面直杆受轴向拉伸或压缩时横截面上的应力是均匀分布的。由于实际需要，有些零件上有切口、切槽、油孔、螺纹、轴肩等，以致在这些部位上截面的尺寸发生突然变化。试验结果和理论分析表明，在零件尺寸突然改变处的横截面上，应力并不是均匀分布的。例如开有圆孔或切口的板条（图 2-13）受拉时，在圆孔或切口附近的局部区域内，应力将急剧增加，但在离开圆孔或切口稍远处，应力就迅速降低而趋于均匀。这种因受载零件几何尺寸突然变化而引起局部应力急剧增大的现象，称为应力集中。应力集中是影响零件强度的重要因素之一。

设发生应力集中的截面上的最大应力为 $\sigma_{\max}$，同一截面上的平均应力为 σ，最大应力与平均应力的比值称为理论应力集中系数 k，即

$$k = \frac{\sigma_{\max}}{\sigma} \tag{2-8}$$

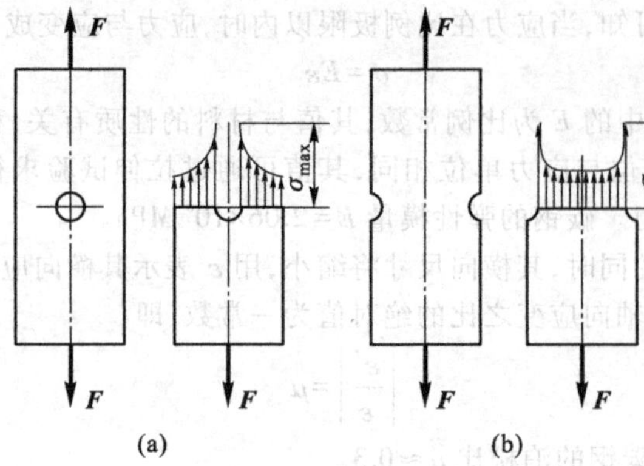

图 2-13　应力集中

理论应力集中系数反映了应力集中的程度。试验结果表明：截面尺寸改变得愈急剧，角愈尖，孔愈小，应力集中的程度就愈严重。

各种材料对应力集中的敏感程度并不相同。在静应力作用下，对于塑性材料制成的零件可以不考虑应力集中的影响（塑性材料应力集中处的局部塑性变形可使应力集中的程度降低），而对于脆性材料制成的零件必须考虑应力集中的影响。当零件受变应力或冲击载荷作用时，不论是塑性材料还是脆性材料，应力集中对零件的强度都有严重影响，往往是零件破坏的根源。

例 2-1　铸工车间吊运铁水包的吊杆为矩形截面，其尺寸如图 2-14 所示，吊杆材料的许用应力 $[\sigma]=80$ MPa，铁水包自重为 8 kN，最多可装 30 kN 重的铁水，试校核吊杆的强度。

解　1. 求每根吊杆的轴力 F

因总载荷由两根吊杆承担，故每根吊杆承受的轴向力为

$$F=\frac{F_{\mathrm{W}}}{2}=\frac{30+8}{2}\ \mathrm{kN}=19\ \mathrm{kN}$$

2. 校核吊杆的强度

吊杆横截面上的应力为

$$\sigma=\frac{F}{A}=\frac{19\times10^{3}}{25\times50}\ \mathrm{MPa}=15.2\ \mathrm{MPa}<[\sigma]$$

故吊杆的强度符合要求。

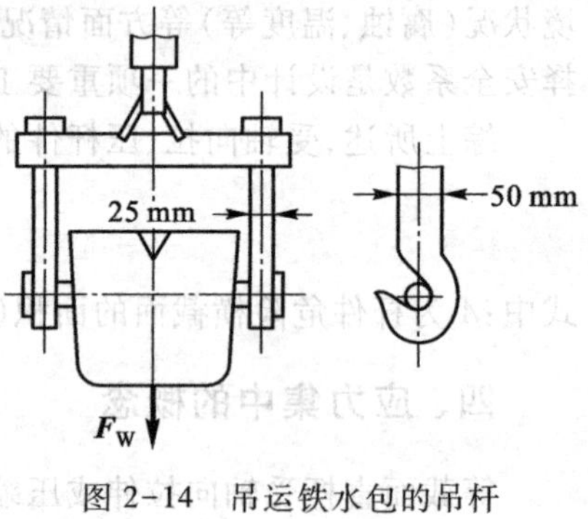

图 2-14　吊运铁水包的吊杆

§2-3　剪切和挤压

机械中有许多承受剪切的零件，如传递横向载荷的连接件铆钉、柱销、铰制孔用螺栓以及键连接中的键等。图 2-15 所示为一铆钉连接及其铆钉的受力、变形情况。若钢板在横向载荷 F 的作用下发生横向错动，则铆钉的受力情况如图 2-15b 所示，作用在铆钉上的这对力，与铆钉的轴线垂直，大小相等，方向相反，不作用在一条直线上，但相距很近。在这样的一对力的作用下，铆钉的 $n—n$ 截面的相邻截面将出现相互错动，如图 2-15c 所示，这种变形称为剪切变形。

另外，铆钉在承受剪切作用的同时，钢板的孔壁和铆钉的圆柱表面间还将产生挤压作用。所

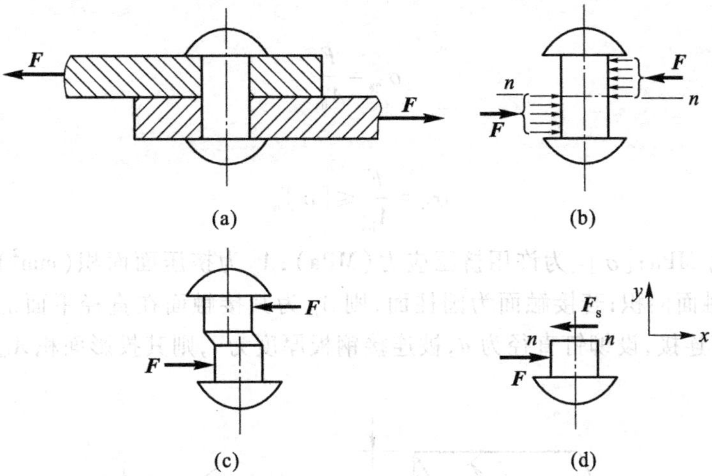

图 2-15　铆钉连接及铆钉的受力、变形情况

谓挤压，就是在外力作用下两个零件在接触表面上相互压紧的现象。挤压会使零件表面产生局部塑性变形。

一、剪切强度

零件受到剪切作用时，在剪切面内将产生切应力。要确定切应力，就要求出内力，求内力时仍可采用截面法。以图 2-15 所示的铆钉连接为例，假想沿铆钉的 $n—n$ 截面切开，如图 2-15d 所示，并用 F_s 表示其横截面上的剪切内力，则由力平衡方程 $\sum F_x=0$，可得

$$F_s=F$$

剪切内力分布于整个横截面上，F_s 表示该横截面上的分布力之合力，该力位于截面上，与外力 F 大小相等，方向相反。

切应力的方向与内力 F_s 同向，并位于截面内，但应力的分布较为复杂，在工程中为了方便计算，假设切应力在面积为 A 的剪切面内均匀分布，于是可以得出切应力 τ 的计算公式为

$$\tau=\frac{F}{A} \tag{2-9}$$

剪切强度条件为

$$\tau=\frac{F}{A}\leqslant[\tau] \tag{2-10}$$

式中：A 为剪切面面积（mm^2）；$[\tau]$ 为许用切应力（MPa），它由极限切应力 τ_{lim} 与安全系数 S 的比值确定；τ 的单位为 MPa。

二、挤压强度

两零件间产生挤压作用时，其接触表面称为挤压面，挤压面上的压强称为挤压应力。挤压应力与轴向受压杆件中的压应力不同，压应力在受压杆件任意横截面上均匀分布，而挤压应力仅分布于接触表面附近的区域，其分布状况比较复杂，一般假设其为均匀分布。挤压应力 σ_{bs} 的计算

公式为

$$\sigma_{bs}=\frac{F}{A_{bs}} \tag{2-11}$$

挤压强度条件为

$$\sigma_{bs}=\frac{F}{A_{bs}}\leqslant[\sigma]_{bs} \tag{2-12}$$

式中：σ_{bs}的单位为 MPa；$[\sigma]_{bs}$为许用挤压应力（MPa）；A_{bs}为挤压面面积（mm^2）。若接触表面为平面，则 A_{bs}为接触面面积；若接触面为圆柱面，则 A_{bs}为其接触面在直径平面上的投影面积。如图 2-16 所示铆钉连接，设铆钉直径为 d，被连接钢板厚度为 t，则其投影面积 $A_{bs}=td$。

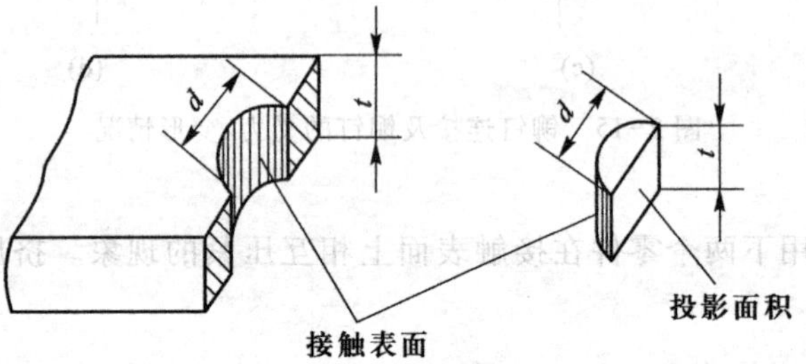

图 2-16　铆钉连接

例 2-2　电瓶车挂钩由销轴连接，如图 2-17a 所示。已知销轴直径 $d=20$ mm，材料为 35 钢，许用切应力$[\tau]=60$ MPa，许用挤压应力$[\sigma]_{bs}=100$ MPa。挂钩及被连接的板件厚度分别为 $\delta=8$ mm和 $1.5\delta=12$ mm。若仅按销轴强度进行计算，求许用拉力 F。

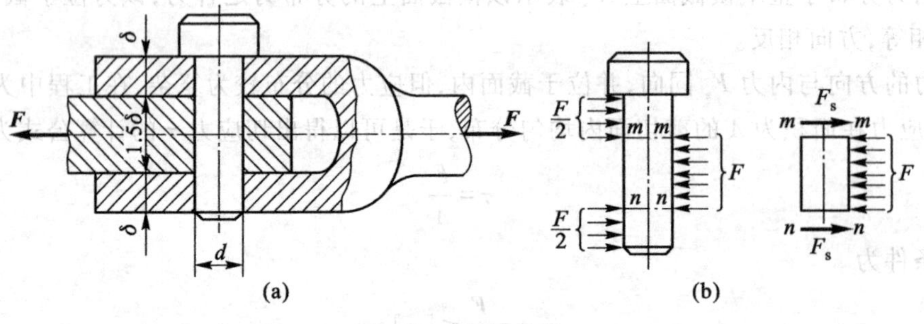

图 2-17　销轴连接

解　1. 按剪切强度计算

销轴受力如图 2-17b 所示，图中 m—m 和 n—n 两截面均为剪切面，这种情况称为双剪。由平衡条件可得剪切面上的剪切内力为

$$F_s=\frac{F}{2}$$

则

$$\tau=\frac{F_s}{A}=\frac{\frac{F}{2}}{\frac{\pi d^2}{4}}\leqslant[\tau]$$

$$F\leqslant\frac{[\tau]\pi d^2}{2}=\frac{60\times\pi\times20^2}{2}\text{ N}=37\ 699\text{ N}$$

2. 按挤压强度计算

由图 2-17b 可知，销钉上段和下段的挤压应力为

$$\sigma_{bs1}=\frac{F}{A_{bs1}}=\frac{F}{2\delta d}\leqslant[\sigma]_{bs} \tag{a}$$

中段的挤压应力为

$$\sigma_{bs2}=\frac{F}{A_{bs2}}=\frac{F}{1.5\delta d}\leqslant[\sigma]_{bs} \tag{b}$$

显然中段的挤压应力大，应按中段进行计算，由式(b)得

$$F\leqslant[\sigma]_{bs}\times1.5\delta d=100\times1.5\times8\times20\text{ N}=24\ 000\text{ N}$$

因此，许用拉力 F 应该是两者中小的，即 24 000 N。

§2-4 圆轴的扭转

在工程实际中，圆轴是最常见的受扭零件之一。图 2-18 所示为一汽车转向盘轴，当汽车转向时，司机转动转向盘，在转向盘上作用一力偶矩，该轴下端 B 处又受到来自转向器的阻抗力偶矩作用，使该轴两端作用两个大小相等、方向相反、作用平面垂直于轴线的力偶，这时轴的任意两个截面间都发生绕轴线的相对转动，这就是扭转变形。

一、外力偶矩的计算

工程实际中，作用于轴上的外力偶矩往往不是直接给出的，经常是给出轴所传递的功率 P 和轴的转速 n，这时外力偶矩 T 的计算公式为

$$T=\frac{9.55\times10^6 P}{n} \tag{2-13}$$

式中：P 为轴所传递的功率(kW)；n 为轴的转速(r/min)；T 的单位为 N · mm。

二、扭矩与扭矩图

在求出作用于轴上的所有外力偶矩后，仍可用截面法研究横截面上的内力。图 2-19a 所示为一受扭圆轴，其上作用有外力偶矩 T_1、T_2、T_3，欲求 $m—m$ 截面的内力，可假想沿 $m—m$ 截面将圆轴切开，移去Ⅱ部分，如图 2-19b 所示，Ⅱ部分对Ⅰ部分的作用力即为内力，由平衡条件可知，内力也应为一力偶矩。若用 T_m 表示扭转内力，则由力矩平衡方程可得

$$T_m=T_1$$

由于出现该内力时，使圆轴产生扭转变形，故称此内力为扭矩。扭矩的正负可用右手螺旋法则确定，即用右手握着圆轴，右手四指指向扭矩作用方向，大拇指表示扭矩矢量方向，该矢量若指

出截面，扭矩为正；矢量若指向截面，扭矩为负。据此，m—m 截面上的扭矩 T_m 为正。

同理可求得 n—n 截面上的扭矩为

$$T_n = T_1 + T_2$$

为了清楚地表示各横截面上扭矩沿轴线的变化规律，可采用图 2-19c 所示的扭矩图，图中纵坐标表示扭矩，横坐标表示横截面的位置。

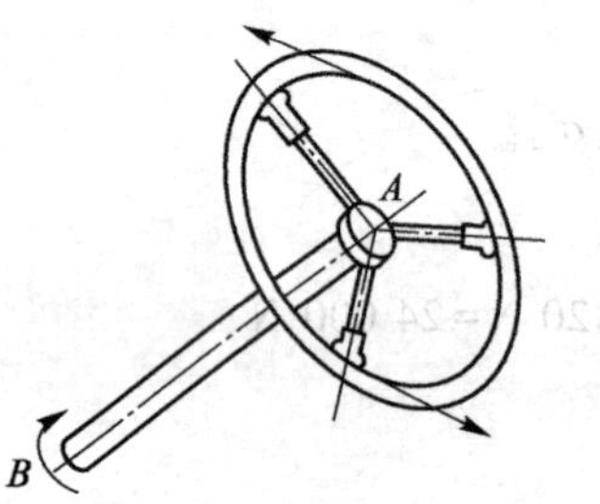

图 2-18　转向盘轴的受扭

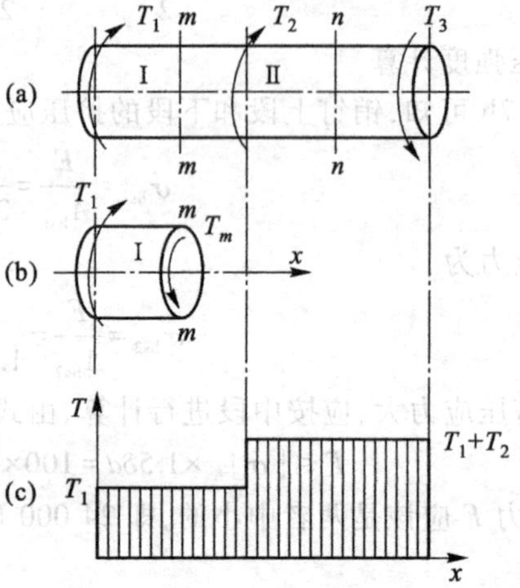

图 2-19　扭矩图

三、扭转切应力与强度条件

为了确定圆轴受扭时的应力，首先分析圆轴受扭时的变形，找出其应力分布规律，以便确定出应力。

如图 2-20 所示，根据材料力学试验结果，可以做出如下假设：圆轴扭转变形前原为平面的横截面，变形后仍保持为平面，形状和大小不变，半径仍保持为直线，且相邻两截面间的距离不变。这就是圆轴扭转的平面假设。按照这一假设，扭转变形中，圆轴的横截面就像刚性平面一样，仅绕轴线旋转了一个角度。这表明，圆轴横截面上和包含轴线的纵向截面上都没有正应力，只在横截面上存在切应力 τ，它组成了与外力偶矩 T 相平衡的内力系。

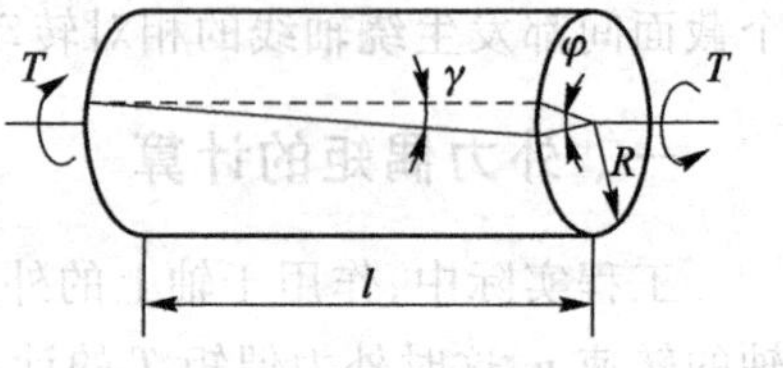

图 2-20　圆轴的扭转变形

设圆轴两端作用有扭矩 T，轴的长度为 l，扭转后两端面转过的相对角度为 φ，如图 2-20 所示，该角称为扭角。此时，圆截面外圆上的切应变为

$$\gamma = \frac{R\varphi}{l} \tag{2-14}$$

式中：R 为轴的半径(mm)；l 为轴的长度(mm)；φ 为扭角(rad)。

由试验可知，当切应力不超过材料的剪切比例极限时，切应变与切应力成正比，此规律称为剪切胡克定律，其表达式为

$$\tau = G\gamma \tag{2-15}$$

式中，G 称为切变模量(MPa)。各种材料的切变模量值可从有关设计手册中查得。碳钢的切变

模量 $G\approx7.94\times10^4$ MPa。

由式(2-14)可知,圆截面上的切应变与半径 R 成正比,因此,圆截面上的扭转切应力也与半径成正比,扭转切应力的分布如图 2-21 所示。由理论分析,圆截面上的最大切应力可由下式计算:

$$\tau_{\max}=\frac{T}{W_T} \tag{2-16}$$

式中:$\tau_{\max}$的单位为 MPa;T 为横截面上的扭矩(N·mm);W_T 为抗扭截面系数(mm^3),是一个与截面形状及大小有关的几何量,对于圆截面,$W_T=\pi R^3/2$。对于其他形状的截面,W_T 可从有关手册查得。

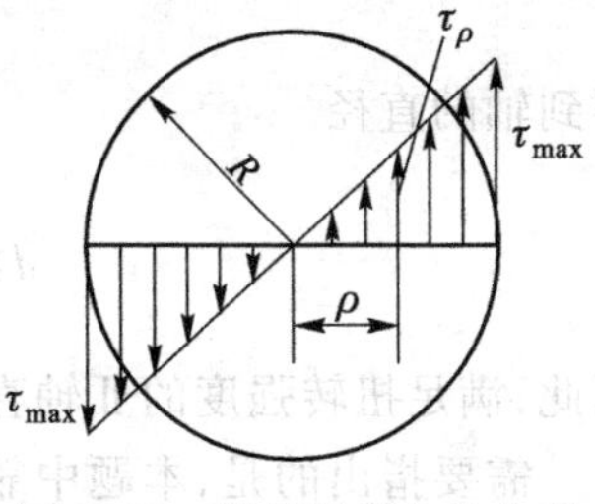

图 2-21 扭转切应力的分布

圆轴的扭转强度条件为

$$\tau_{\max}=\frac{T}{W_T}\leqslant[\tau] \tag{2-17}$$

式中,$[\tau]$为许用扭转切应力(MPa)。

例 2-3 图2-22a所示为某组合机床主轴箱传动示意图。其Ⅱ轴上有 1、2、3 三个齿轮,动力由Ⅰ轴经齿轮 1 输送到Ⅱ轴上,再由齿轮 2 和 3 带动Ⅲ、Ⅳ和Ⅴ轴。已知作用在齿轮 2 上的外力偶矩 $T_2=39.3$ N·m,作用在齿轮 3 上的外力偶矩 $T_3=155.1$ N·m,Ⅱ轴材料的许用扭转切应力$[\tau]=40$ MPa,试确定满足扭转强度的Ⅱ轴轴径 d。

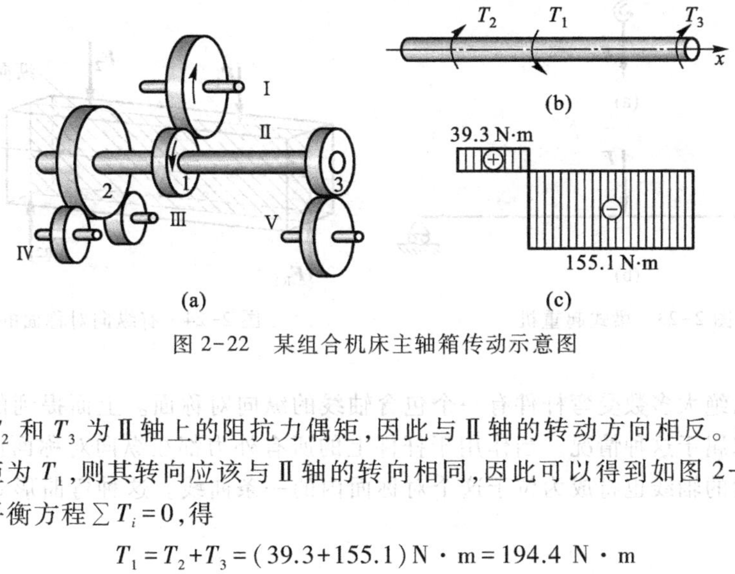

图 2-22 某组合机床主轴箱传动示意图

解 由于 T_2 和 T_3 为Ⅱ轴上的阻抗力偶矩,因此与Ⅱ轴的转动方向相反。若Ⅰ轴传递给Ⅱ轴的驱动力偶矩为 T_1,则其转向应该与Ⅱ轴的转向相同,因此可以得到如图 2-22b 所示的力矩分析简图。由平衡方程 $\sum T_i=0$,得

$$T_1=T_2+T_3=(39.3+155.1)\text{ N}\cdot\text{m}=194.4\text{ N}\cdot\text{m}$$

根据作用于Ⅱ轴上的力偶矩,可作出如图 2-22c 所示的扭矩图。从扭矩图可以看出,在齿轮 1、3 之间,轴的任意截面上的扭矩皆为最大值,即

$$T_{\max}=155.1\text{ N}\cdot\text{m}$$

由轴的扭转强度条件

$$\tau_{max}=\frac{T_{max}}{W_T}=\frac{T_{max}}{\frac{\pi R^3}{2}}=\frac{16T_{max}}{\pi d^3}\leqslant[\tau]$$

得到轴的直径

$$d\geqslant\sqrt[3]{\frac{16T_{max}}{\pi[\tau]}}=\sqrt[3]{\frac{16\times155.1\times10^3}{\pi\times40}}\ \text{mm}=27\ \text{mm}$$

因此,满足扭转强度的Ⅱ轴直径可选为 30 mm。

需要指出的是,本题中靠齿轮传递载荷的轴除了受到扭矩作用外,实际上同时还受到弯矩的作用,故较为精确的计算应按弯扭组合变形来进行。

§2-5 弯　　曲

工程实际中经常遇到像梁式起重机大梁(图 2-23)、火车轮轴(图 2-2e)这样的杆件。作用于这些杆件上的外力垂直于杆件的轴线,使原为直线的轴线变形后成为曲线,这种形式的变形称为弯曲变形。以弯曲变形为主的杆件习惯上称为梁。

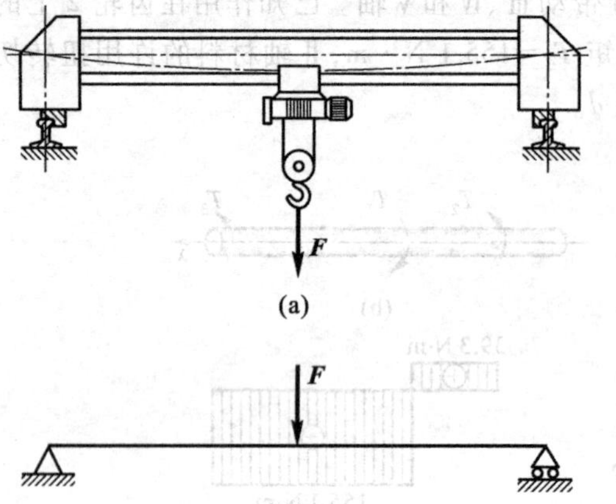

图 2-23　梁式起重机

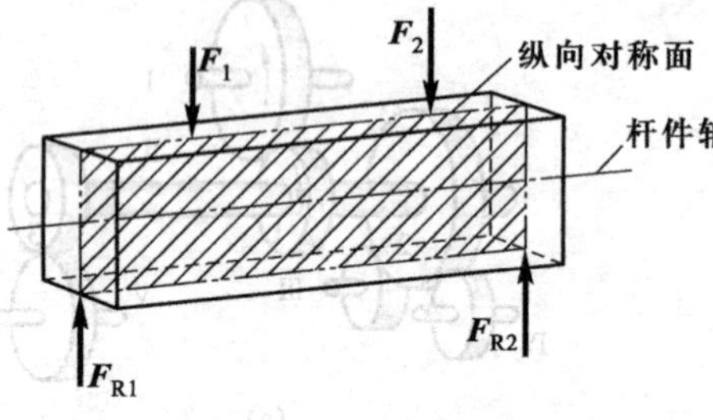

图 2-24　有纵向对称面的梁

工程问题中,绝大多数受弯杆件有一个包含轴线的纵向对称面。上面提到的梁式起重机大梁、火车轮轴等都属于这种情况。当作用于杆件上的所有外力都在纵向对称面内时,如图 2-24 所示,弯曲变形后的轴线也将成为位于这个对称面内的一条曲线。这种弯曲形式是弯曲问题中最常见的情况。

一、弯曲内力

梁的支座和作用载荷有多种情况,必须进行一些简化才能得出计算简图。如图 2-23a 所示的梁式起重机大梁就可简化为一端为固定铰支座和一端为活动铰支座的简支梁(图 2-23b)。通常,进行简化后可将梁归结为三类。除简支梁外,还有图 2-25a 所示的车床主轴,可简化为外伸梁(图 2-25b),图 2-26a 所示的车床车刀,可简化为一端固定、一端自由的悬臂梁(图 2-26b)。

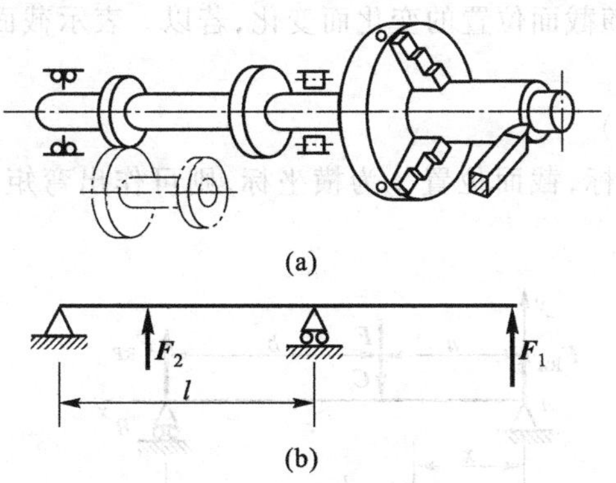

图 2-25　车床主轴

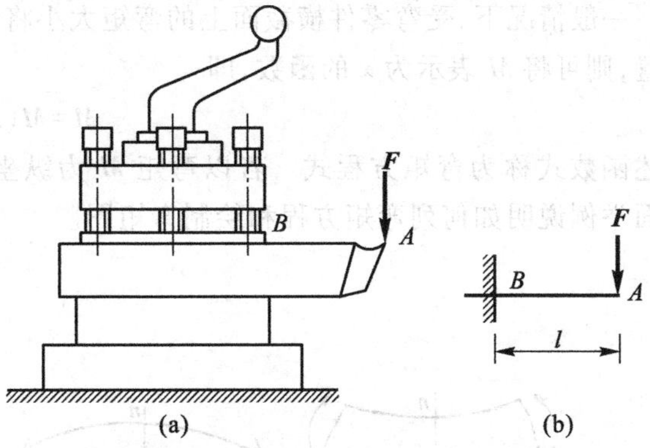

图 2-26　车刀

图 2-27a 所示为一简支梁，在距支座 A 距离为 a、b、c 处分别作用有外力 F_1、F_2、F_3。根据梁的力平衡条件，可确定出支反力 F_{RA}、F_{RB}。若要确定距支座 A 距离为 L_1 处的内力，由截面法可知，假设在 $n—n$ 处将梁切开，取左段梁为研究对象，如图 2-27b 所示，由于原梁处于平衡状态，故左段梁仍应处于平衡状态。作用于左段上的力，除外力 F_{RA} 和 F_1 外，在 $n—n$ 截面上还应有右段对其作用的内力。由平衡条件可知，若把左段梁所有外力和内力对截面 $n—n$ 的形心 O 取矩，其力矩总和应等于零。这就要求在截面 $n—n$ 上有一个内力偶矩 M，由平衡方程 $\sum M_O=0$ 得

$$M=F_{RA}L_1-F_1(L_1-a) \tag{a}$$

式中，M 为与横截面 $n—n$ 垂直的分布内力系的合力偶矩，称为弯矩。

若把左段梁上所有外力与内力在 y 轴上投影，其总和应为零。这就要求在截面 $n—n$ 上有一个位于横截面内的内力 F_s，由平衡方程 $\sum F_y=0$ 得

$$F_s=F_{RA}-F_1 \tag{b}$$

式中，F_s 为横截面 $n—n$ 内的分布内力的合力，称为剪力。

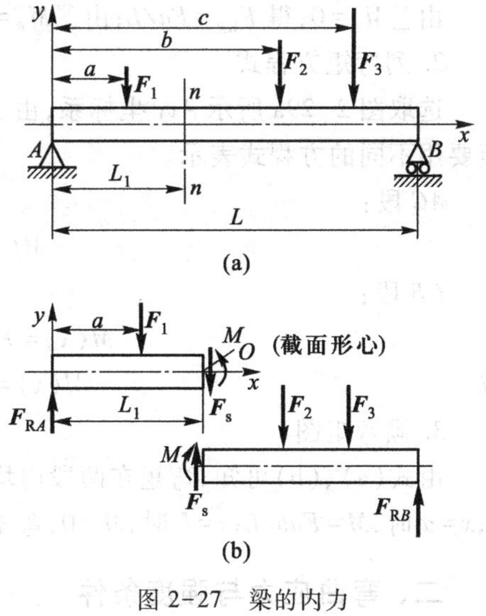

图 2-27　梁的内力

剪力和弯矩同为梁横截面上的内力。从式（a）、（b）两式可以看出，在数值上，剪力 F_s 等于截面 $n—n$ 左侧所有外力在 y 轴上投影的代数和；弯矩 M 等于截面 $n—n$ 左侧所有外力对截面形心的力矩的代数和。所以 F_s 和 M 可以用截面 $n—n$ 左侧的外力来计算。如以右段为研究对象，用相同的方法，F_s 和 M 可以用截面 $n—n$ 右侧的外力来计算。

对于一般梁来说，弯矩在强度计算中起主要作用，除跨度小、截面高的梁以外，在强度计算中通常可以忽略剪力的作用。因此，这里着重讨论梁的弯矩问题。

梁任一截面上的弯矩可通过力矩平衡方程计算，关于梁中弯矩的正负有如下规定：若弯矩使该截面邻近的梁段的弯曲向下凸（即上部受压、下部受拉）时，弯矩的符号为正，反之为负（图 2-28a、b）。

一般情况下，受弯零件横截面上的弯矩大小将随截面位置的变化而变化，若以 x 表示截面的位置，则可将 M 表示为 x 的函数，即

$$M=M(x)$$

上述函数式称为弯矩方程式。若以弯矩 M 为纵坐标，截面位置 x 为横坐标，则可作出弯矩图。下面举例说明如何列弯矩方程和绘制弯矩图。

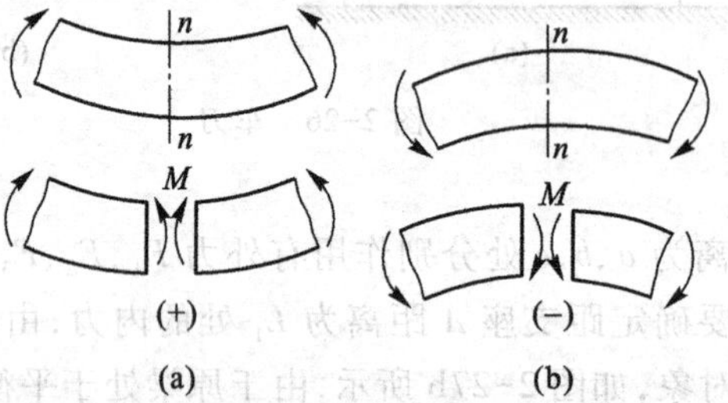

图 2-28 弯矩的"±"号规定

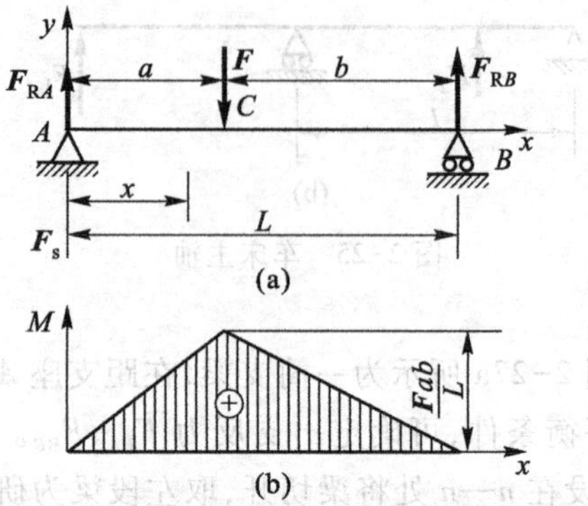

图 2-29 简支梁

例 2-4 图 2-29a 所示为一简支梁，在 C 处作用有外力 F。试列出其弯矩方程，并作出弯矩图。

解 1. 求支座反力

由 $\sum M_A=0$，得 $F_{RB}=Fa/L$；由 $\sum M_B=0$，得 $F_{RA}=Fb/L$。

2. 列弯矩方程式

选取图 2-29a 所示 Axy 坐标系，由于该简支梁在 C 点有一力 F 的作用，故 AC、CB 两段的弯矩要用不同的方程式表示。

AC 段：

$$M(x)=F_{RA}x \quad (0\leqslant x<a) \tag{a}$$

CB 段：

$$M(x)=F_{RA}x-F(x-a) \quad (a\leqslant x\leqslant L) \tag{b}$$

或

$$M(x)=F_{RB}(L-x) \quad (a\leqslant x\leqslant L)$$

3. 画弯矩图

由式(a)、(b)可知，弯矩在两段内均与 x 成线性关系，即弯矩曲线为斜直线，且 $x=0$ 时，$M=0$；$x=a$ 时，$M=Fab/L$；$x=L$ 时，$M=0$，弯矩图如图 2-29b 所示。

二、弯曲应力与强度条件

如前所述，弯矩是垂直于横截面的内力系的合力偶矩，根据材料力学试验结果可以假设，变形前为平面的梁的横截面变形后仍保持为平面，且仍然垂直于变形后的梁的轴线。这就是弯曲变形的平面假设。

根据此假设，对于像图 2-30a 所示的变形梁，发生弯曲变形后，其下部伸长，上部缩短，中间必有一层长度不变，该层称为中性层。在梁的断面上，其应力分布如图 2-30b 所示，而且横截面

上只存在正应力。

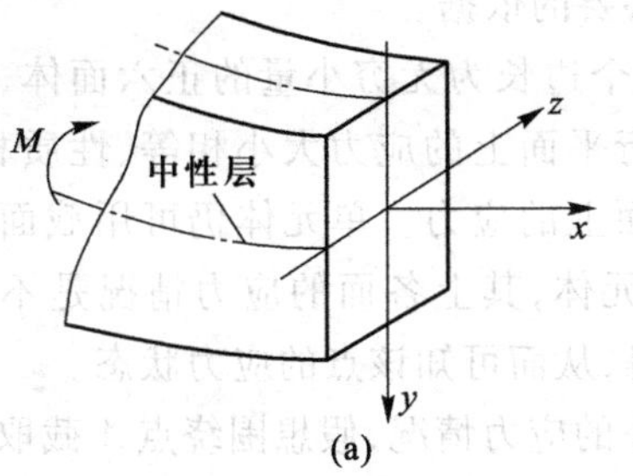

图 2-30　弯曲应力的分布

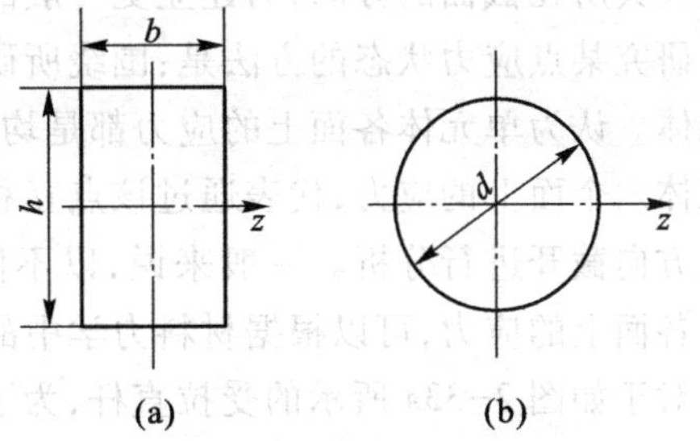

图 2-31　矩形和圆形截面

由理论分析，梁横截面上的最大应力可由下式计算：

$$\sigma_{\max}=\frac{M}{W_z} \tag{2-18}$$

式中：M 为横截面上的弯矩（N · mm）；W_z 称为抗弯截面系数（mm^3）；$\sigma_{\max}$ 的单位为 MPa。对于图 2-31 所示的矩形及圆形截面，其截面对 z 轴的抗弯截面系数分别为：矩形 $W_z=bh^2/6$；圆形 $W_z=\pi d^3/32$；其他形状截面的抗弯截面系数可从有关设计手册中查得。

梁的弯曲强度条件为

$$\sigma_{\max}=\frac{M}{W_z}\leqslant[\sigma] \tag{2-19}$$

式中，$[\sigma]$ 为许用弯曲应力（MPa）。

§2-6　应力状态理论及强度理论概述

一、应力状态理论概述

在前几节讨论构件的各种基本变形时，主要研究了构件横截面上的应力，并根据横截面上的最大应力来建立其相应的强度条件。但对于某些构件来说，仅研究其横截面上的应力和强度显然是不够的。例如，由脆性材料（如铸铁）制成的圆截面杆，当它在承受扭转变形时，并不是沿横截面而是沿着与横截面大约成 45°的斜截面发生破坏，如图 2-32 所示。这种现象说明，在构件的斜截面上不仅存在应力，有时这些应力值可能会比较大，以致杆件在该截面上首先出现因强度不足而发生破坏。因此，要对构件内某点的强度情况作全面的了解，就有必要弄清楚过该点不同方向截面上的应力情况。

构件内任一点处不同方向截面上的应力情况，称为一点处应力状态。研究一点应力状态的

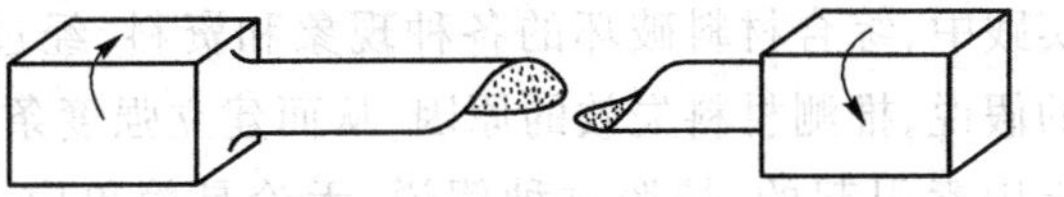

图 2-32　脆性材料圆截面杆的扭转破坏

目的就是要研究过该点不同方向截面上的应力及其随截面方向而变化的规律，并找出其最大应力值及其所在截面的方向，为建立更一般的强度条件提供必要的依据。

研究某点应力状态的方法是：围绕所研究的点，截取一个边长为无穷小量的正六面体，称为单元体。认为单元体各面上的应力都是均匀分布，每对平行平面上的应力大小相等、性质相同。单元体六个面上的应力，代表通过该点互相垂直的三个截面上的应力。单元体仍可用截面法沿任意方向截开进行分析。一般来说，以不同方向截取的单元体，其上各面的应力情况是不相同的。各面上的应力，可以根据材料力学中的公式或定理求得，从而可知该点的应力状态。

对于如图 2-33a 所示的受拉直杆，为了分析杆内一点 A 的应力情况，假想围绕点 A 截取一单元体，如图 2-33b 所示。当单元体的左右两面都是垂直于轴线的横截面时，该两面上仅有正应力 σ，没有切应力 τ（若单元体的左右两面不垂直于轴线，则该两面上既有正应力 σ，又有切应力 τ，且正应力 σ 和切应力 τ 的大小随左右两面与轴线的夹角变化而变化）。在应力状态理论中将这种切应力等于零的面称为该点的主平面，主平面上的正应力称为该点的主应力。一般来说，从任意的受力构件中都可以取出一个具有三个相互垂直的主平面的单元体，因而每一点都可能有三个主应力，且约定 $\sigma_1>\sigma_2>\sigma_3$，如图 2-34 所示。对于简单拉伸和压缩而言，三个主应力中只有一个主应力不等于零，这种应力状态称为简单应力状态。

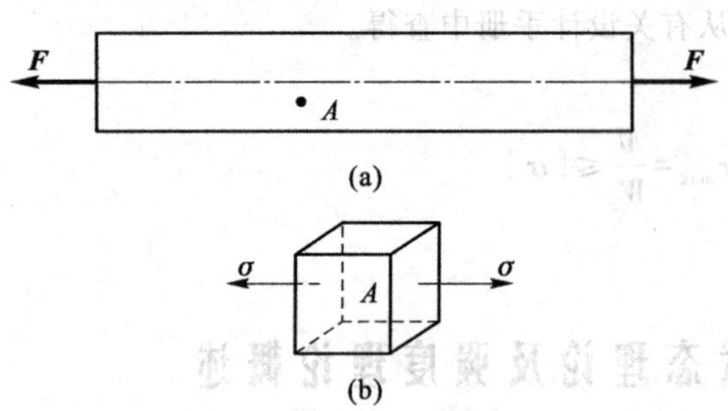

图 2-33　受拉直杆及其上的微小六面单元体

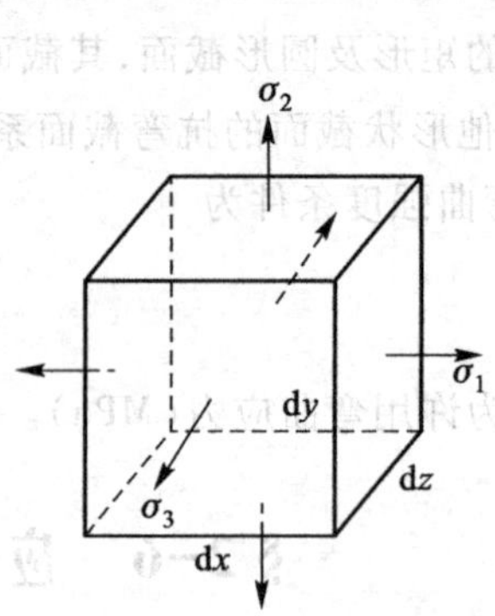

图 2-34　微小单元体上的主应力

在简单应力状态下，材料的极限应力一般可通过试验获得。如在轴向拉伸情况下，对于塑性材料可取材料的屈服极限 σ_s 作为极限应力；对于脆性材料可取材料的强度极限 σ_b 作为极限应力，用极限应力除以安全系数得到许用应力，即可建立其强度条件。但是，工程实际中，大多数受力零件均处在复杂应力状态下，即其中至少有两个主应力不等于零，这种有两个或三个主应力不等于零的应力状态称为复杂应力状态。对于复杂应力状态下的零件，其强度条件需利用强度理论来建立。

二、强度理论概述

由于复杂应力状态中应力组合的方式有各种可能性，故难于用试验方法确定相应的极限应力。人们在长期的生产实践中，综合材料破坏的各种现象和资料，经过判断和推理，对材料的破坏现象提出了各种不同的假说，推测材料失效的原因，从而建立强度条件。这些假说认为材料某一类型的破坏是某种特定因素引起的，按照这种假说，无论是简单应力状态或是复杂应力状态下，材料的破坏都是同一因素引起的，于是可以利用简单应力状态的试验结果，建立复杂应力状态下的强度条件。这样的一些假说称为强度理论。到目前为止，已经提出了多种强度理论，这些理论往往在某些条件下是正确的，而在另一些条件下又可能是不正确的。常用的强度理论有：

1）最大拉应力理论（第一强度理论） 该理论认为最大拉应力是引起材料破坏的主要因素。试验表明，这一理论可以很好地解释铸铁等脆性材料在轴向拉伸或扭转时的破坏现象。

2）最大伸长线应变理论（第二强度理论） 该理论认为最大伸长线应变是引起材料破坏的主要因素。这一理论可以很好地解释石料或混凝土材料在压缩时沿纵向面破坏的现象。

3）最大切应力理论（第三强度理论） 该理论认为最大切应力是引起材料破坏的主要因素。这一理论能较满意地解释塑性材料出现塑性变形现象。

4）形状改变比能理论（第四强度理论） 该理论认为形状改变比能是引起材料破坏的主要因素。试验表明，塑性材料在平面应力状态下，这一理论比第三强度理论更符合试验结果。

一般来说，第一、第二强度理论适用于脆性材料，第三、第四强度理论适用于塑性材料。事实上，强度理论远不止这几种，随着工程材料的日新月异，不断有新的强度理论被提出来。在实际工作中，应查阅有关部门的规范，采用适当的强度理论来进行强度计算。

§2-7 疲劳强度概述

以上各节都是研究静应力下机械零件的强度问题。事实上，许多机械零件在工作时其应力是随时间变化的，这种应力称为变应力。

一、载荷与应力的分类

1. 载荷的分类

载荷可分为静载荷和变载荷两类。不随时间变化或变化缓慢的载荷称为静载荷，随时间作周期性变化或非周期性变化的载荷称为变载荷。

在设计计算中，还常把载荷分为名义载荷和计算载荷。名义载荷是根据额定功率用力学公式计算出的载荷，如按式（2-13）计算出的作用在轴上的外力偶矩 T 等。名义载荷是机器在平稳工作条件下作用在零件上的载荷，它没有反映原动机和工作机实际运转的不均匀性、载荷在零件上分布的不均匀性及其他影响因素。这些因素的综合影响，常用载荷系数 K 来考虑。载荷系数 K 与名义载荷 F 的乘积称为计算载荷 F_{ca}，即

$$F_{ca}=KF \tag{2-20}$$

机械零件应按计算载荷 F_{ca} 进行设计。

2. 应力的分类

应力也可分为静应力和变应力两类。不随时间变化或变化缓慢的应力称为静应力，如图 2-35a所示。随时间变化的应力称为变应力。最基本的变应力为稳定循环变应力，稳定循环变应力有非对称循环变应力、脉动循环变应力和对称循环变应力三种类型，如图 2-35b、c、d 所示。

变应力的最大应力为 σ_{max}，最小应力为 σ_{min}，其平均应力 σ_m 和应力幅 σ_a 分别为

$$\sigma_m=\frac{\sigma_{max}+\sigma_{min}}{2} \tag{2-21}$$

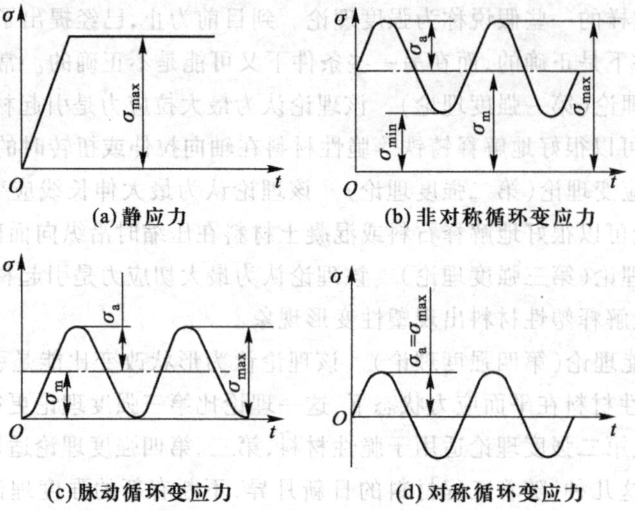

图 2-35　应力的分类

$$\sigma_{a}=\frac{\sigma_{max}-\sigma_{min}}{2} \tag{2-22}$$

最小应力和最大应力之比称为变应力的循环特性 r,即

$$r=\frac{\sigma_{min}}{\sigma_{max}} \tag{2-23}$$

变应力的特征可用上述 σ_{max}、σ_{min}、σ_{m}、σ_{a} 和 r 五个参数中的任意两个来描述,已知其中两个参数便可求出其余参数。

应力循环特性 r 可以用来表示应力的变化情况。脉动循环变应力时,$r=0$;对称循环变应力时,$r=-1$;非对称循环变应力时,$-1<r<0$ 或 $0<r<1$;静应力时,$r=1$。

值得注意的是,变应力通常是由变载荷产生的,但也可能由静载荷产生。在静载荷下产生变应力的例子如图 2-36 所示,图示为转动轴上点 a 和滚动轴承外圈表面上点 a 的应力变化情况。

在设计计算中,也常把应力分为名义应力和计算应力。根据名义载荷求得的应力称为名义应力;根据计算载荷求得的应力称为计算应力。

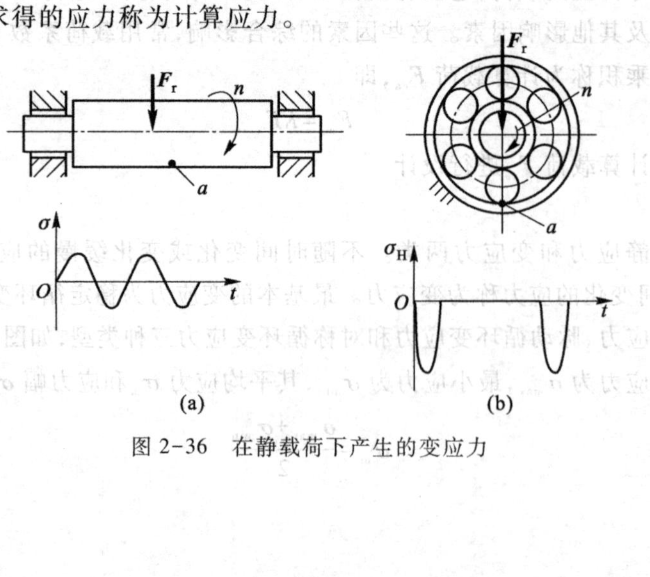

图 2-36　在静载荷下产生的变应力

二、疲劳破坏

在变应力作用下零件的破坏形式与静应力作用下零件的破坏形式不同。变应力作用下的破坏称为疲劳破坏。疲劳破坏产生的过程是:在变应力作用下,零件表面首先产生初始裂纹,形成一个或数个疲劳源。在变应力的继续作用下,初始裂纹处的应力集中促使裂纹扩展,使零件的实际承载面积逐渐减小,直至不能承受外载荷时,导致零件突然发生脆性疲劳断裂。疲劳破坏具有以下特点:① 在某类变应力多次作用后突然断裂;② 断裂时变应力的最大应力远小于材料的屈服极限;③ 即使是塑性材料,断裂时也无明显的塑性变形。

由试验与分析可知,疲劳破坏不仅仅与应力的大小有关,而且还与应力循环次数以及应力循环特性有关。疲劳时的极限应力称为疲劳极限,故在确定疲劳极限时需考虑上述三方面的因素。

三、疲劳极限

在循环特性为 r 的变应力作用下,经 N 次循环后,材料不发生破坏的应力最大值称为在该循环下的疲劳极限,用 σ_{rN} 表示。在给定循环特性的条件下,应力循环次数与疲劳极限间的关系曲线,称为疲劳曲线($\sigma-N$ 曲线)。典型的疲劳曲线如图 2-37 所示。

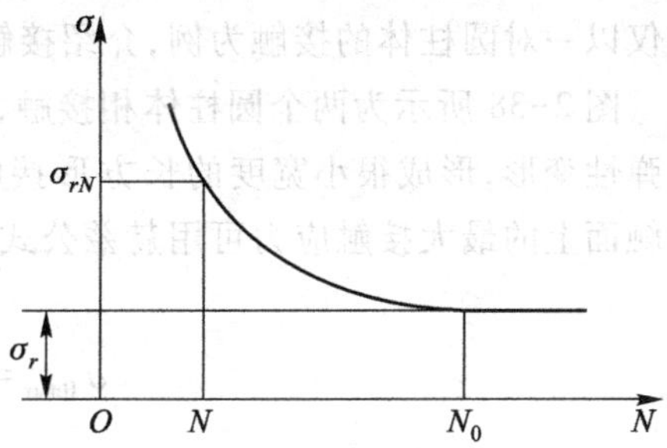

图 2-37　疲劳曲线

由图 2-37 可见,随着应力循环次数 N 的不断增大,疲劳极限 σ_{rN} 逐渐减小,当应力循环次数 $N\geqslant N_0$ 后,疲劳曲线变为水平线,即疲劳极限不再随应力循环次数的增加而降低,这时的疲劳极限用 σ_r 表示。σ_r 称为持久疲劳极限,即当应力循环特性为 r 时,试件受无数次应力循环而不发生疲劳破坏时的最大应力值。σ_{-1} 为对称循环变应力下的持久疲劳极限;σ_0 为脉动循环变应力下的持久疲劳极限。不同材料的 σ_{-1} 和 σ_0 可从有关设计手册中查得。N_0 称为应力循环基数,对于钢和铸铁等材料,通常取 $N_0=2\times10^6\sim10^7$ 次。

由图 2-37 还可看出,疲劳曲线可以分成两个区域:$N<N_0$ 为有限寿命区;$N\geqslant N_0$ 为无限寿命区。有限寿命区的疲劳曲线方程为①

$$\sigma_{rN}^{m}N=\text{常数} \tag{2-24}$$

式中,m 为与应力状态有关的指数。由上式可知,疲劳极限与相应的应力循环次数有如下关系:

$$\sigma_{rN}^{m}N=\sigma_r^{m}N_0 \tag{2-25}$$

或

$$\sigma_{rN}=\sqrt[m]{\frac{N_0}{N}}\ \sigma_r=k_N\sigma_r \tag{2-26}$$

式中,k_N 为寿命系数。在无限寿命区中($N>N_0$ 时),应取 $k_N=1$。

① 当循环次数 $N<10^3\sim10^4$ 次时,此方程计算出的疲劳极限与试验结果不相符合。

§2-8 接触强度概述

在一些零件的工作过程中，理论上两零件间是通过点或线接触传递载荷的(如两齿轮轮齿间的传动)。实际上，零件受载后在接触部分将产生局部的弹性变形而形成面接触，但其接触面积很小，表层产生的局部应力很大，该应力就称为接触应力。在表面接触应力作用下的零件强度称为接触强度。在设计机械零件时所遇到的接触应力，大多数是随时间变化的。在这种情况下产生的失效属于接触疲劳破坏。接触疲劳破坏的特点是：零件在接触应力的反复作用下，首先在表面或表层产生初始疲劳裂纹，然后在滚动接触过程中，由于润滑油被挤进裂纹内而造成高压，使裂纹扩展，最后使表层金属呈小片状剥落下来，在零件表面形成一个个小坑，这种现象称为疲劳点蚀。发生疲劳点蚀后，减小了接触面积，损坏了零件的光滑表面，使其承载能力降低，并引起振动和噪声。疲劳点蚀是齿轮、滚动轴承等零件的主要失效形式。

影响疲劳点蚀的最主要因素是接触应力的大小，所以只要限制接触应力不超过许用值，一般就不会发生疲劳点蚀破坏。接触应力的分布与计算较为复杂，一般需用弹性力学理论来研究，这里仅以一对圆柱体的接触为例，介绍接触应力的计算公式。

图 2-38 所示为两个圆柱体相接触，其半径分别为 ρ_1 和 ρ_2，法向压力为 F_n。由于接触表面局部弹性变形，形成很小宽度的长方形接触面积，在接触宽度方向上，接触应力的变化如图所示。接触面上的最大接触应力可用赫兹公式计算，即

$$\sigma_{\mathrm{Hmax}}=\sqrt{\frac{1}{\pi\left(\frac{1-\mu_1^2}{E_1}+\frac{1-\mu_2^2}{E_2}\right)}\cdot\frac{F_n}{b\rho_\Sigma}} \tag{2-27}$$

式中：μ_1、μ_2 分别为两圆柱体材料的泊松比；E_1、E_2 分别为两圆柱体材料的弹性模量(MPa)；ρ_Σ 为两圆柱体的综合曲率半径(mm)，$\rho_\Sigma=\dfrac{\rho_1\rho_2}{\rho_1\pm\rho_2}$，“+”号用于外接触(图 2-38a)，“-”号用于内接触(图 2-38b)。

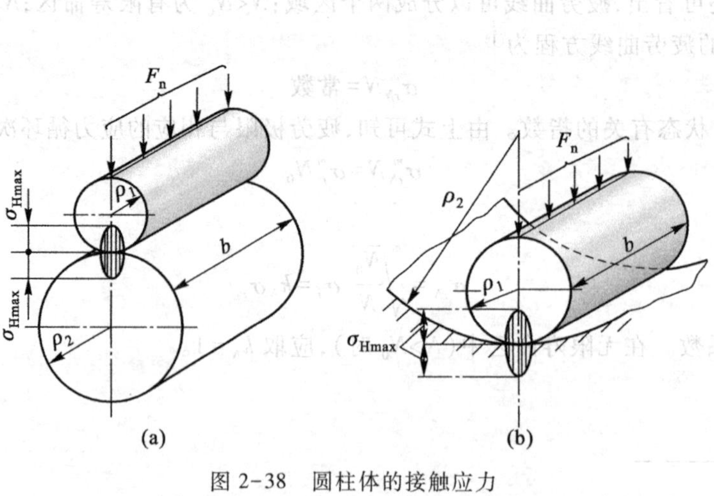

图 2-38 圆柱体的接触应力

接触疲劳强度条件为

$$\sigma_{Hmax} \leqslant [\sigma]_H \tag{2-28}$$

式中，$[\sigma]_H$ 为许用接触应力（MPa）。

思考题和练习题

2-1　零件的强度、刚度的含义是什么？强度、刚度不足对零件有什么影响？

2-2　在零件的强度计算中，为什么要提出内力和应力的概念？

2-3　零件的受力和变形的基本形式有哪几种？试各举出 1 或 2 个实例加以说明。

2-4　在低碳钢的拉伸实验中有哪些重要转变点？各有什么重要意义？

2-5　在低碳钢的拉伸实验中，在超过强度极限 σ_b 之后，为什么应力 $\sigma=F/A_0$ 在不断下降，而其应变反而在不停地增大，直至断裂？

2-6　低碳钢在拉、压实验中有何异同之处？

2-7　应力集中发生在零件的什么部位？应力集中与哪些因素有关？

2-8　在作剪切和挤压强度计算时，各作了何种假设？在作扭转强度和弯曲强度计算时，又各作了何种假设？

2-9　为什么要提出强度理论？第二、第三强度理论各适用于什么场合？

2-10　什么是名义载荷？什么是计算载荷？机械零件按何者计算才更符合工程实际？

2-11　在作疲劳强度计算时，在应力方面应考虑到哪三方面的因素？

2-12　图示为两受载等径圆杆，设 $F_1=10$ kN、$F_2=6$ kN、$F_3=9$ kN、$F_4=7$ kN，分别求各杆 1—1、2—2、3—3 截面上的轴力。

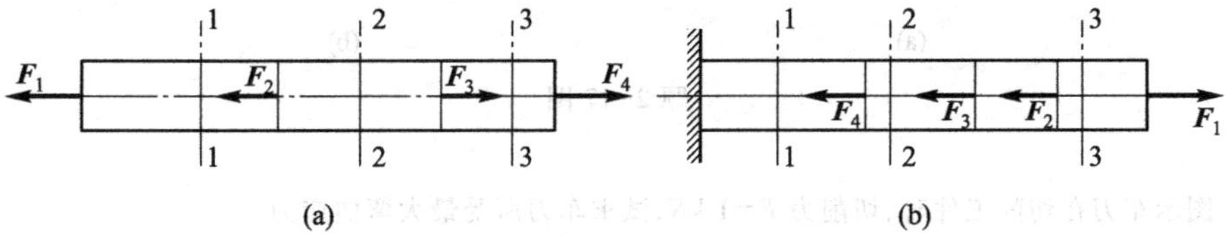

题 2-12 图

2-13　图示为一拉伸试件夹头，已知试件材料的许用切应力和许用挤压应力分别为 $[\tau]=80$ MPa、$[\sigma]_{bs}=300$ MPa。若最大拉力 $F_{max}=35$ kN，$d_0=12$ mm，$d=14$ mm，试设计轴的端部尺寸 D 和 h。

2-14　试绘出图示的轴的扭矩图。设 $T_1=1.5$ kN·m，$T_2=2$ kN·m，$T_3=0.5$ kN·m。

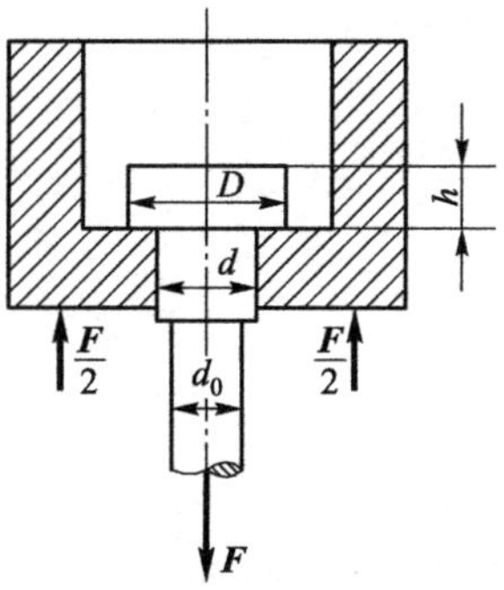

题 2-13 图

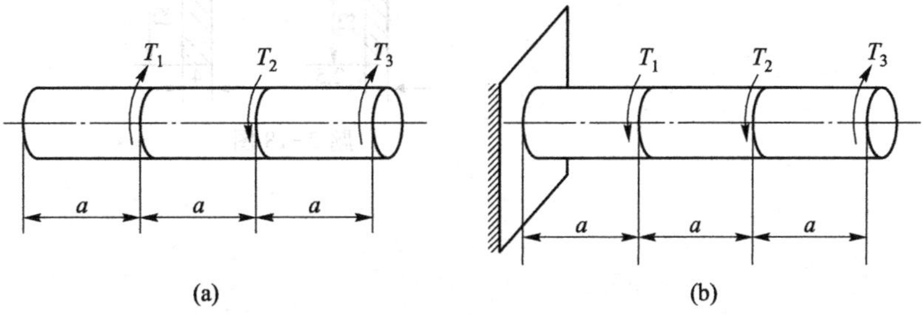

题 2-14 图

2-15　图示为一等截面轴，轴材料的许用切应力为 $[\tau]=50$ MPa。设 $T_1=1$ kN·m，$T_4=0.4$ kN·m，$T_2=T_3=0.3$ kN·m。试设计轴的直径。

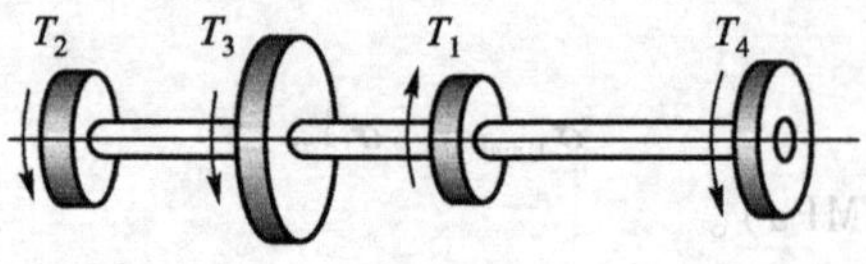

题 2-15 图

2-16 试求图示梁 1—1、2—2、3—3 截面上的弯矩。

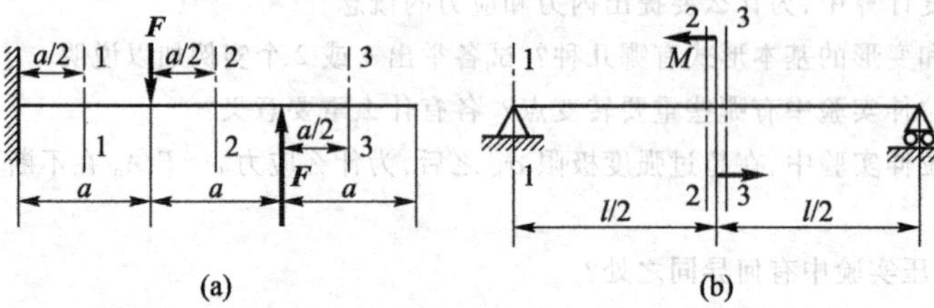

题 2-16 图

2-17 画出图示梁的弯矩图。

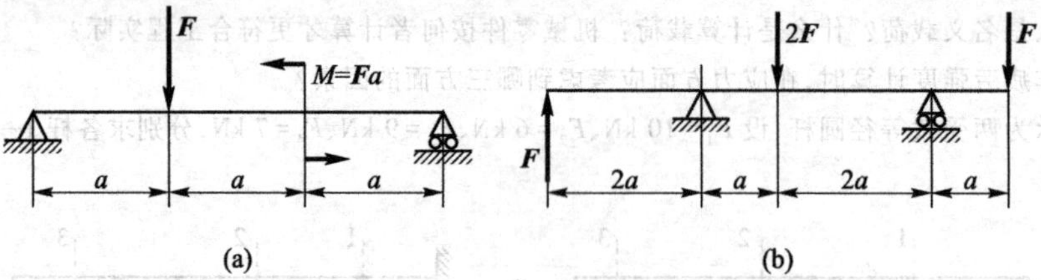

题 2-17 图

2-18 图示车刀在切削工件时，切削力 $F=1$ kN，试求车刀所受最大弯曲应力。

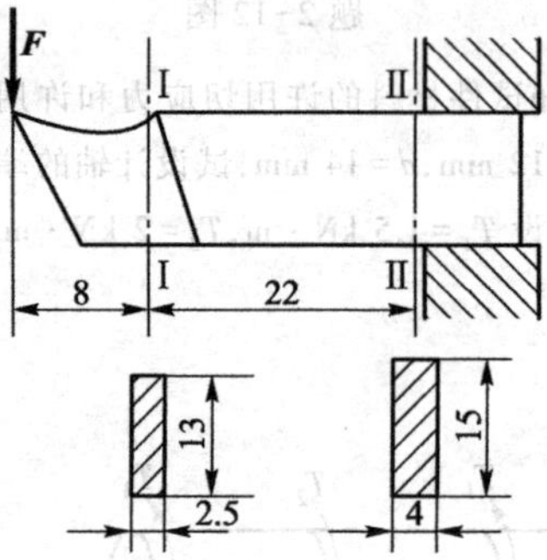

题 2-18 图

第二部分

常用传动机构设计基础

第三章 机构运动简图及平面机构自由度

不论是机器还是机构，它们的共同特点是各构件之间的相对运动具有规律性。本章的目的就是要在了解机构组成的基础上，探讨机构具有确定运动的条件。由于实际机构中各构件的外形比较复杂，为了便于研究机构的运动，有必要撇开那些与运动无关的复杂外形，仅仅根据那些与运动有关的尺寸，用简单的标准化线条和符号，按一定的比例尺，绘制机构的运动简图，以此作为机构运动分析的基础。

一般机构可分为平面机构和空间机构。当一个机构的所有构件均在同一平面或在几个相互平行的平面内运动时，称为平面机构，否则称为空间机构。本章着重讨论平面机构。

§3-1 机构的组成

一、运动副

机构是由许多构件组成的，每个构件都以一定的方式与其他构件相互连接。在两构件相互连接之后，构件间仍需保留某些相对运动。这种由两个构件组成的可动连接，称为运动副。而两构件上构成运动副的两接触表面称为运动副元素，如图 3-1 所示轴 1 与轴承 2 相互接触的圆柱面和圆孔表面即为两运动副元素。构件通过运动副连接后，对其间的相对运动是有影响的。

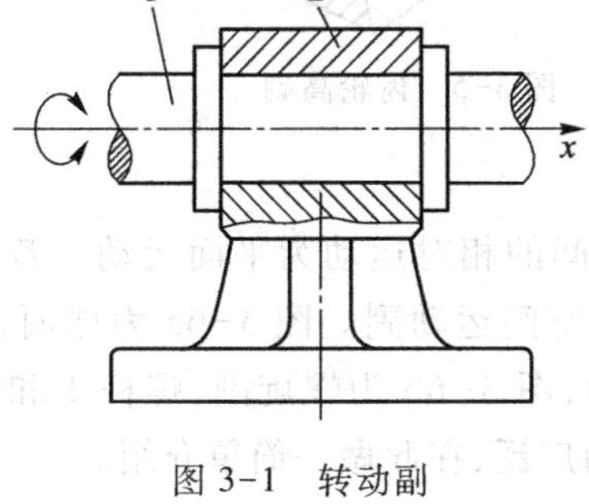

图 3-1 转动副

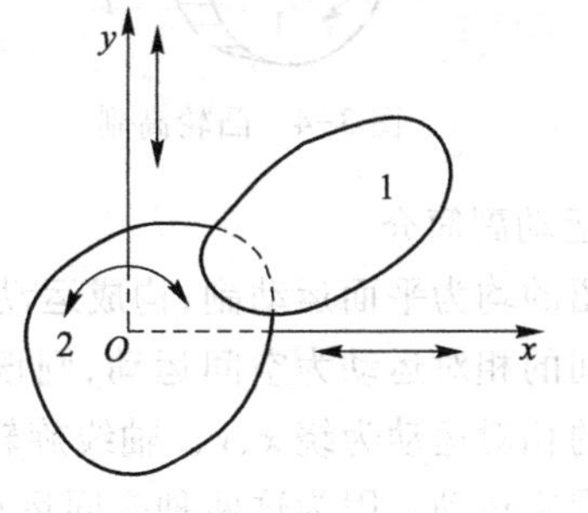

图 3-2 构件作平面运动的自由度

如图 3-2 所示，设有任意两构件 1 与 2，构件 2 固定于平面坐标系 Oxy 上，当两构件尚未通过运动副连接之前，在该坐标系中，构件 1 相对于构件 2 能产生 3 个独立的相对运动，即沿 x 轴和 y 轴的移动与绕垂直于 xOy 平面的任意轴线的转动。这种两构件间可能产生的独立的相对运动的数目称为构件的自由度。显然，一个作平面运动的自由构件具有 3 个自由度。

如将两构件以某种方式相连接而构成运动副后，则两构件之间的相对运动会受到一定的约束，从而使某些相对运动不可能产生。至于约束了哪些相对运动，则与它们所构成的运动副的性质有关。

根据运动副两元素接触情况的不同，可将运动副分为低副和高副两类。

1. 低副

两运动副元素为面接触的运动副称为低副。根据组成低副两构件之间所保留的相对运动为转动或移动，又可将其分为转动副和移动副两种。

1）转动副　如图 3-1 所示，轴 1 和轴承 2 组成转动副（又称回转副或铰链），它保留了绕 x 轴的转动。

2）移动副　如图 3-3 所示，导轨 1 和滑块 2 组成移动副，它保留了沿 x 轴的移动。

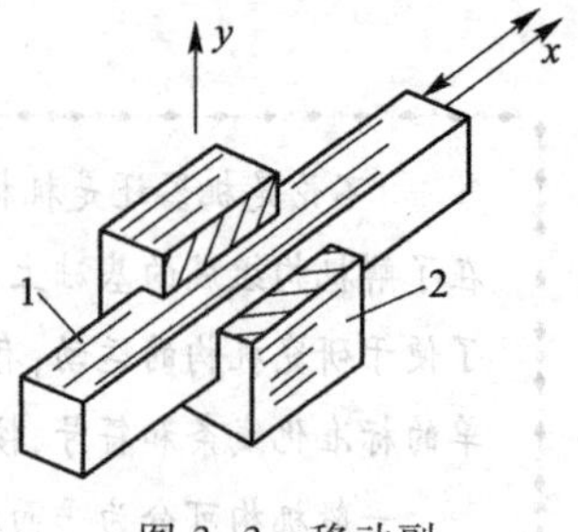

图 3-3　移动副

由上可见，一个低副引入 2 个约束，保留了 1 个自由度。

2. 高副

在一般情况下，两运动副元素为点或线接触的运动副称为高副。如图 3-4 所示，凸轮 1 与尖顶推杆 2 在 A 处为线接触；又如图3-5所示，两齿轮的轮齿在 A 处也为线接触。它们组成的都是高副。高副约束了沿接触点处公法线 n—n 方向的相对移动，保留了沿接触点处公切线 t—t 方向的相对移动和绕接触线的相对转动。可见，一个高副只引入 1 个约束，保留了 2 个自由度。

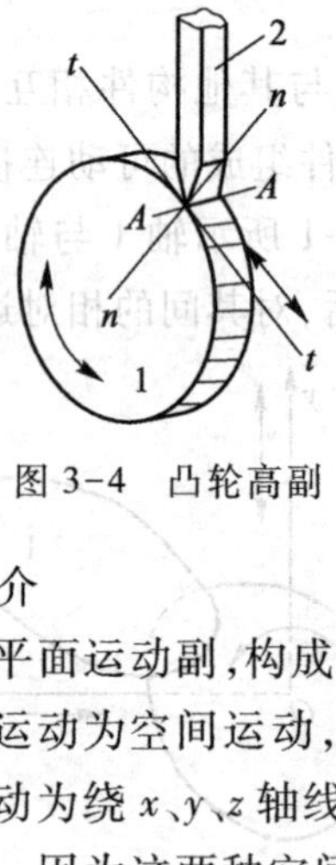

图 3-4　凸轮高副

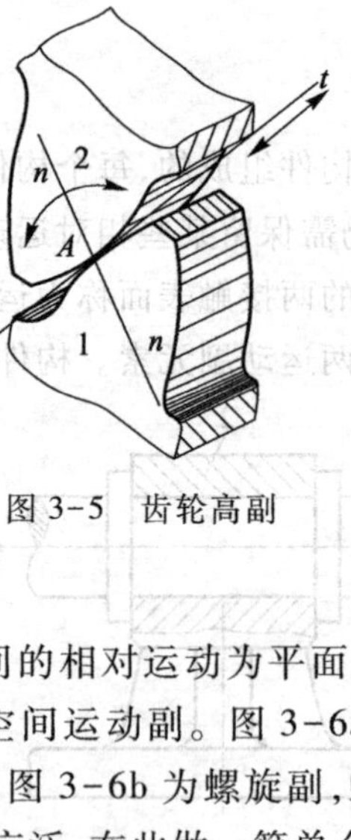

图 3-5　齿轮高副

3. 空间运动副简介

上面介绍的均为平面运动副，构成运动副的两构件间的相对运动为平面运动。若构成运动副的两构件间的相对运动为空间运动，则该运动副称为空间运动副。图 3-6a 为球面低副，球 1 与球碗 2 间的相对运动为绕 x、y、z 轴线旋转的球面运动；图 3-6b 为螺旋副，螺杆 1 和螺母 2 的相对运动为螺旋运动。因为这两种空间运动副应用较为广泛，在此做一简单介绍。

二、运动链

两个以上构件通过运动副连接而构成的可动系统称为运动链。

根据运动链中首、尾两构件是否相连接，可将运动链分为闭式链和开式链两种。

1. 闭式链

如图 3-7 所示的运动链，首尾两构件相互连接形成一个封闭可动系统，称为闭式链。在一般机械中常见的多是闭式链。

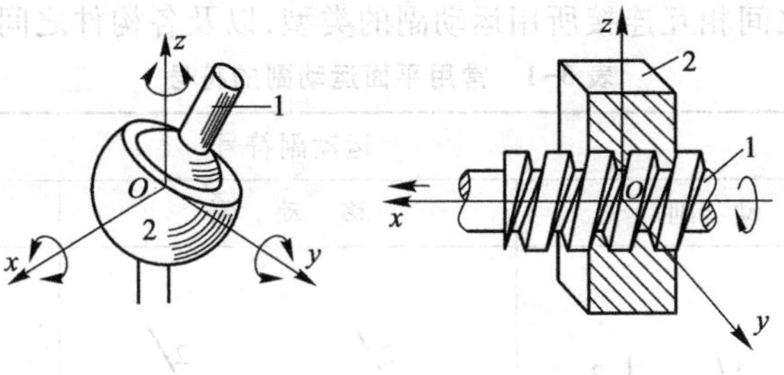

(a) 球面低副　　(b) 螺旋副

图 3-6　几种常见的空间运动副

2. 开式链

如图 3-8 所示的运动链，首尾两构件不相互连接，形成一个非封闭可动系统，称为开式链。在机器人和机械手机构中常能见到开式链。

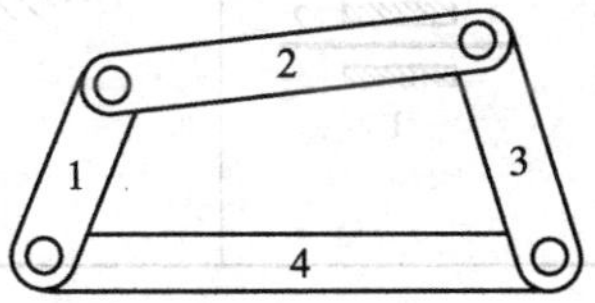

图 3-7　闭式链

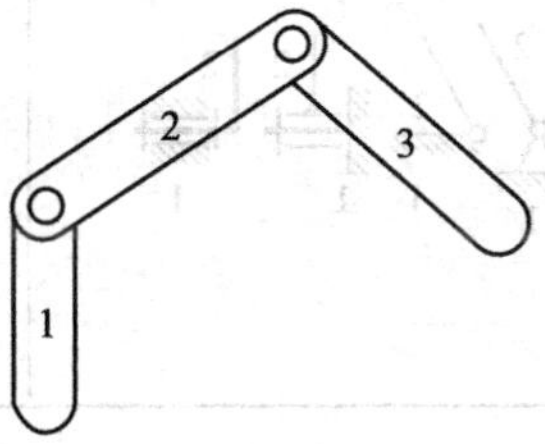

图 3-8　开式链

三、机构

在运动链中，将某一构件固定作为机架，这种有固定构件的运动链称为机构。机构中按给定的运动规律独立运动的构件称为主动件（也称原动件），其余活动构件称为从动件。从动件的运动规律取决于主动件的运动规律和机构的组成情况。

§3-2　机构运动简图

在对现有机械进行分析或设计新机械时，必须绘出能表明机械运动特征及运动传递情况的机构运动简图。

一个机构的运动情况不仅与主动件的运动规律有关，并与机构中各运动副的类型、机构的运动尺寸（各运动副之间的相对位置尺寸）等有关，而与构件的轮廓形状①、断面尺寸、组成构件的零件数目及其固连方式、运动副的具体构造等因素无关。为此，只要根据机构的运动尺寸，采用运动副的代表符号（表 3-1）、常用机构运动简图的符号（表 3-2）、一般构件的表示方法（表 3-3）以及一些简单的线条，并按一定的比例尺，即可绘制出机构运动简图。

在绘制机构运动简图时，要分析清楚机械的构造和运动传递情况，搞清楚该机械是由多少个

① 高副运动副元素除外。

构件所组成的，各构件之间相互连接所用运动副的类型，以及各构件之间的相对运动情况。

表 3-1　常用平面运动副的符号

	运动副符号		
	转　动　副	移　动　副	平　面　高　副
两运动构件构成的运动副	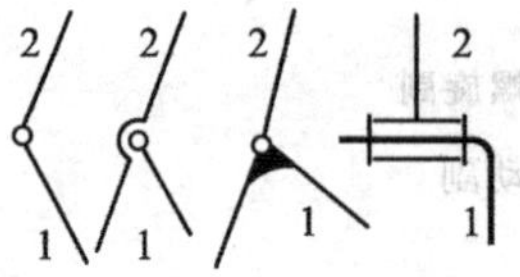	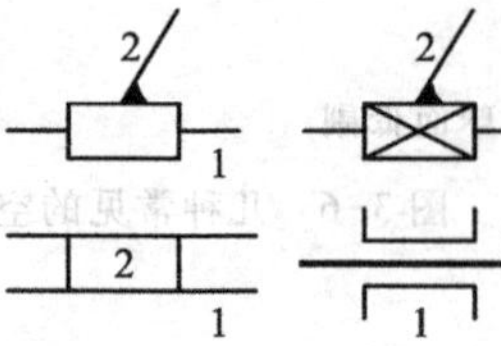	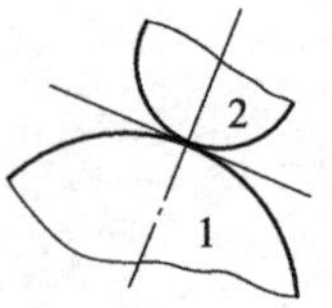
两构件之一为固定时的运动副	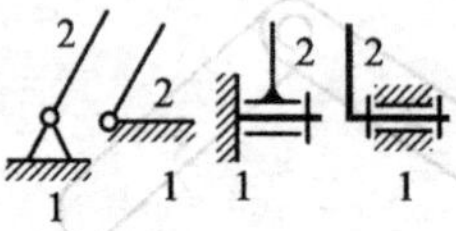	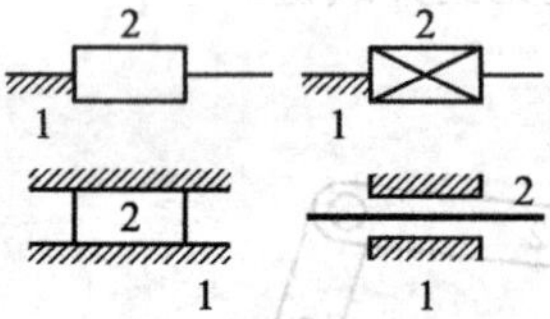	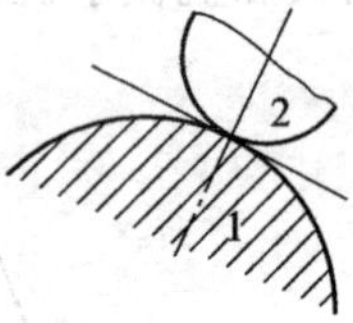

表 3-2　常用机构运动简图的符号

在支架上的电动机	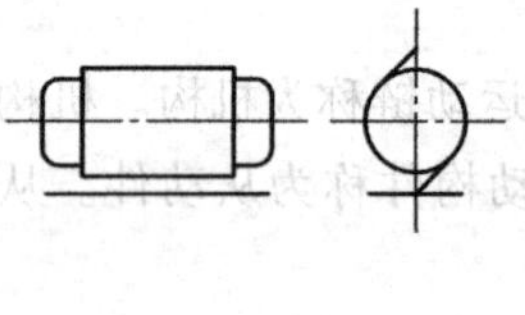	带传动	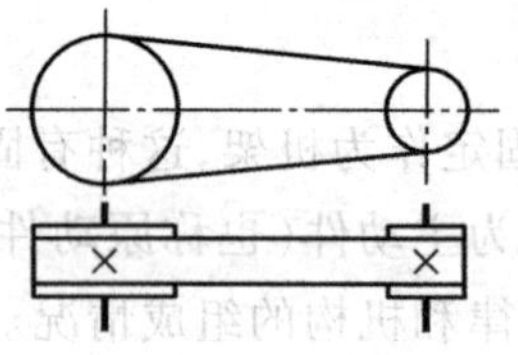	链传动	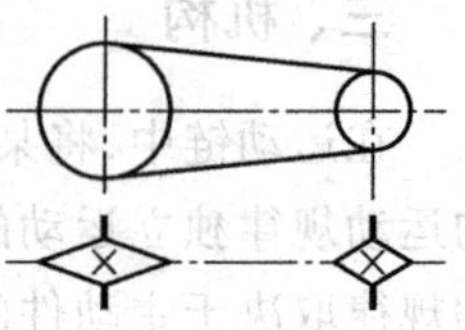
外啮合圆柱齿轮传动	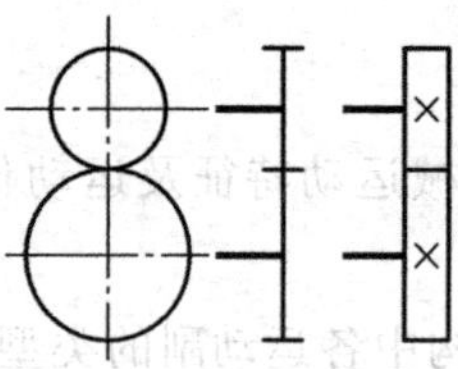	内啮合圆柱齿轮传动	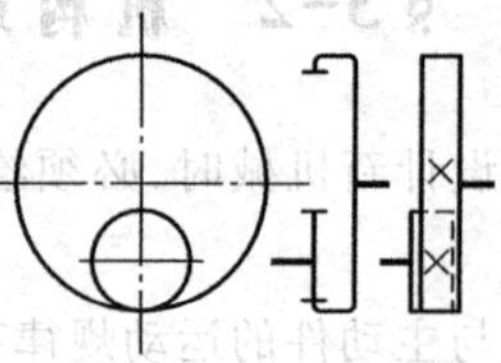	齿轮齿条传动	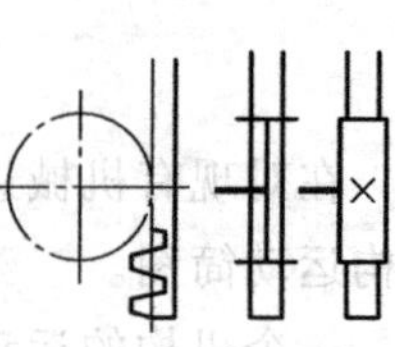
锥齿轮传动	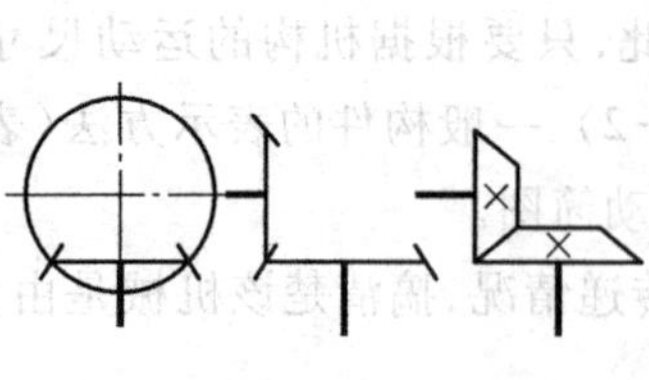	圆柱蜗杆传动	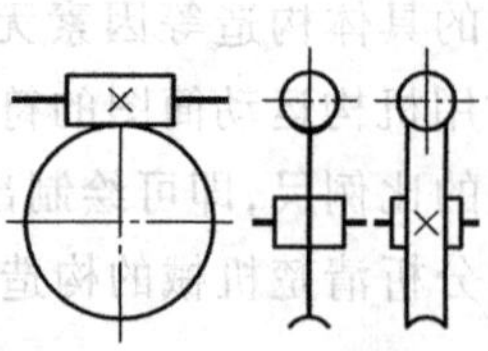	凸轮机构	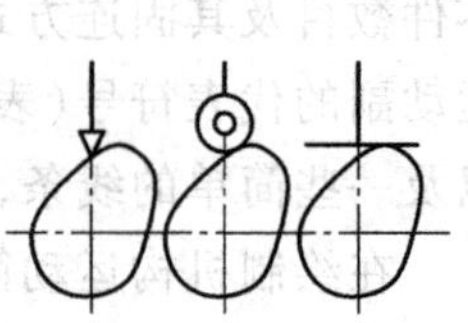

表 3-3　一般构件的表示方法

固定构件	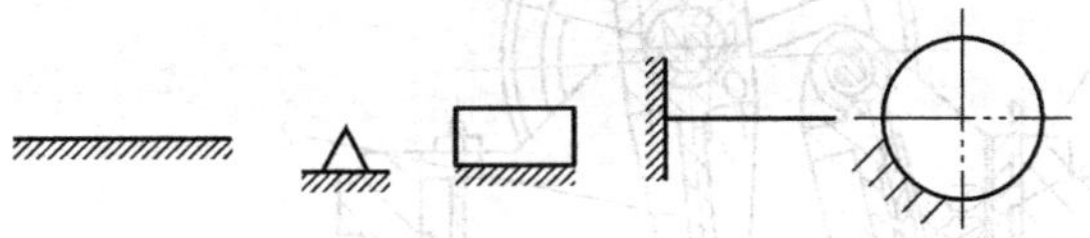
同一构件	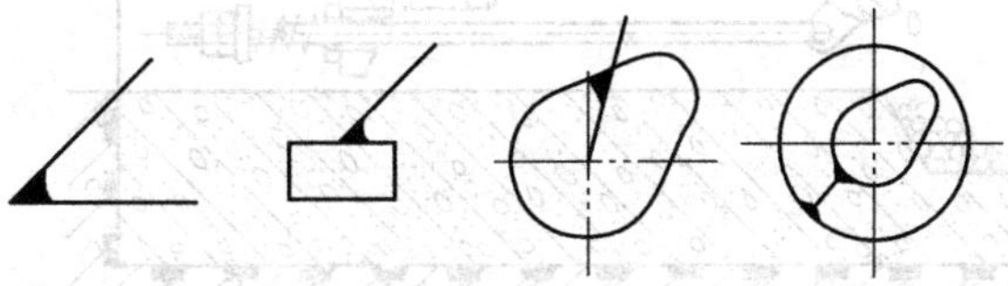
两副构件	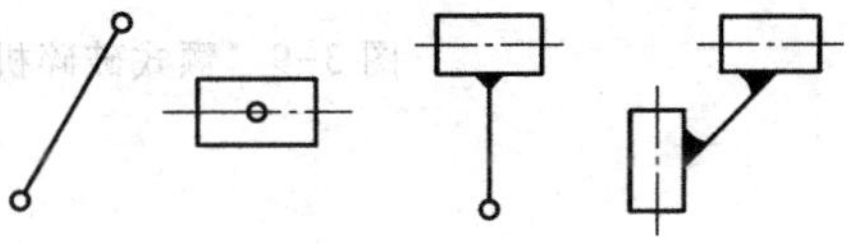
三副构件	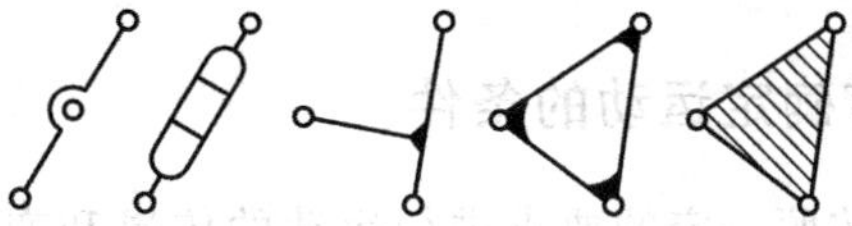

为了将机构运动简图表示清楚，还需要恰当地选择投影面。最好能在一个投影面上将机构的运动传递情况表达清楚。如果不可能的话，也可以将机构不同部分取两个或两个以上的投影面，然后转到同一个平面上，或将难于表达的部分另外绘制一个局部视图。

下面举例说明机构运动简图的绘制方法。

例 3-1　图 3-9a 所示为一颚式破碎机，曲轴 1 绕轴心 O 作整周回转时，动颚板 5 绕轴心 F 往复摆动，从而将矿石轧碎。试绘制其机构运动简图。

解　颚式破碎机的主动件为曲轴 1，执行构件为动颚板 5。由运动传递路线可以看出，此破碎机是由曲轴 1、构件 2、3、4、动颚板 5、机架 6 等六个构件组成的。曲轴 1 和机架 6 在点 O 构成转动副；曲轴 1 和构件 2 也构成转动副，其轴心在点 A；构件 2 与构件 3、4 在 D、B 两点分别构成转动副；构件 3 与机架 6 在点 E 构成转动副；动颚板 5 与构件 4 及机架 6 在 C、F 两点分别构成转动副。

将该破碎机的组成情况分析清楚后，选定图 3-9a 所示平面为投影面，按一定的比例尺，即可绘出如图 3-9b 所示的该破碎机的机构运动简图。在主动件 1 上加箭头，以表明它是主动件及其回转方向。

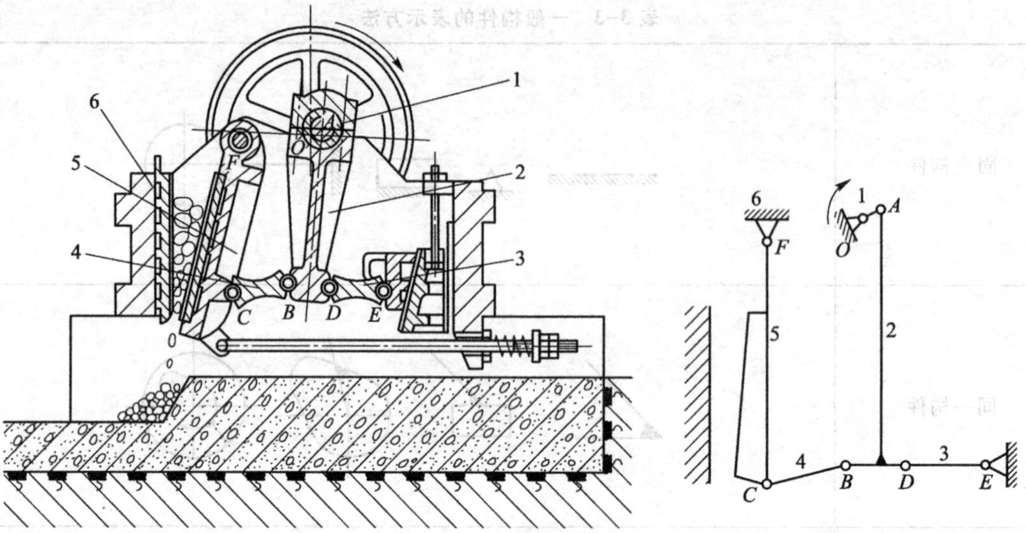

图 3-9　颚式破碎机

§3-3　平面机构的自由度

一、机构具有确定运动的条件

为了使机构能按照一定的要求进行运动的传递和变换，当机构的主动件按给定的运动规律运动时，该机构中的其余构件的运动应该是完全确定的。那么，机构满足什么条件才能具有确定运动呢？下面通过分析几个例子来说明这个问题。

图 3-10 所示为由四个构件组成的一种铰链四杆机构。在此机构中，如果给定一个独立的运动规律，如构件 1 的角位移规律 $\varphi_1=\varphi_1(t)$，则不难看出，此时其余构件的运动规律都是完全确定的。

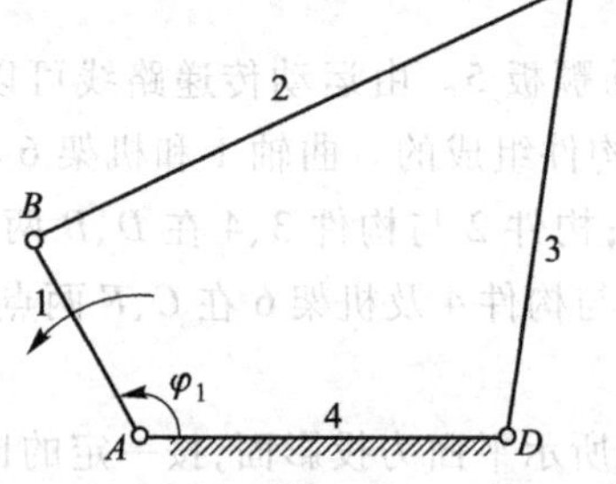

图 3-10　铰链四杆机构

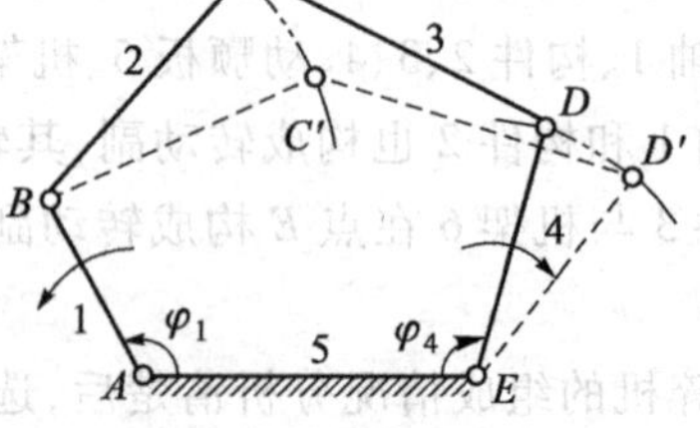

图 3-11　铰链五杆机构

又如图 3-11 所示的由五个构件组成的一种铰链五杆机构。在此机构中，如果给定一个独立的运动规律，如构件 1 的角位移规律 $\varphi_1=\varphi_1(t)$，此时构件 2、3、4 的运动规律并不确定。例如，当构件 1 处于图示 AB 位置时，构件 2、3、4 可以处于 $BCDE$ 位置，也可以处于 $BC'D'E$ 位置，或其他位置，显然，其运动是不确定的。但是，如果再给定另一个独立的运动规律，如构件 4 的角位移规律 $\varphi_4=\varphi_4(t)$，即同时给定机构两个独立的运动规律，则不难看出，这时此机构各构件的运动规律是完全确定的。

由上述分析可见，要使机构具有确定运动，就必须给定恰当的独立运动规律的数目。这个使机构具有确定运动时所必须给定的独立运动规律的数目，就称为机构的自由度。显然，上述铰链四杆机构的自由度为 1，而铰链五杆机构的自由度为 2。

又如前所述，机构中按照给定的运动规律运动的构件称为机构的主动件。由于主动件通常都是和机架通过低副相连的，因此一个主动件一般只能给定一个独立的运动规律，所以机构具有确定运动的条件为：机构的主动件数目应等于机构的自由度数目。

二、平面机构自由度的计算

如前所述，一个自由构件作平面运动时具有三个自由度，设一个平面机构共有 n 个活动构件（固定不动的机架不应计算在内），这些构件尚未通过运动副连接之前，共有 $3n$ 个自由度。如果将构件通过运动副连接组成一个机构，设该机构中共含 P_L 个低副和 P_H 个高副，由于一个低副引入 2 个约束，一个高副引入 1 个约束，那么它们共引入（$2P_L+P_H$）个约束，即机构失去了（$2P_L+P_H$）个自由度，于是该机构的自由度为

$$F=3n-2P_L-P_H \tag{3-1}$$

这就是一般平面机构自由度的计算公式。利用这一公式不难确定前述铰链四杆和五杆机构的自由度，其计算结果与前述分析一致。下面再举例说明上式的应用。

例 3-2 试计算图 3-9所示颚式破碎机的自由度。

解 由其机构运动简图不难看出，此机构共有 5 个活动构件（构件 1、2、3、4 及 5），7 个低副（转动副 O、A、B、C、D、E 及 F），没有高副，根据式(3-1)可求得该机构的自由度为

$$F=3n-2P_L-P_H=3\times5-2\times7-0=1$$

例 3-3 试计算图 3-12 所示机构的自由度。机构中构件长度 $l_{FH}=l_{IJ}=l_{EG}$，$l_{FI}=l_{HJ}$，$l_{IE}=l_{JG}$。

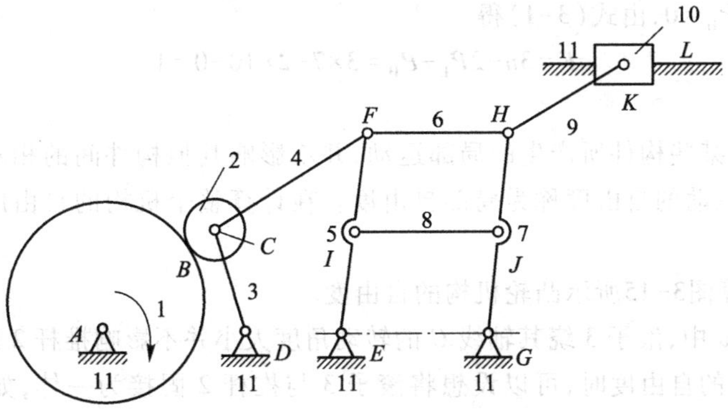

图 3-12 机构自由度算例

解 如简单地从其机构运动简图上看，此机构共有10个活动构件（构件1~10），似乎有11个低副（转动副A、C、D、E、F、G、H、I、J、K及移动副L），1个高副（高副B），故根据式(3-1)可求得该机构的自由度为

$$F=3n-2P_L-P_H=3\times10-2\times11-1=7$$

也就是说，要使该机构具有确定运动需要7个主动件，显然，这个结果与实际不符。这是因为在应用式(3-1)计算机构的自由度时，还有某些应该注意的事项未能正确处理的缘故。

三、计算平面机构自由度时应注意的事项

1. 复合铰链

两个以上的构件在一处以转动副相连接，就构成了所谓的复合铰链。如图3-13a所示为由三个构件构成的复合铰链。从该图的侧视图（图3-13b）可以看出，这三个构件共形成两个转动副，而不是一个转动副。同理，若有m个构件在某处构成复合铰链时，其转动副的数目应等于$(m-1)$个。

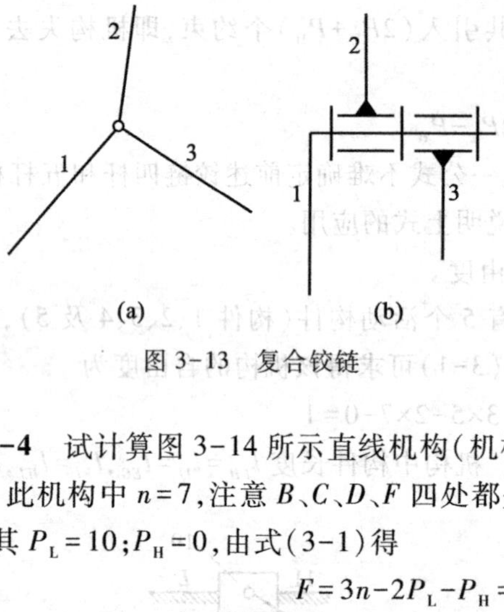

图3-13 复合铰链

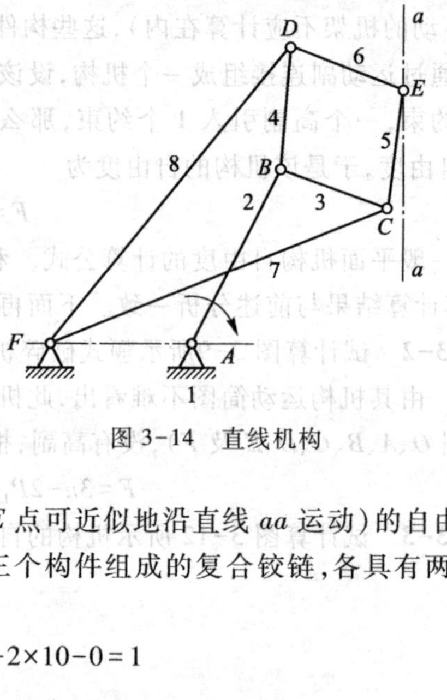

图3-14 直线机构

例3-4 试计算图3-14所示直线机构（机构中E点可近似地沿直线aa运动）的自由度。

解 此机构中$n=7$，注意B、C、D、F四处都是由三个构件组成的复合铰链，各具有两个转动副，因此其$P_L=10$；$P_H=0$，由式(3-1)得

$$F=3n-2P_L-P_H=3\times7-2\times10-0=1$$

2. 局部自由度

在有些机构中，某些构件所产生的局部运动，并不影响其他构件间的相对运动，这种不影响其他构件间的相对运动的自由度称为局部自由度。在计算整个机构的自由度时，应将局部自由度除去不计。

例3-5 试计算图3-15所示凸轮机构的自由度。

解 在图3-15a中，滚子3绕其轴线C的转动角度大小并不影响推杆2的运动，故属于局部自由度，在计算机构的自由度时，可以设想将滚子3与推杆2固接为一体，如图3-15b所示，这样，该机构的$n=2$、$P_L=2$、$P_H=1$，由式(3-1)得

$$F=3n-2P_L-P_H=3\times2-2\times2-1=1$$

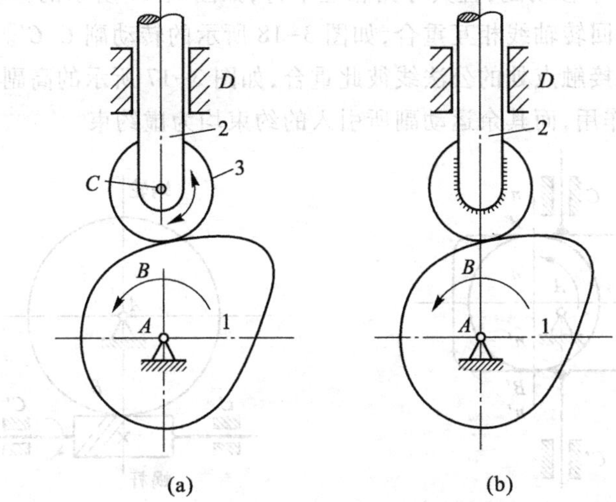

图 3-15　凸轮机构

3. 虚约束

在机构中，有些运动副引入的约束对机构的运动实际上不起约束作用，这类约束称为虚约束。在计算机构的自由度时应将虚约束除去。

平面机构中的虚约束常发生在下列场合：

1）在机构运动过程中，如两构件上某两点之间的距离始终保持不变，在这种情况下，若用一个构件将该两点用转动副连接起来，则该构件及形成的两转动副所引入的约束为虚约束。

如图 3-16a 所示的平行四边形机构中，连杆 3 作平移运动，显然，该机构的自由度为 1。现如图 3-16b 所示，在连杆 3 的 BC 线上的任一点 E 处再铰接一构件 5，而该构件的另一端铰接于 E 点轨迹的圆心 F 处（$\overline{EF}/\!/\overline{AB}$），显然，这样做对该机构的运动不产生任何影响，机构仍能运动，其自由度应该为 1，但是，此时计算出的机构自由度却变为了零，这是因为加入一个活动构件 5，引入了 3 个自由度，但增加两个转动副引入 4 个约束，即多引入一个约束，而此约束与其他运动副所引入的约束又是重复的，故这个约束对机构的实际运动并不起约束作用，属虚约束。在计算机构自由度时可假想将构件 5 去除，这时 E、F 转动副也就不存在了。

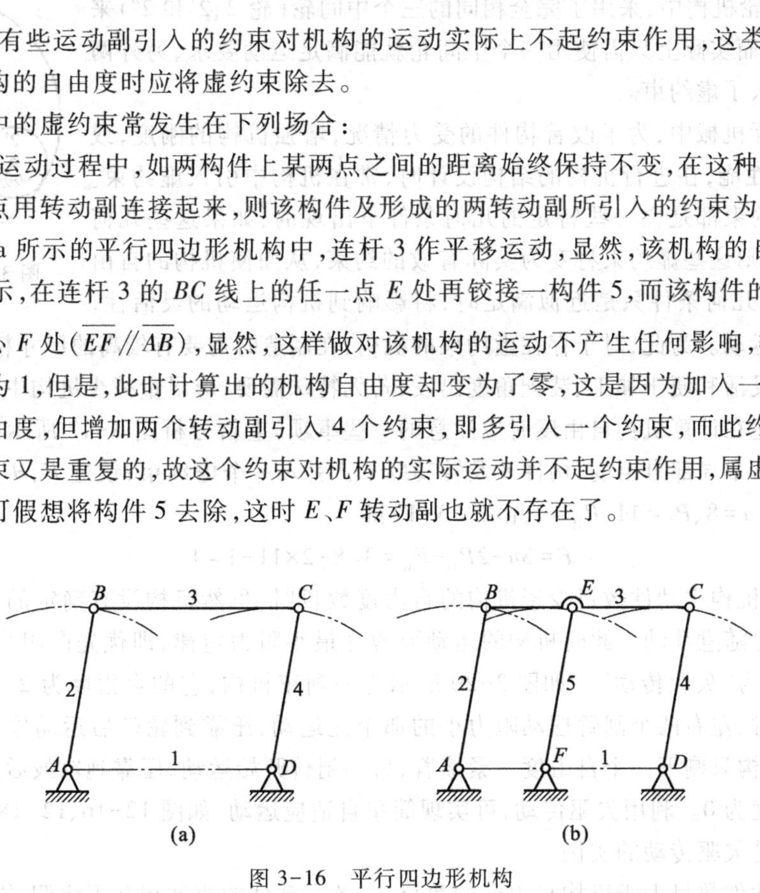

图 3-16　平行四边形机构

2）两构件间构成多个移动副，且其导路相互平行，如图 3-17 所示的移动副 C、C'；或两构件间构成多个转动副，且其回转轴线相互重合，如图 3-18 所示的转动副 C、C'。又若两构件在多处接触构成平面高副，且各接触点处的公法线彼此重合，如图 3-17 所示的高副 B、B'。这时只有其中的一个运动副起约束作用，而其余运动副所引入的约束均为虚约束。

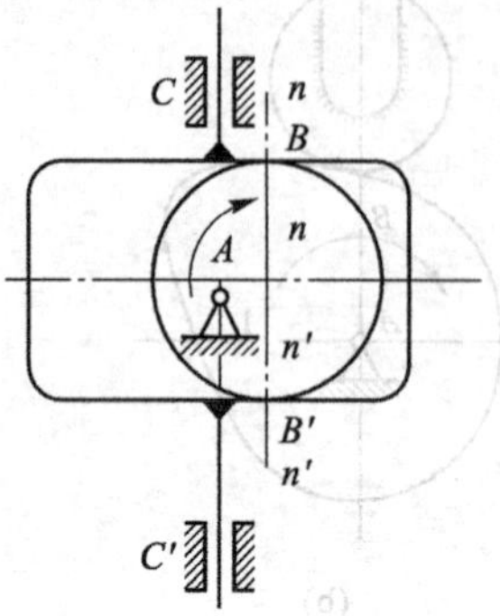

图 3-17 凸轮机构

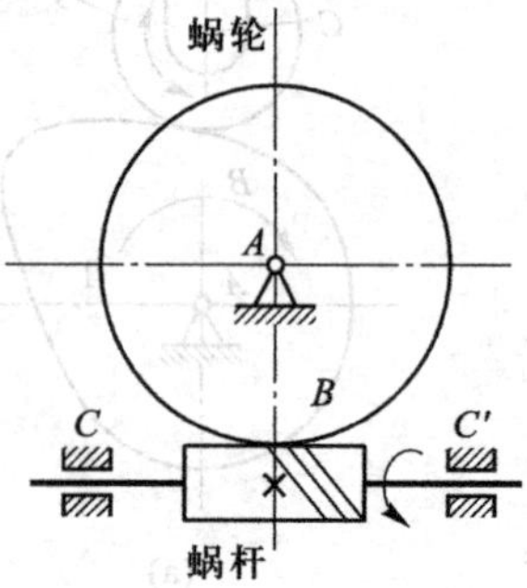

图 3-18 蜗杆传动

3）在机构中，某些不影响机构运动传递的重复部分所引入的约束亦为虚约束。例如，在图 3-19 所示的齿轮机构中，采用了完全相同的三个中间轮（轮 2、2′和 2″）来共同传递载荷，而实际上只需使用一个中间轮就能满足运动要求，另外两个中间轮则带入了虚约束。

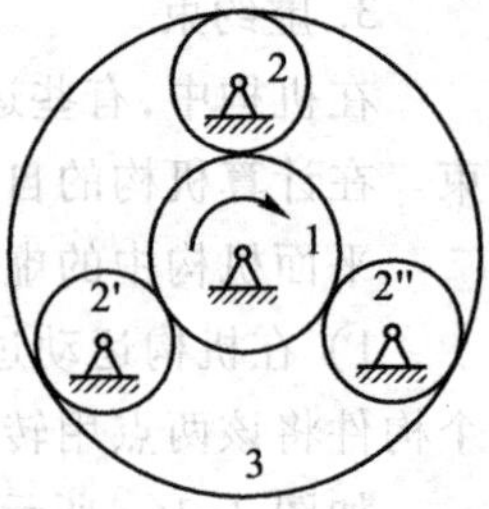

图 3-19 定轴轮系

在各种实际机械中，为了改善构件的受力情况，增强机构的刚度，或保证机械运转性能，在进行机构的结构设计时，常在机构中引入虚约束。但机构中的虚约束都是在一些特定的几何条件下出现的，如果这些几何条件不能满足，则这些虚约束将变为实际有效的约束，从而使机构的自由度减少；若这些几何条件只是近似满足时，将影响到机构运动的灵活性，甚至使其不能运动。为此，对于存在虚约束的机构，在制造时需要有较高的尺寸精度要求。故从保证机构运转灵活和便于加工、装配角度出发，若无特殊需要，应尽量减少机构中的虚约束。

现根据上述在计算机构自由度时应注意的一些事项，重新分析图 3-12 所示机构的自由度。滚子 2 处存在一个局部自由度；构件 8 及转动副 I、J 引入一个虚约束；铰链 F、H 处属复合铰链，据此，该机构的 $n=8$、$P_L=11$、$P_H=1$，由式（3-1）得

$$F=3n-2P_L-P_H=3\times8-2\times11-1=1$$

实际上，若机构主动件数目少于机构的自由度数目时，虽然机构没有确定的运动，但是机构的运动也并非是随意乱动。此时机构的运动要遵守最小阻力定律，即优先向阻力最小的方向运动，这种传动称为“欠驱传动”。如图 3-20 所示为一刹车机构，它的自由度为 2。当主动件向右运动进行刹车时，左右两个闸臂摆动阻力小的那个先运动，压靠到轮鼓后运动停止，即变为固定构件，此时该机构只剩下一个自由度。紧接着，另一闸臂开始运动，压靠到轮鼓后运动停止，此时该机构的自由度为 0。利用欠驱传动，可实现简单自适应运动，如图 12-16、12-18 和 12-19 所示的制动器也都是欠驱传动的实例。

若机构主动件数目大于机构自由度的数目，当各主动件的驱动相互不协调，则将导致机构的损坏。若各主动件的驱动相互协调，则可实现“冗驱传动”。如图 3-21 所示，这是用多个小电动

机带动一重型设备的冗驱传动机构。电动机的转速与驱动力矩具有自调性，采用这种传动方式，可显著减小设备的尺寸和质量。在生活中也常能见到冗驱传动。例如，在一些旅游景点，有一种双人骑行的自行车，前后两人各自驱动脚踏板，共同驱动自由度为 1 的自行车前行，这也是冗驱传动的实例。

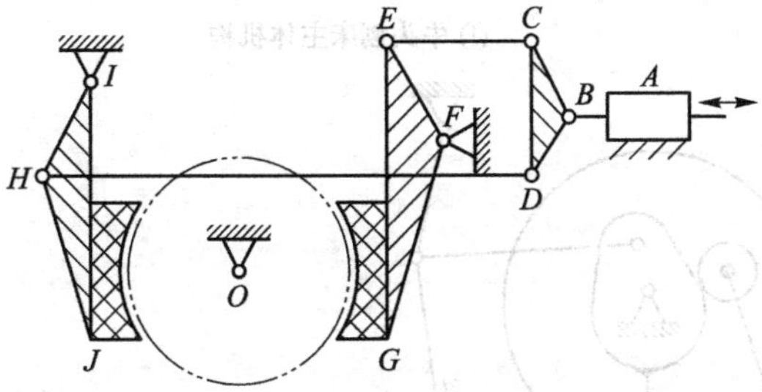

图 3-20 刹车机构

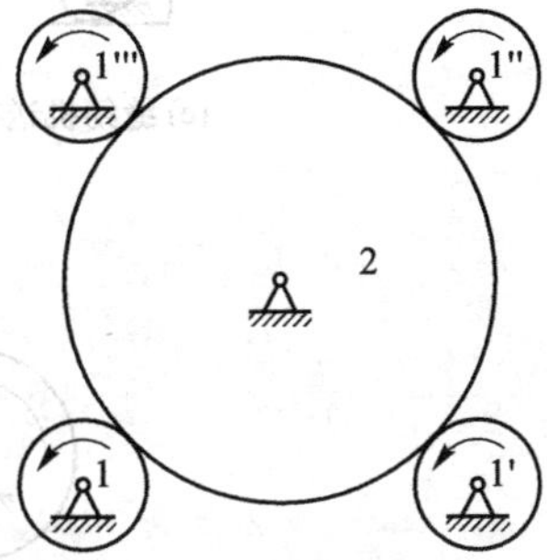

图 3-21 冗驱传动机构

思考题和练习题

3-1 试分析图 3-6 中所示螺旋副与球面副各引入几个约束？

3-2 机构运动简图能表示出原机构哪些方面的特性？

3-3 当机构的主动件数少于或多于机构的自由度时，机构的运动将发生何种情况？

3-4 计算图示各机构的自由度，并指出复合铰链、局部自由度和虚约束。

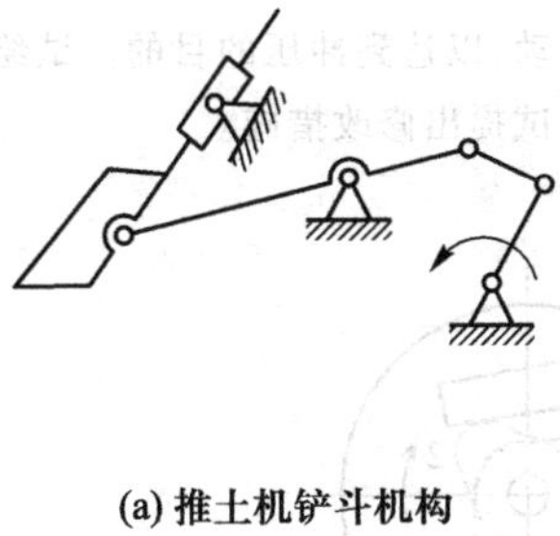

(a) 推土机铲斗机构

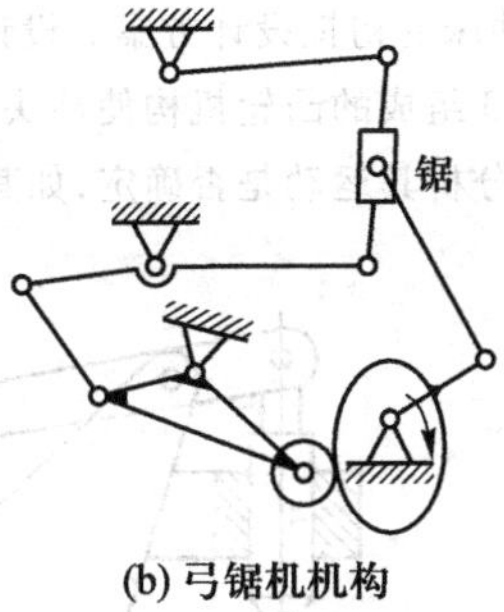

(b) 弓锯机机构

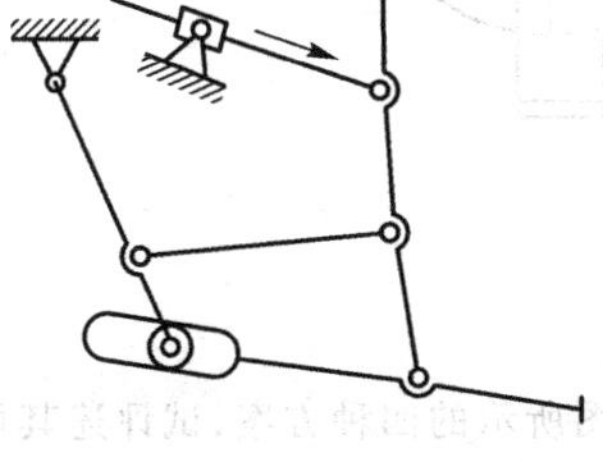

(c) 堵高炉出铁口的泥炮机构

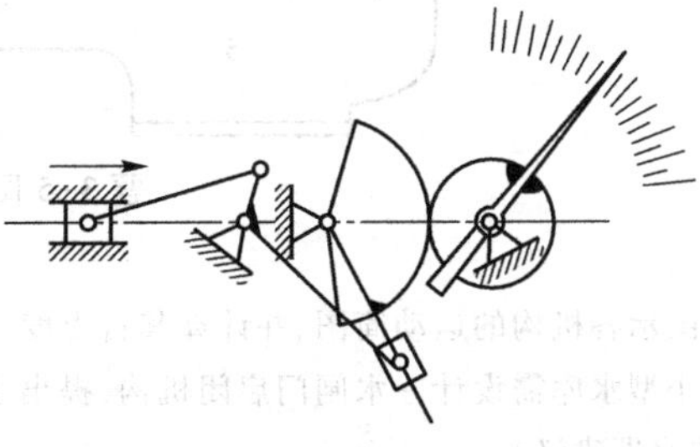

(d) 仪表机构

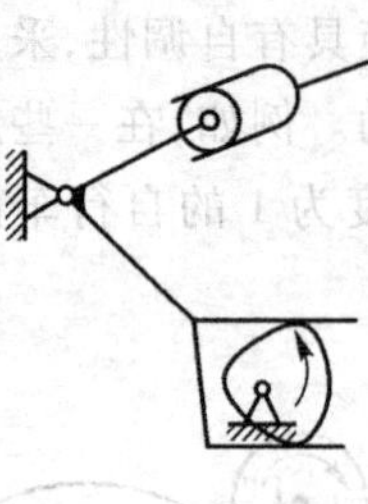

(e) 缝纫机送布机构

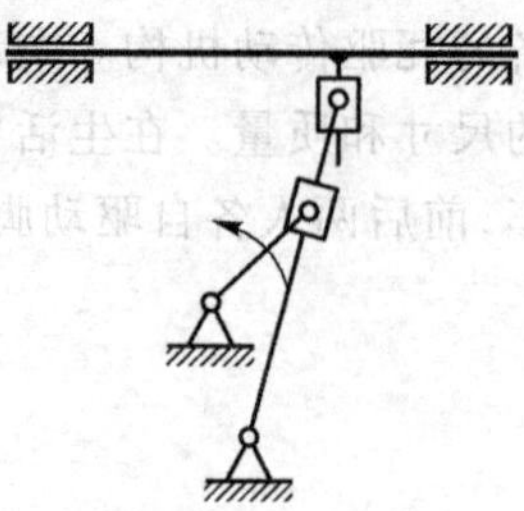

(f) 牛头刨床主体机构

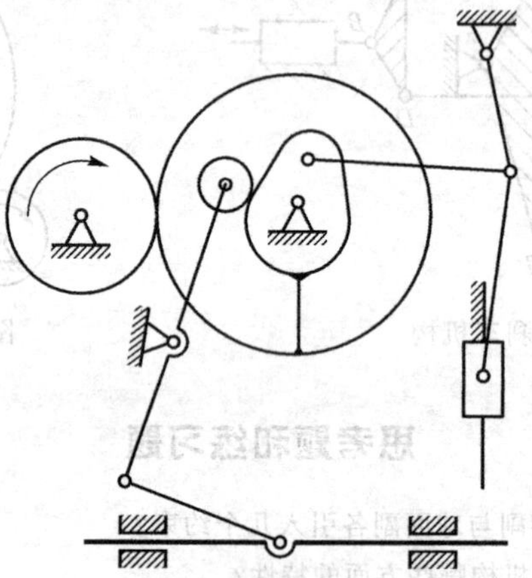

(g) 带推料功能的冲床机构

题 3-4 图

3-5　图示为一简易冲床的初拟设计方案。设计者的思路是：动力由齿轮 1 输入，使轴 A 连续回转；而固定在轴 A 上的凸轮 2 和杠杆 3 组成的凸轮机构使冲头 4 上下往复运动，以达到冲压的目的。试绘出其机构运动简图，计算机构的自由度，并分析其运动是否确定，如其运动不确定，试提出修改措施。

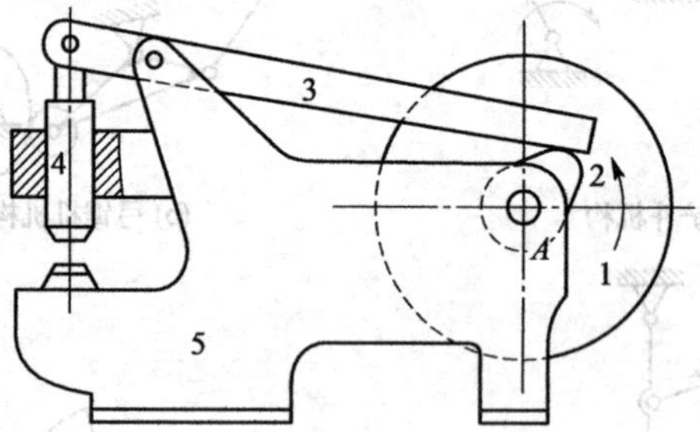

题 3-5 图

3-6　试绘出图示各机构的运动简图，并计算其自由度。

3-7　一农村小型水库需设计一水闸门启闭机构，提出了如图所示的四种方案，试评述其可行性和优劣点。你还有何进一步的改进建议？

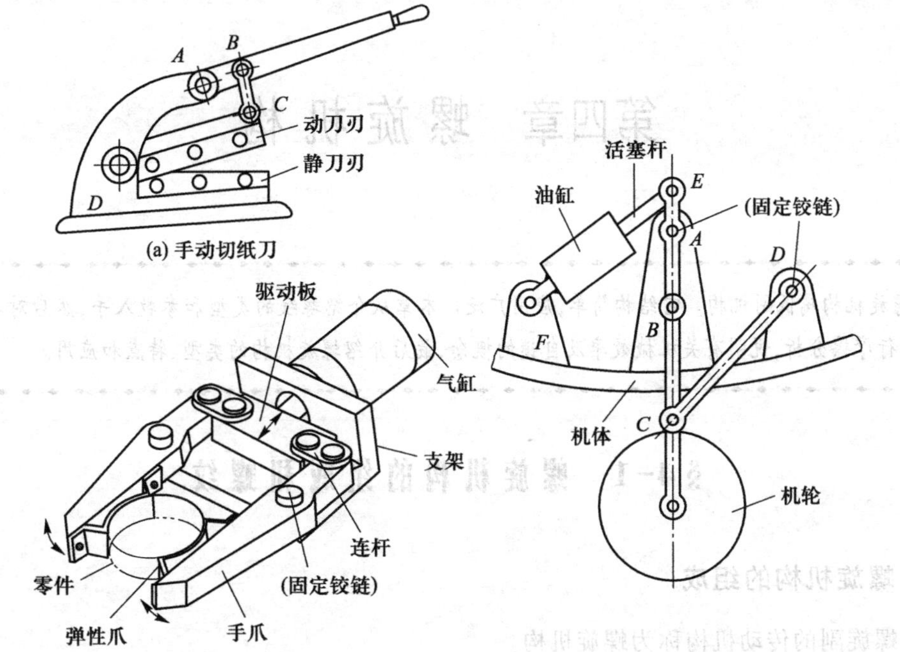

(a) 手动切纸刀

(b) 弹性机械手

(c) 飞机起落架收放机构

题 3-6 图

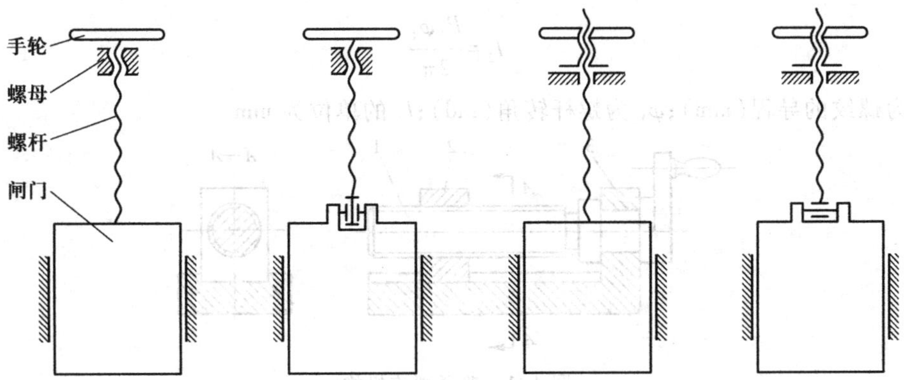

(a) (b) (c) (d)

题 3-7 图

第四章　螺旋机构

螺旋机构属低副机构。它结构简单，应用广泛。本章从介绍螺纹的类型和参数入手，然后对各种螺旋副进行摩擦分析，说明有关机械效率及自锁的概念，最后介绍螺旋机构的类型、特点和应用。

§4-1　螺旋机构的组成和螺纹

一、螺旋机构的组成

具有螺旋副的传动机构称为螺旋机构。

普通螺旋机构如图 4-1 所示，它主要由螺杆 1(具有外螺纹)、螺母 2(具有内螺纹)及机架 3 所组成。螺杆 1 与螺母 2 构成螺旋副。这种机构可将螺杆的转动转换为螺母的轴向移动，螺母的位移 l_2 与螺杆转角 φ_1 之间的关系为

$$l_2=\frac{P_h\varphi_1}{2\pi} \tag{4-1}$$

式中：P_h 为螺纹的导程(mm)；φ_1 为螺杆转角(rad)；l_2 的单位为 mm。

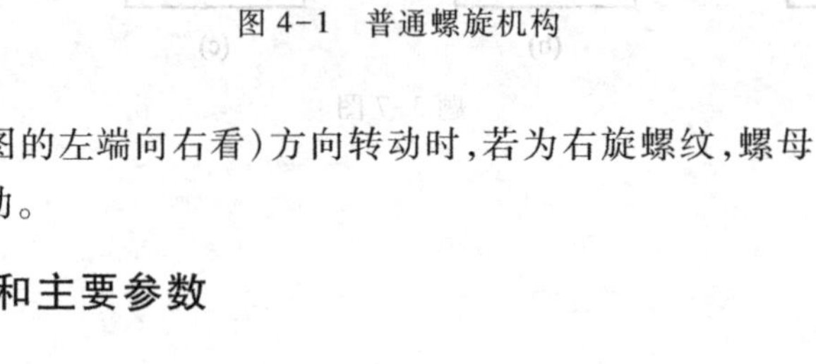

图 4-1　普通螺旋机构

当手柄顺时针(从图的左端向右看)方向转动时，若为右旋螺纹，螺母 2 向左移动；若为左旋螺纹，则螺母 2 向右移动。

二、螺纹的类型和主要参数

1. 螺纹的类型

螺纹的种类很多。常用的螺纹如图 4-2 所示，主要有普通螺纹(三角螺纹)(图 4-2a)、管螺纹(图 4-2b)、矩形螺纹(图 4-2c)、梯形螺纹(图 4-2d)及锯齿形螺纹(图 4-2e)等。前两种螺纹主要用于连接，后三种螺纹主要用于传动。其中除矩形螺纹外，都已标准化。标准螺纹的基本尺

寸,可查阅机械设计手册。

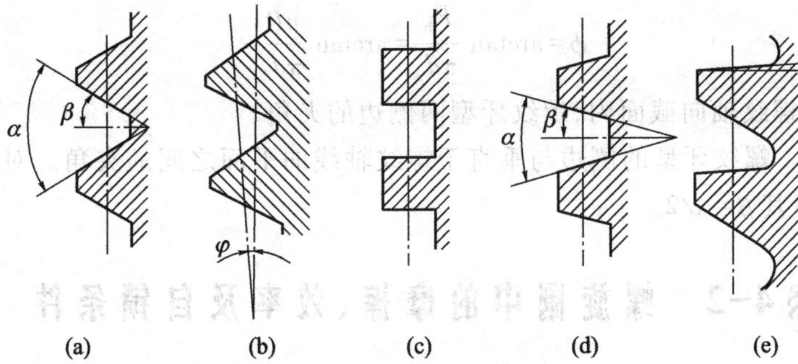

图 4-2　常用螺纹种类

根据螺旋线的绕行方向,螺纹可分为右旋(图 4-3a)和左旋(图 4-3b)两种,常用的是右旋螺纹。根据螺旋线的数目,螺纹可分为单线螺纹(图 4-3a)和多线螺纹(图 4-3b)。

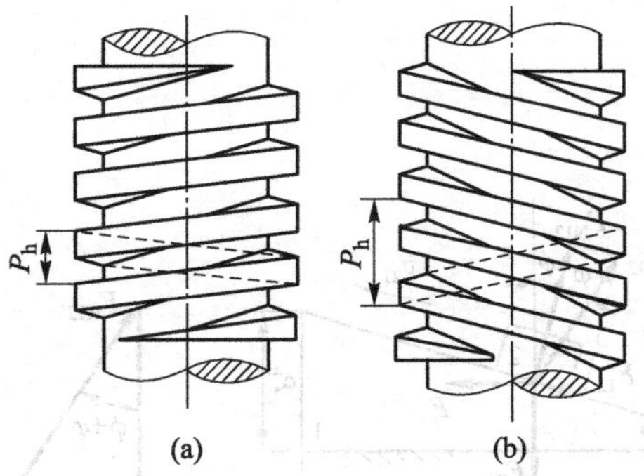

图 4-3　螺纹的旋向和线数

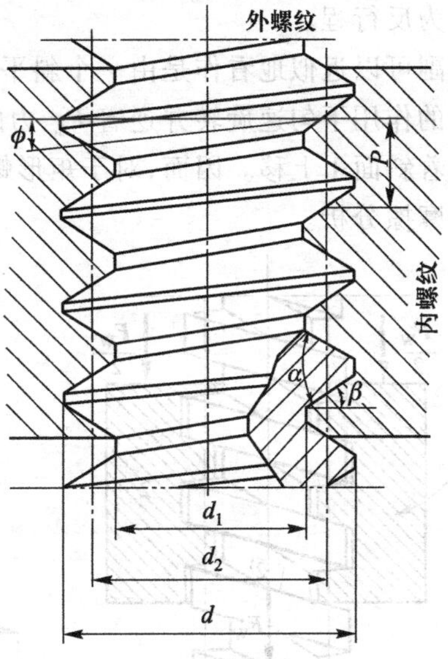

图 4-4　螺纹参数

2. 螺纹的主要参数

现以图 4-4 所示的普通螺纹中外螺纹为例,说明螺纹的主要参数。

1) 大径 d　螺纹的最大直径,在国标中规定为螺纹的公称直径。

2) 小径 d_1　螺纹的最小直径,在强度计算中常作为螺杆危险截面的计算直径。

3) 中径 d_2　螺纹轴向截面内沟槽和凸起宽度相等处的直径。它近似等于螺纹的平均直径,$d_2 \approx (d+d_1)/2$。它是确定螺纹几何参数和配合性质的直径。

4) 线数 n　螺纹的螺旋线数目。

5) 螺距 P　螺纹相邻两个牙型上对应点之间的轴向距离。

6) 导程 P_h　螺纹上任一点沿同一条螺旋线转一周所移动的轴向距离,$P_h = nP$。

7) 导程角(又称升角)ϕ　在中径圆柱上螺旋线的切线与垂直于螺纹轴线的平面之间的夹

角，即

$$\phi=\arctan\frac{P_h}{\pi d_2}=\arctan\frac{nP}{\pi d_2} \tag{4-2}$$

8）牙型角 α　螺纹轴向截面内，螺纹牙型两侧边的夹角。

9）牙型斜角 β　螺纹牙型的侧边与垂直于螺纹轴线的平面之间的夹角。对于对称牙型（普通螺纹及梯形螺纹）其 $\beta=\alpha/2$。

§4-2　螺旋副中的摩擦、效率及自锁条件

一、矩形螺旋副

图 4-5a 所示为矩形螺纹（$\beta=0°$）的螺旋副。螺母上的轴向载荷为 F_W，由外转矩 T 驱动螺母 2 旋转并逆着 F_W 力的方向移动称为正行程，而由轴向载荷 F_W 驱动螺母 2 旋转并顺着 F_W 力方向移动称为反行程。

螺旋副可以近似地看作是由一个斜平面卷绕在圆柱体上形成的。在正行程中，螺母 2 在驱动转矩 T 的作用下匀速旋转并逆着 F_W 力的方向移动时，螺母 2 与螺杆 1 的相对运动相当于一个滑块 2 沿着斜面 1 上移。因而，对于矩形螺旋副中的摩擦分析，可以简化为对一个滑块沿着斜平面运动的摩擦分析。

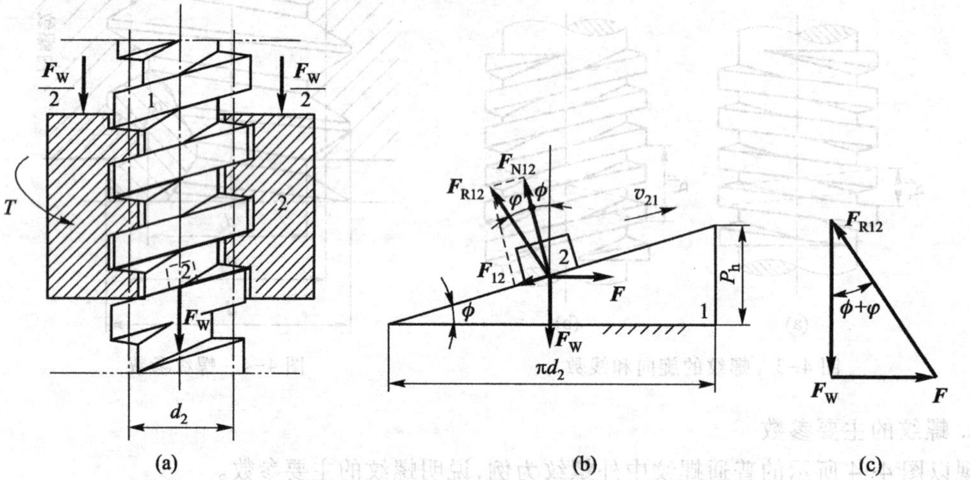

图 4-5　矩形螺旋副正行程的摩擦分析

将矩形螺旋（图 4-5a）沿中径 d_2 展开，可得到一个升角为 ϕ 的斜平面（图 4-5b）。当滑块 2 在水平力 F 的驱动下沿斜面等速上升时，斜面 1 给滑块的法向反力为 F_{N12}，摩擦力为 F_{12}。F_{N12}与 F_{12}的合力（即总反力）为 F_{R12}，它们的方向如图 4-5b 所示。设总反力 F_{R12}与法向反力 F_{N12}之间的夹角为 φ，由于 $\tan\varphi=F_{12}/F_{N12}=f$（$f$ 为接触平面间的摩擦因数），故 φ 称为摩擦角。滑块在 F、F_W 和 F_{R12}三力作用下平衡，于是由力的封闭三角形（图 4-5c）可求出水平驱动力 F 的大小为

$$F=F_W\tan(\phi+\varphi) \tag{4-3}$$

式中：ϕ 为螺纹的升角；φ 为摩擦角，$\varphi=\arctan f$；F 的单位为 N。

在正行程时，应加在螺母上的驱动力矩为

$$T=\frac{d_2}{2}F=\frac{d_2}{2}F_W\tan(\phi+\varphi) \tag{4-4}$$

式中：d_2 为螺纹中径（mm）；T 的单位为 N·mm。

当螺母旋转一圈时，输入功 $W_1=2\pi T$，此时举升滑块所作的有益功即输出功为

$$W_2=F_W P_h=F_W\pi d_2\tan\phi$$

由于机械效率的定义是机械的输出功与输入功之比（它反映了一部机器对于输入功的有效利用程度），故矩形螺旋副的机械效率为

$$\eta=\frac{W_2}{W_1}=\frac{F_W P_h}{2\pi T}=\frac{\tan\phi}{\tan(\phi+\varphi)} \tag{4-5}$$

当螺母在 F_W 力作用下自行松退（反行程）时，相当于滑块在 F_W 力的驱动下沿着斜平面下滑。如图 4-6 所示，为了维持滑块在下滑时作等速运动，还需对滑块施加一个水平方向的阻抗力 F'（N），滑块在 F'、F_W 和 F_{R12} 三力的作用下平衡。由此可得

$$F'=F_W\tan(\phi-\varphi) \tag{4-6}$$

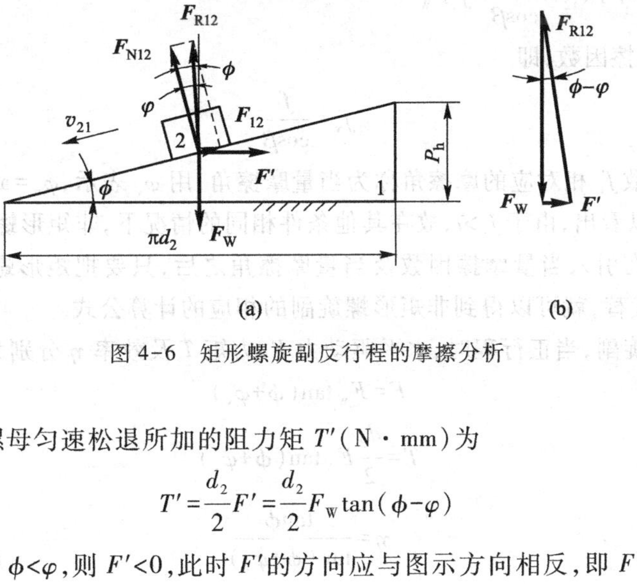

图 4-6　矩形螺旋副反行程的摩擦分析

故在反行程时，为使螺母匀速松退所加的阻力矩 T'（N·mm）为

$$T'=\frac{d_2}{2}F'=\frac{d_2}{2}F_W\tan(\phi-\varphi) \tag{4-7}$$

在式（4-6）中，若 $\phi<\varphi$，则 $F'<0$，此时 F' 的方向应与图示方向相反，即 F' 应为驱动力。这表明，在 $\phi<\varphi$ 的情况下，要使滑块沿着斜平面下滑，必须对滑块再施加一个驱动力 F'，否则不论原驱动力 F_W 有多大，也不会使滑块下滑。这种现象称为机械的自锁。由此可知，矩形螺旋副反行程的自锁条件是

$$\phi\leqslant\varphi \tag{4-8}$$

当 $\phi=\varphi$ 时，该螺旋副处于临界自锁状态。

由外转矩 T 驱动螺杆或螺母旋转而推动物体移动、举升重物、夹紧物体，以及拧紧螺栓或螺母均称为正行程。由轴向力 F_W 驱动螺杆或螺母旋转使物体下降，以及螺旋副在夹紧力 F_W 的作用下自行松退均称为反行程。因为螺旋副反行程通常具有自锁性，因此松退螺旋副时通常需补加驱动力矩。

二、非矩形螺旋副

非矩形螺旋副的螺纹是指牙型斜角 $\beta \neq 0°$ 的普通螺纹、梯形螺纹和锯齿形螺纹。其螺母与螺杆的相对运动关系与矩形螺旋副一样，所不同的是，构成运动副的接触面的几何形状不同。忽略螺纹升角的影响，在轴向载荷 F_W 作用下，在矩形螺纹(图 4-7a)中，螺杆 1 作用在螺母 2 上的法向反力为

$$F_{N12}=F_W$$

故矩形螺纹中的摩擦力为

$$F_{12}=f\,F_{N12}=f\,F_W$$

而在非矩形螺纹(图 4-7b)中，螺杆 1 作用在螺母 2 上的法向反力为

$$F_{N12}=\frac{F_W}{\cos\beta}$$

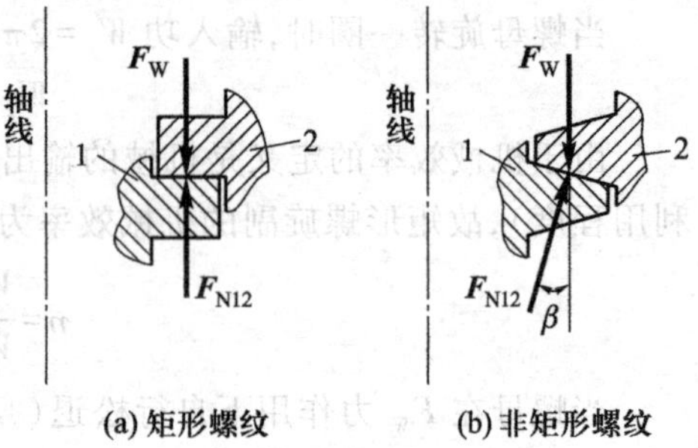

图 4-7　矩形螺纹与非矩形螺纹的法向反力

故非矩形螺纹中的摩擦力为

$$F_{12}=f\,F_{N12}=\frac{f\,F_W}{\cos\beta}=f_vF_W$$

式中，f_v 称为当量摩擦因数，即

$$f_v=\frac{f}{\cos\beta} \tag{4-9}$$

与当量摩擦因数 f_v 相对应的摩擦角称为当量摩擦角，用 φ_v 表示，$\varphi_v=\arctan f_v$。

由式(4-9)可以看出，由于 $f_v>f$，故在其他条件相同的情况下，非矩形螺纹中的摩擦力大于矩形螺纹的摩擦力。在引入当量摩擦因数及当量摩擦角之后，只要把矩形螺旋副有关公式中的 f 及 φ 用 f_v 及 φ_v 来代替，就可以得到非矩形螺旋副的相应的计算公式。

对于非矩形螺旋副，当正行程时，水平驱动力 F、力矩 T 及效率 η 分别为

$$F=F_W\tan(\phi+\varphi_v) \tag{4-10}$$

$$T=\frac{d_2}{2}F_W\tan(\phi+\varphi_v) \tag{4-11}$$

$$\eta=\frac{\tan\phi}{\tan(\phi+\varphi_v)} \tag{4-12}$$

反行程的自锁条件为

$$\phi\leqslant\varphi_v \tag{4-13}$$

式中，$\varphi_v=\arctan f_v$，$f_v=f/\cos\beta$。对于普通螺纹，$\beta=30°$；对于梯形螺纹，$\beta=15°$；对于锯齿形螺纹，$\beta=3°$。

由以上分析可知，螺纹牙型斜角 β 对于螺旋副的效率及自锁性的影响很大。β 角越大，则 f_v 及 φ_v 也越大，效率越低，反行程越易发生自锁。普通螺纹因其牙型斜角 β 大，自锁性好，故常用于连接；而矩形螺纹、梯形螺纹、锯齿形螺纹因 β 角小，传动效率高，故常用于传动。

由式(4-12)可知，螺旋副的传动效率还与螺纹升角 ϕ 有关。η 随 ϕ 变化的曲线如图 4-8 所示。由图可见，起初 η 随 ϕ 的增大而增大，在接近$(45°-\varphi_v)$角时，η 达最大值，此后又随 ϕ 的增大而减小，故一般螺旋传动的升角不宜大于 40°。

又由式(4-2)可知,在螺纹的中径 d_2 和螺距 P 一定的情况下,随着螺纹线数 n 的增加,ϕ 将增大,使传动效率也相应增大。因此,若要提高传动效率,可采用多线螺旋传动。

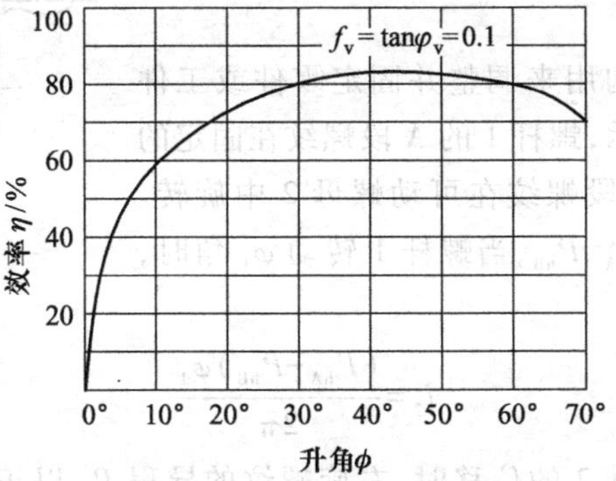

图 4-8　传动效率随升角的变化曲线

§4-3　螺旋机构的类型、应用和特点

螺旋机构主要用于将回转运动转变为直线运动,同时传递动力,在大升角的情况下也可将直线运动转变为回转运动。螺旋机构在机床的进给机构、起重设备、锻压机械、测量仪器、工具、文具、玩具及其他工业装备中有着广泛的应用。

一、螺旋机构的类型和应用

螺旋机构按其运动形式可分为两类。

1. 变回转运动为直线运动

这种运动形式在螺旋机构中最为常见。按其用途的不同又可分为以下几种:

1) 传力螺旋　这种机构用以举起重物或克服大的工作阻力,如螺旋千斤顶(图 4-9a)、螺旋压力机(图 4-9b)、台虎钳等。它主要用来承受很大的轴向力,一般为间歇工作,每次工作时间较短,工作速度也不高,而且通常需要有自锁能力。

2) 传导螺旋　这种机构用以传递运动,如图 4-10 所示为车床进给机构螺旋。它要求具有

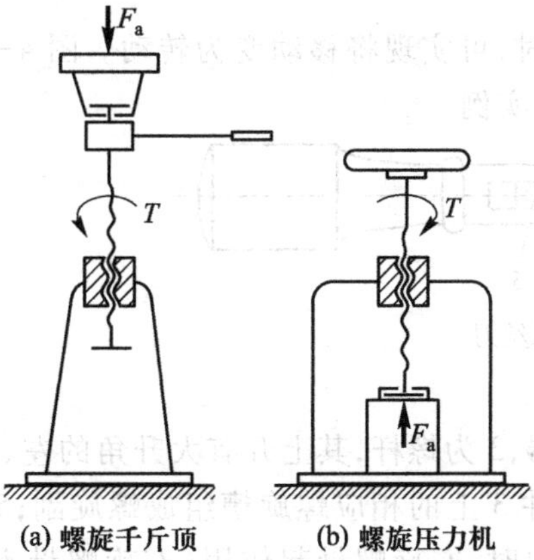

图 4-9　传力螺旋

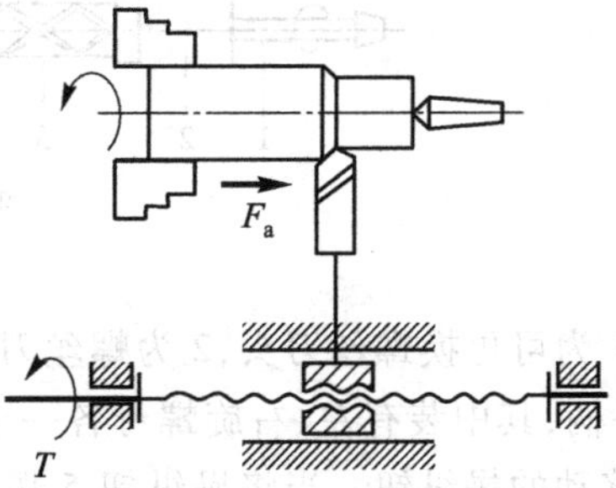

图 4-10　传导螺旋

较高的传动精度或工作速度,且能在较长时间内连续工作。对于要求传动精度高的螺旋,常采用单线螺旋,而对于要求传动效率高的螺旋,则采用升角较大的多线螺旋。

3) 调整螺旋　这种机构用来调整并固定零件或工件的相对位置。如图 4-11 所示,螺杆 1 的 A 段螺纹在固定的螺母 3 中旋转,螺杆 1 的 B 段螺纹在可动螺母 2 中旋转。设两段螺纹的导程分别为 P_{hA}、P_{hB},当螺杆 1 转动 φ_1 角时,螺母 2 的位移为

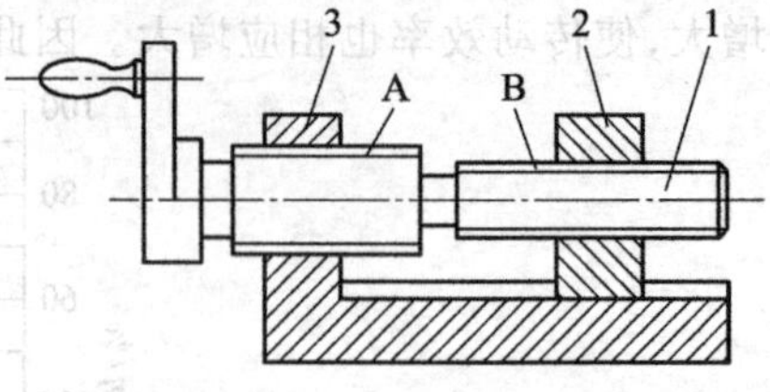

图 4-11　差动螺旋机构

$$l_2=\frac{(P_{hA}-P_{hB})\varphi_1}{2\pi} \tag{4-14}$$

在由式(4-14)计算螺母 2 的位移时,右旋螺纹的导程 P_h 以正值代入,左旋螺纹的导程 P_h 以负值代入。当手柄顺时针(从图的左端向右看)方向转动时,若由式(4-14)计算得到 $l_2>0$,表示螺母 2 向右移动;若 $l_2<0$,则表示螺母 2 向左移动。

在图 4-11 所示螺旋机构中,若两段螺旋副的旋向相同(即同为右旋或同为左旋),则称为差动螺旋机构。当差动螺旋机构的 P_{hA} 与 P_{hB} 的差很小时,螺母 2 的位移 l_2 也很小,因此也称其为微动螺旋机构。差动螺旋机构常用于测微计、分度机构、调整机构及刀具进给量的微调机构等中。

图 4-12 所示为镗床镗刀的微调机构。螺母 2 与镗杆 3 固连,螺杆 1 与螺母 2 组成螺旋副 A,同时螺杆 1 又与可动螺母 4 组成螺旋副 B,4 的末端是镗刀。当螺旋副 A 与 B 旋向相同而导程不同时,构成了差动螺旋机构。转动螺杆 1 可使镗刀相对镗杆作微量的移动,以调整镗孔的进刀量。

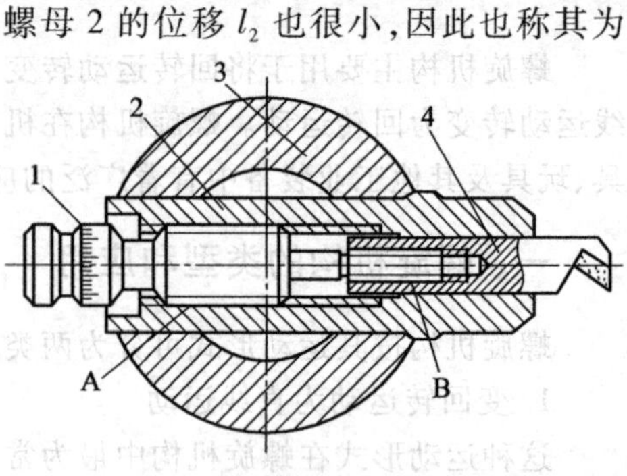

图 4-12　镗床镗刀的微调机构

若图 4-11 中两段螺旋副的旋向相反,则这种螺旋机构称为复式螺旋机构。当螺杆 1 转动时,螺母 2 可较快地前进或后退。复式螺旋机构常用于张紧装置中作调整螺旋。

2. 变直线运动为回转运动

对于升角很大的螺旋机构,当其反行程不自锁时,可实现将移动变为转动。图 4-13 所示的新型螺丝刀是将螺母的移动变为螺杆的转动的应用实例。

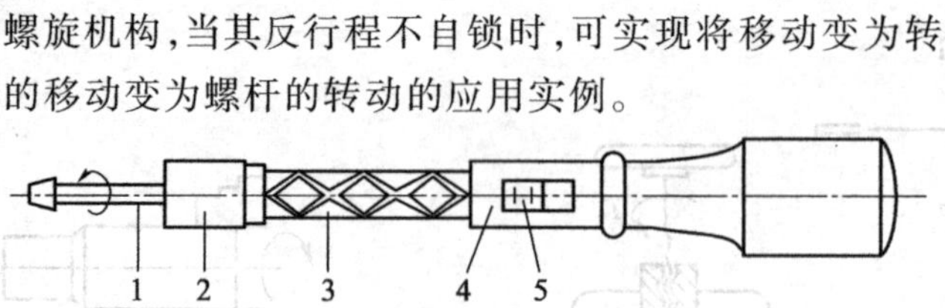

图 4-13　螺丝刀

图中 1 为可更换螺丝刀头,2 为螺丝刀头夹持器,3 为螺杆,其上开有大升角的左、右螺旋槽;4 为空心手柄,其中装有左、右旋螺母各一个,各与件 3 上的相应螺旋槽组成螺旋副;5 为可在长方形槽中移动的操纵钮。当将操纵钮 5 拨动到左边时,左旋螺母起作用(右旋螺母不起作用)。这时向左推动手柄时,螺丝刀将沿图示箭头方向回转,用以旋紧螺钉。当将操纵钮 5 拨到右边

时，则相反，用以旋松螺钉。若将操纵钮 5 拨动到中间位置，则手柄 4 与螺杆 3 不能相对运动，可作为普通螺丝刀用。

图 4-14 所示为儿童玩具飞翼，当一手握住螺杆 1，另一手通过套筒 3 推动飞翼 2(即螺母)时，飞翼就会快速转动而高高飞起。

枪炮弹膛中螺旋线(又称来复线)也是用来使子弹(或炮弹)在移动的同时产生旋转运动，以增大子弹(或炮弹)飞行的稳定性。

螺旋机构按其螺旋副的摩擦性质不同，又可分为滑动摩擦螺旋(简称滑动螺旋)和滚动摩擦螺旋(简称滚动螺旋)。滑动螺旋又可分为普通滑动螺旋和静压螺旋。由于普通滑动螺旋结构简单，制造容易，传力大，易于自锁，运转平稳无噪声，所以一般场合应用较普遍。而静压螺旋是靠外部的高压油在螺杆和螺母螺纹面之间形成一层足够厚的油膜来承载，因此摩擦磨损很小，传动效率很高，能长期保持传动精度，常用于数控和伺服系统等高要求的设备之中。但其结构复杂，且需附加供油系统。

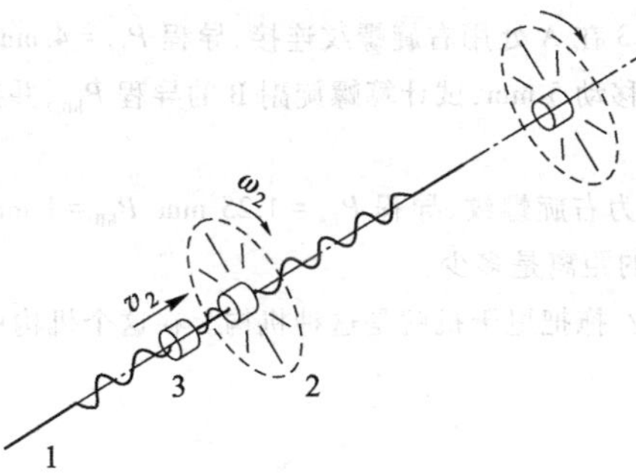

图 4-14　玩具飞翼

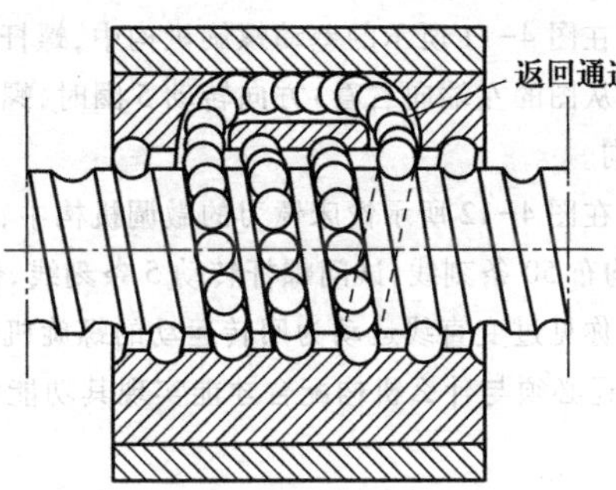

图 4-15　滚动螺旋

滚动螺旋如图 4-15 所示，在螺杆与螺母之间的螺纹滚道内充填滚珠，当螺杆与螺母相对转动时，滚珠沿滚道滚动。为了使滚珠能循环滚动，螺母上有返回通道。滚动螺旋传动摩擦损失小，效率高，传动精度较高，工作可靠，但结构复杂，制造较困难，抗冲击性能较差。

二、螺旋机构的特点

螺旋机构具有如下特点：

1）具有大的减速比。螺旋机构的减速比为

$$i=\frac{\pi\ d_2}{P_h}=\cot\phi$$

式中：d_2 为螺纹的中径，P_h 为导程，ϕ 为升角。显然，当 ϕ 角很小时，即可获得大的减速比。

2）具有大的力的增益。在不考虑摩擦时，减速比的大小即为力的增益的倍数，故当 ϕ 角较小时即可获得大的力的增益。

3）反行程可以自锁。如前所述，当 $\phi\leqslant\varphi_v$ 时螺旋机构在反行程时具有自锁性。一些机构在工作时就需要利用这种特性，如螺旋千斤顶和夹紧虎钳等。普通滑动螺旋，由于当量摩擦角 φ_v 大，当升角 ϕ 小时易实现反行程自锁。顺便指出，对于滚动螺旋和静压螺旋而言，由于其当量摩擦角 φ_v 很小，故通常不满足反行程自锁条件，即反行程时不自锁。

4）传动平稳，噪声小，工作可靠。

5）各种不同螺旋机构的机械效率差别很大，如：普通滑动螺旋的机械效率低，$\eta=0.3\sim0.8$；滚动螺旋 $\eta=0.85\sim0.95$；静压螺旋 $\eta=0.9\sim0.98$。

思考题和练习题

4-1　试比较普通螺纹与梯形螺纹有哪些主要区别？为什么普通螺纹用于连接而梯形螺纹用于传动？

4-2　在螺旋机构中，将转动转变为移动及把移动转变为转动有什么条件限制？请用实例来说明螺母与螺杆的相对运动关系。

4-3　具有自锁性的机构与不能动的机构有何本质上的区别？

4-4　若要提高螺旋机构的机械效率，有哪些途径可以考虑？

4-5　在图 4-9a 所示的螺旋千斤顶中，若螺杆为单线梯形螺纹，其大径 $d=24$ mm，中径 $d_2=22.5$ mm，导程 $P_h=3$ mm，牙型角 $\alpha=30°$，手柄到回转中心的有效长度 $L=200$ mm，螺旋副的摩擦因数 $f=0.1$，现要举起 $F_W=$ 12 000 N 的重物，需要在手柄端部施加多少作用力？其机械效率为多少？该千斤顶在重物的作用下是否会自动反转？

4-6　在图 4-11 所示的差动螺旋机构中，螺杆 1 与机架 3 在 A 处用右旋螺纹连接，导程 $P_{hA}=4$ mm，当摇柄沿顺时针（从图的左端向右看）方向转动 5 圈时，螺母 2 向左移动 5 mm，试计算螺旋副 B 的导程 P_{hB}，并判断螺旋副 B 的旋向。

4-7　在图 4-12 所示镗床镗刀的微调机构中，A 和 B 均为右旋螺纹，导程 $P_{hA}=1.25$ mm、$P_{hB}=1$ mm，螺杆 1 的圆周上均布 50 条刻线，试问螺杆转动 5 条刻线，镗刀移动的距离是多少？

4-8　你见过变直线运动为回转运动的螺旋机构实物吗？拖把甩干机就是这种机构。在这个机构中除了螺旋机构外，还必须与什么机构配合才能实现其功能？

第五章　平面连杆机构

本章主要介绍平面连杆机构的基本形式、演化规律及其应用实例，分析铰链四杆机构的几个特性，并对其常用的设计方法作简要介绍。

§5-1　概　　述

连杆机构是由若干构件通过低副连接而成的。若各构件均在相互平行的平面内运动，就称为平面连杆机构。它是一种应用极为广泛的机构，在各行各业的机械设备中，以及在人们日常生活所用的许多器械中也处处可见。

连杆机构之所以能得到广泛应用，是由于它能实现多种运动形式的转换，满足多方面的要求。下面介绍几个实例。

图 5-1 所示为压力机机构。当主动构件 1 回转时，滑块 5 作上、下往复运动。该机构的特点是原动件在用力不太大的情况下，可在滑块上产生很大的压力，实现增力作用，常用于行程要求不大而压力要求很大的冲压、剪切等机械中。

图 5-2 所示为雷达天线俯仰机构。当主动构件 1 回转时，从动构件 3 作往复摆动，从而使固定于其上的雷达天线作俯仰运动，以进行搜索。

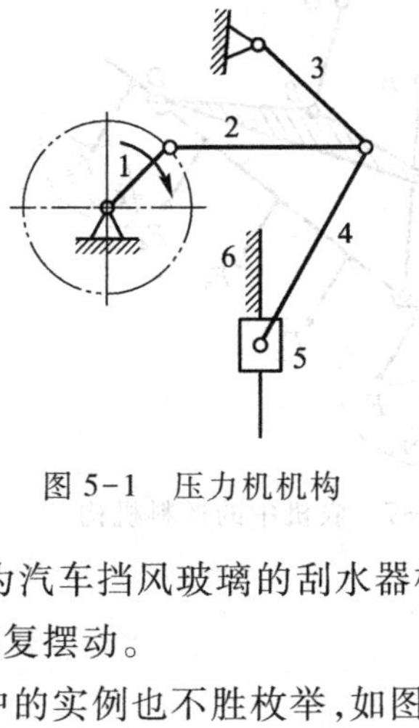

图 5-1　压力机机构

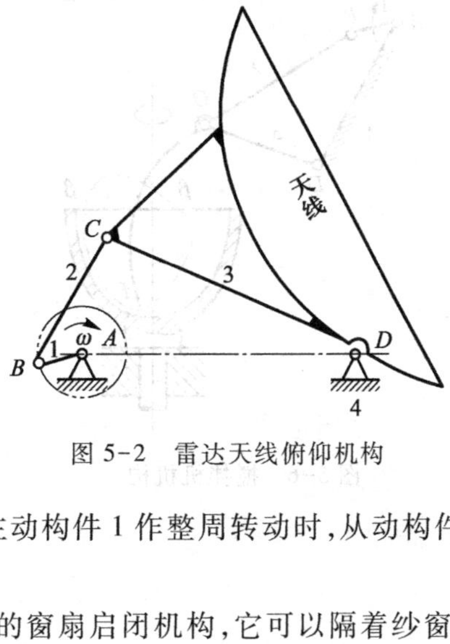

图 5-2　雷达天线俯仰机构

图 5-3 为汽车挡风玻璃的刮水器机构。当主动构件 1 作整周转动时，从动构件（刮水器臂）3 作大摆角往复摆动。

在生活中的实例也不胜枚举，如图 5-4 所示的窗扇启闭机构，它可以隔着纱窗启闭玻璃窗。

又如图 5-5 所示的自张伞机构，它利用装于主、副滑块之间的弹簧使伞自动张开。

图 5-6 为搅拌机机构。通过主动构件 1 的连续回转运动带动构件 2 完成封闭轨迹的搅拌运动。

另外，工农业生产上常利用连杆上某些点的轨迹来完成工程上特殊的运动要求。例如图 5-7 所示为农机中使用的送料机构，当主动件 *OA* 回转时，利用装于构件 *CD* 的耙子将料向上送进。耙子上各点 $F_1, F_2, \cdots, F_5$ 的轨迹相同，如图中双点画线所示。

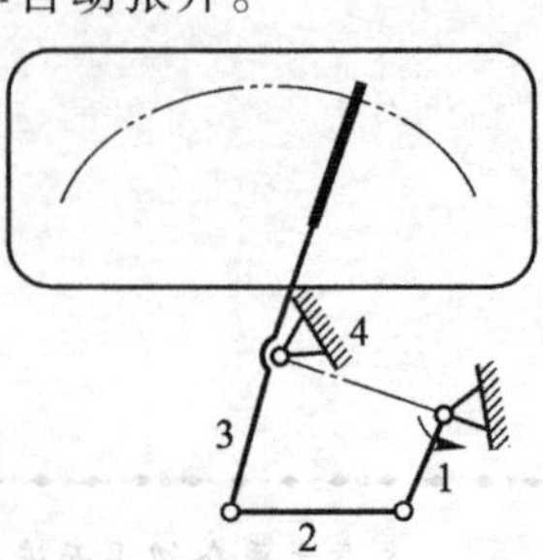

图 5-3 汽车挡风玻璃的刮水器机构

连杆机构应用广泛的原因，还在于连杆机构中各运动副均为低副，压强小、磨损轻、便于润滑、寿命长。此外，其接触表面是圆柱面或平面，制造比较简单，易于获得较高的制造精度。但当连杆机构的构件数目较多时，各构件的尺寸误差和运动副中的间隙将使机构产生较大的累积误差。此外，连杆及滑块所产生的惯性力难以平衡，所以连杆机构一般不宜用于高速传动。

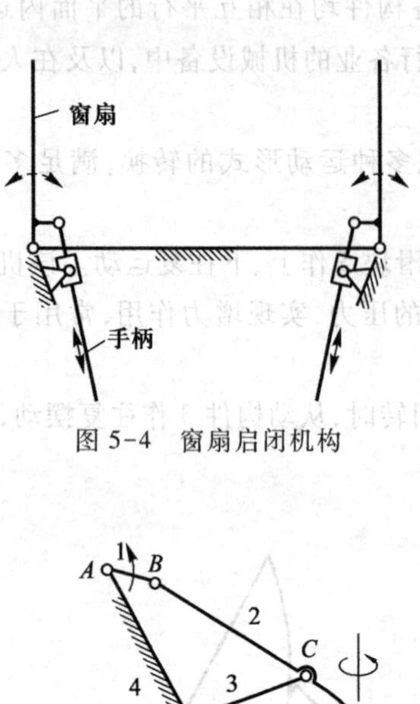

图 5-4 窗扇启闭机构

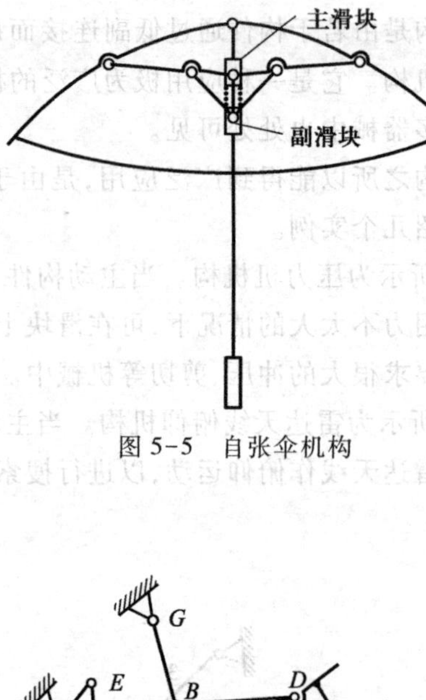

图 5-5 自张伞机构

图 5-6 搅拌机机构

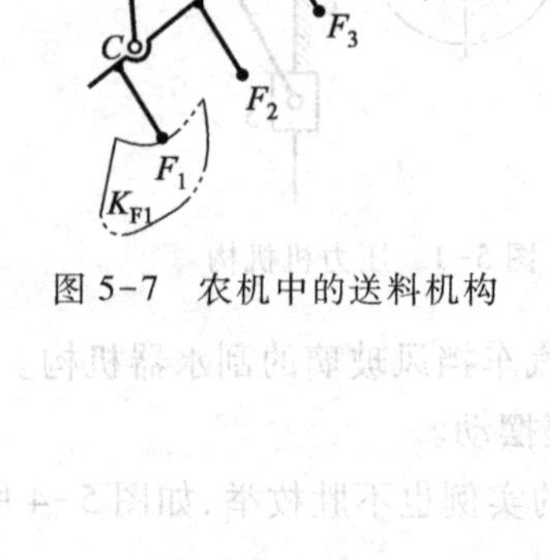

图 5-7 农机中的送料机构

§5-2 铰链四杆机构的基本形式及其演化

一、铰链四杆机构的基本形式

最基本的平面连杆机构是铰链四杆机构,如图 5-8 所示。其他形式的四杆机构可以看作是在它的基础上通过演化而成的。它不仅应用广泛,而且是组成多杆机构的基础。

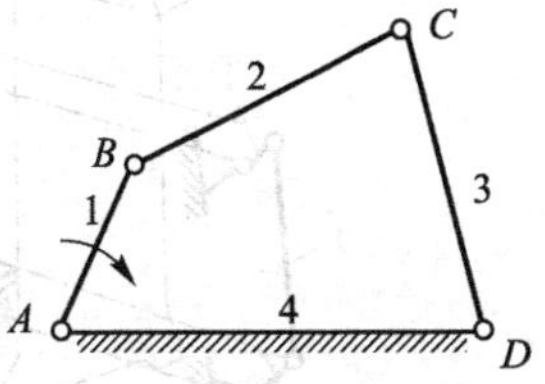

图 5-8 铰链四杆机构

图中固定构件 4 称为机架,与机架相连的杆 1 和杆 3 称为连架杆,连接两连架杆的活动构件 2 称为连杆,能绕固定铰链中心作整周转动的连架杆称为曲柄,只能绕固定铰链中心摆动的连架杆称为摇杆。通常,按两连架杆的运动形式可将铰链四杆机构分为三种基本形式:曲柄摇杆机构、双曲柄机构、双摇杆机构。

1. 曲柄摇杆机构

在铰链四杆机构的两个连架杆中,如果其中一个是曲柄,另一个是摇杆,则称为曲柄摇杆机构。通常曲柄为主动件,作匀速转动,而从动件摇杆作变速往复摆动。连杆作平面复杂运动。图 5-2 所示雷达天线俯仰机构即其一例。

在图 5-9 所示的颚式破碎机中,偏心轮 1(即曲柄)、颚板 2(即连杆)、摇杆 3 和机架 4 组成一个曲柄摇杆机构。

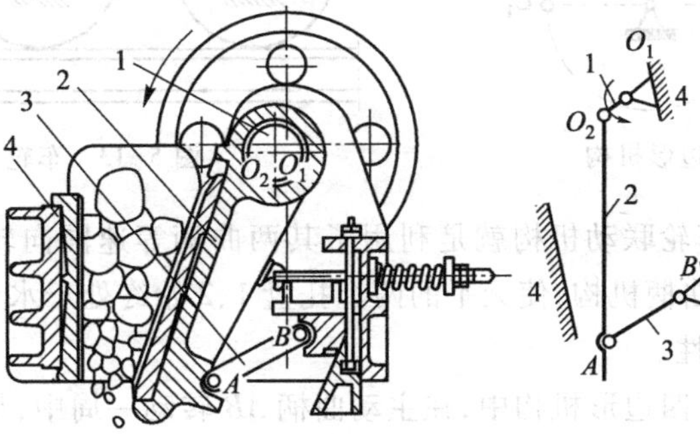

图 5-9 颚式破碎机

图 5-10 所示为缝纫机踏板机构。它是以摇杆作为主动件的典型应用实例。主动件 3(踏板)作往复摆动时,通过连杆 2 带动从动曲柄 1 和与其固连的带轮一起作整周转动,从而通过带传动使缝纫机工作。以摇杆为主动件的曲柄摇杆机构应用很多,如脚踏脱粒机、弹花机等。

2. 双曲柄机构

当两连架杆都可以相对于机架作整周转动时,称为双曲柄机构。如两曲柄长度不等,则称为不等双曲柄机构,这种机构当主动曲柄以等角速度连续转动时,从动曲柄则以变角速度连续转动,且其角速度的变化幅度相当大,其最大值和最小值之比可达 2~3 倍。图 5-11 所示的惯性筛就是利用双曲柄机构的这个特性,从而使筛子(滑块)6 的往复运动具有较大的变动的加速度,使物料因惯性而达到筛分的目的。

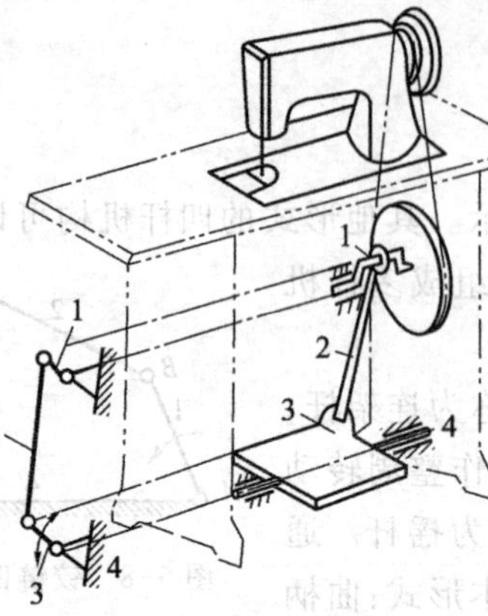

图 5-10　缝纫机踏板机构

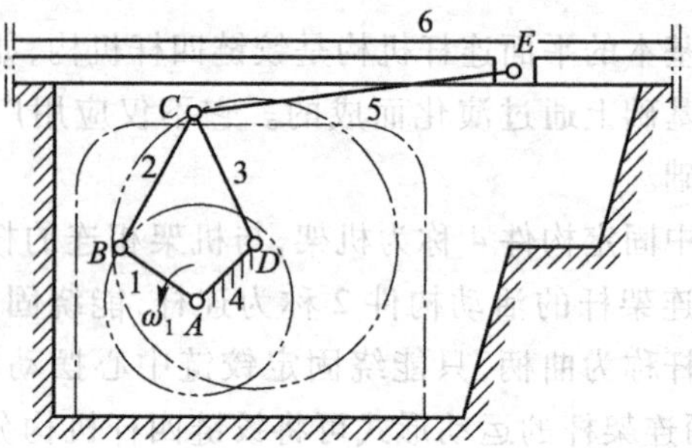

图 5-11　惯性筛机构

在双曲柄机构中，若其相对的两杆平行且相等，如图5-12所示，则称为平行双曲柄机构(又称平行四边形机构)。其运动特点是两曲柄以相同的角速度沿相同的方向回转，而连杆作平移运动。

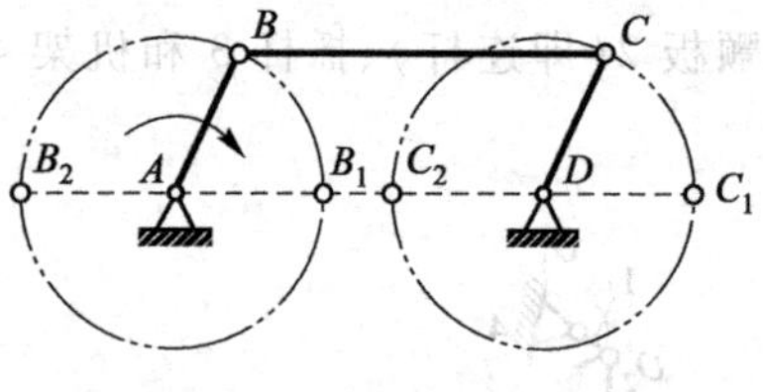

图 5-12　平行四边形机构

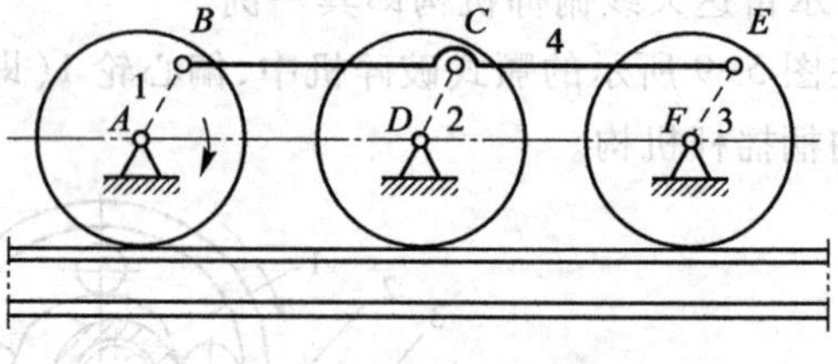

图 5-13　车轮联动机构

图 5-13 所示的机车车轮联动机构就是利用了其两曲柄等速同向转动的特性。图 5-14 所示的天平机构采用平行双曲柄机构，使天平的两个托盘 1、2 始终处于水平位置，则是利用了连杆(与托盘固连)作平动的特性。

在图 5-12 所示的平行四边形机构中，在主动曲柄 *AB* 转动一周中，从动曲柄 *CD* 将会出现两次与机架、连杆同时共线的位置。在这两个位置处会出现 *CD* 转向不确定的现象(即 *CD* 的转向可能改变也可能不变)，此位置称为转折点。为了保证从动曲柄转向不变，工程上常采用如下一些方法：① 在机构中安装一个大质量的飞轮，利用其惯性闯过转折点；② 利用多组机构来消除运动不确定现象。图 5-13 所示机车车轮联动机构就是应用实例。

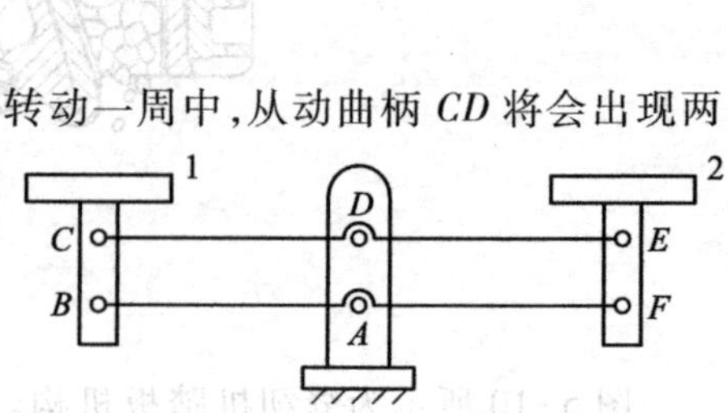

图 5-14　天平机构

如果相对两杆长度相等，但彼此不平行，则称为逆平行四边形机构，如图 5-15 所示。该机构的特点是两曲柄的转向相反，且角速度不相等。在图 5-16 所示的汽车车门启闭机构中的 *ABCD* 就是逆平行四边形机构，它可使两扇车门同时反向对开或关闭。

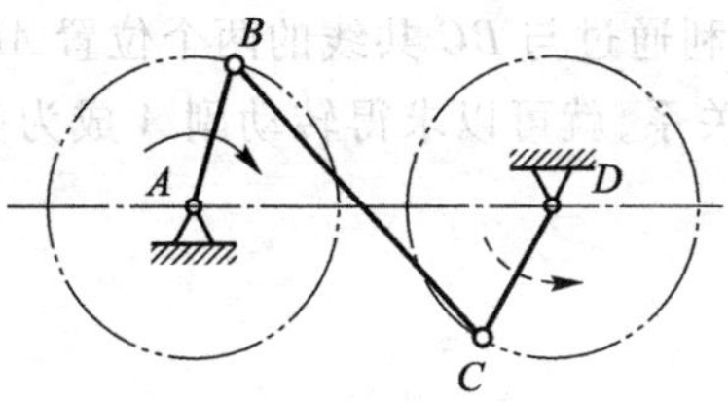

图 5-15　逆平行四边形机构

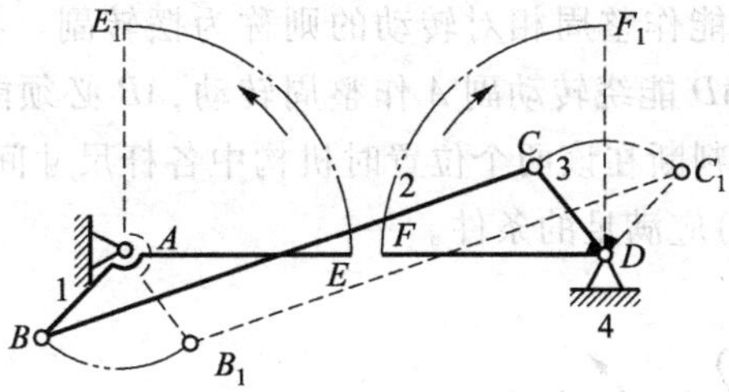

图 5-16　车门启闭机构

3. 双摇杆机构

若铰链四杆机构的两连架杆均为摇杆(图 5-17),则称为双摇杆机构。在图 5-18 所示飞机起落架机构中,$ABCD$ 即为一双摇杆机构。图中实线为起落架放下的位置;虚线为收起位置,此时整个起落架机构藏于机身中。

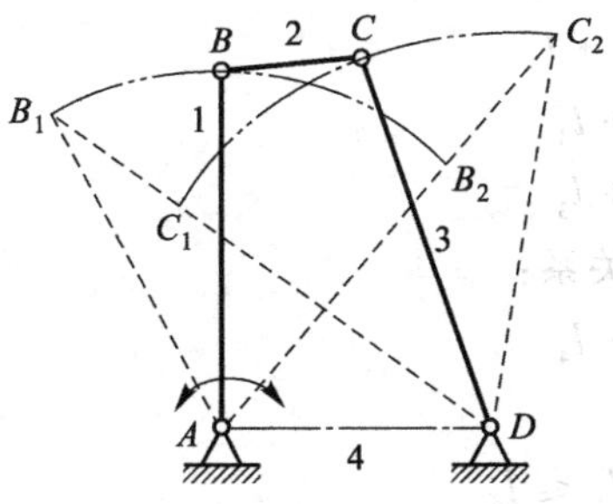

图 5-17　双摇杆机构

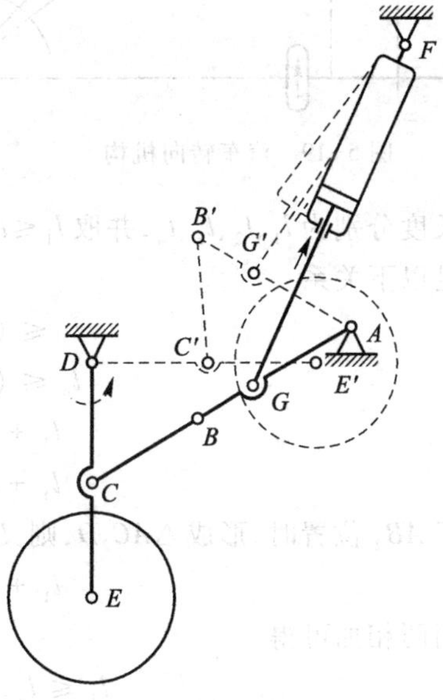

图 5-18　飞机起落架机构

在双摇杆机构中,两摇杆在同一时间内所摆过的角度在一般情况下是不相等的。这一特点被用于汽车的转向机构中。图 5-19 所示为汽车前轮的转向机构。它是两摇杆(AB 与 CD)长度相等的双摇杆机构(又称等腰梯形机构)。在该机构的作用下,汽车转弯时,可使两前轮轴线与后轮轴线近似汇交于一点 O(如图),以保证各轮相对于路面近似为纯滚动,以便减小轮胎与路面之间的磨损。

二、铰链四杆机构中曲柄存在的条件

如上所述,在铰链四杆机构中,有的机构有曲柄,有的机构没有曲柄,这是为什么呢? 下面就来分析铰链四杆机构中存在曲柄的条件。由前所述,所谓曲柄就是相对机架能作 360°整周回转的连架杆。在铰链四杆机构中,如果组成转动副的两构件能作整周相对转动,则该转动副称为整转副;而不能作整周相对转动的则称为摆转副。在图 5-20 所示的曲柄摇杆机构中,要使杆 AB 相对于杆 AD 能绕转动副 A 作整周转动,AB 必须能顺利通过与 BC 共线的两个位置 AB_1 和 AB_2。因此,只要判断在该两个位置时机构中各杆尺寸间的关系,就可以求得转动副 A 成为整转副(即 AB 为曲柄)应满足的条件。

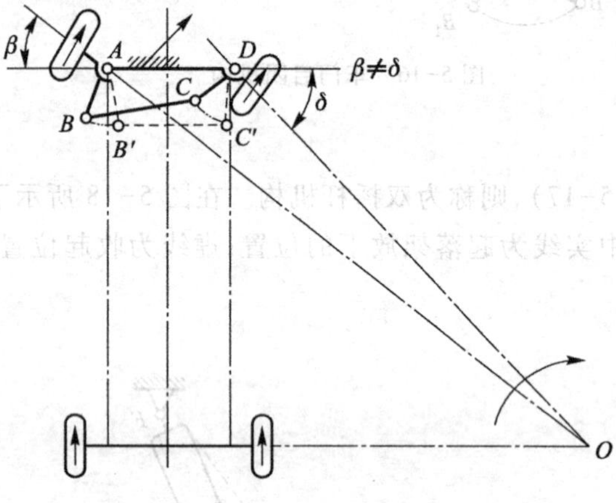

图 5-19　汽车转向机构

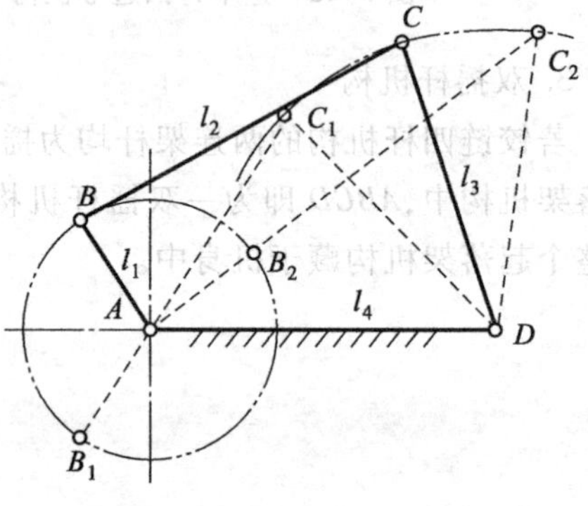

图 5-20　曲柄摇杆机构

设各杆长度分别为 l_1、l_2、l_3、l_4,并取 $l_1 \leqslant l_4$。当杆 1 处于 AB_1 位置时,形成 $\triangle AC_1D$,显然,各杆的长度应满足以下关系:

$$l_3 \leqslant (l_2 - l_1) + l_4$$

或

$$l_4 \leqslant (l_2 - l_1) + l_3$$

即

$$l_1 + l_3 \leqslant l_2 + l_4 \tag{5-1a}$$

$$l_1 + l_4 \leqslant l_2 + l_3 \tag{5-1b}$$

又当杆 1 处于 AB_2 位置时,形成 $\triangle AC_2D$,则又有如下关系:

$$l_1 + l_2 \leqslant l_3 + l_4 \tag{5-1c}$$

将以上三式两两相加可得

$$l_1 \leqslant l_2, l_1 \leqslant l_3, l_1 \leqslant l_4 \tag{5-2}$$

分析以上诸式,即可得出铰链四杆机构中相邻两构件形成整转副的条件为

1) 最短杆长度+最长杆长度≤其他两杆长度之和(此条件称为杆长条件)。

2) 组成整转副的两杆中必有一个杆为四杆中的最短杆。

图 5-21 所示铰链四杆机构满足杆长条件,杆 1 为最短杆,则 A、B 为整转副,C、D 为摆转副。当以杆 4 (图 5-21a)或杆 2(图 5-21b)为机架时,杆 1 为曲柄,杆 3 为摇杆,得曲柄摇杆机构。当以杆 1 为机架(图 5-21c)时,杆 2、杆 4 均为曲柄,得双曲柄机构。当以杆 3 为机架(图 5-21d)时,杆 2、杆 4 均为摇杆,得双摇杆机构。若不满足杆长条件,则无整转副存在,所以不论取哪一杆作为机架,均无曲柄存在,都只能是双摇杆机构。所以,四杆机构有曲柄的条件为

1) 最短杆长度+最长杆长度≤其他两杆长度之和。

2) 最短杆为连架杆或机架。

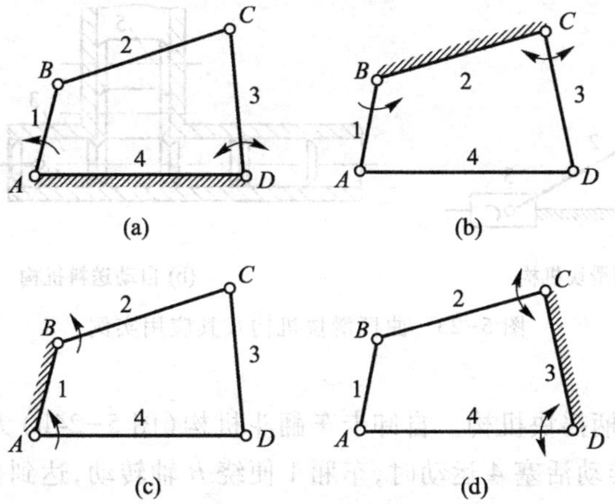

图 5-21　变换机架获得不同机构型式

三、平面四杆机构的演化

在实际机器中,还广泛应用着其他各种形式的四杆机构。这些形式的四杆机构可认为是由铰链四杆机构通过演化方法而得到的。

1. 曲柄滑块机构

在图 5-22a 所示的曲柄摇杆机构中,摇杆 3 上点 C 的轨迹为以 D 为圆心、$\overline{CD}$为半径的圆弧 $\widehat{mm}$。若$\overline{CD}\to\infty$,如图 5-22b 所示,点 C 的轨迹变为直线 mm。于是摇杆演化成为作直线运动的滑块,机构演化为曲柄滑块机构(图 5-22c),图中点 C 的运动轨迹 mm 的延长线与曲柄转动中心 A 的距离称为偏距 e。当 $e=0$ 时称为对心曲柄滑块机构(如图 5-22c 所示),当 $e\neq0$ 时称为偏置曲柄滑块机构(如图 5-22d 所示)。因此,可以认为曲柄滑块机构是从曲柄摇杆机构演化而来的。它广泛应用在内燃机、空气压缩机、冲床以及许多其他机械中。

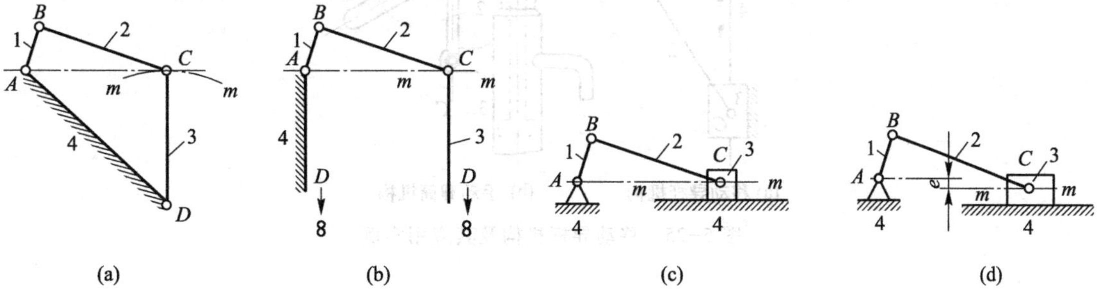

图 5-22　机构演化过程

在曲柄滑块机构中,若以构件 4 为机架(图 5-23a),曲柄 1 为主动件作整周回转,则滑块 3 往复移动。自动送料机构(图 5-23b)为曲柄滑块机构的应用实例,曲柄 1 每转一周,滑块 3 就从料槽中推出一个工件 5。

在曲柄滑块机构中,若以构件 2 为机架(图 5-24a),曲柄 1 为主动件作整周回转,则滑块 3

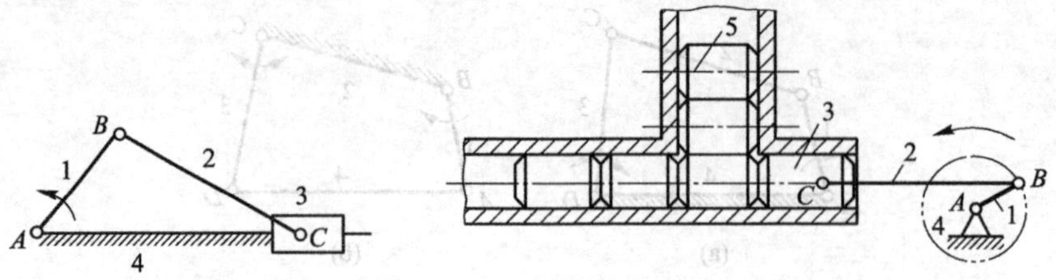

(a) 曲柄滑块机构　　(b) 自动送料机构

图 5-23　曲柄滑块机构及其应用实例

变为摇块，该机构称为曲柄摇块机构。自卸卡车翻斗机构（图 5-24b）为曲柄摇块机构的应用实例。当油缸 3 中压力油推动活塞 4 运动时，车厢 1 便绕 B 轴转动，达到自动卸车的目的。

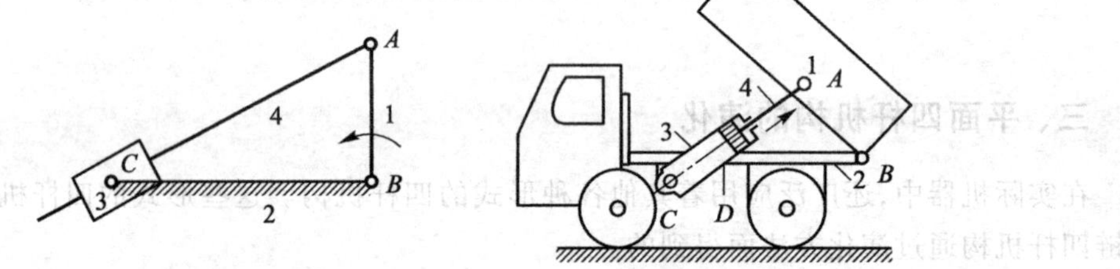

(a) 曲柄摇块机构　　(b) 自卸卡车翻斗机构

图 5-24　曲柄摇块机构及其应用实例

在曲柄滑块机构中，若以滑块 3 为机架（图 5-25a），构件 1 为主动件作往复摆动，构件 4 在滑块中往复移动，该机构称为移动导杆机构。手动唧筒机构（图 5-25b）为移动导杆机构的应用实例。

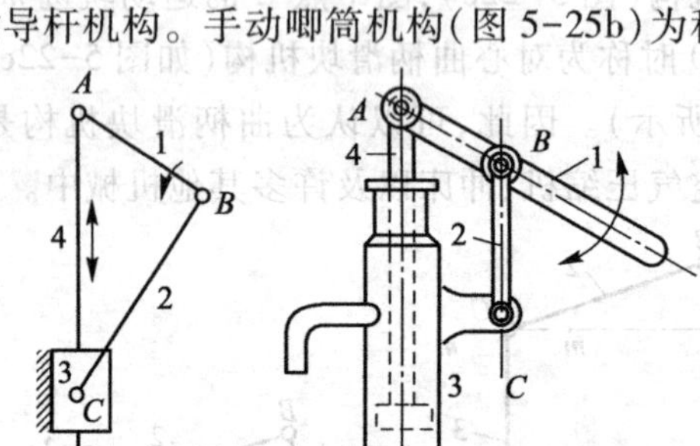

(a) 移动导杆机构　　(b) 手动唧筒机构

图 5-25　移动导杆机构及其应用实例

在曲柄滑块机构中，若以构件 1 为机架（图 5-26a），构件 2 为主动件作整周回转，这时滑块 3 沿导杆 4 作相对移动。若构件 1 为最短杆，此时杆 2、4 均可作整周转动，该机构称为转动导杆机构。小型刨床机构（图 5-26b）为转动导杆机构的应用实例。

在导杆机构中，若构件 2 的长度小于机架 1 的长度（图 5-27a），则当构件 2 作整周回转时，导杆 4 只能绕点 A 作往复摆动，该机构称为摆动导杆机构。牛头刨床机构（图 5-27b）为摆动导杆机构的应用实例。

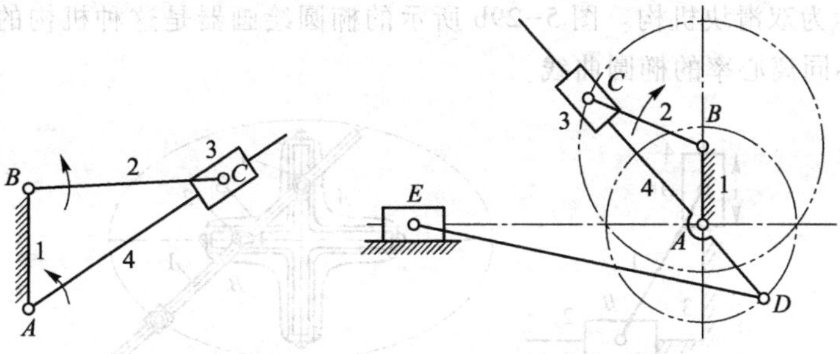

(a) 转动导杆机构　　(b) 小型刨床机构

图 5-26　转动导杆机构及其应用实例

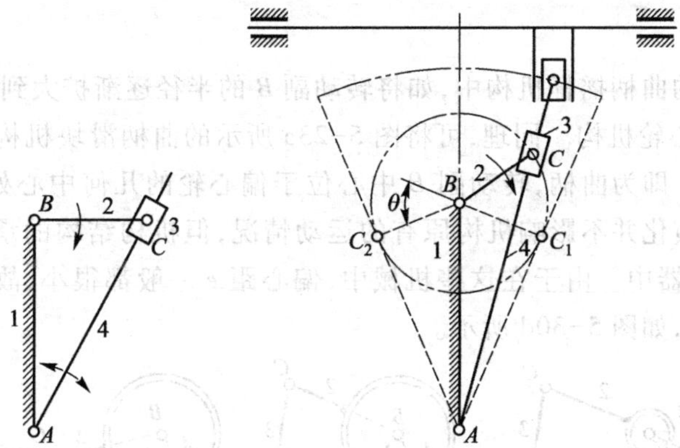

(a) 摆动导杆机构　　(b) 牛头刨床机构

图 5-27　摆动导杆机构及其应用实例

2. 含有两个移动副的四杆机构

将图 5-8 所示的铰链四杆机构中的两个转动副同时转化为移动副，然后再取不同构件为机架，即可得到不同形式含两个移动副的四杆机构。

图 5-28a 所示为正弦机构。该机构的移动导杆 3 的位移 $s=a\sin\varphi$。图 5-28b 所示为其在缝纫机跳针机构中的应用。

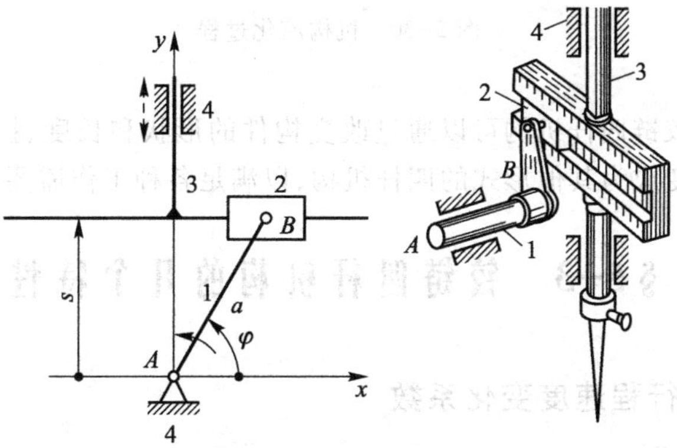

(a) 正弦机构　　(b) 跳针机构

图 5-28　正弦机构及其应用实例

图 5-29a 所示为双滑块机构。图 5-29b 所示的椭圆绘画器是这种机构的应用实例，连杆 1 上各点可描绘出不同离心率的椭圆曲线。

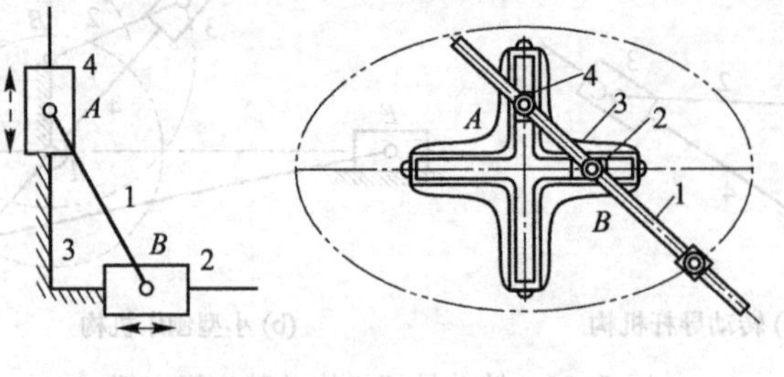

(a) 双滑块机构　(b) 椭圆仪机构

图 5-29　双滑块机构及其应用实例

3. 偏心轮机构

在图 5-30a 所示的曲柄摇杆机构中，如将转动副 B 的半径逐渐扩大到超过曲柄的长度，就得到图 5-30b 所示的偏心轮机构。同理，可将图 5-23a 所示的曲柄滑块机构演化为图 5-30c 所示的机构。此时偏心轮 1 即为曲柄，转动副 B 中心位于偏心轮的几何中心处，而 A、B 间的距离即为曲柄的长度。这样演化并不影响机构原有的运动情况，但机构结构的承载能力大大提高。它常用于冲床、剪床等机器中。由于在这些机械中，偏心距 e 一般都很小，故常把偏心轮与轴做成一体，形成所谓偏心轴，如图 5-30d 所示。

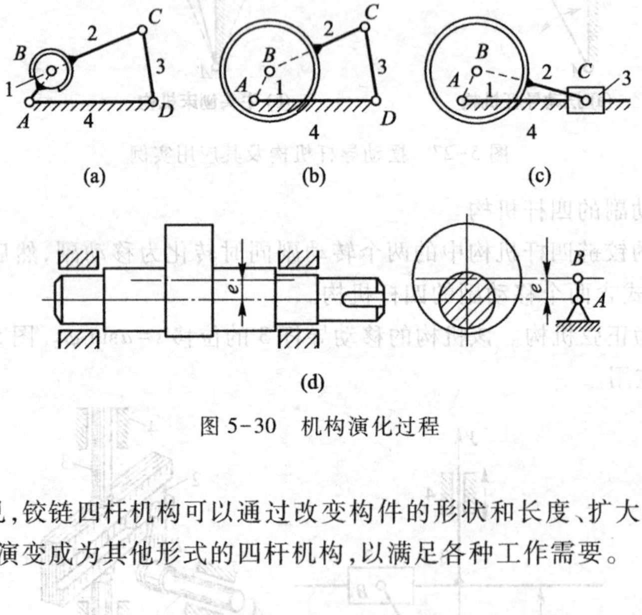

图 5-30　机构演化过程

由上述分析可见，铰链四杆机构可以通过改变构件的形状和长度、扩大转动副、选取不同构件作为机架等途径，演变成为其他形式的四杆机构，以满足各种工作需要。

§5-3　铰链四杆机构的几个特性

一、急回运动和行程速度变化系数

图 5-31 所示为一曲柄摇杆机构，且曲柄 AB 为主动件。曲柄在转动一周的过程中，有两次与连杆 BC 共线，即 B_1AC_1 和 AB_2C_2 位置。这时从动摇杆的两个位置 C_1D 和 C_2D 分别为其左、右

极限位置。这两个极限位置间的夹角 ψ 就是摇杆的摆角。摇杆处在两极限位置时，曲柄所对应的两个位置之间的夹角 $\theta=(\varphi_1-180°)$ 称为极位夹角。

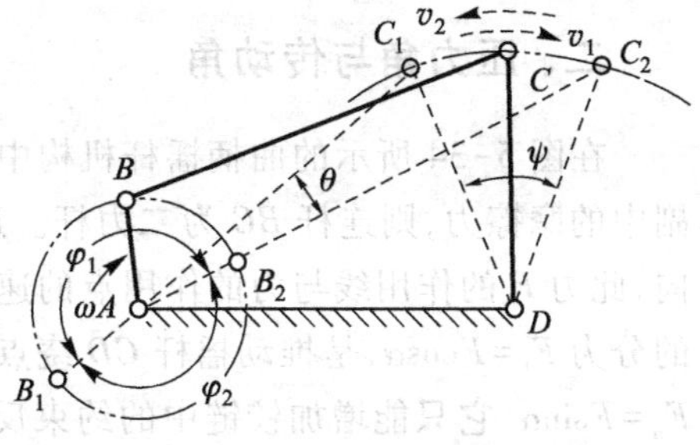

图 5-31 曲柄摇杆机构中的极位夹角

由图可见，当曲柄以匀角速度 ω 由位置 AB_1 顺时针方向转到位置 AB_2 时，曲柄的转角 $\varphi_1=180°+\theta$。这时摇杆由左极限位置 C_1D 摆到右极限位置 C_2D，设所需时间为 t_1，摇杆上点 C 的平均速度为 v_1。当曲柄再继续转过角度 $\varphi_2=180°-\theta$，即曲柄从位置 AB_2 转到 AB_1 时，摇杆由位置 C_2D 返回 C_1D，所需时间为 t_2，C 点的平均速度为 v_2。虽然摇杆往返的摆角相同，但由于对应的曲柄转角不相等，$\varphi_1>\varphi_2$，因而 $v_1<v_2$。这表明摇杆在摆回时具有较大的平均角速度。这种运动特性称为急回运动特性。在工程实际中，常利用机构的急回运动特性来缩短非生产时间，以提高劳动生产率。例如牛头刨床、往复式运输机等都是如此。

急回运动特性可以用行程速度变化系数 K 来表示，即

$$K=\frac{v_2}{v_1}=\frac{\dfrac{\widehat{C_1C_2}}{t_2}}{\dfrac{\widehat{C_1C_2}}{t_1}}=\frac{t_1}{t_2}=\frac{180°+\theta}{180°-\theta} \tag{5-3}$$

或

$$\theta=180°\frac{K-1}{K+1} \tag{5-4}$$

由上面分析可知，平面连杆机构有无急回特性取决于有无极位夹角 θ。若 $\theta\neq0°$，该机构就必定具有急回特性。如图 5-32a 所示的对心曲柄滑块机构，由于 $\theta=0°$，故无急回特性。而图 5-32b所示的偏置曲柄滑块机构，由于极位夹角 $\theta\neq0°$，故有急回作用。又如图 5-33 所示的摆动导杆机构，当曲柄 AB 两次转到与导杆垂直时，导杆处于两个极限位置，由于其极位夹角 $\theta\neq0°$，所以也具有急回特性。

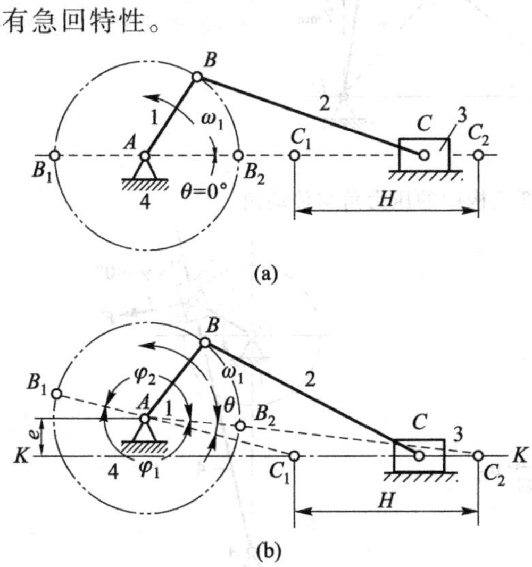

图 5-32 曲柄滑块机构中的极位夹角

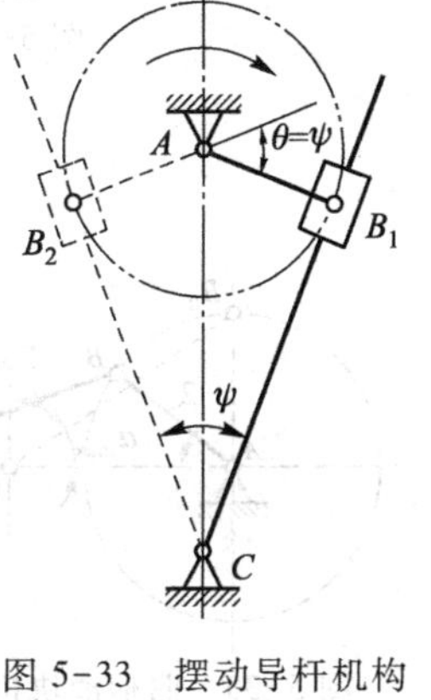

图 5-33 摆动导杆机构

当机构存在极位夹角 θ 时，若 θ 角愈大，则 K 值愈大，机构的急回运动特性也愈显著。

二、压力角与传动角

在图 5-34 所示的曲柄摇杆机构中，曲柄 AB 为主动件，若不计各构件的重力、惯性力和运动副中的摩擦力，则连杆 BC 为二力杆。通过连杆作用于从动摇杆上的力 F 的作用线是沿着 BC 方向，此力 F 的作用线与力的作用点的速度 v_C 方向之间所夹锐角 α 为压力角。力 F 在 v_C 方向上的分力 $F_t=F\cos\alpha$，是推动摇杆 CD 绕点 D 转动的有效分力，而力 F 沿从动摇杆 CD 方向上的分力 $F_n=F\sin\alpha$，它只能增加铰链中的约束反力，因此是有害分力。显然，压力角 α 越大，有效分力就越小，而有害分力就越大，机构传动越费劲，效率就越低。在设计中为了度量方便，连杆机构常用压力角的余角 γ 来衡量传力性能的好坏，γ 称为该机构的传动角。传动角又可定义为：连杆与从动件之间所夹的锐角。因 $\gamma=90°-\alpha$，所以 α 越小，γ 越大，机构的传力性能越好。

一般机构在运转时，其传动角的大小是变化的。为了保证机构传动良好，设计时通常应使 $\gamma_{min}\geqslant[\gamma]$。对于一般机械，通常取 $[\gamma]=40°$；对于重载机械，如颚式破碎机、冲床、剪床等取 $[\gamma]=50°$。最小传动角 γ_{min} 出现的位置，可以由机构运动简图直观地判定。对于曲柄摇杆机构，如图 5-34 所示，最小传动角 γ_{min} 出现在机构处于曲柄 AB 与机架 AD 两次共线之一的位置。即不是 $\angle B'C'D$ 最小，就是 $\angle B''C''D$ 的补角最小（在图 5-34 所示机构中，显然 $\gamma_{min}=\angle B'C'D$）。在对心曲柄滑块机构中，如图 5-35 所示，最小传动角 γ_{min} 出现在机构处于曲柄与滑块导路相垂直的位置。在导杆机构中，如图 5-36 所示，在不计摩擦时，由于滑块 3 对从动导杆 4 的作用力 F 始终垂直于导杆，即力 F 与导杆在该点速度方向始终一致，因此传动角始终为 90°。从传力的观点看，导杆机构具有良好的传力性能。

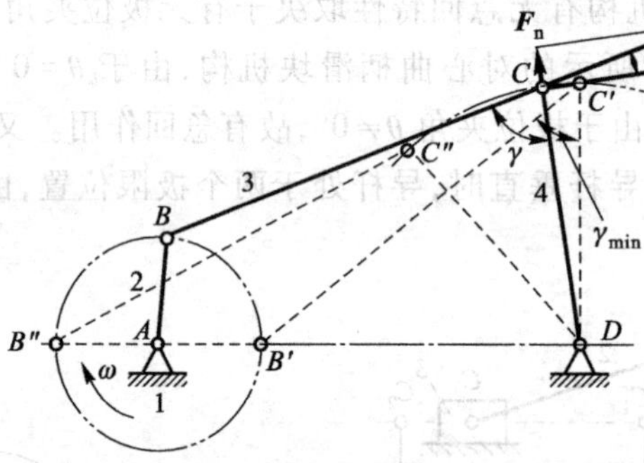

图 5-34　曲柄摇杆机构中的压力角与传动角

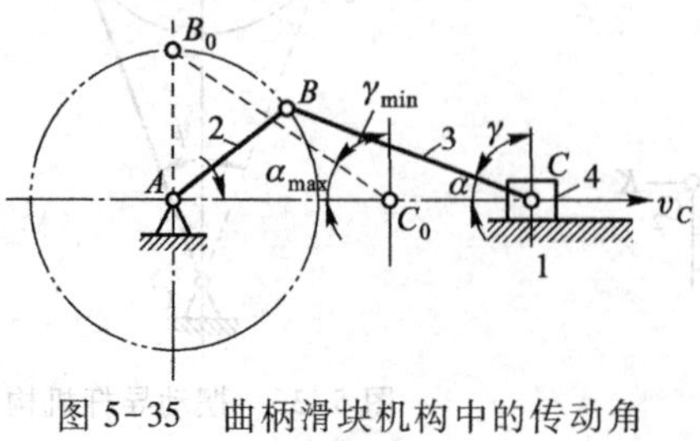

图 5-35　曲柄滑块机构中的传动角

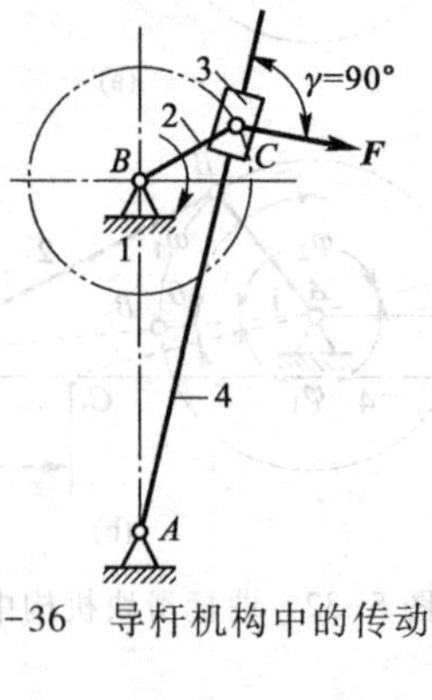

图 5-36　导杆机构中的传动角

三、机构的死点位置

图 5-37 所示的曲柄摇杆机构，若以摇杆为主动件，曲柄为从动件，则当摇杆摆到两极限位置 C_1D 和 C_2D 时，连杆与从动曲柄共线，出现传动角 $\gamma=0°$的情况，这时连杆作用于曲柄上的力将通过铰链中心 A，有效驱动力矩为零，因而不能使曲柄转动。机构的这种位置称为死点位置。同样对于图 5-38 所示的曲柄滑块机构，当以滑块为主动件时，若连杆与从动曲柄共线，机构也处于死点位置。死点位置使机构处于"顶死"状态并使从动曲柄出现运动不确定现象。为此，应当消除死点位置对机构传动的不利影响。使机构顺利通过死点位置的方法与机构通过转折点的方法相同。

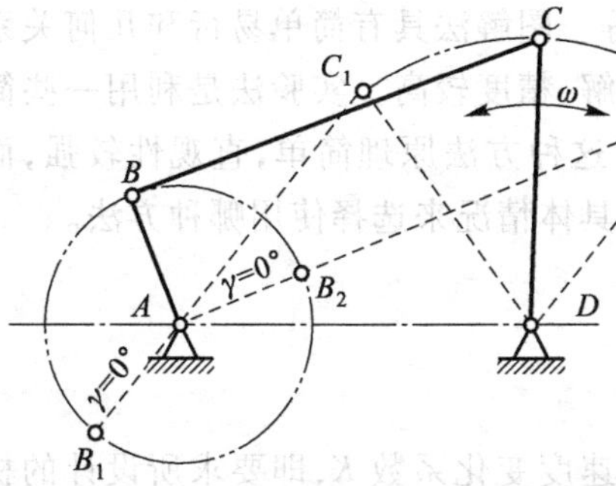

图 5-37　曲柄摇杆机构中的死点位置

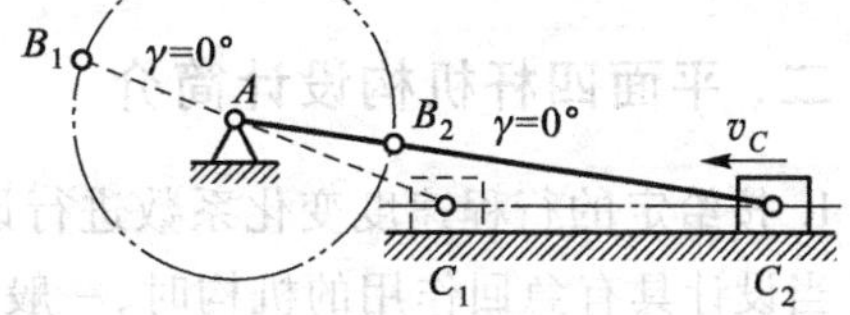

图 5-38　曲柄滑块机构中的死点位置

在工程实践中，也常利用机构的死点来实现特定的工作要求。例如图 5-39 所示电气设备上开关的分合闸机构，合闸时机构处于死点位置（图中实线所示），虽然触点的接合反力 F_Q 和弹簧拉力 F 对构件 CD 产生很大的力矩，但因 AB 和 BC 共线，所以机构不能运动。分闸时，只要在 AB 杆上略施以力，即可使机构离开死点位置，构件 CD 在弹簧力 F 的作用下顺时针方向迅速转动，从而减小分闸时的拉电弧现象。又如图 5-18 所示的飞机起落架机构，着陆时，机轮放下，杆 BC 和 AB 成一直线，机构处于死点位置。此时虽然机轮上可能受到巨大的冲力，但也不能使从动件 AB 摆动，从而保持着支撑状态。日常生活中利用机构死点位置的实例也很多，如折叠桌子、折叠椅子、折叠轮椅等。

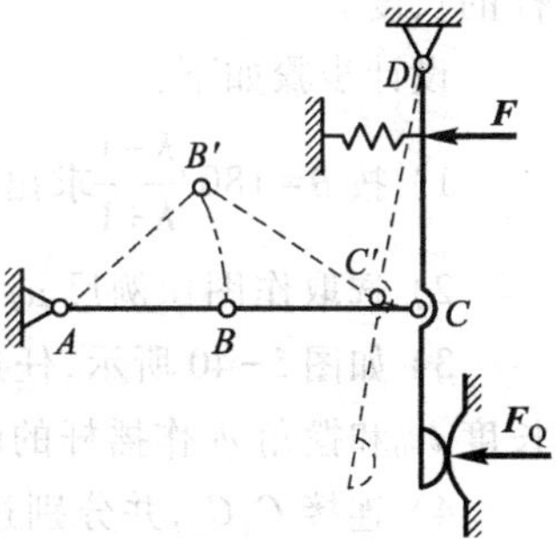

图 5-39　开关的分合闸机构

§5-4　平面四杆机构的设计简介

一、平面四杆机构设计的基本问题

平面四杆机构的运动设计，主要是根据运动要求，在满足几何条件和动力条件（如是否存在曲柄、急回特性、最小传动角 $\gamma_{min} \geq [\gamma]$ 等）情况下，确定与机构运动有关的各个尺寸参数及各个构件的相对位置，而不涉及构件的形状和截面尺寸。

由于生产实际中对四杆机构的要求是多种多样的，因此给定的条件也各不相同，但可将其归纳为以下两类设计问题：

1. 按给定的运动规律进行设计

按其不同的运动规律要求，又可分为以下三种情况：① 按给定的行程速度变化系数 K 进行设计；② 按连杆预定位置进行设计；③ 按两连架杆预定对应位置进行设计。

2. 按给定的运动轨迹进行设计

即利用连杆上某些点的轨迹，来完成特定工作的设计，如图 5-7 所示的农机中的送料机构就是如此。

平面四杆机构设计的方法有图解法、解析法、实验法等。图解法具有简单易行和几何关系清晰的优点，但精度较差。解析法可借助计算器或计算机求解，精度较高。实验法是利用一些简单的工具，按所给的运动要求来试找所需机构的运动尺寸。这种方法原理简单，直观性较强，而且可以免去大量的作图工作量，但精度较差。设计时应根据具体情况来选择使用哪种方法。

二、平面四杆机构设计简介

1. 按给定的行程速度变化系数进行设计

当设计具有急回作用的机构时，一般都预先给定行程速度变化系数 K，即要求所设计的机构具有一定的急回特性。下面以曲柄摇杆机构为例来说明按给定行程速度变化系数 K 设计四杆机构的方法。

设已知摇杆的长度 l_{CD}、摆角 ψ、行程速度变化系数 K。

设计的结果是要确定固定铰链中心的位置，并定出其余三杆的长度。

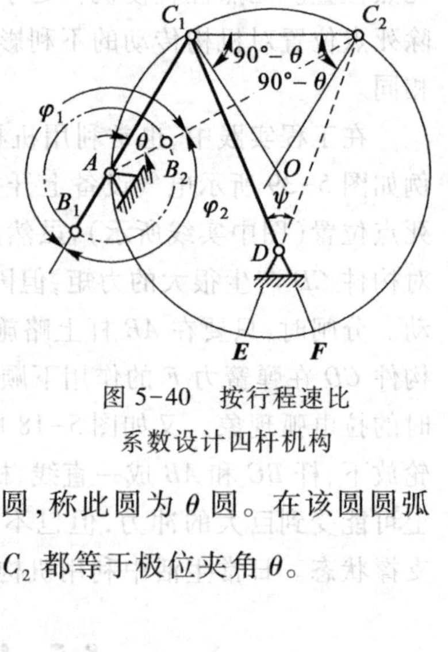

图 5-40　按行程速比系数设计四杆机构

设计步骤如下：

1）按 $\theta=180°\dfrac{K-1}{K+1}$求出极位夹角 θ。

2）选取作图比例尺 μ_L。

3）如图 5-40 所示，任选固定铰链中心 D 的位置，并按摇杆长度 l_{CD}和摆角 ψ 作摇杆的两极限位置 C_1D 和 C_2D。

4）连接 C_1C_2，并分别过 C_1、C_2 作 $\angle C_1C_2O=\angle C_2C_1O=90°-\theta$，得 C_1O 和 C_2O 的交点 O。以点 O 为圆心，以 OC_1 为半径作圆，称此圆为 θ 圆。在该圆圆弧 $\widehat{C_1EFC_2}$段上任选一点 A，则 A 至点 C_1 和 C_2 的连线的夹角 $\angle C_1AC_2$ 都等于极位夹角 θ。

5）在$\widehat{C_1E}$或$\widehat{C_2F}$弧段中选择一点作为固定铰链 A 的位置。

6）连接 AC_1、AC_2，因而 $\overline{AC_1}=(l_{BC}-l_{AB})/\mu_L$，$\overline{AC_2}=(l_{BC}+l_{AB})/\mu_L$，联解上两式可求得 $l_{AB}=\mu_L(\overline{AC_2}-\overline{AC_1})/2$，$l_{BC}=\mu_L(\overline{AC_2}+\overline{AC_1})/2$，$l_{AD}=\mu_L\overline{AD}$。

7）检查机构的最小传动角是否满足需要，若 γ_{min}偏小，可将点 A 向 C_1 或 C_2 移近重选。

因点 A 可在$\widehat{C_1E}$或$\widehat{C_2F}$弧段上任选，故有无穷多解。

2. 按给定连杆预定位置设计

如图 5-41 所示，若已知连杆上的活动铰链 B、C 及其两个位置 B_1C_1、B_2C_2，要求设计一铰链四杆机构。此时设计的主要问题是确定两固定铰链 A 和 D 的位置，当 A、D 位置确定后，机构四个杆的长度即完全确定。由于 B、C 两点均作圆弧运动，故相应两固定铰链 A、D 分别位于 $\overline{B_1B_2}$、$\overline{C_1C_2}$ 的垂直平分线 b_{12} 和 c_{12} 上。当只给定连杆两位置时，固定铰链 A、D 可分别在 b_{12}、c_{12} 线上任选，故有无穷多解。实际设计时，可根据结构条件或其他辅助条件（如固定铰链安装范围、许用传动角大小、曲柄存在与否）以获得确定解。

若要求连杆占据给定的三个位置 B_1C_1、B_2C_2、B_3C_3，这时只有唯一解，如图 5-42 所示。

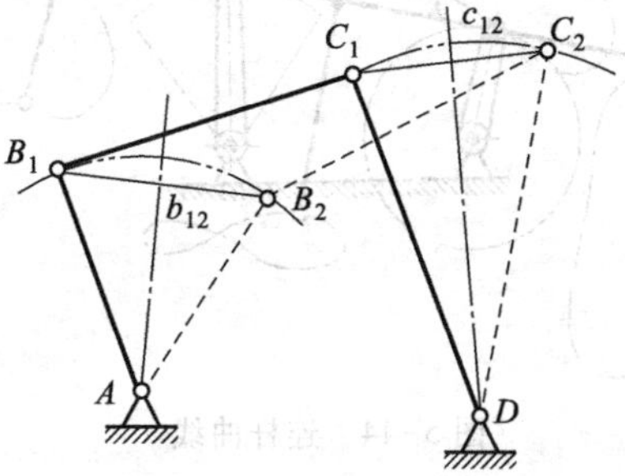

图 5-41　按连杆预定两个位置设计四杆机构

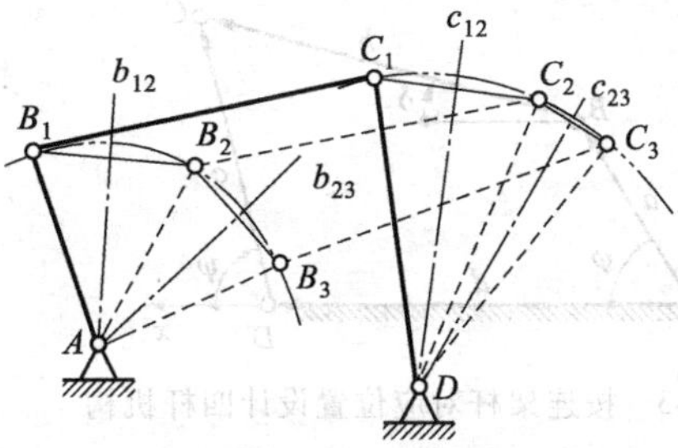

图 5-42　按连杆预定三个位置设计四杆机构

3. 按给定两连架杆对应位置设计

这类问题设计方法很多，下面仅介绍解析法。

在图 5-43 所示的铰链四杆机构中，建立直角坐标系 Oxy，以矢量表示各杆位置，故机构成为一矢量封闭图形。取各构件向两坐标轴的投影得

$$a\cos\varphi + b\cos\delta = d + c\cos\psi \tag{5-5}$$

$$a\sin\varphi + b\sin\delta = c\sin\psi \tag{5-6}$$

将式（5-5）、式（5-6）分别平方后相加，消去 δ 得

$$\frac{a^2 - b^2 + c^2 + d^2}{2ac} + \frac{d}{a}\cos\psi - \frac{d}{c}\cos\varphi = \cos(\varphi - \psi)$$

令

$$R_1 = \frac{a^2 - b^2 + c^2 + d^2}{2ac}, R_2 = \frac{d}{a}, R_3 = \frac{d}{c}$$

则有

$$R_1 + R_2\cos\psi - R_3\cos\varphi = \cos(\varphi - \psi) \tag{5-7}$$

式（5-7）即为此铰链四杆机构的设计方程式，它包含了三个待定参数 R_1、R_2、R_3。

若已知两连架杆 AB 和 CD 的三组对应位置角 φ_1、ψ_1，φ_2、ψ_2，φ_3、ψ_3，则将其代入式（5-7）可得如下三个方程：

$$R_1 + R_2\cos\psi_1 - R_3\cos\varphi_1 = \cos(\varphi_1 - \psi_1)$$

$$R_1 + R_2\cos\psi_2 - R_3\cos\varphi_2 = \cos(\varphi_2 - \psi_2)$$

$$R_1 + R_2\cos\psi_3 - R_3\cos\varphi_3 = \cos(\varphi_3 - \psi_3)$$

解之可求得 R_1、R_2、R_3。若给定机架长 d，就可以从 R_1、R_2、R_3 中求得机构的各杆长度 a、b、c。

4. 按给定点的轨迹设计

平面四连杆机构运动时，其连杆作平面复合运动，连杆上各点的运动轨迹是各种不同的曲线，这些曲线称为连杆曲线。它的形状与连杆机构的类型、构件尺寸及连杆上点的位置有关。

图 5-44 所示为一曲柄摇杆机构中连杆上一些点的轨迹曲线。由于连杆曲线的多样性，故常

常被利用来完成一些特殊要求的动作，如图 5-7 所示用于农机中送料。

按给定轨迹设计机构是较复杂的，可用解析法、实验法和连杆曲线图谱法等来完成设计。下面仅对连杆曲线图谱法作一简要介绍。

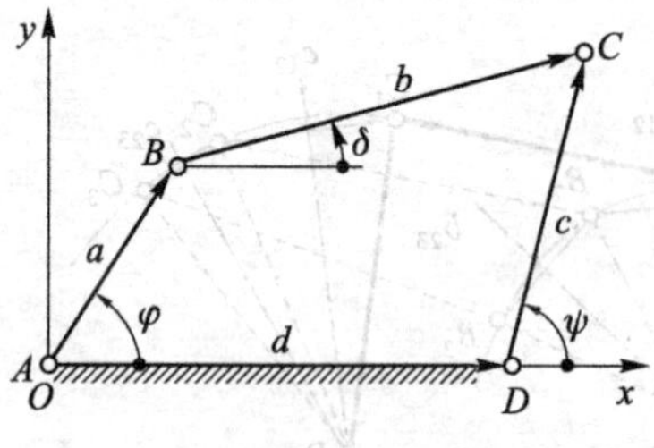

图 5-43　按连架杆对应位置设计四杆机构

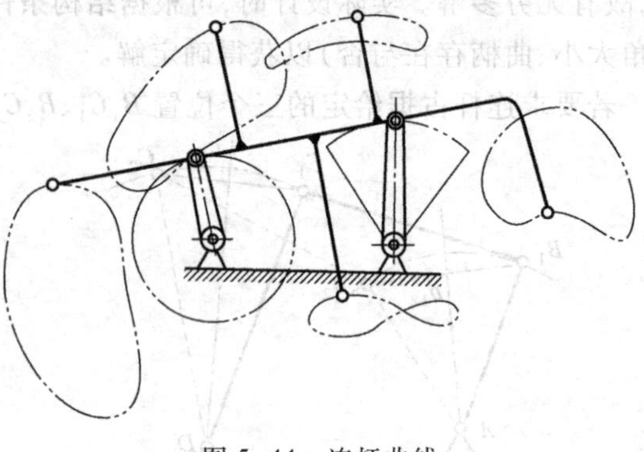
图 5-44　连杆曲线

这种方法是利用连杆曲线图谱手册来进行设计。图 5-45 所示就是已出版的《四连杆机构分析图谱》中的一张。图中虚线即连杆上各点的轨迹曲线，每条虚线上的小圆点，即连杆 BC 上描点所在的位置，图中右下方的四个等式表示取曲柄 2 的长度 l_2 为单位长度（即 $l_2=1$），其他各杆长度为相对于曲柄的相对长度。

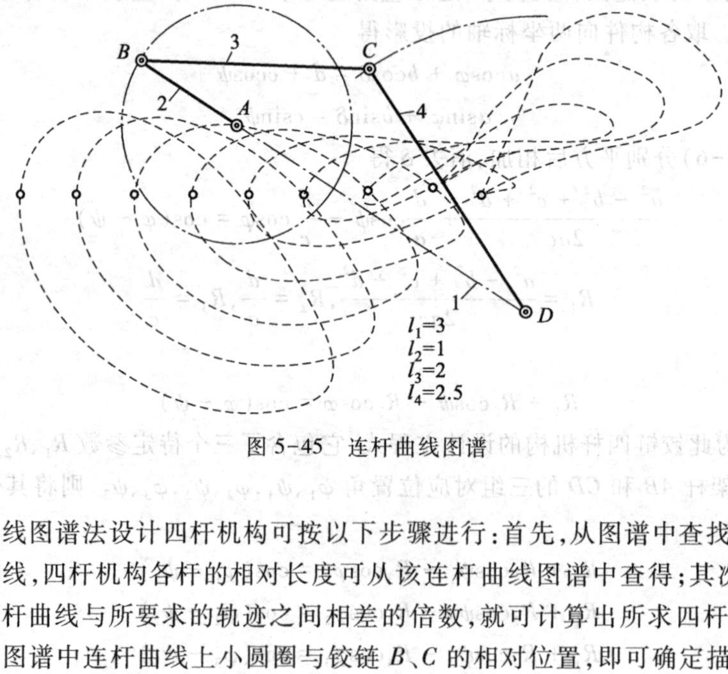

图 5-45　连杆曲线图谱

运用连杆曲线图谱法设计四杆机构可按以下步骤进行：首先，从图谱中查找与要求实现的轨迹相似的连杆曲线，四杆机构各杆的相对长度可从该连杆曲线图谱中查得；其次，用缩放比例尺求出图谱中的连杆曲线与所要求的轨迹之间相差的倍数，就可计算出所求四杆机构各杆的真实尺寸；最后，根据图谱中连杆曲线上小圆圈与铰链 B、C 的相对位置，即可确定描绘轨迹之点在连杆上的位置。

三、平面连杆机构巧设计示例

在机械工程中，为了更简便、更经济和更好地完成生产任务，往往需要巧妙地利用各种连杆机构的特性，并辅以特殊的构件的构形设计。这样做常能以简单的装置，完成复杂的任务，收到事半功倍的效果。下面用数个实例来说明，以期起到启迪读者思维的作用。

图 5-46 所示装置的主传动机构是一个双摇杆机构 $ABCD$，按已知连杆两位置 B_1C_1 和 B_2C_2 来设计，再加上连杆 3 的特殊构形，使其在实线位置时，能承接来自加热炉的热铸锭 7。在液压缸 5 的作用下，摇杆机构向右摆动，在虚线位置时，将热铸锭倾倒在升降台 6 上，在中间过程中应保证热铸锭运送的安全可靠。所以，此问题的关键在于巧妙设计了连杆 3 的构形。

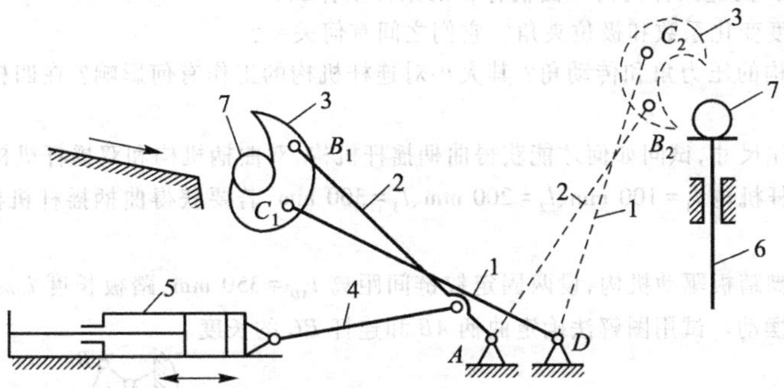

图 5-46　铸件供应双摇杆机构

图 5-47 所示抓斗机构由两个对称的摇杆滑块机构组成。它有两根由吊车控制的钢丝绳。提升钢丝绳Ⅱ时，拉动下滑块 4 向上，左右抓斗 3 在重力作用下自动向中间闭拢，将散料抓入料斗中。料斗提升至卸料位置时，再提升钢丝绳Ⅰ使上滑块 1 上移，把料斗打开卸料。本机构在设计中巧妙地利用了重力和以不同构件为主动件时机构运动形式不同的特点。

图 5-48 所示摇头风扇的摇头机构为一个双摇杆机构 $DABC$，因该机构满足杆长条件，故 A、B 为整转副，即连杆 AB 能相对于两摇杆作整周回转，也就使与连杆固连的蜗轮能作整周转动。该装置设计的巧妙之处正在于此。它利用装在风扇轴上的蜗杆使蜗轮（即连杆 AB）作整周回转，以达到使风扇随摇杆 AD 的摆动而摇头的目的。

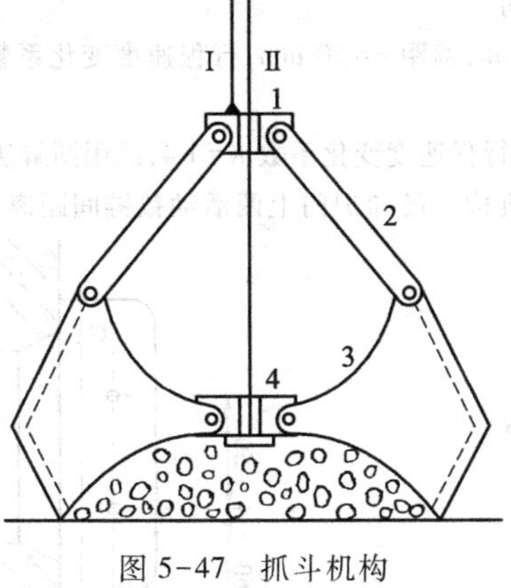

图 5-47　抓斗机构

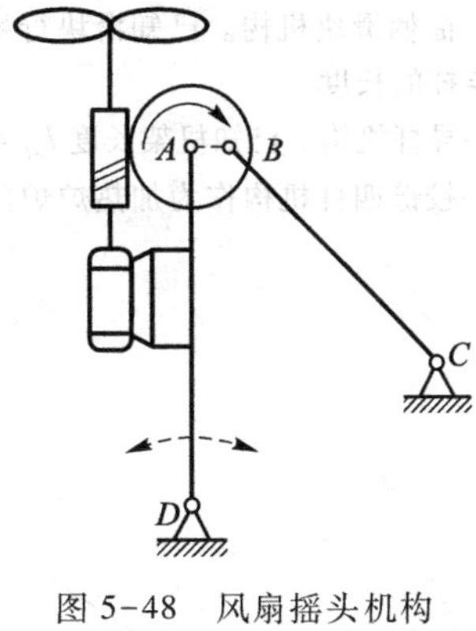

图 5-48　风扇摇头机构

图 5-5 所示自张伞弹开机构，巧妙地利用伞在收放过程中，主、副滑块间有较大相对位移的特点。在伞收拢时，主、副滑块间的距离缩小，使位于主、副滑块间的弹簧被压缩。一旦伞的锁定装置被打开，在该弹簧力的作用下伞就会自动张开。

思考题和练习题

5-1　为什么连杆机构又称为低副机构？它有哪些特点？

5-2　铰链四杆机构有哪几种主要形式？它们之间主要区别在哪里？图 5-4 所示机构为哪种四杆机构？

5-3　何谓“整转副”“摆转副”？铰链四杆机构中整转副存在的条件是什么？

5-4　何谓“曲柄”？铰链四杆机构中曲柄存在的条件是什么？

5-5　何谓行程速度变化系数和极位夹角？它们之间有何关系？

5-6　何谓连杆机构的压力角和传动角？其大小对连杆机构的工作有何影响？在四杆机构中最小传动角出现在何位置？为什么？

5-7　根据图中所注尺寸，试问如何才能获得曲柄摇杆机构、双曲柄机构和双摇杆机构？

5-8　图示铰链四杆机构 $l_1=100$ mm、$l_2=200$ mm、$l_3=300$ mm，若要获得曲柄摇杆机构，试问机架长度 l_4 的范围是多少？

5-9　图示缝纫机脚踏板驱动机构，设两固定铰链间距离 $l_{AD}=350$ mm，踏板长度 $l_{CD}=175$ mm，驱动时踏板作水平位置上下 15°的摆动。试用图解法确定曲柄 AB 和连杆 BC 的长度。

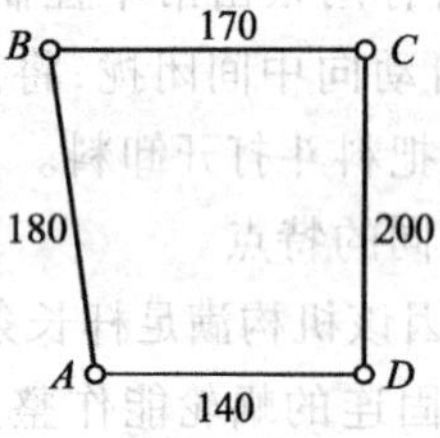

题 5-7 图

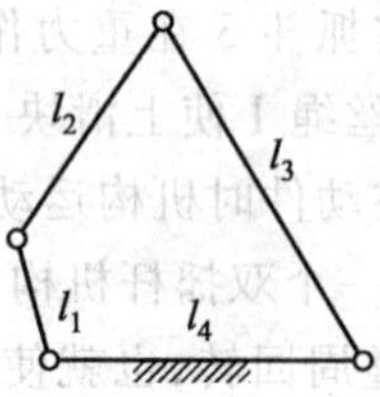

题 5-8 图

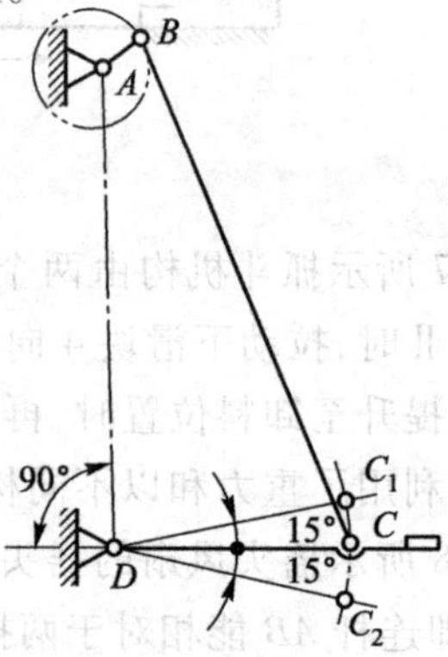

题 5-9 图

5-10　设计一曲柄摇杆机构。已知摇杆长度 $l_{CD}=100$ mm，摆角 $\psi=30°$，行程速度变化系数 $K=1.2$。试用图解法根据最小传动角 $\gamma_{min}\geqslant 40°$的条件确定其余三杆的尺寸。

5-11　设计一曲柄滑块机构。已知滑块行程 $H=50$ mm，偏距 $e=20$ mm，行程速度变化系数 $K=1.5$。试用图解法求出曲柄和连杆的长度。

5-12　设计一导杆机构。已知机架长度 $l_{AD}=100$ mm，行程速度变化系数 $K=1.4$，试用图解法确定曲柄长度。

5-13　设计一铰链四杆机构作为加热炉炉门的启闭机构。已知炉门上两活动铰链间距离为 50 mm，炉门打

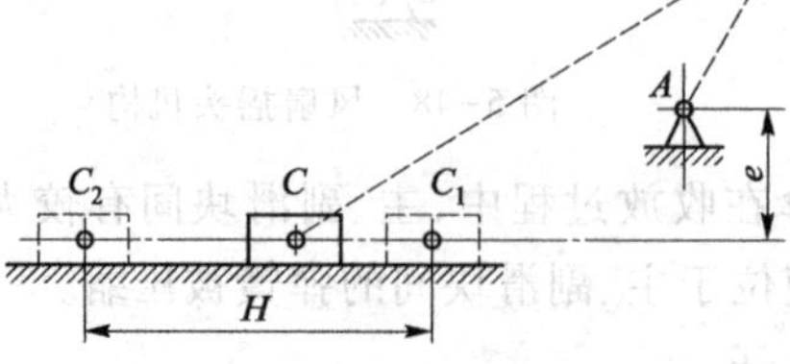

题 5-11 图

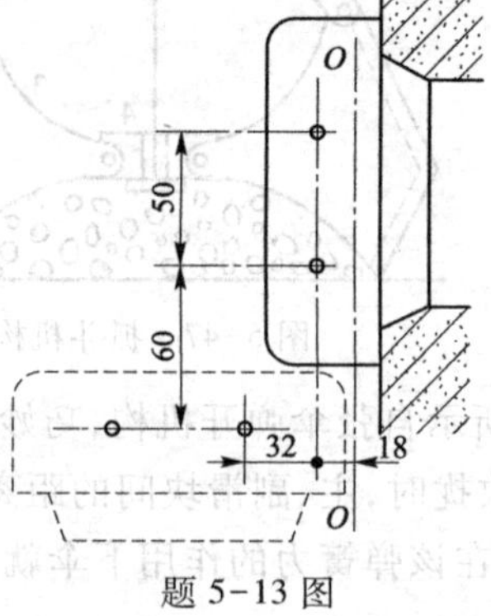

题 5-13 图

开后成水平位置时，要求炉门温度较低的一面朝上（如虚线所示）。设固定铰链在 $O—O$ 轴线上，其相关尺寸如图所示，求此铰链四杆机构其余三杆的长度。

5-14　设计一铰链四杆机构。图示两连架杆的三组对应位置为：$\varphi_1=45°$，$\psi_1=52°10'$；$\varphi_2=90°$，$\psi_2=82°10'$；$\varphi_3=135°$，$\psi_3=112°10'$。若机架长度 $l_{AD}=50$ mm，试用解析法确定其余三杆长度。

5-15　某码头需设计一上下船用的扶梯，由于船随水位的升降要上下浮动，扶梯一端固定在码头上，另一端与船连接，要求人能沿扶梯上水平的阶梯上下船，试提出一种机构方案，并画出其简图。

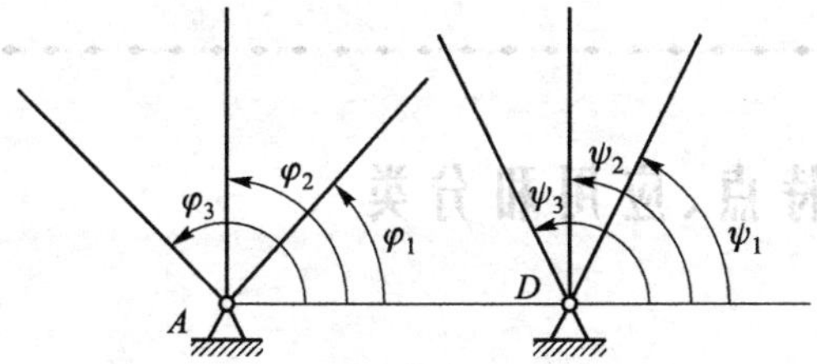

题 5-14 图

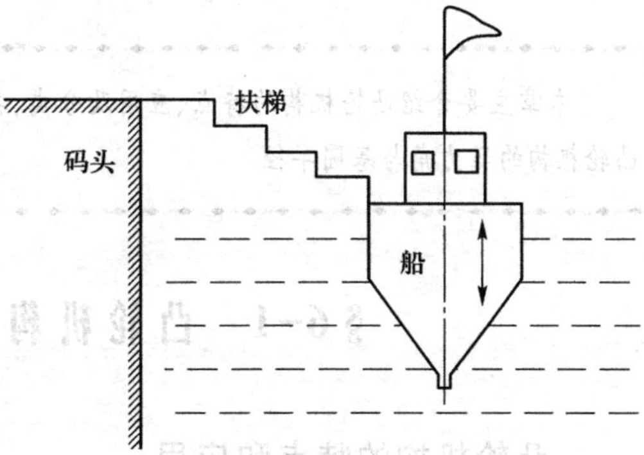

题 5-15 图

第六章 凸轮机构

本章主要介绍凸轮机构的特点、应用及分类，推杆的常用运动规律，设计凸轮轮廓曲线的方法以及凸轮机构的压力角与基圆半径。

§6-1 凸轮机构的特点、应用和分类

一、凸轮机构的特点和应用

凸轮机构主要由凸轮、推杆（又常称从动件）、机架三个基本构件组成。其特点是凸轮具有曲线工作表面，利用不同的凸轮轮廓曲线可使推杆实现各种预定的运动规律，并且结构简单紧凑。因此，凸轮机构在机械化、自动化生产设备中得到了广泛的应用。但由于凸轮轮廓与推杆之间为点、线接触，属高副机构，易磨损，所以凸轮机构多用于传力不大的场合。

图 6-1 所示为内燃机的配气凸轮机构。当盘形凸轮 1 回转时，推动平底推杆 2 作往复移动，再通过摇臂 3 使气门 4 按一定规律启闭。

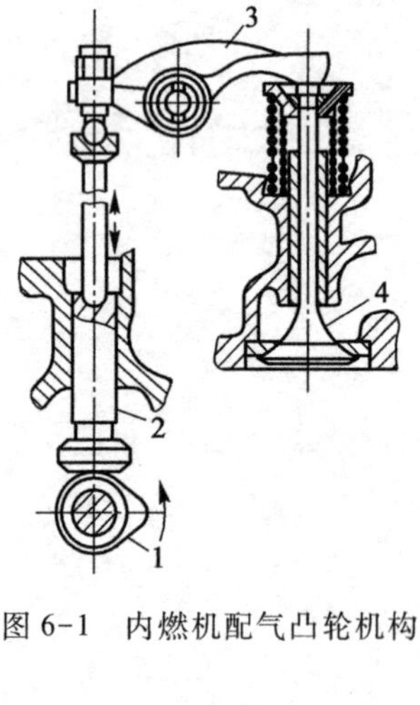

图 6-1 内燃机配气凸轮机构

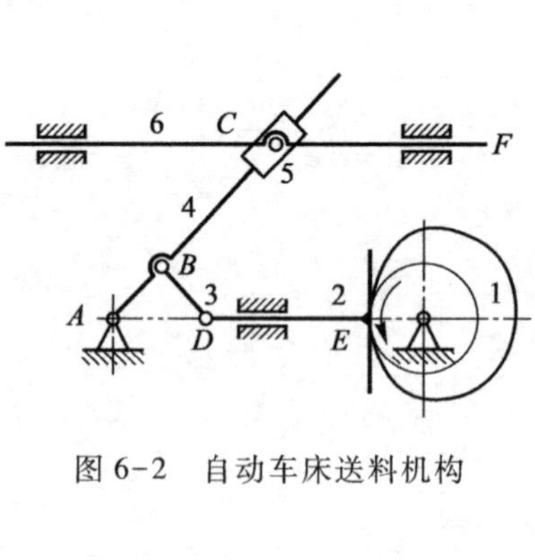

图 6-2 自动车床送料机构

图 6-2 所示是自动车床送料机构。该机构由平底直动推杆盘状凸轮机构与连杆机构组成。当凸轮 1 转动时，推动杆 2 往复移动，通过连杆 3、摆杆 4 及滑块 5 带动从动件 6（推料杆）作周期性往复直线运动。

图 6-3 所示是靠模车削机构，随着工件 1 转动的同时，靠模 3 和工件一起向左移动。车刀固

定在底端带滚子的刀架 2 上，由于其上弹簧的弹力作用，刀架与靠模 3 紧密接触。在靠模 3 的曲线轮廓推动下，刀架与车刀一起按一定规律作横向移动，从而车削出具有曲线表面的手柄。从图中可以看出，靠模 3 在移动时利用其轮廓曲线推动刀架运动，因此它就是一个移动凸轮。

图 6-4 所示是平板印刷机中用以完成送纸运动的机构，当固连在一起的双凸轮 1 转动时，通过连杆机构使固连在连杆 2 上的吸盘 J 沿如图所示的轨迹运动，以完成将纸吸起和送进等运动。

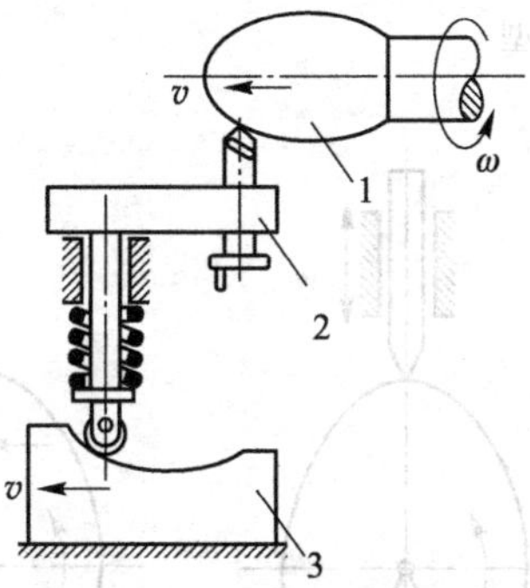

图 6-3　靠模车削机构

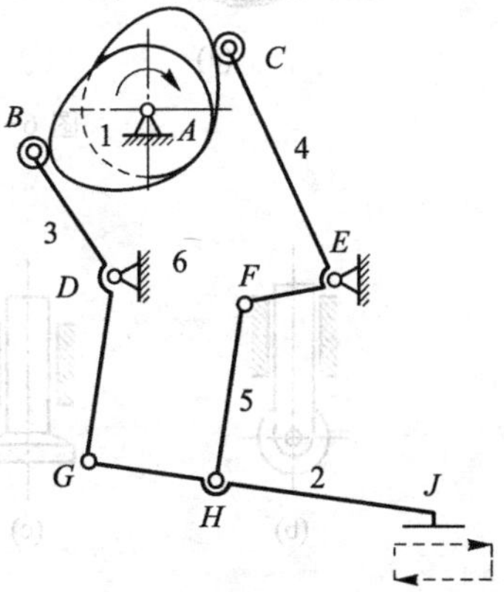

图 6-4　平板印刷机的送纸机构

图 6-5 所示是自动车床的走刀机构。当圆柱凸轮 1 回转时，利用其曲线凹槽带动摆杆 2 绕固定轴 O 往复摆动，再通过扇形齿轮和齿条的啮合传动，使刀架 3 按一定的规律运动。刀架的运动规律取决于凸轮凹槽的曲线形状。

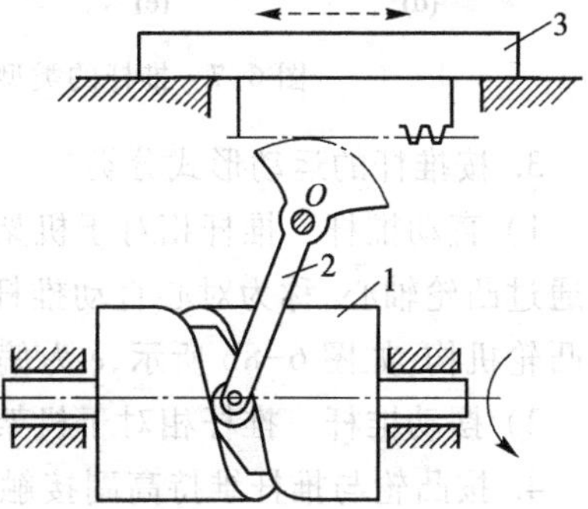

图 6-5　自动车床走刀机构

二、凸轮机构的分类

凸轮机构的类型繁多，其分类方法如下。

1. 按凸轮几何形状分类

1）盘形凸轮　这种凸轮是绕固定轴线转动，具有变化向径的盘形构件，如图 6-6a 所示。这是凸轮最基本的形式。

2）移动凸轮　这种凸轮相对于机架作往复直线运动，如图 6-6b 所示。它可以看成是转轴的中心在无穷远的盘形凸轮。

3）圆柱凸轮　这是在圆柱表面上加工出曲线工作表面的凸轮，也可认为是将移动凸轮卷成圆柱体而构成的，如图 6-6c 所示。

2. 按推杆端部形状分类

1）尖顶推杆　如图 6-7a、d 所示。它的构造最简单，但易磨损，故只宜用于传力不大的低速凸轮机构中，如仪表机构等。

2）滚子推杆　如图 6-7b、e 所示。推杆的端部装有可自由回转的滚子，以减小摩擦和磨损。它能传递较大的力，应用较广泛。

3）平底推杆　如图 6-7c、f 所示。推杆的端部为平底，其平底与凸轮轮廓接触处构成楔形间隙，有利于润滑油膜的形成，故能减小摩擦、磨损，常用于高速凸轮机构中。

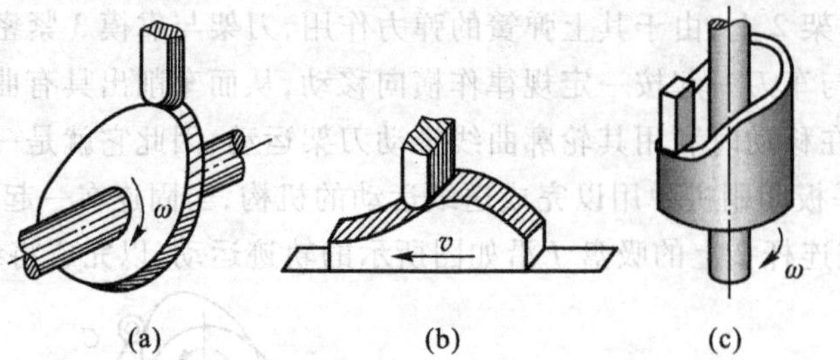

图 6-6　凸轮的类型

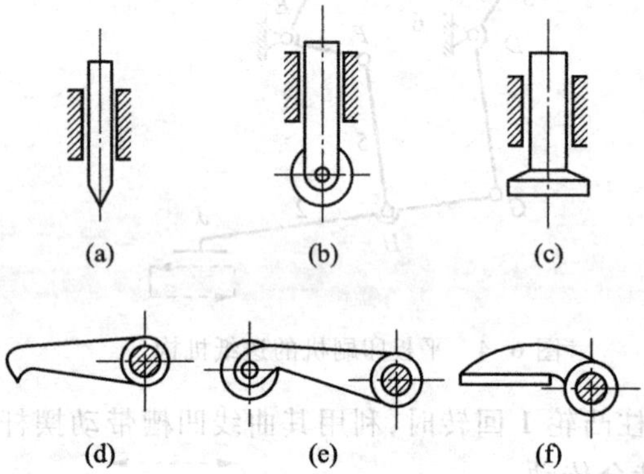

图 6-7　推杆的类型

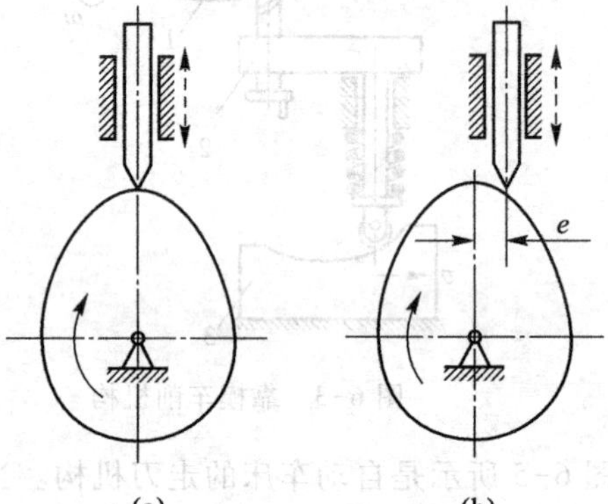

图 6-8　盘形凸轮机构

3. 按推杆的运动形式分类

1）直动推杆　推杆相对于机架作往复直线移动，如图6-7a、b、c 所示。如果推杆的导路轴线通过凸轮轴心，称为对心直动推杆盘形凸轮机构，如图 6-8a 所示。否则称为偏置直动推杆盘形凸轮机构，如图 6-8b 所示，e 为偏距。

2）摆动推杆　推杆相对于机架作往复摆动，如图 6-7d、e、f 所示。

4. 按凸轮与推杆维持高副接触的封闭方式分类

1）力封闭　利用推杆的重力、弹簧力等使推杆与凸轮轮廓始终保持接触，如图 6-9 所示。

2）形封闭　依靠凸轮与推杆的特殊几何结构来保持两者始终接触。它又可归纳为如下四种类型：

a）槽形凸轮　如图 6-10a、b 所示，凸轮的工作廓线是两条等距的曲线槽，通常采用滚子推杆。由于它设计和制造都比较方便，故应用广泛。

b）凸缘形凸轮　如图 6-10c、d 所示，推杆采用双滚子形式，分别与凸轮凸缘的两个工作侧面相接触。

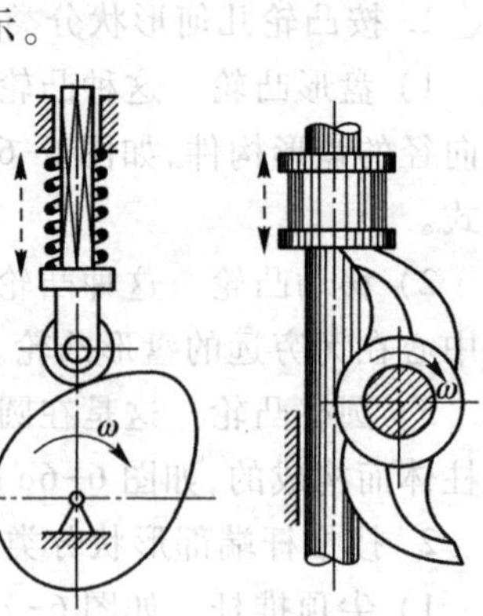

图 6-9　力封闭凸轮机构

c）等径凸轮　如图 6-10e 所示，凸轮理论轮廓曲线沿直径方向上对应两点之间的距离处处相等。

d）等宽凸轮　如图 6-10f 所示，凸轮轮廓上各处的宽度均相等。

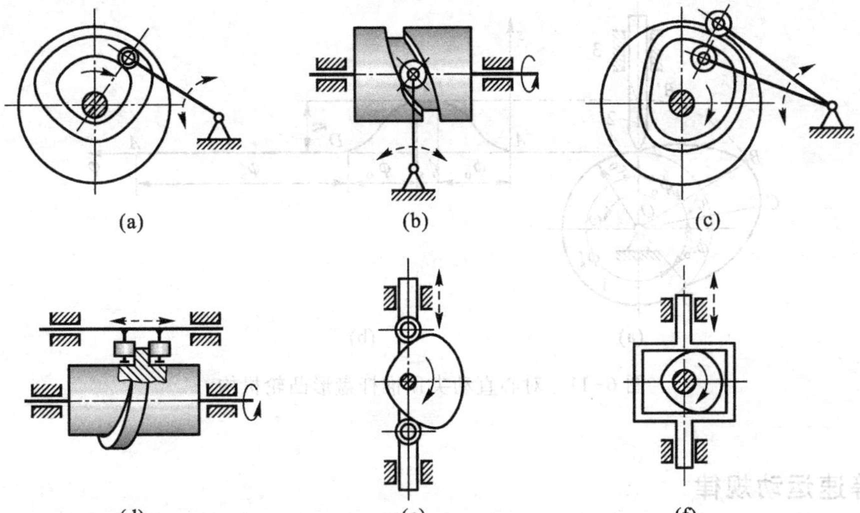

图 6-10　形封闭凸轮机构

将上述各种分类方式组合起来，就可得到凸轮机构的名称。例如图 6-9a 所示为对心直动滚子推杆盘形凸轮机构，图 6-10b 所示为摆动滚子推杆圆柱凸轮机构。

§6-2　推杆的常用运动规律

设计凸轮机构时，首先应根据工作要求确定推杆的运动规律，然后根据这一运动规律设计凸轮的轮廓曲线。以下用对心直动尖顶推杆盘形凸轮机构为例，说明推杆运动规律与凸轮轮廓曲线之间的关系。如图 6-11a 所示，以凸轮轮廓最小向径 r_0 为半径、凸轮轴心为圆心所作的圆称为基圆，r_0 称为基圆半径。设推杆最初位于最低位置，它的尖顶与凸轮轮廓上 A 点接触。当凸轮按顺时针方向转动时，先是由凸轮轮廓曲线的$\widehat{AB}$部分与推杆的尖顶接触。由于这一段轮廓的向径是逐渐加大的，将推动推杆按一定的运动规律逐渐从近轴位 A 推向远轴位 B'，这个过程称为推程。距离$\overline{AB'}$即为推杆的最大位移，称为行程或升程，以 h 表示。对应的凸轮转角 ϕ_o 称为推程运动角。当凸轮继续回转，以 O 为圆心的圆弧$\widehat{BC}$段轮廓与推杆尖顶接触时，推杆将在最高位置 B'处停留不动，这时对应的凸轮转角 ϕ_s 称为远休止角。当轮廓$\widehat{CD}$部分与推杆接触时，推杆将按一定的运动规律下降到起始位置，这一运动过程称为回程，所对应的凸轮转角 ϕ_o'称为回程运动角。同理，当基圆上的圆弧$\widehat{DA}$与推杆接触时，推杆将在最低位置停止不动，与此对应的凸轮转角 ϕ_s'称为近休止角。凸轮再继续回转时，推杆将重复上述运动过程。

所谓推杆的运动规律，就是指推杆在运动过程中，其位移 s、速度 v、加速度 a 随时间 t 的变化规律。由于凸轮一般以等角速度 ω 转动，故其转角 φ 与时间 t 成正比。所以推杆的运动规律更常表示为与凸轮转角 φ 的关系，如图 6-11b 所示。

以下介绍几种常用的推杆运动规律。

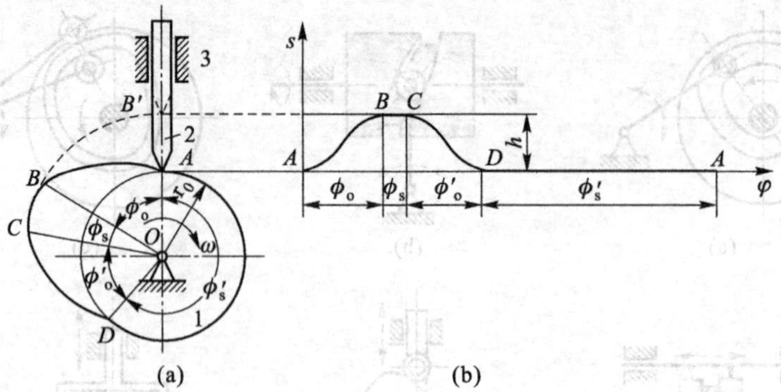

图 6-11　对心直动尖顶推杆盘形凸轮机构

一、等速运动规律

设凸轮以等角速度 ω 回转，当凸轮转过推程运动角 ϕ_o 时，推杆等速上升 h，其推程的运动方程为

$$\left.\begin{aligned} s&=\frac{h\varphi}{\phi_o} \\ v&=\frac{h\omega}{\phi_o} \\ a&=0 \end{aligned}\right\} \tag{6-1}$$

图 6-12 所示为其推程的运动线图。由图可知，推杆在运动开始和终了的瞬时，因速度有突变，所以这时推杆的加速度及其由此产生的惯性力在理论上将出现瞬时的无穷大值。实际上由于材料具有弹性，加速度和惯性力虽不会达到无穷大，但仍很大，从而产生强烈的冲击，这种冲击称为刚性冲击。因此，等速运动规律只适用于低速、轻载的场合。

二、等加速等减速运动规律

这种运动规律通常取前半行程作等加速运动，后半行程作等减速运动，加速度和减速度的绝对值相等（根据工作需要也可以取得不等）。因此，推杆作加速运动和减速运动的位移各为 $h/2$，对应的凸轮的转角各为 $\phi_o/2$，分别相等。

推杆推程时等加速段运动方程为

$$\left.\begin{aligned} s&=\frac{2h\varphi^2}{\phi_o^2} \\ v&=\frac{4h\omega\varphi}{\phi_o^2} \\ a&=\frac{4h\omega^2}{\phi_o^2} \end{aligned}\right\} \tag{6-2a}$$

推杆推程时等减速段运动方程为

$$\left.\begin{aligned}s&=h-\frac{2h}{\phi_o^2}(\phi_o-\varphi)^2\\v&=\frac{4h\omega}{\phi_o^2}(\phi_o-\varphi)\\a&=\frac{-4h\omega^2}{\phi_o^2}\end{aligned}\right\}\tag{6-2b}$$

推杆推程时的等加速等减速运动线图如图6-13所示。由图可见，在行程的起始点A、中点B及终点C处加速度有突变，因而推杆的惯性力也将有突变。不过这一突变为有限值，所以引起的冲击也较为平缓。这种由于加速度有突变产生的冲击称为柔性冲击。因此，这种运动规律只适用于中、低速的场合。

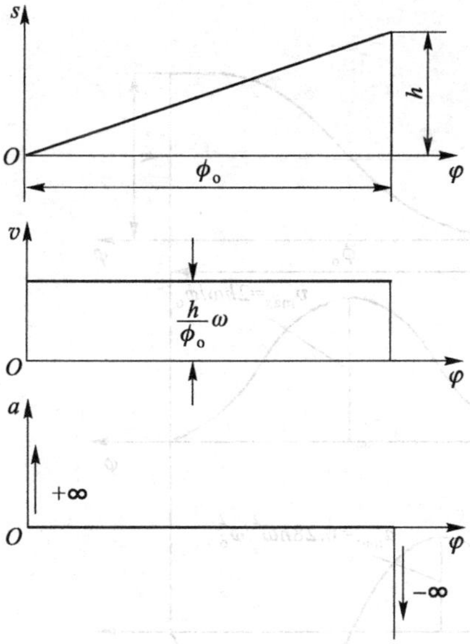

图 6-12 等速运动规律

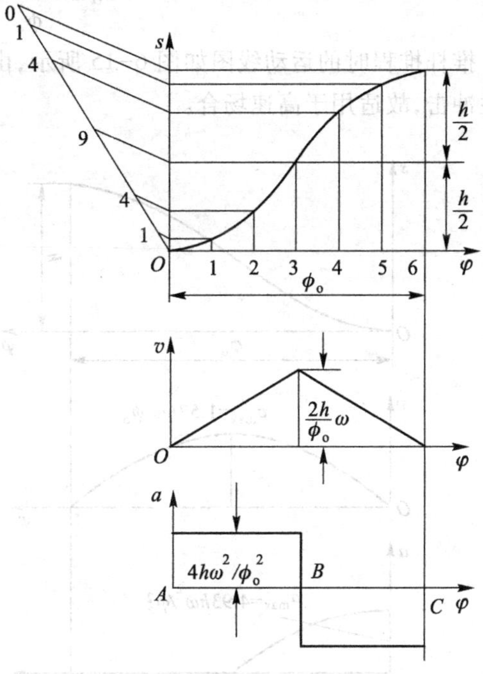

图 6-13 等加速等减速运动规律

三、余弦加速度运动（简谐运动）规律

当推杆的加速度按余弦规律变化时，其推程的运动方程式为

$$\left.\begin{aligned}s&=\frac{h}{2}\left(1-\cos\frac{\pi\varphi}{\phi_o}\right)\\v&=\frac{\pi h\omega}{2\phi_o}\sin\frac{\pi\varphi}{\phi_o}\\a&=\frac{\pi^2h\omega^2}{2\phi_o^2}\cos\frac{\pi\varphi}{\phi_o}\end{aligned}\right\}\tag{6-3}$$

推杆推程时的运动线图如图 6-14 所示。由图可见,在起始点和终点,推杆的加速度有突变,故也有柔性冲击,一般只适用于中速场合。

四、正弦加速度运动(摆线运动)规律

当推杆的加速度按正弦规律变化时,其推程的运动方程式为

$$\left.\begin{aligned}
s&=h\left(\frac{\varphi}{\phi_{o}}-\frac{1}{2\pi}\sin\frac{2\pi\varphi}{\phi_{o}}\right)\\
v&=\frac{h\omega}{\phi_{o}}\left(1-\cos\frac{2\pi\varphi}{\phi_{o}}\right)\\
a&=\frac{2\pi h\omega^{2}}{\phi_{o}^{2}}\sin\frac{2\pi\varphi}{\phi_{o}}
\end{aligned}\right\}\tag{6-4}$$

推杆推程时的运动线图如图 6-15 所示,由图可见,其加速度没有突变,可以避免柔性冲击和刚性冲击,故适用于高速场合。

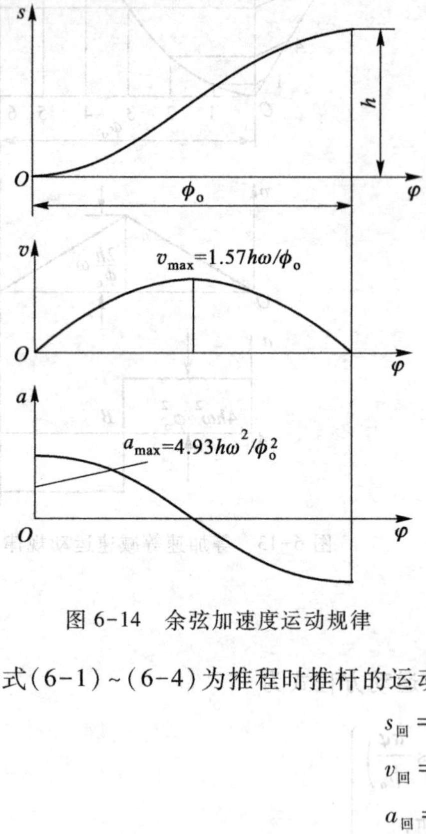

图 6-14　余弦加速度运动规律

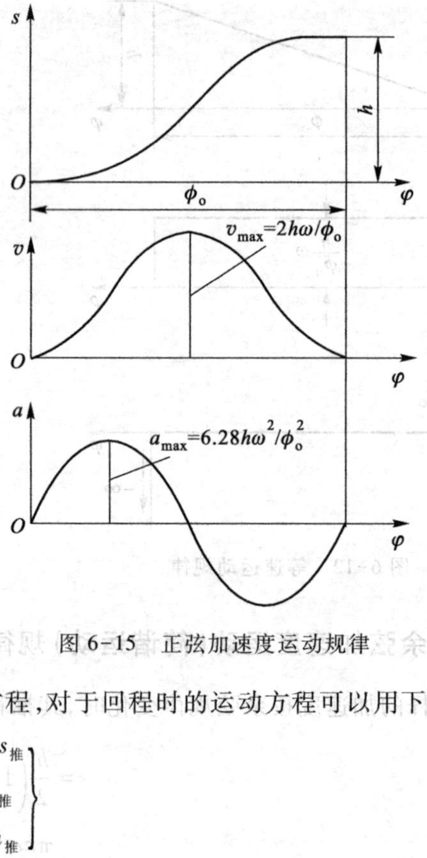

图 6-15　正弦加速度运动规律

上述式(6-1)~(6-4)为推程时推杆的运动方程,对于回程时的运动方程可以用下式得出

$$\left.\begin{aligned}
s_{回}&=h-s_{推}\\
v_{回}&=-v_{推}\\
a_{回}&=-a_{推}
\end{aligned}\right\}\tag{6-5}$$

式(6-5)中 $s_{推}$、$v_{推}$、$a_{推}$ 按相同运动规律推程时的方程式(6-1)~(6-4)确定,但其中 ϕ_o 用回程运动角 ϕ_o' 代替,凸轮转角 φ 应从回程运动规律的起始位置计量起。

上述各项运动规律是凸轮机构的推杆运动规律的基本形式,它们各有其优点和缺点。为了扬长避短,可以某种基本运动规律为基础,将其他运动规律与其组合,构成组合型运动规律,以改

善其运动特性，从而避免在运动始、末位置发生刚性冲击或柔性冲击。例如，图 6-16 为用正弦加速度与等速运动规律组合而成的改进型等速运动规律。它既可满足工作中等速运动的要求，又克服了等速运动规律始、末两点存在刚性冲击的缺点，这种组合型等速运动规律无刚性冲击和柔性冲击。

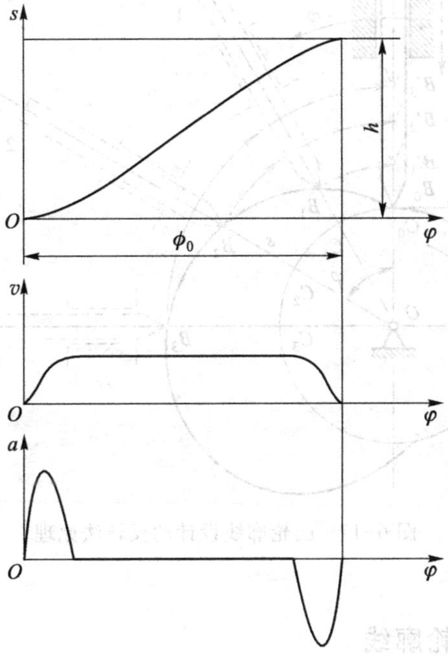

图 6-16　组合型等速运动规律

§6-3　凸轮轮廓曲线的设计

根据工作要求，合理地选择推杆运动规律、凸轮机构的形式、凸轮的基圆半径等基本尺寸和凸轮的转向后，就可以进行凸轮廓线设计了。凸轮廓线的设计方法有图解法和解析法两种。图解法比较直观，概念清晰，但作图误差较大，适用于设计精度要求较低的凸轮和一些圆弧直线凸轮。通过图解法有助于理解凸轮廓线设计原理及一些基本概念。解析法是列出凸轮廓线方程，通过计算求得廓线上一系列点的坐标值。这种方法适宜在计算机上计算，并在数控机床上加工凸轮轮廓。这两种设计方法的基本原理是相同的。

一、凸轮廓线设计方法的基本原理

图 6-17 所示为对心直动尖顶推杆盘形凸轮机构。凸轮以角速度 ω 绕轴心 O 逆时针方向转动，这时推杆沿导路（机架）作往复移动。

为便于绘制凸轮廓线，需要凸轮相对固定，可以假设给整个凸轮机构加上一个公共角速度“$-\omega$”绕凸轮轴心回转。根据相对运动原理，这时凸轮与推杆之间的相对运动关系并未改变，但是凸轮已“固定不动”，而推杆一方面随导路以角速度“$-\omega$”绕轴心顺时针方向转动（即所谓反转运动)，另一方面还相对于导路作预期的往复移动。由于推杆尖顶和凸轮廓线始终接触，因此推杆尖顶在这种复合运动中所描绘的轨迹就是凸轮的轮廓曲线。所以设计凸轮廓线的关键就在于找出推杆尖顶在这种复合运动中的轨迹。这种设计凸轮廓线的方法称为反转法。

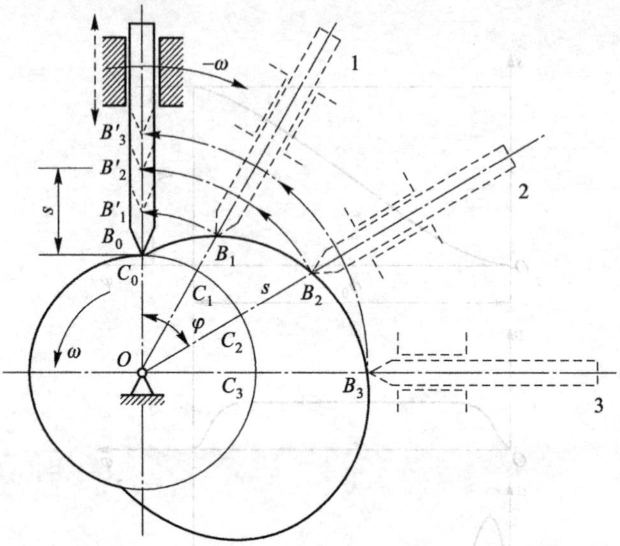

图 6-17　凸轮廓线设计的反转法原理

二、用作图法设计凸轮廓线

下面通过一实例来介绍用反转法绘制盘形凸轮廓线的方法。

图 6-18 所示为一对心直动尖顶推杆盘形凸轮机构。已知凸轮的基圆半径 $r_0=38$ mm，凸轮以角速度 ω 沿逆时针方向等速回转，推杆运动规律如下：

凸轮转角 φ	0°~150°	150°~180°	180°~300°	300°~360°
推杆位移 s	等速上升 $h=15$ mm	上　停	等加速等减速下降 $h=15$ mm	下　停

该凸轮廓线设计步骤如下：

(1) 取长度比例尺 μ_L。绘出凸轮基圆，如图 6-18 所示。

(2) 作反转运动。在基圆上由起始点位置 C_0 出发，沿 $-\omega$ 回转方向依次量取 ϕ_o、ϕ_s、ϕ'_o、ϕ'_s，并将推程运动角 ϕ_o 和回程运动角 ϕ'_o 各细分为若干等份(例如 5 等分和 6 等分)。在基圆上得各分点 C_0、C_1、…、C_{11}、C_{12}。过凸轮回转中心 O 作这些等分点的射线，此即在反转运动中推杆轴线所占据的一系列位置。

(3) 计算推杆的预期位移。

1) 等速推程时，由式(6-1)有

$$s=\frac{h\varphi}{\phi_o}=\frac{15\varphi}{150^\circ}\quad(\varphi=0^\circ\sim150^\circ)$$

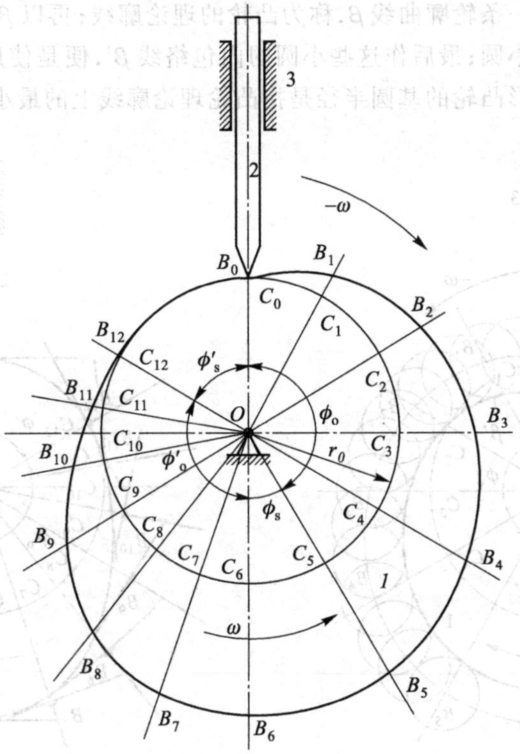

图 6-18　对心直动尖顶推杆盘形凸轮廓线作图法设计

凸轮转角 $\varphi/(°)$	0	30	60	90	120	150
推杆位移 s/mm	0	3	6	9	12	15

2）等加速回程时，由式(6-5)和式(6-2a)有

$$s=h-\frac{2h\varphi^2}{\phi'^2_o}=15-30\times\left(\frac{\varphi}{120°}\right)^2 \quad (\varphi=0°\sim60°)$$

等减速回程时，由式(6-5)和式(6-2b)有

$$s=\frac{2h}{\phi'^2_o}(\phi'_o-\varphi)^2=\frac{30}{(120°)^2}\times(120°-\varphi)^2 \quad (\varphi=60°\sim120°)$$

凸轮转角 $\varphi/(°)$	0	20	40	60	80	100	120
推杆位移 s/mm	15	14.17	11.67	7.50	3.33	0.83	0

(4) 作复合运动。在推杆反转运动中的各轴线上，从基圆开始量取推杆的相应位移，即取 $\overline{C_0B_0}=0$、$\overline{C_1B_1}=3/\mu_L$、…、$\overline{C_{11}B_{11}}=0.83/\mu_L$、$\overline{C_{12}B_{12}}=0$。得推杆尖顶在复合运动中的一系列位置 B_0、B_1、B_2、…。

(5) 将 B_0、B_1、B_2、…各点连成光滑曲线，即为所求的凸轮廓线。

对于直动滚子推杆，其凸轮轮廓绘制方法如图 6-19 所示。首先把滚子中心看作尖顶推杆的尖顶,按照上述方法求出一条轮廓曲线 β,称为凸轮的理论廓线;再以 β 上一系列点为中心,以滚子半径为半径,画一系列小圆;最后作这些小圆的内包络线 β',便是使用滚子推杆时凸轮的实际廓线。注意:滚子推杆盘形凸轮的基圆半径是指凸轮理论廓线上的最小向径。

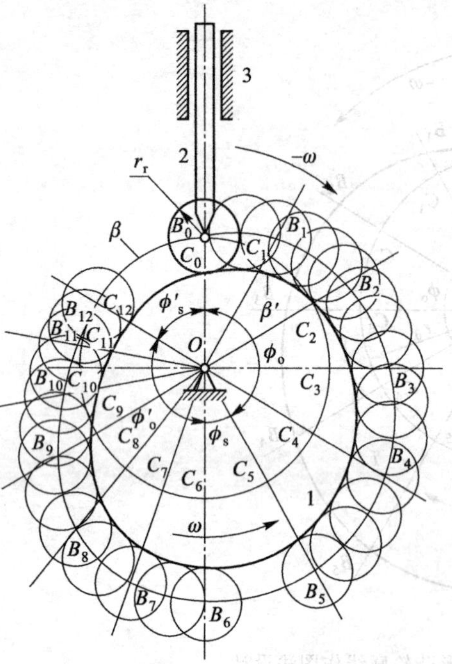

图 6-19　滚子推杆盘形凸轮廓线的作图方法

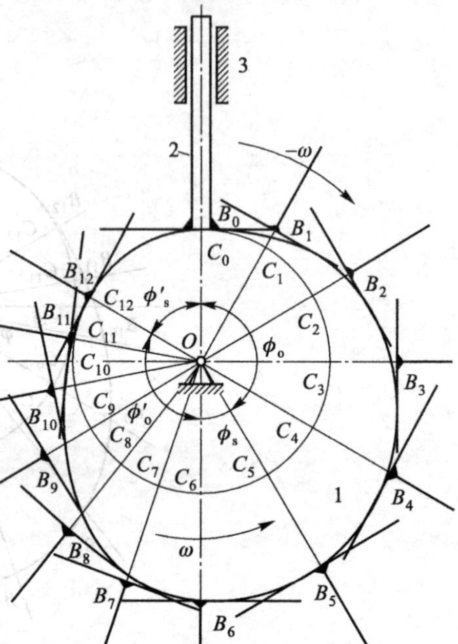

图 6-20　平底推杆盘形凸轮廓线的作图方法

对于直动平底推杆,其凸轮廓线的绘制方法如图 6-20 所示。以导路中心线和平底的交点作为推杆的尖顶,按照直动尖顶推杆盘形凸轮廓线的绘制方法,求出理论廓线上一系列点 $B_0, B_1, B_2, \cdots$,然后过这些点画出对应的平底直线,这些平底直线的包络线即为凸轮的实际廓线。

三、用解析法设计凸轮廓线

设已知凸轮机构的偏距 e,基圆半径 r_0,凸轮以等角速度 ω 逆时针方向转动,从动件的运动规律 $s=s(\varphi)$,试设计一偏置尖顶直动推杆盘形凸轮机构。

建立直角坐标系 Oxy 如图 6-21 所示,画出偏距圆和基圆,点 B_0 为凸轮轮廓上推程的起始点。这时,推杆处于最低位置,其高度为 s_0。当凸轮转过 φ 角时,推杆沿导路按预期运动规律上升 s 的位移量,推杆的尖顶上移至点 B'。根据反转法,将点 B' 绕原点 O(凸轮轴心)按顺时针方向转过 φ 角,即得推杆尖顶的对应点 B,点 B 的直角坐标为

$$\left.\begin{aligned}x&=(s_0+s)\sin\varphi+e\cos\varphi\\y&=(s_0+s)\cos\varphi-e\sin\varphi\end{aligned}\right\}\qquad(6-6)$$

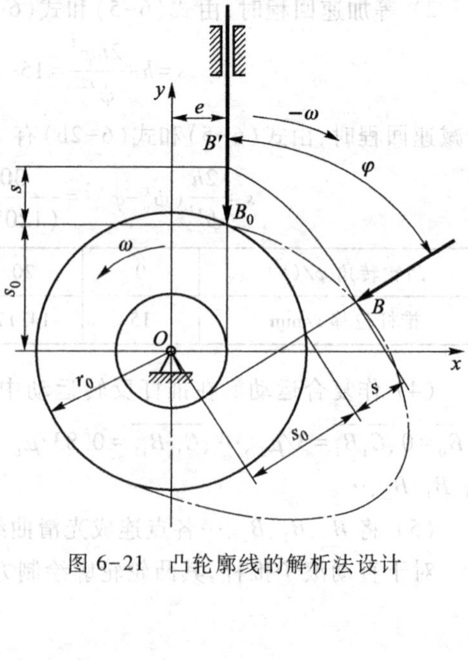

图 6-21　凸轮廓线的解析法设计

式中 $s_0=\sqrt{r_0^2-e^2}$。式(6-6)即为偏置尖顶直动推杆盘形凸轮的廓线方程。对于滚子直动推杆,式(6-6)为滚子中心点的理论廓线方程,可进一步推导凸轮的实际廓线方程(参考文献[3])。

§6-4 凸轮机构的压力角和基圆半径

一、凸轮机构中的作用力与凸轮机构的压力角

图 6-22 所示为对心直动尖顶推杆盘形凸轮机构,推杆与凸轮在 B 点接触。F_w 为作用在推杆上的载荷,F 为凸轮作用在推杆上的推动力。当不计摩擦时,力 F 将沿接触点处凸轮廓线的法线 $n-n$ 方向。将该力分别沿推杆运动方向和垂直于运动方向分解,得有效分力 $F_y=F\cos\alpha$ 和有害分力 $F_x=F_y\tan\alpha$,式中 α 为推杆上所受法向力的方向与推杆受力点速度方向之间所夹的锐角,称为凸轮机构的压力角。显然,当推动推杆运动的有效分力 F_y 一定时,压力角 α 越大,则有害分力 F_x 就越大,凸轮推动推杆就越费力,从而使凸轮机构运动不灵活,效率低。当 α 增大到某一数值时,机构将处于自锁状态。为了保证在载荷 F_w 一定的条件下,使凸轮机构中的作用力 F 不至过大,必须对压力角 α 的最大值给予限制,使其不超过某一许用值$[\alpha]$,一般推荐许用压力角$[\alpha]$的数值如下:对于直动推杆取$[\alpha]=30°$,对于摆动推杆取$[\alpha]=35°\sim45°$,若在回程时,推杆是在重力或弹簧力的作用下返回,则回程的许用压力角$[\alpha]=70°\sim80°$。

由以上分析可知,从减小凸轮机构受力方面考虑,希望压力角愈小愈好。

二、凸轮机构压力角与基圆半径的关系

图 6-23 所示为对心直动尖顶推杆盘形凸轮机构,由于推杆和凸轮在接触点处的相对运动速度只能沿接触点处的公切线 $t—t$ 方向,故

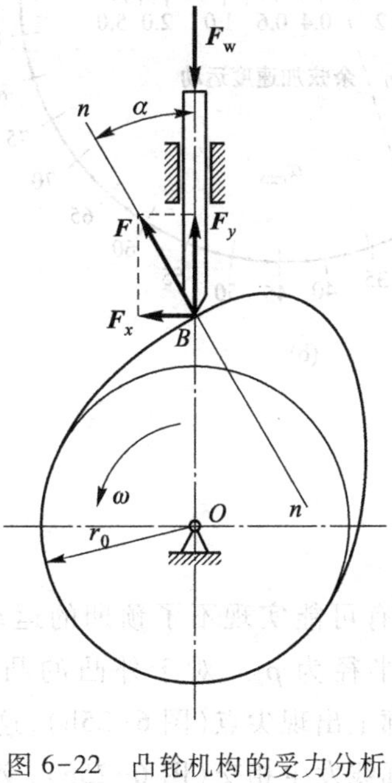

图 6-22 凸轮机构的受力分析

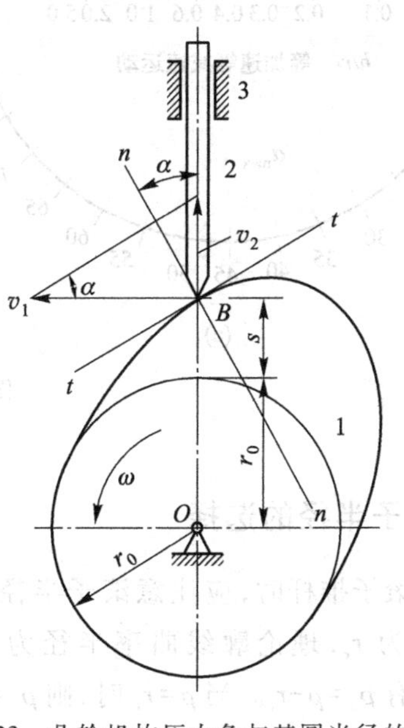

图 6-23 凸轮机构压力角与基圆半径的关系

$$v_2 = v_1 \tan\alpha = \omega(r_0 + s)\tan\alpha$$

即

$$r_0 = \frac{v_2}{\omega \tan\alpha} - s \tag{6-7}$$

式中：r_0 为凸轮的基圆半径；s 为推杆的位移量。

当推杆运动规律给定后，对应于凸轮的某一转角 φ 的 v_2、s 及 ω 均为已知常数。由式(6-7)可知，若要凸轮机构的压力角减小，势必要增大凸轮的基圆半径，也即要增大凸轮机构尺寸，对机构紧凑性不利；反之对凸轮机构的受力又不利。为了正确处理这一矛盾，在实际设计中，在保证凸轮机构的最大压力角 α_{max} 不超过许用压力角$[\alpha]$的前提下，适当减小凸轮的基圆半径。为了确定基圆半径的大小，可利用如图 6-24 所示的诺模图。例如，一对心直动滚子推杆盘形凸轮机构，其行程 $h=13$ mm，推程运动角 $\phi_o=45°$，推杆按正弦加速度运动规律运动，$[\alpha]=30°$，要求确定凸轮的基圆半径 r_0。具体做法是：在图 6-24b 中把 $\alpha_{max}=30°$ 和 $\phi_o=45°$ 的两点以直线相连，交正弦加速度运动规律的标尺于 0.26 处，于是，根据 $h/r_0=0.26$ 和 $h=13$ mm，即可求得凸轮的基圆半径 $r_0 \geqslant 50$ mm。

在实际设计工作中，凸轮的基圆半径 r_0 的确定，除了要满足 $\alpha_{max} \leqslant [\alpha]$，还要考虑凸轮的结构及强度要求。为此，通常由经验公式 $r_0=(1.6\sim2)R$ 来大致确定基圆半径的大小。式中 R 为安装凸轮的轴半径。

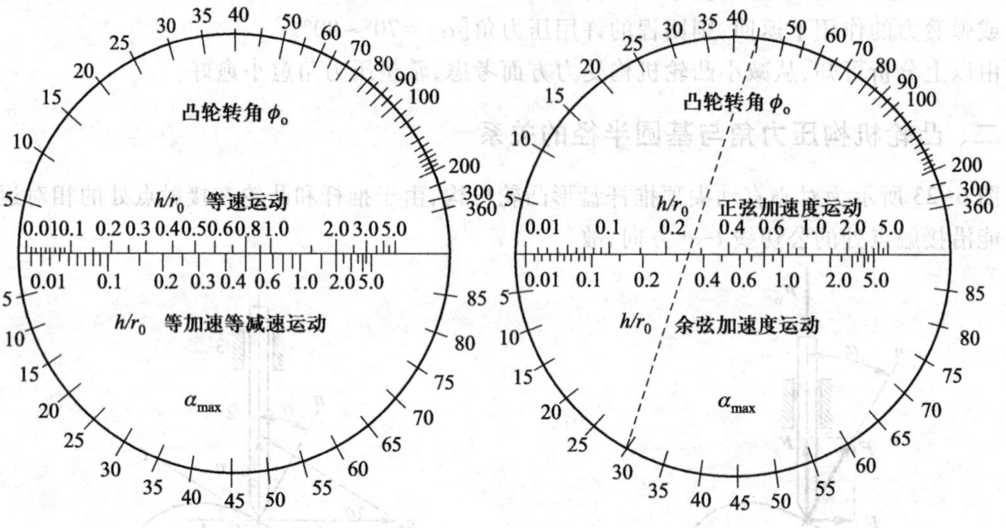

图 6-24　诺模图

三、滚子半径的选择

当采用滚子推杆时，应注意滚子半径的选择，否则推杆有可能实现不了预期的运动规律。设滚子半径为 r_r，理论廓线曲率半径为 ρ，实际廓线曲率半径为 ρ_a。对于外凸的凸轮廓线(图 6-25a)有 $\rho_a=\rho-r_r$。当 $\rho=r_r$ 时，则 $\rho_a=0$，在凸轮实际轮廓上出现尖点(图 6-25b)，这种现象为变尖现象。尖点很容易被磨损。当 $\rho<r_r$ 时，则 $\rho_a<0$，实际廓线发生相交(图 6-25c)，交叉线的

上面部分在实际加工中将被切掉，使得推杆在这一部分的运动规律无法实现，这种现象称为运动失真。为了避免以上两种情况的产生，就必须保证 $\rho_{amin}>0$，亦即必须保证 $\rho_{min}>r_r$，通常取 $r_r\leqslant 0.8\rho_{min}$。若由上式算得的滚子半径 r_r 过小也不合适，因为过小的滚子将会使滚子与凸轮之间的接触应力增大，且滚子本身的强度不足。为了解决上述问题，一般可增大凸轮的基圆半径 r_0，以使 ρ_{min} 增大。

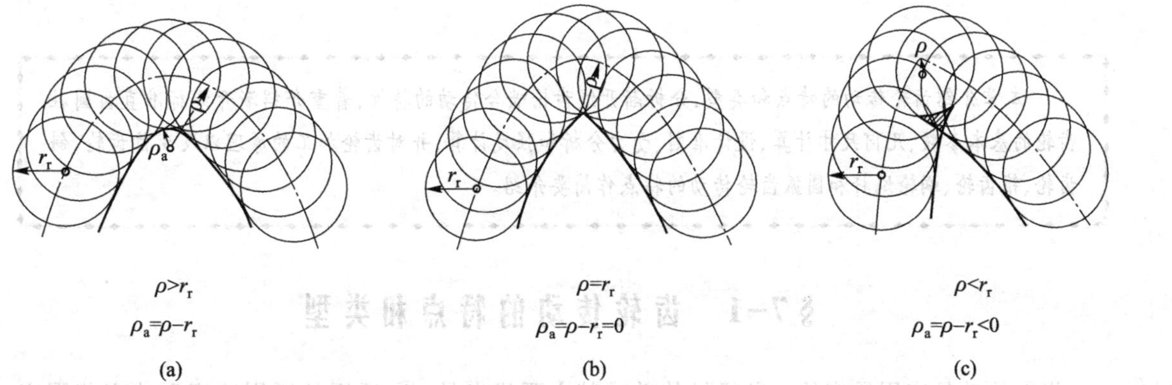

图 6-25　滚子半径与实际廓线的关系

思考题和练习题

6-1　凸轮和推杆有哪些形式？应如何选用？

6-2　四种基本运动规律各有何特点？各适用于何种场合？什么是刚性冲击和柔性冲击？

6-3　何谓凸轮机构的反转法设计？它对于凸轮廓线的设计有何意义？

6-4　何谓凸轮的理论廓线和实际廓线？当已知滚子推杆盘形凸轮机构的理论廓线，欲求实际廓线时，能否由理论廓线上各点的向径减去滚子半径来求得？为什么？

6-5　何谓凸轮机构的压力角？为什么要规定许用压力角？

6-6　何谓凸轮机构的运动失真？它是如何产生的？怎样才能避免运动失真？

6-7　盘形凸轮基圆半径的选择与哪些因素有关？

6-8　试设计一对心直动滚子推杆盘形凸轮机构的凸轮廓线，已知凸轮作顺时针方向旋转、推杆行程 $h=30$ mm，基圆半径 $r_0=40$ mm，滚子半径 $r_r=10$ mm，凸轮各运动角为：$\phi_o=120°$、$\phi_s=30°$、$\phi_o'=150°$、$\phi_s'=60°$，推杆的运动规律可自选。

6-9　将上题改为设计一对心直动平底推杆盘形凸轮机构的凸轮廓线。

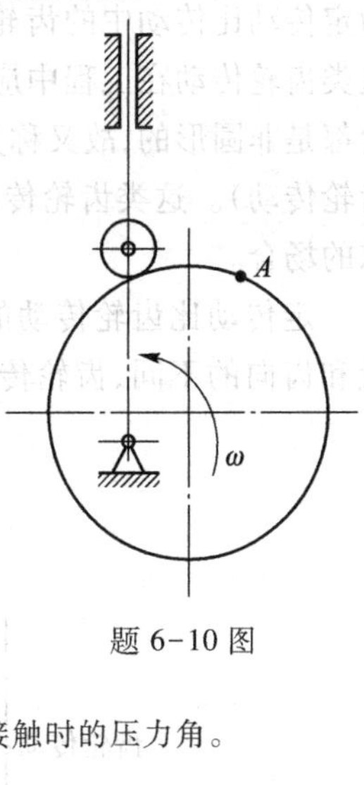

题 6-10 图

6-10　写出图示凸轮机构的名称，并在图中作出（或指出）：1）基圆 r_0；2）理论廓线；3）实际廓线；4）行程 h；5）图示位置从动件的位移量 s；6）从动件与 A 点接触时的压力角。

第七章　齿轮传动

本章介绍齿轮传动的特点和类型，分析渐开线齿轮啮合传动的特性，着重介绍渐开线标准直齿圆柱齿轮的基本参数、几何尺寸计算、设计准则、受力分析和强度计算，并对齿轮加工的原理以及变位齿轮、斜齿轮、锥齿轮、蜗轮蜗杆和圆弧齿轮传动的特点作简要介绍。

§7-1　齿轮传动的特点和类型

齿轮传动是应用最广的一种机械传动。其主要优点是：① 适用的圆周速度和功率范围广；② 传动比准确；③ 机械效率高；④ 工作可靠；⑤ 寿命长；⑥ 可实现平行轴、相交轴、交错轴之间的传动；⑦ 结构紧凑。其主要缺点是：① 要求有较高的制造和安装精度，成本较高；② 不适宜于远距离两轴之间的传动。

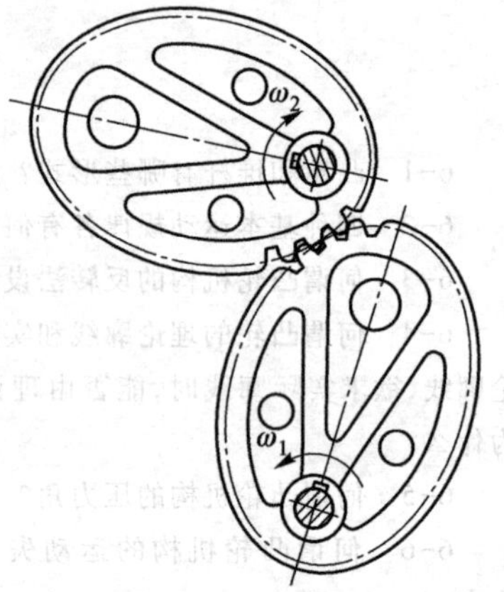

图 7-1　椭圆齿轮传动

根据一对齿轮在啮合过程中其传动比（$i_{12}=\omega_1/\omega_2$）是否恒定，可将齿轮传动分为定传动比传动和变传动比传动两大类。因为定传动比传动中的齿轮都是圆形的，故又称为圆形齿轮传动。这类齿轮传动在工程中应用非常广泛。而变传动比传动中的齿轮都是非圆形的，故又称为非圆齿轮传动（图 7-1 所示为一椭圆齿轮传动）。这类齿轮传动在工程中应用较少，主要用于一些特殊的场合。

定传动比齿轮传动的类型很多，按照两齿轮轴线的相对位置和齿向的不同，齿轮传动可分类如下（图 7-2）：

- 齿轮传动
  - 平面齿轮传动（平行轴传动）
    - 圆柱齿轮传动
      - 外啮合直齿轮传动（图 7-2a）
      - 内啮合直齿轮传动（图 7-2b）
      - 外啮合斜齿轮传动（图 7-2d）
      - 内啮合斜齿轮传动
      - 人字齿轮传动（图 7-2e）
    - 齿轮齿条传动
      - 直齿轮齿条传动（图 7-2c）
      - 斜齿轮齿条传动
  - 空间齿轮传动
    - 锥齿轮传动（相交轴传动）
      - 直齿锥齿轮传动（图 7-2f）
      - 斜齿锥齿轮传动
      - 曲齿锥齿轮传动（图 7-2g）
    - 交错轴斜齿轮传动（图 7-2h）
    - 蜗杆传动（图 7-2i）

按照工作条件的不同,齿轮传动可分为闭式传动和开式传动。闭式传动的齿轮封闭在有润滑油的箱体内,因而能保证良好的润滑和洁净的工作条件,闭式传动多用于重要场合。开式传动的齿轮是外露的,不能保证良好的润滑和防止灰尘等的侵入,因此齿轮易于磨损,开式传动多用于低速传动和不重要的场合。

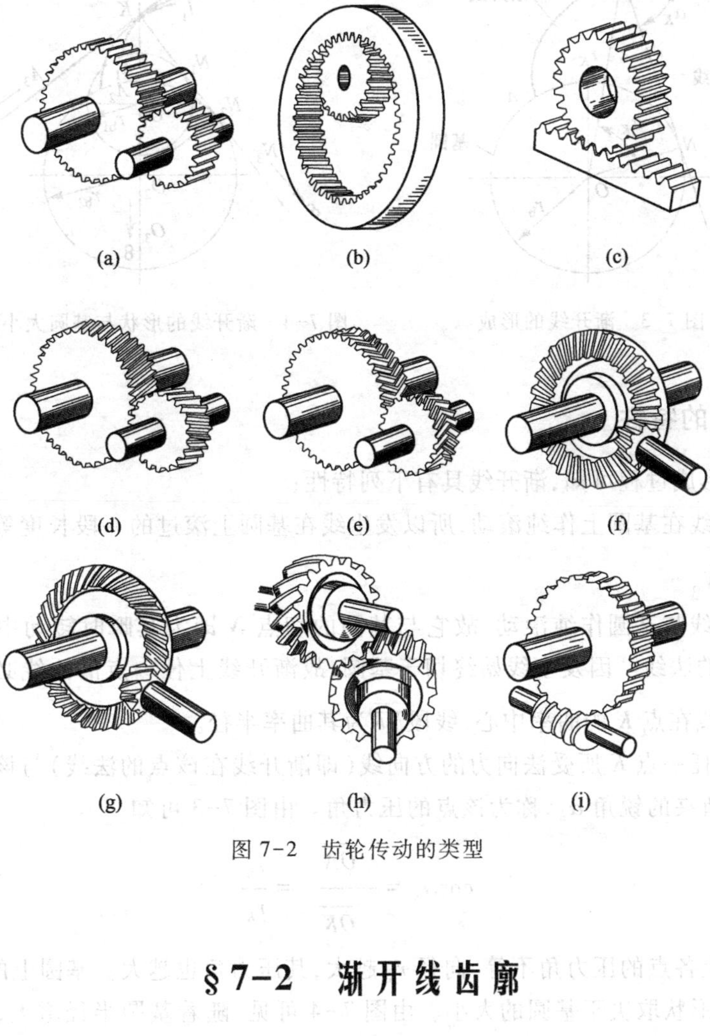

图 7-2 齿轮传动的类型

§7-2 渐开线齿廓

一对齿轮的传动,是依靠主动齿轮轮齿的齿廓推动从动齿轮轮齿的齿廓来实现的。凡能按预定传动比规律相互啮合传动的一对齿廓称为共轭齿廓。仅从满足传动比要求讲,可以作为共轭齿廓的曲线是很多的。但在工程实际中选择齿廓曲线时,不但必须满足传动比的要求,而且还要从设计、制造、安装、使用等方面进行综合考虑。对于定传动比齿轮传动来说,目前机械工程中普遍采用的是渐开线齿廓、摆线齿廓和圆弧齿廓等。其中渐开线齿廓应用最广,因此本章主要介绍渐开线齿轮传动。

一、渐开线的形成

如图 7-3 所示,当一直线 L 沿一圆周作纯滚动时,直线上任意点 K 的轨迹 AK 即为该圆的渐开线。这个圆称为渐开线的基圆，基圆的半径用 r_b 表示。而该直线 L 称为渐开线的发生线。

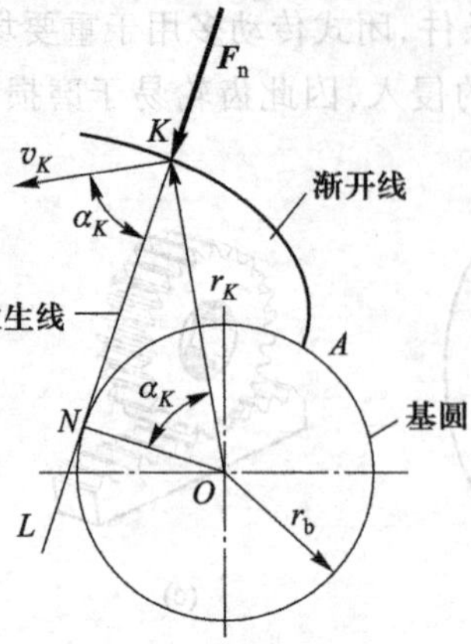

图 7-3　渐开线的形成

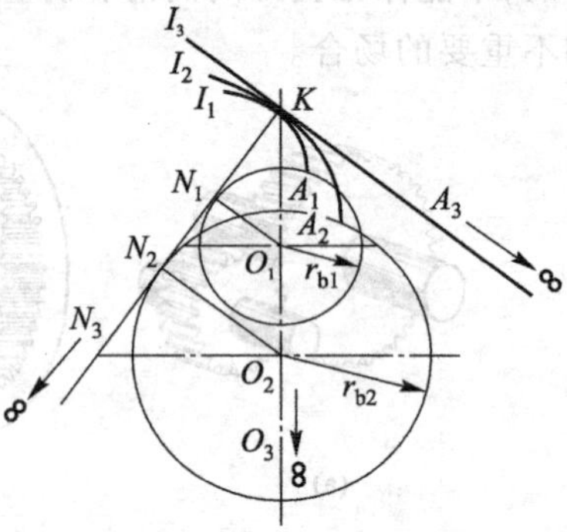

图 7-4　渐开线的形状与基圆大小的关系

二、渐开线的特性

由渐开线的形成过程可知，渐开线具有下列特性：

1）因为发生线在基圆上作纯滚动，所以发生线在基圆上滚过的一段长度等于基圆上被滚过的弧长，即 $\overline{NK}=\widehat{AN}$。

2）由于发生线与基圆作纯滚动，故它与基圆的切点 N 即为其瞬时转动中心，因此直线 NK 是渐开线在点 K 的法线。因发生线始终切于基圆，故渐开线上任一点的法线必与基圆相切。此外点 N 又为渐开线在点 K 的曲率中心，线段 $\overline{NK}$ 为其曲率半径。

3）渐开线上任一点 K 所受法向力的方向线（即渐开线在该点的法线）与该点绕基圆中心转动的速度方向线所夹的锐角 α_K，称为该点的压力角。由图 7-3 可知

$$\cos\alpha_K=\frac{\overline{ON}}{\overline{OK}}=\frac{r_b}{r_K} \tag{7-1}$$

上式表明渐开线上各点的压力角不等，向径 r_K 越大，其压力角也越大。基圆上的压力角为零。

4）渐开线的形状取决于基圆的大小。由图 7-4 可见，随着基圆半径增大，渐开线上对应点的曲率半径也增大，当基圆半径无穷大时，渐开线则成为直线。故渐开线齿条的齿廓为直线。

5）因渐开线是从基圆开始向外展开的，故基圆以内无渐开线。

§7-3　渐开线标准齿轮各部分的名称和几何尺寸

一、齿宽、齿厚、齿槽宽和齿距

图 7-5 所示为一标准直齿圆柱齿轮。轮齿的轴向尺寸称为齿宽，用 b 表示。在齿轮的任意圆周上，一个轮齿两侧齿廓间的弧长称为该圆上的齿厚，用 s_K 表示；一个齿槽两侧齿廓间的弧长称为

该圆上的齿槽宽,用 e_K 表示;相邻两齿同侧齿廓间的弧长称为该圆上的齿距,用 p_K 表示。则

$$p_K = s_K + e_K \tag{7-2}$$

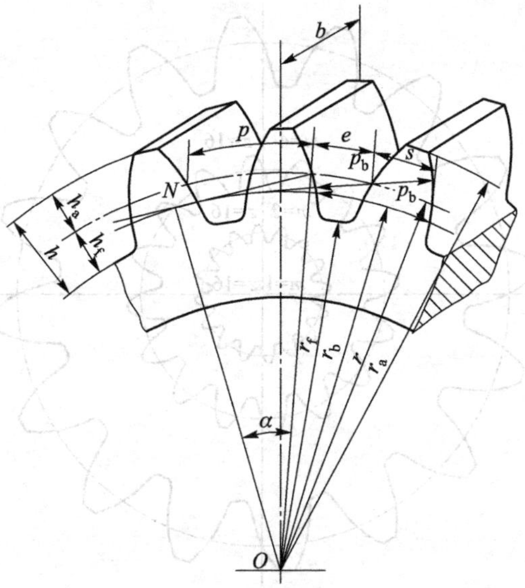

图 7-5 齿轮各部分的名称和符号

二、分度圆、模数和压力角

为了便于齿轮各部分尺寸的计算,在齿轮上选择一个圆作为计算的基准,称该圆为齿轮的分度圆。分度圆的直径、半径、齿厚、齿槽宽和齿距分别用 d、r、s、e 和 p 表示,且 $p=s+e$。

设齿轮的齿数用 z 表示,则在分度圆上,$d\pi=zp$,于是得分度圆直径

$$d = \frac{zp}{\pi}$$

上式中 π 为一无理数,由此式计算出的 d 若也为无理数,这将给齿轮的设计、制造和检验等带来很大不便。所以,工程上将比值 p/π 规定为一些简单的数值,并使之标准化。这个比值称为模数,用 m 表示。即

$$m = \frac{p}{\pi} \tag{7-3}$$

模数 m 的单位为 mm,标准模数系列见表 7-1。于是分度圆直径为

$$d = zm \tag{7-4}$$

表 7-1 标准模数系列表(摘自 GB/T 1357—2008) mm

第一系列	…	1.5	2	2.5	3	4	5	6	8	10
	12	16	20	25	32	40	50			
第二系列	…	1.75	2.25	2.75	(3.25)	3.5	(3.75)	4.5	5.5	(6.5)
	7	9	(11)	14	18	22	28	36	45	

注:选用模数时,应优先选用第一系列,其次是第二系列,括号内的模数尽可能不用。

模数是决定齿轮尺寸的一个基本参数,齿数相同的齿轮,模数大则齿轮尺寸也大,如图 7-6 所示。

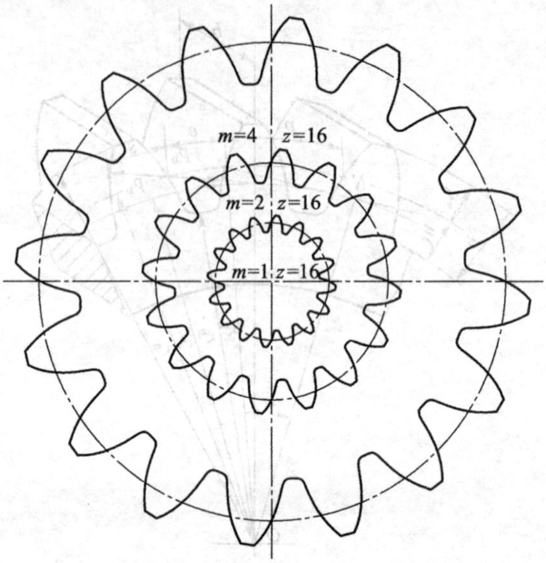

图 7-6　齿轮的尺寸与模数的关系

齿轮齿廓在不同圆周上的压力角各不相同,分度圆上的压力角用 α 表示。国家标准中规定分度圆上的压力角为标准值,$\alpha=20°$。通常所说的齿轮的压力角即是指其分度圆上的压力角。

对于分度圆,现在可以给出一个明确的定义:齿轮上具有标准模数和标准压力角的圆称为分度圆。

三、齿顶圆、齿根圆、齿顶高、齿根高和全齿高

过齿轮的齿顶所作的圆称为齿顶圆,其直径和半径分别用 d_a 和 r_a 表示;过齿轮各齿槽底部所作的圆称为齿根圆,其直径和半径分别用 d_f 和 r_f 表示。

齿轮的齿顶圆与分度圆之间的径向距离称为齿顶高,用 h_a 表示;分度圆与齿根圆之间的径向距离称为齿根高,用 h_f 表示;齿顶圆与齿根圆之间的径向距离称为全齿高,用 h 表示。

以上各部分尺寸的计算公式如下:

$$h_a = h_a^* m \tag{7-5}$$

$$h_f = (h_a^* + c^*)m \tag{7-6}$$

$$h = h_a + h_f = (2h_a^* + c^*)m \tag{7-7}$$

$$d_a = d + 2h_a = (z + 2h_a^*)m \tag{7-8}$$

$$d_f = d - 2h_f = (z - 2h_a^* - 2c^*)m \tag{7-9}$$

式中:h_a^* 称为齿顶高系数,c^* 称为顶隙系数。这两个系数也已经标准化了,其数值为:$h_a^*=1$,$c^*=0.25$。

四、基圆、基圆齿距和法向齿距

基圆是形成齿廓渐开线的圆，基圆直径和半径分别用 d_b 和 r_b 表示。由式(7-1)可知，基圆与分度圆的关系为

$$d_b = d\cos\alpha = zm\cos\alpha \tag{7-10}$$

基圆上相邻两齿同侧齿廓之间的弧长(图 7-5)称为基圆齿距，用 p_b 表示。则

$$p_b = \frac{\pi d_b}{z} = \pi m\cos\alpha \tag{7-11}$$

齿轮相邻两齿同侧齿廓间沿公法线方向所量得的距离称为齿轮的法向齿距，如图 7-5 所示。根据渐开线特性可知，法向齿距与基圆齿距相等，所以均用 p_b 表示。

五、标准齿轮

具有标准模数、标准压力角、标准齿顶高系数、标准顶隙系数，且分度圆上齿厚等于齿槽宽的齿轮称为标准齿轮。故其

$$s = e = \frac{p}{2} = \frac{\pi m}{2} \tag{7-12}$$

为了便于设计计算，现将标准直齿圆柱齿轮的几何尺寸计算公式列于表 7-2。其中 z、m、α、h_a^*、c^* 是五个基本参数。只要确定了这五个参数，渐开线标准直齿圆柱齿轮的几何尺寸及齿廓曲线的形状也就完全确定了。

表 7-2　标准直齿圆柱齿轮的几何尺寸计算公式

名　称	代　号	计算公式
齿顶高	h_a	$h_a = h_a^* m = m\quad (h_a^* = 1)$
齿根高	h_f	$h_f = (h_a^* + c^*)m = 1.25\,m\quad (c^* = 0.25)$
全齿高	h	$h = h_a + h_f = 2.25m$
分度圆直径	d	$d = mz$
齿顶圆直径	d_a	$d_a = d + 2h_a = d + 2m$
齿根圆直径	d_f	$d_f = d - 2h_f = d - 2.5m$
基圆直径	d_b	$d_b = d\cos\alpha$
齿距	p	$p = \pi m$
齿厚	s	$s = p/2 = \pi m/2$
齿槽宽	e	$e = p/2 = \pi m/2$

§7-4　渐开线直齿圆柱齿轮的啮合传动

一、节点、节圆、啮合线和啮合角

图 7-7 所示为一对相互啮合传动的渐开线齿廓 I_1 和 I_2 在点 K 接触，过点 K 作两齿廓的公法线。由渐开线的特性可知，该公法线必与两轮的基圆相切。设切点分别为 N_1 和 N_2，则直线 N_1N_2

为两基圆的内公切线。在两基圆大小给定，中心距$\overline{O_1O_2}$不变的条件下，两基圆的内公切线在该方向上只有一条，它与连心线 O_1O_2 的交点 C 为一定点，这个定点称为节点。以轮心为圆心，过节点所作的圆称为节圆，两轮的节圆直径分别用 d_1' 和 d_2' 表示，节圆半径分别用 r_1' 和 r_2' 表示。

由渐开线的特性可知，两轮的渐开线齿廓无论在何处接触，接触点都应当在两基圆的内公切线上。因此，当两齿廓啮合传动时，啮合点在 N_1N_2 线上移动，故称直线 N_1N_2 为啮合线。当两齿廓啮合传动时，齿面间的法向压力的方向也不改变，始终在啮合线所在的方向上。啮合线与节圆在节点的切线所夹的锐角称为啮合角，用 α' 表示。

节圆和啮合角是一对齿轮啮合传动时才具有的参数，单个齿轮没有节圆和啮合角。

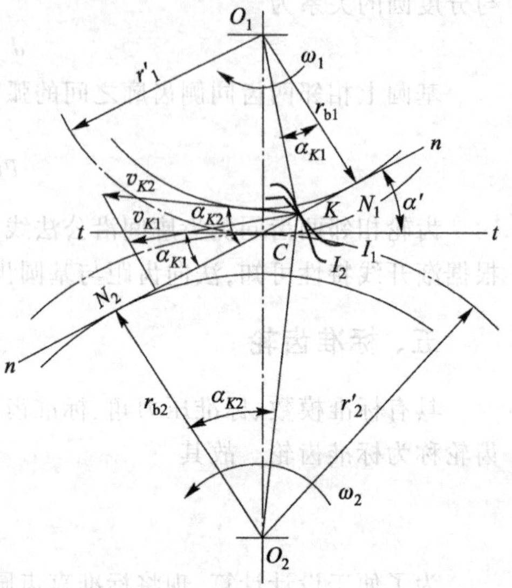

图 7-7　一对渐开线齿廓的啮合

二、渐开线齿廓的啮合特性

1. 能满足定传动比传动要求

如图 7-7 所示，两轮齿廓在点 K 接触时，接触点的线速度分别为 v_{K1} 和 v_{K2}。为了使这对齿廓能够连续地接触传动，这对齿廓在接触点沿齿廓公法线方向 n—n 上的相对速度应为零（否则两齿廓将彼此分离或相互嵌入），也就是说 v_{K1} 与 v_{K2} 在齿廓公法线方向上的分速度应相等。即

$$v_{K1}\cos\alpha_{K1} = v_{K2}\cos\alpha_{K2}$$

由于 $v_{K1}=\omega_1\overline{O_1K}$，$v_{K2}=\omega_2\overline{O_2K}$，则传动比

$$i_{12}=\frac{\omega_1}{\omega_2}=\frac{\overline{O_2K}\cos\alpha_{K2}}{\overline{O_1K}\cos\alpha_{K1}}=\frac{\overline{O_2N_2}}{\overline{O_1N_1}}=\frac{r_{b2}}{r_{b1}}=\text{常数}$$

因此，渐开线齿廓啮合传动能满足定传动比传动要求。

又因$\triangle O_1CN_1 \backsim \triangle O_2CN_2$，故

$$i_{12}=\frac{\omega_1}{\omega_2}=\frac{r_{b2}}{r_{b1}}=\frac{\overline{O_2C}}{\overline{O_1C}}=\frac{r_2'}{r_1'} \tag{7-13}$$

2. 具有传动的可分性

由于一对渐开线齿廓啮合传动时，其传动比取决于两轮基圆的大小。而在渐开线齿廓加工完成之后，其基圆大小就已完全确定。所以，即使由于制造、安装等原因，使两轮的实际中心距与设计中心距略有偏差，也不会影响两轮的传动比。渐开线齿廓传动的这种特性称为传动的可分性。这种传动的可分性，对于渐开线齿轮的加工和装配都是十分有利的。

三、正确啮合条件

如图 7-8 所示，为了使一对齿轮能正确啮合，必须保证处于啮合线上的各对轮齿都能正确地

进入啮合状态。为此,一对相互啮合的齿轮的法向齿距必须相等,即 $p_{b1}=p_{b2}$。又因为 $p_b=\pi m\cos\alpha$,所以两齿轮的正确啮合条件为

$$m_1\cos\alpha_1=m_2\cos\alpha_2$$

由于模数 m 和压力角 α 均已标准化,故正确啮合条件为

$$\left.\begin{aligned}m_1=m_2=m\\ \alpha_1=\alpha_2=\alpha\end{aligned}\right\}\tag{7-14}$$

根据渐开线齿轮的正确啮合条件,齿轮的传动比还可以进一步表示为

$$i_{12}=\frac{\omega_1}{\omega_2}=\frac{d_{b2}}{d_{b1}}=\frac{d_2}{d_1}=\frac{z_2}{z_1}\tag{7-15}$$

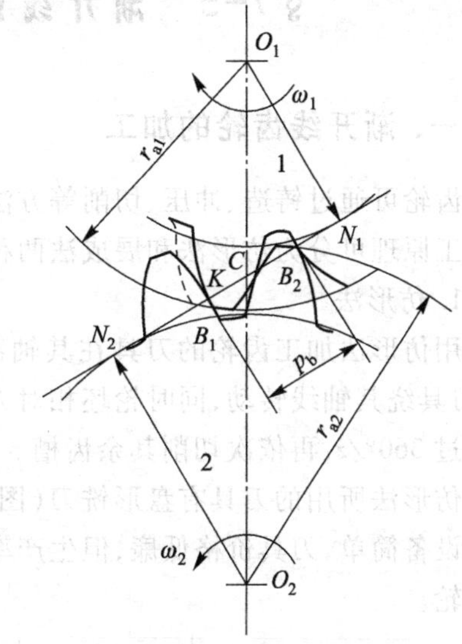

图 7-8　渐开线齿轮的啮合传动

四、连续传动条件

在图 7-8 中,设轮 1 为主动轮沿顺时针方向回转,则一对齿廓在点 B_2 进入啮合(点 B_2 为从动轮的齿顶圆与啮合线的交点),到点 B_1 脱离啮合(点 B_1 为主动轮的齿顶圆与啮合线的交点)。所以线段$\overline{B_1B_2}$称为实际啮合线。点 N_1 和 N_2(啮合线与两齿轮基圆的切点)称为啮合极限点,线段$\overline{N_1N_2}$称为理论啮合线。

为了使一对齿轮的正确啮合传动不致中断,必须保证在前一对轮齿尚未脱离啮合时,后一对轮齿就已经进入啮合。为此,如图 7-8 所示,要求实际啮合线段$\overline{B_1B_2}$的长度大于轮齿的法向齿距 p_b。实际啮合线段的长度与法向齿距的比值称为齿轮传动的重合度,用 ε_α 表示。齿轮的连续传动条件为

$$\varepsilon_\alpha=\frac{\overline{B_1B_2}}{p_b}>1\tag{7-16}$$

五、标准齿轮传动的中心距

若两齿轮传动的中心距刚好等于两齿轮分度圆半径之和,即

$$a=r_1+r_2=\frac{m(z_1+z_2)}{2}\tag{7-17}$$

则称此中心距为标准中心距。

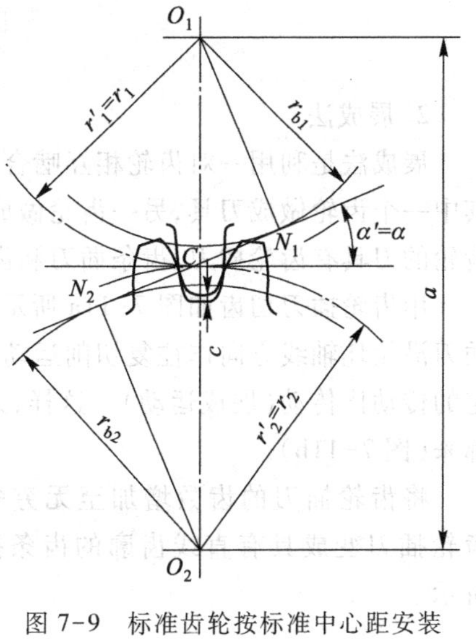

图 7-9　标准齿轮按标准中心距安装

又因齿轮传动的中心距恒等于两齿轮节圆半径之和,即 $a=r_1'+r_2'$,而齿轮传动的传动比 $i_{12}=r_2/r_1=r_2'/r_1'$。故知在标准中心距的情况下,$r_i=r_i'(i=1,2)$,即两齿轮的分度圆将分别与各自的节圆重合。

标准齿轮在按标准中心距安装的情况下(图7-9),

一齿轮的齿顶圆与另一齿轮的齿根圆之间的间隙——顶隙,刚好为标准顶隙,即 $c=c^{*}m=0.25m$。

§7-5 渐开线齿轮的加工及变位齿轮的概念

一、渐开线齿轮的加工

齿轮可通过铸造、冲压、切削等方法加工而成,其中切削加工方法使用最普遍。切削加工按其加工原理可分为仿形法和展成法两种。

1. 仿形法

用仿形法加工齿轮的刀具在其轴剖面内刀刃的形状与被加工齿轮的齿槽形状相同。切齿时,刀具绕其轴线转动,同时轮坯相对刀具沿其轴线移动来切削齿槽材料。切完一个齿槽后,轮坯转过 $360°/z$,再依次切削其余齿槽。

仿形法所用的刀具有盘形铣刀(图 7-10a)和指形铣刀(图 7-10b)。用这种方法加工齿轮所需的设备简单,刀具价格低廉,但生产率低,而且加工精度低。适用于单件或小批量生产的低精度齿轮。

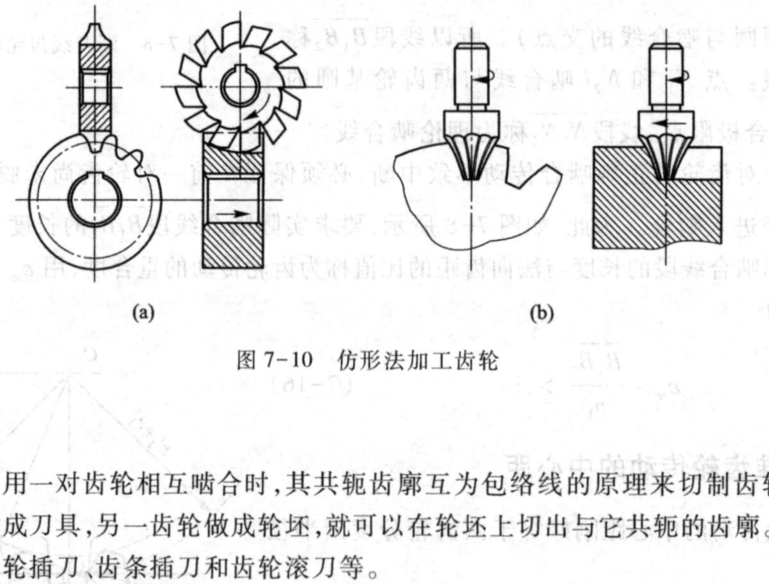

图 7-10 仿形法加工齿轮

2. 展成法

展成法是利用一对齿轮相互啮合时,其共轭齿廓互为包络线的原理来切制齿轮的。如果把其中一个齿轮做成刀具,另一齿轮做成轮坯,就可以在轮坯上切出与它共轭的齿廓。展成法加工齿轮的刀具有齿轮插刀、齿条插刀和齿轮滚刀等。

用齿轮插刀切齿如图 7-11a 所示。齿轮插刀可视为一个具有刀刃的渐开线外齿轮,加工时插刀沿轮坯轴线方向作往复切削运动,同时插齿机床的传动系统严格保证齿轮插刀与轮坯按恒定的传动比传动(展成运动)。这样,刀具的渐开线齿廓就在轮坯上切制出与其共轭的渐开线齿廓来(图 7-11b)。

将齿轮插刀的齿数增加至无穷多,其基圆也将增至无穷大,这时渐开线变为直线,因而齿轮插刀变成具有直线齿廓的齿条插刀。齿条插刀与齿轮插刀的切齿原理相同,如图 7-12 所示。

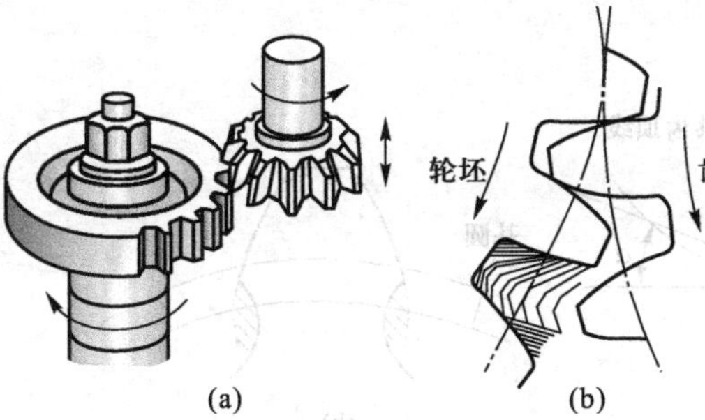

图 7-11　齿轮插刀切齿

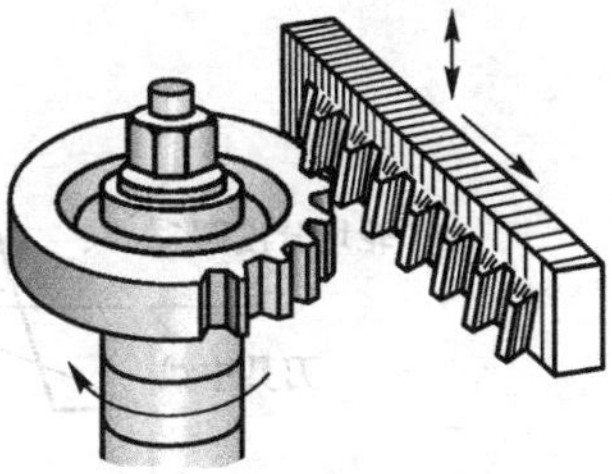

图 7-12　齿条插刀切齿

如图 7-13a 所示为用齿轮滚刀加工齿轮。滚刀的形状像一螺旋，如图 7-13b 所示。滚刀上的每排刀刃为一齿条。当滚刀转动时就相当于这个齿条在移动。因而用滚刀切齿的原理与用齿条插刀切齿的原理相同，不过齿条插刀的切削运动和展成运动，已为滚刀刀刃的螺旋运动所代替。滚刀除旋转外，还沿轮坯的轴向逐渐移动，以便切出整个齿宽。

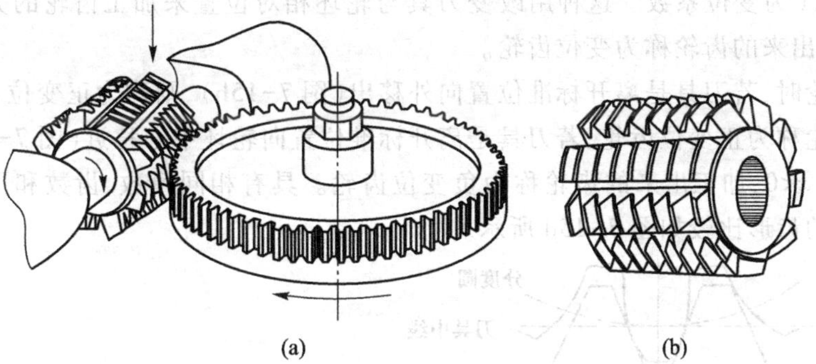

图 7-13　滚刀切齿

齿轮插刀和齿条插刀的切削运动均为往复式的间断切削，故生产率低。齿轮滚刀切齿时为连续切削，生产效率高，因而得到了广泛的采用。

二、渐开线齿廓的根切问题

如图 7-14a 所示，当用齿条型刀具（或齿轮型刀具）加工齿轮时，若被加工齿轮的齿数过少（$\overline{O_1C}$尺寸就小），刀具的齿顶线（或齿顶圆）就会超过轮坯的啮合极限点 N_1，这时将会出现刀刃把轮齿根部的渐开线齿廓切去一部分的现象（图 7-14b），这种现象称为轮齿的根切。过分的根切使得轮齿根部被削弱，轮齿的抗弯能力降低，重合度减小，故应当避免出现严重的根切。

用齿条型刀具加工渐开线标准直齿圆柱齿轮时，当 $h_a^*=1$、$\alpha=20°$，可以证明轮齿不发生根切的最少齿数 $z_{\min}=17$。在工程实际中，轮齿若有轻微的根切，对齿轮的承载能力影响甚微。因此，允许取最少齿数为 14。

三、变位齿轮的概念

在用齿条型刀具加工齿轮时，若刀具的分度线（又称中线）与轮坯的分度圆相切时，称为标

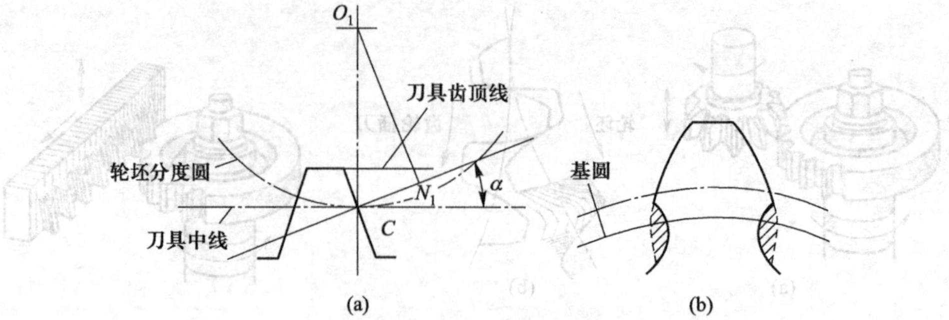

图 7-14　标准齿轮的根切

准安装(图 7-15a),这样加工出来的齿轮为标准齿轮。

若在加工齿轮时,不采用标准安装,而是将刀具相对于轮坯中心向外移出或向内移近一段距离(图 7-15b、c),则刀具的中线将不再与轮坯的分度圆相切。刀具移动的距离 xm 称为变位量,其中 m 为模数,x 为变位系数。这种用改变刀具与轮坯相对位置来加工齿轮的方法称为变位修正法,如此加工出来的齿轮称为变位齿轮。

在加工齿轮时,若刀具是离开标准位置向外移出(图 7-15b),则称为正变位,变位系数 $x>0$,加工出来的齿轮称为正变位齿轮;若刀具是离开标准位置向轮坯中心移近(图 7-15c),则称为负变位,变位系数 $x<0$,加工出来的齿轮称为负变位齿轮。具有相同模数、齿数和压力角的变位齿轮与标准齿轮的齿形比较如图 7-15d 所示。

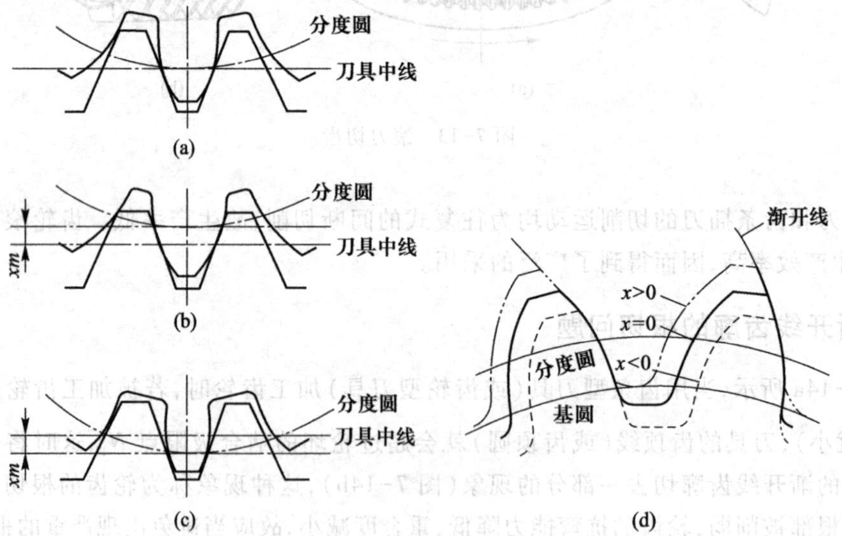

图 7-15　标准齿轮与变位齿轮的比较

从图 7-15d 中可以看出,变位齿轮和标准齿轮的分度圆及基圆尺寸相同。与标准齿轮相比,正变位齿轮的齿根厚度增大,轮齿的抗弯能力提高。但正变位齿轮的齿顶厚度减小,因此变位量不宜过大,以免造成齿顶变尖。与标准齿轮相比,负变位齿轮的齿根厚度减小,轮齿的抗弯能力降低。因此,通常只在有特殊需要的场合才采用负变位齿轮,如配凑中心距等。

变位齿轮与标准齿轮相比，有如下优点：

1）采用正变位，可以加工出齿数 $z<z_{\min}$ 而不发生根切的齿轮，因此可以采用更少齿数的小齿轮，使齿轮传动的结构尺寸减小。因为如前所述，对于标准齿轮，当 $z<z_{\min}$ 时，刀具的齿顶线将超过点 N_1（图 7-14a），加工出的齿轮就会发生根切，根切使得轮齿强度降低。而采用正变位，将刀具外移，使刀具的齿顶线不超过点 N_1，就可以避免根切。

2）正变位齿轮的齿厚及齿顶高比标准齿轮的大，负变位齿轮的齿厚及齿顶高比标准齿轮的小。当实际中心距 a' 不等于标准中心距 a（$a'>a$ 或 $a'<a$）时，可以采用变位齿轮，选择适当的变位量，来满足实际中心距的要求。

3）在标准齿轮传动中，小齿轮的齿根厚度比大齿轮的齿根厚度小，因此小齿轮轮齿的抗弯能力较弱，同时，小齿轮的啮合频率又比大齿轮高，对其强度不利。这时，可以通过正变位来提高小齿轮的抗弯能力，从而提高一对齿轮传动的总体强度。

由于变位齿轮与标准齿轮相比具有很多优点，而且并不增加加工的难度，因此变位齿轮在各种机械中得到广泛的应用。有关变位齿轮的几何尺寸计算等内容，可参考书目[3]。

§7-6　齿轮的失效形式和齿轮材料

一、齿轮的失效形式

齿轮的失效主要是轮齿的失效。至于齿轮的其他部分（如齿圈、轮辐、轮毂等），其强度和刚度都较富裕，很少发生破坏，通常只按经验设计。齿轮的常见失效形式有以下四种。

1. 轮齿折断

齿轮的轮齿在载荷作用下，可能从根部整体折断，也可能局部折断（图 7-16a）。其主要原因是轮齿根部受到脉动循环或对称循环的弯曲变应力而产生疲劳裂纹，随着应力循环次数的增加，疲劳裂纹逐步扩展，最后导致轮齿疲劳折断。偶然的严重过载或大的冲击载荷，也会引起轮齿的突然脆性折断。

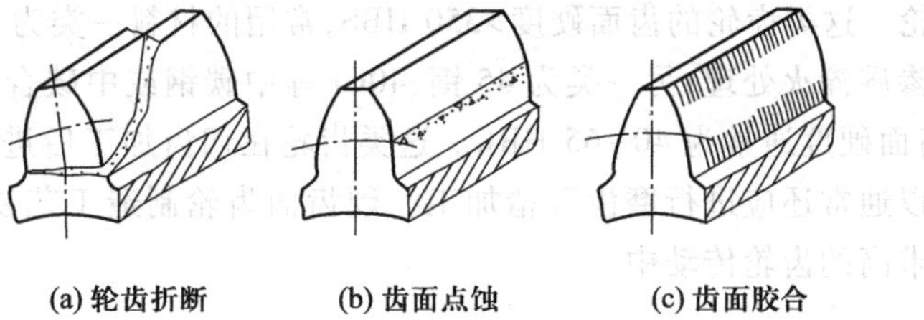

(a) 轮齿折断　　(b) 齿面点蚀　　(c) 齿面胶合

图 7-16　齿轮的失效形式

2. 齿面点蚀

轮齿工作时，齿面受到脉动循环的接触应力，使得轮齿的表层材料起初出现微小的疲劳裂纹，然后裂纹扩展，最后致使齿面表层的金属微粒剥落，形成齿面麻点（图 7-16b），这种现象称为齿面点蚀。随着点蚀的发展，这些小的点蚀坑会连成一片，形成明显的齿面损伤。点蚀通常发生在轮齿靠近节线的齿根面上。

在开式齿轮传动中,齿面磨损的速度较快,当齿面还没有形成疲劳裂纹时,表层材料已被磨掉,故通常见不到点蚀现象。

3. 齿面胶合

在高速重载齿轮传动中,齿面间的压力大,瞬时温度高。若润滑效果差,当瞬时温度过高时,相啮合的两齿面就会发生粘焊在一起的现象,当两齿面又作相对滑动时,粘焊住的地方又被撕开,于是在齿面上沿相对滑动的方向上形成犁沟状伤痕(图 7-16c),这种现象称为齿面胶合。胶合通常发生在齿面上相对滑动速度大的齿顶和齿根部位。

4. 齿面磨损

在齿轮传动中,当轮齿的工作齿面间落入磨料性物质(如砂粒、铁屑、灰尘等杂质)时,齿面将产生磨粒磨损。齿面磨损严重时,轮齿不仅失去了正确的齿廓形状,而且轮齿变薄易引起折断。齿面磨损是开式齿轮传动的主要失效形式。

二、齿轮的材料

由齿轮的失效形式可知,齿轮的材料应具有足够的抗折断、抗点蚀、抗胶合及耐磨损的能力,经过适当处理的钢材就具有这种综合性能,所以齿轮所用的材料主要是众多牌号的钢材。蜗杆传动中的蜗轮为了减摩和耐磨,主要采用铜合金。在某些受力较小的情况下,齿轮也有采用非金属材料的,如工程塑料等。这里仅介绍用作齿轮材料的锻钢、铸钢和铸铁。

1. 锻钢

锻钢具有强度高、韧性好、便于制造等特点,还可通过各种热处理的方法来改善其力学性能,故大多数齿轮都用锻钢制造。齿轮按其齿面硬度的不同,可分为两类:

1) 软齿面齿轮　这类齿轮的齿面硬度≤350 HBS,常用的材料为 45 钢、40Cr、35SiMn、38SiMnMo 等中碳钢或中碳合金钢。齿轮毛坯经调质或正火处理后进行切齿加工,制造工艺简便、经济,常用于对强度、速度及精度要求不高的齿轮传动。在一对软齿面的齿轮传动中,由于小齿轮比大齿轮的啮合次数多,且小齿轮的齿根厚度较小,抗弯能力较低,因此在选择材料及热处理方法时,应使小齿轮的齿面硬度比大齿轮的齿面硬度高 30~50 HBS,以期达到大小齿轮等强度。

2) 硬齿面齿轮　这类齿轮的齿面硬度>350 HBS,常用的材料一类为 20Cr、20CrMnTi 等低碳合金钢,采用表面渗碳淬火处理;另一类为 45 钢、40Cr 等中碳钢或中碳合金钢,采用表面淬火处理。热处理后的齿面硬度通常为 40~65 HRC。这类齿轮在切齿加工后进行热处理,由于热处理会使轮齿变形,所以通常还应进行磨齿等精加工。硬齿面齿轮制造工艺复杂,成本高,常用于高速、重载及精度要求高的齿轮传动中。

2. 铸钢

铸钢的耐磨性及强度均较好,但由于铸造时内应力较大,故应经正火或退火处理,必要时也可进行调质处理。当齿轮的尺寸较大或结构复杂,且受力较大时,可考虑采用铸钢。常用的铸钢有 ZG310-570、ZG340-640 等。

3. 铸铁

普通灰铸铁的抗弯强度、抗冲击和耐磨损性能均较差,但铸铁工艺性好,成本较低,故铸铁齿轮一般常用于低速轻载、冲击小等不重要的齿轮传动中。

球墨铸铁的力学性能和抗冲击能力比灰铸铁高,高强度球墨铸铁可以代替铸钢铸造大直径的轮坯。常用的铸铁材料有 HT300、HT350、QT600-3 等。

齿轮常用材料及其力学性能列于表 7-3 中。

表 7-3 齿轮常用材料及其力学性能

材　　料	热处理方法	强度极限 σ_b/MPa	屈服极限 σ_s/MPa	齿面硬度 HBS	许用接触应力 $[\sigma]_H$/MPa	许用弯曲应力 $[\sigma]_F$/MPa
HT300		300		187~255	290~347	80~105
QT600-3*	正火	600		190~270	436~535	262~315
ZG310—570	正火	580	320	163~197	270~301	171~189
ZG340—640	正火	650	350	179~207	288~306	182~196
45	正火	580	290	162~217	468~513	280~301
ZG340—640	调质	700	380	241~269	468~490	248~259
45	调质	650	360	217~255	513~545	301~315
35SiMn	调质	750	450	217~269	585~648	388~420
40Cr	调质	700	500	241~286	612~675	399~427
45	调质后表面淬火			40~50 HRC	972~1 053	427~504
40Cr	调质后表面淬火			48~55 HRC	1 035~1 098	483~518
20Cr	渗碳后淬火	650	400	56~62 HRC	1 350	645
20CrMnTi	渗碳后淬火	1 100	850	56~62 HRC	1 350	645

* 球墨铸铁，σ_b=600 MPa，δ=3%。

§7-7 直齿圆柱齿轮传动的强度计算

直齿圆柱齿轮传动的强度计算方法是其他各类齿轮传动强度计算的基础。其他类型的齿轮传动(如斜齿圆柱齿轮传动、锥齿轮传动等)的强度计算，都可以通过折合成当量直齿圆柱齿轮传动的方法来进行。

一、齿轮传动的设计准则

由于齿轮的轮齿有多种失效形式，因此针对不同的失效形式应当建立相应的设计准则。但是，目前对于齿面的胶合和磨损失效，尚未建立起简明而有效的计算方法。所以，对于一般使用的齿轮传动，通常只按保证齿面接触疲劳强度及保证齿根弯曲疲劳强度两准则进行计算，并采取相应的措施，增强齿轮抗其他失效形式的能力。例如，可以通过选择抗胶合能力强的齿轮材料和合理选择抗胶合性能好的润滑油的办法来避免胶合的发生；可以通过改善润滑条件和采用闭式传动等来减轻齿面的磨损。

在闭式齿轮传动中，齿面点蚀和轮齿折断这两种失效形式都可能发生，所以需要进行齿面接触疲劳强度和齿根弯曲疲劳强度计算。在开式齿轮传动中，主要失效形式是齿面磨损和轮齿折断，所以一般仅按齿根弯曲疲劳强度进行计算，考虑到齿面磨损，可将所求得的模数适当增大。

二、轮齿的受力分析和计算载荷

1. 轮齿的受力分析

为了计算齿轮以及计算轴和轴承的强度，需要知道齿轮上的作用力。对于直齿圆柱齿轮传动，若略去齿面间的摩擦力，则轮齿间的相互作用力为法向力 $\boldsymbol{F}_n$。为了便于分析计算，可按节点 C 处啮合进行受力分析（图 7-17）。并将法向力 $\boldsymbol{F}_n$ 分解为相互垂直的两个分力，即圆周力 $\boldsymbol{F}_t$ 和径向力 $\boldsymbol{F}_r$。各力的计算公式为

$$\left.\begin{aligned} F_{t1} &= F_{t2} = \frac{2T_1}{d_1} \\ F_{r1} &= F_{r2} = F_{t1}\tan\alpha \\ F_{n1} &= F_{n2} = \frac{F_{t1}}{\cos\alpha} \end{aligned}\right\} \tag{7-18}$$

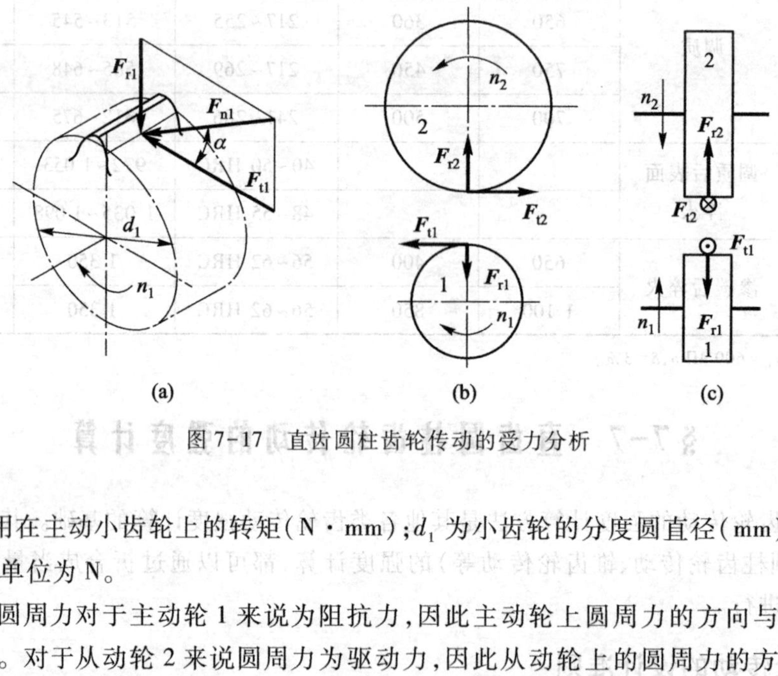

图 7-17 直齿圆柱齿轮传动的受力分析

式中：T_1 为作用在主动小齿轮上的转矩（N · mm）；d_1 为小齿轮的分度圆直径（mm）；α 为压力角；F_n、F_t 和 F_r 的单位为 N。

齿轮上的圆周力对于主动轮 1 来说为阻抗力，因此主动轮上圆周力的方向与受力点的圆周速度方向相反。对于从动轮 2 来说圆周力为驱动力，因此从动轮上的圆周力的方向与受力点的圆周速度方向相同。径向力的方向对于两轮都是由受力点指向轮心。

如果小齿轮传递的功率为 P_1（kW），转速为 n_1（r/min），则小齿轮上的转矩

$$T_1 = \frac{9.55\times10^6 P_1}{n_1} \tag{7-19}$$

2. 计算载荷

齿轮受力分析中的法向力 $\boldsymbol{F}_n$ 为公称载荷。在实际传动中，由于原动机及工作机运转的不平稳，齿轮的制造误差以及支承刚度等的影响，使得齿轮上所受的实际载荷一般都大于公称载荷。所以在进行齿轮强度计算时，为了计及这些影响，应当按计算载荷进行计算。计算载荷

$$F_{ca} = K\,F_n \tag{7-20}$$

式中：F_{ca}的单位为 N；K 为载荷系数，一般取 $K=1.2\sim2$ 。当载荷平稳，齿宽系数较小，轴承相对于齿轮作对称布置，轴的刚性较大，齿轮精度较高时，取较小值；反之取较大值。

三、齿面接触疲劳强度计算

齿面接触疲劳强度计算的目的是为了防止齿面点蚀失效。齿面点蚀与齿面的接触应力有关，齿轮传动在节点处通常为一对轮齿啮合，接触应力较大，实践也证明齿面点蚀首先发生在节线附近。因此，选择齿轮传动的节点作为接触应力的计算点。

图 7-18 所示为一对轮齿在节点 C 处啮合的情况，可将其近似地看成半径分别为 ρ_1 和 ρ_2 的两圆柱体沿宽度 b 接触。ρ_1 和 ρ_2 分别为两渐开线齿廓在节点 C 处的曲率半径。齿面的接触应力可按赫兹公式计算，将曲率半径 ρ_1 和 ρ_2、齿宽 b、材料常数及计算载荷代入式(2-26)中，可以推导出齿面接触疲劳强度的计算公式为

$$d_1 \geqslant 76.6\sqrt[3]{\frac{KT_1}{\psi_d[\sigma]_H^2}\cdot\frac{u+1}{u}} \qquad (7-21)$$

式中：d_1 为小齿轮的分度圆直径(mm)；T_1 为小齿轮的转矩(N · mm)；u 为齿数比，$u=z_{大}/z_{小}$，在减速传动中，$u=i_{12}$；ψ_d 为齿宽系数，见表 7-4，$\psi_d=b/d_1$，其中 b 为齿宽(mm)；$[\sigma]_H$ 为许用接触应力(MPa)，见表 7-3。

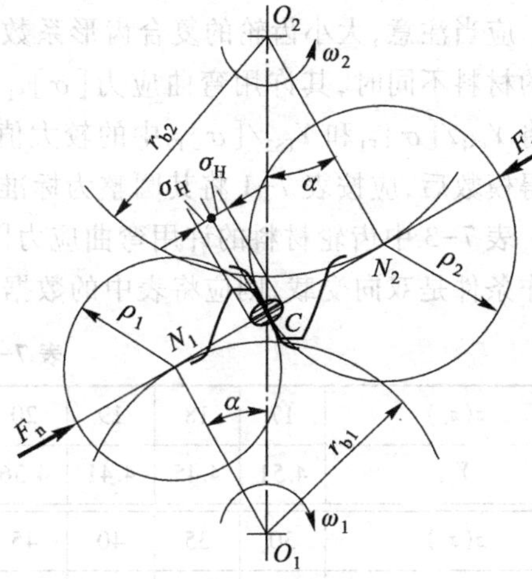

图 7-18 齿面的接触应力

式(7-21)仅适用于齿轮材料为钢对钢时，当用其他齿轮材料时，应将计算结果乘以下列数值：钢对铸铁时乘以 0.90；铸铁对铸铁时乘以 0.83。

表 7-4 齿宽系数 $\psi_d=b/d_1$

齿轮相对于轴承的位置	齿面硬度	
	软 齿 面 (大轮或大、小轮硬度≤350 HBS)	硬 齿 面 (大、小轮硬度>350 HBS)
对 称 布 置	0.8~1.4	0.4~0.9
非对称布置	0.6~1.2	0.3~0.6
悬 臂 布 置	0.3~0.4	0.2~0.25

值得注意的是，一对齿轮啮合时，两齿面上的接触应力是相等的，但两轮的材料不同时，其许用接触应力$[\sigma]_{H1}$与$[\sigma]_{H2}$是不同的，在作强度计算时应将$[\sigma]_{H1}$与$[\sigma]_{H2}$中的较小值代入上式中计算。

四、齿根弯曲疲劳强度计算

齿根弯曲疲劳强度计算的目的是为了防止轮齿折断失效。轮齿的折断与齿根弯曲应力有关，在进行齿根弯曲应力计算时，把轮齿视为悬臂梁，从偏安全的观点考虑，假定全部载荷由一对轮齿来承担，且载荷作用在齿顶(图 7-19)。图中 s_F 为齿根危险截面的厚度，h_F 为悬臂梁的臂

长。由法向力 $\boldsymbol{F}_n$ 和悬臂长 h_F 确定齿根处的弯矩 $\boldsymbol{M}$，由齿宽 b 和齿厚 s_F 确定齿根处的抗弯截面系数 W_z，代入式(2-19)，可以推导出齿根弯曲疲劳强度的计算公式为

$$m \geqslant 1.26\sqrt[3]{\frac{KT_1 Y_{FS}}{\psi_d z_1^2[\sigma]_F}} \tag{7-22}$$

式中：z_1 为小齿轮齿数；m 为齿轮的模数(mm)；Y_{FS}为复合齿形系数，与轮齿的几何形状有关，见表 7-5；$[\sigma]_F$ 为许用弯曲应力(MPa)，见表 7-3。其余各参数的意义和量纲同前。

应当注意，大小齿轮的复合齿形系数 Y_{FS1} 和 Y_{FS2} 是不相等的，两轮的材料不同时，其许用弯曲应力$[\sigma]_{F1}$与$[\sigma]_{F2}$也不相等，计算时应将 $Y_{FS1}/[\sigma]_{F1}$ 和 $Y_{FS2}/[\sigma]_{F2}$ 中的较大值代入上式中计算。由上式求得模数后，应按表 7-1 将其圆整为标准模数。

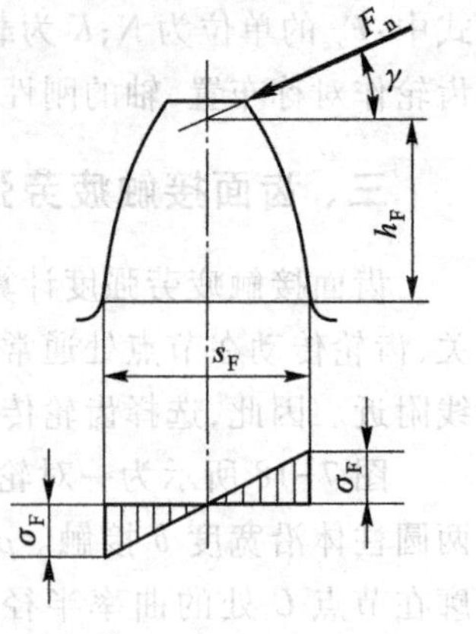

图 7-19　齿根的弯曲应力

表 7-3 中齿轮材料的许用弯曲应力$[\sigma]_F$ 是在轮齿单向受载的试验条件下得到的，若轮齿的工作条件是双向受载，则应将表中的数据乘以 0.7。

表 7-5　复合齿形系数 Y_{FS}

$z(z_v)$	17	18	19	20	21	22	23	24	25	26	27	28	29
Y_{FS}	4.51	4.45	4.41	4.36	4.33	4.30	4.27	4.24	4.21	4.19	4.17	4.15	4.13
$z(z_v)$	30	35	40	45	50	60	70	80	90	100	150	200	∞
Y_{FS}	4.12	4.06	4.04	4.02	4.01	4.00	3.99	3.98	3.97	3.96	4.00	4.03	4.06

五、参数的选择

1. 齿数 z_1

若保持分度圆直径不变，增加齿数，除能增大重合度，改善传动的平稳性外，还可减小模数，从而减少齿槽中被切掉的金属量，可节省制造费用。因此，在满足齿根弯曲疲劳强度的条件下，以齿数多一些为好。

闭式齿轮传动一般转速较高，为了提高传动的平稳性，小齿轮的齿数宜选多一些，可取 $z_1=20\sim40$；开式齿轮传动一般转速较低，齿面磨损会使轮齿的抗弯能力降低。为使轮齿不致过小，故小齿轮不宜选用过多的齿数，一般可取 $z_1=17\sim20$。

2. 齿宽系数 ψ_d

由齿轮的强度计算公式可知，增大齿宽系数，可以减小齿轮直径和中心距，使齿轮传动结构紧凑。但是，增大齿宽系数使得齿宽增大，而齿宽越大，载荷沿齿宽分布的不均匀性就越严重。因此，必须合理地选择齿宽系数。通常齿宽系数 ψ_d 可按表 7-4 选取。

求出齿轮的分度圆直径 d_1 后，便可确定大小齿轮的宽度。由 $b=\psi_d d_1$ 得到的齿宽应加以圆整。考虑到两齿轮装配时的轴向错位会导致实际啮合齿宽减小，故通常把小齿轮设计得比大齿轮稍宽一些。即取大齿轮齿宽 $b_2=b$，小齿轮齿宽 $b_1=b_2+(2\sim10)$ mm。

3. 齿数比 u

一对齿轮的齿数比不宜选得过大，否则不仅大齿轮直径太大，而且整个齿轮传动的外廓尺寸也会增大。一般对于直齿圆柱齿轮传动，$u \leqslant 5$；斜齿圆柱齿轮传动，$u \leqslant 6 \sim 7$；对于开式齿轮传动或手动齿轮传动，u 可取到 $8 \sim 12$。

例 7-1 设计一用于带式输送机的单级减速器中的直齿圆柱齿轮传动。已知减速器的输入功率 $P_1 = 6$ kW，输入转速 $n_1 = 600$ r/min，传动比 $i_{12} = 3$，输送机单向运转。

解 1. 材料选择

带式输送机的工作载荷比较平稳，对减速器的外廓尺寸没有限制，因此为了便于加工，采用软齿面齿轮传动。小齿轮选用 45 钢，调质处理，齿面平均硬度为 240 HBS；大齿轮选用 45 钢，正火处理，齿面平均硬度为 190 HBS。

2. 参数选择

1）齿数 由于采用软齿面闭式传动，故取 $z_1 = 24$，$z_2 = i_{12}z_1 = 3 \times 24 = 72$。

2）齿宽系数 由于是单级齿轮传动，两支承相对齿轮为对称布置，且两轮均为软齿面，查表 7-4，取 $\psi_d = 1.0$。

3）载荷系数 因为载荷比较平稳，齿轮为软齿面，支承对称布置，故取 $K = 1.4$。

4）齿数比 对于单级减速传动，齿数比 $u = i_{12} = 3$。

3. 确定许用应力

小齿轮的齿面平均硬度为 240 HBS。许用应力可根据表 7-3 通过线性插值来计算，即

$$[\sigma]_{H1} = \left[513 + \frac{240 - 217}{255 - 217} \times (545 - 513)\right] \text{ MPa} = 532 \text{ MPa}$$

$$[\sigma]_{F1} = \left[301 + \frac{240 - 217}{255 - 217} \times (315 - 301)\right] \text{ MPa} = 309 \text{ MPa}$$

大齿轮的齿面平均硬度为 190 HBS，由表 7-3 用线性插值求得许用应力分别为 $[\sigma]_{H2} = 491$ MPa、$[\sigma]_{F2} = 291$ MPa。

4. 计算小齿轮的转矩

$$T_1 = \frac{9.55 \times 10^6 P_1}{n_1} = \frac{9.55 \times 10^6 \times 6}{600} \text{ N} \cdot \text{mm} = 9.55 \times 10^4 \text{ N} \cdot \text{mm}$$

5. 按齿面接触疲劳强度计算

取较小的许用接触应力 $[\sigma]_{H2}$ 代入式（7-21）中，得小齿轮的分度圆直径为

$$d_1 \geqslant 76.6 \sqrt[3]{\frac{KT_1}{\psi_d [\sigma]_{H2}^2} \cdot \frac{u+1}{u}} = 76.6 \sqrt[3]{\frac{1.4 \times 9.55 \times 10^4}{1.0 \times 491^2} \times \frac{3+1}{3}} \text{ mm}$$

$$= 69.3 \text{ mm}$$

齿轮的模数为

$$m = \frac{d_1}{z_1} = \frac{69.3}{24} \text{ mm} = 2.89 \text{ mm}$$

6. 按齿根弯曲疲劳强度计算

由齿数 $z_1 = 24$、$z_2 = 72$，查表 7-5，得复合齿形系数 $Y_{FS1} = 4.24$、$Y_{FS2} = 3.99$。复合齿形系数与许用弯曲应力的比值为

$$\frac{Y_{FS1}}{[\sigma]_{F1}}=\frac{4.24}{309}=0.013\ 72$$

$$\frac{Y_{FS2}}{[\sigma]_{F2}}=\frac{3.99}{291}=0.013\ 71$$

因为 $Y_{FS1}/[\sigma]_{F1}$ 较大，故以此比值代入式(7-22)中，得齿轮的模数为

$$m \geqslant 1.26\sqrt[3]{\frac{KT_1Y_{FS1}}{\psi_d z_1^2[\sigma]_{F1}}}=1.26\sqrt[3]{\frac{1.4\times 9.55\times 10^4\times 4.24}{1.0\times 24^2\times 309}}\ \text{mm}=1.85\ \text{mm}$$

7. 确定模数

由上述计算结果可见，该齿轮传动的接触疲劳强度较薄弱，故应以 $m\geqslant 2.89$ mm 为准。根据表 7-1，取标准模数 $m=3$ mm。

当计算所得模数与标准模数相差较大时，取标准模数后使得齿轮尺寸增大较多，这时应适当调整齿数或(和)齿宽系数，使计算所得模数接近标准模数。

8. 计算齿轮的主要几何尺寸

$$d_1=mz_1=3\times 24\ \text{mm}=72\ \text{mm}$$

$$d_2=mz_2=3\times 72\ \text{mm}=216\ \text{mm}$$

$$d_{a1}=(z_1+2h_a^*)m=(24+2\times 1)\times 3\ \text{mm}=78\ \text{mm}$$

$$d_{a2}=(z_2+2h_a^*)m=(72+2\times 1)\times 3\ \text{mm}=222\ \text{mm}$$

$$a=\frac{d_1+d_2}{2}=\frac{72+216}{2}\ \text{mm}=144\ \text{mm}$$

$$b=\psi_d d_1=1\times 72\ \text{mm}=72\ \text{mm}$$

故取 $b_2=72$ mm、$b_1=b_2+(2\sim 10)$，取 $b_1=76$ mm。

§7-8 斜齿圆柱齿轮传动

一、斜齿圆柱齿轮的啮合特点

图 7-20a 所示为直齿圆柱齿轮(简称直齿轮)，其轮齿和齿轮轴线平行，轮齿啮合时齿面间的接触线也和齿轮轴线平行。因此，轮齿进入啮合和退出啮合，都是沿整个齿宽同时发生的，因

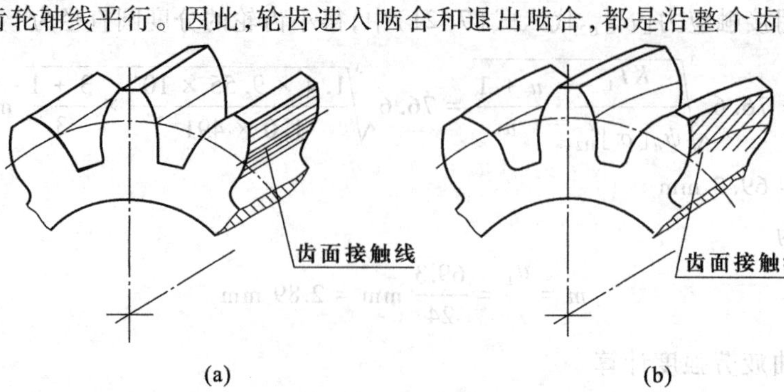

图 7-20 直齿轮和斜齿轮的齿面接触线

而传动平稳性差，冲击和噪声较大。

图 7-20b 所示为斜齿圆柱齿轮（简称斜齿轮），其轮齿和齿轮轴线不平行，轮齿啮合时齿面间的接触线是倾斜的，接触线的长度是由短变长，再由长变短。即轮齿是逐渐进入啮合，再逐渐退出啮合的，故传动平稳，冲击和噪声小，适合于高速传动。

二、斜齿轮的参数及几何尺寸计算

1. 螺旋角

斜齿轮的齿面与分度圆柱面的交线为螺旋线。螺旋线的切线与齿轮轴线之间所夹的锐角，称为分度圆螺旋角，简称为螺旋角，用 β 表示。螺旋线有左旋和右旋之分，如图 7-21 所示。

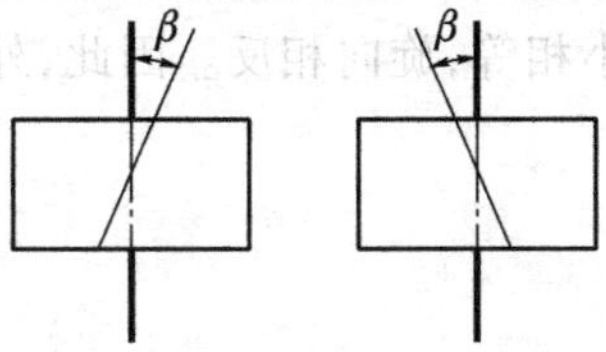

(a) 右旋齿轮　　(b) 左旋齿轮

图 7-21　斜齿轮的旋向

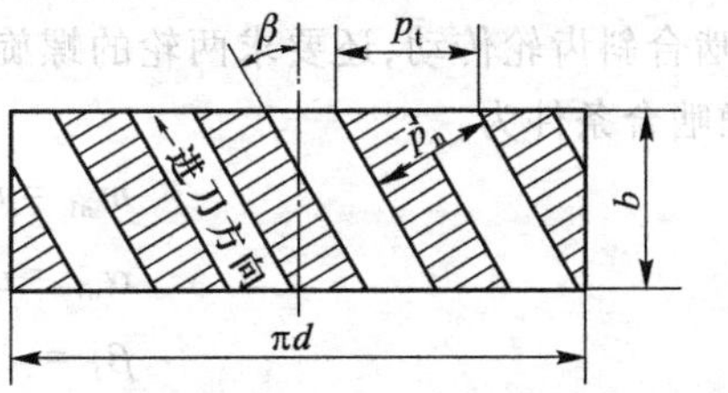

图 7-22　斜齿轮法向参数与端面参数的关系

2. 模数和压力角

图 7-22 所示为沿斜齿轮分度圆柱的展开面，图中有阴影的部分代表轮齿。对于斜齿轮，垂直于齿轮轴线的平面称为端面，设端面上的齿距、模数和压力角分别为 p_t、m_t、α_t。垂直于轮齿螺旋线的平面称为法面，其上的齿距、模数和压力角分别为 p_n、m_n、α_n。由图上可得

$$p_t = \frac{p_n}{\cos\beta}$$

因 $p_n = \pi m_n$、$p_t = \pi m_t$，故

$$m_t = \frac{m_n}{\cos\beta} \tag{7-23}$$

斜齿轮的法向模数为标准值，按表 7-1 选取，法向压力角、齿顶高系数、顶隙系数的标准值分别为：$\alpha_n = 20°$、$h_{an}^* = 1$、$c_n^* = 0.25$。

3. 几何尺寸计算

斜齿轮的几何尺寸应按端面来计算，计算公式见表 7-6。

表 7-6　标准斜齿圆柱齿轮传动的几何尺寸计算公式

名　称	代　号	计算公式
齿顶高	h_a	$h_a = h_{an}^* m_n = m_n \ (h_{an}^* = 1)$
齿根高	h_f	$h_f = (h_{an}^* + c_n^*) m_n = 1.25 m_n \quad (c_n^* = 0.25)$
全齿高	h	$h = h_a + h_f = 2.25 m_n$
分度圆直径	d	$d_1 = m_t z_1 = m_n z_1 / \cos\beta$, $d_2 = m_t z_2 = m_n z_2 / \cos\beta$

续表

名　称	代　号	计算公式
齿顶圆直径	d_a	$d_{a1}=d_1+2h_a, d_{a2}=d_2+2h_a$
齿根圆直径	d_f	$d_{f1}=d_1-2h_f, d_{f2}=d_2-2h_f$
顶　　隙	c	$c=c_n^* m_n=0.25m_n$
中 心 距	a	$a=(d_1+d_2)/2=m_n(z_1+z_2)/(2\cos\beta)$

三、斜齿轮传动的正确啮合条件

一对斜齿轮啮合传动，除了如直齿轮啮合传动一样，要求两个齿轮的模数及压力角分别相等外，对于外啮合斜齿轮传动，还要求两轮的螺旋角必须大小相等，旋向相反。因此，外啮合斜齿轮传动的正确啮合条件为

$$\left.\begin{aligned} m_{n1} &= m_{n2} = m_n \\ \alpha_{n1} &= \alpha_{n2} = \alpha_n \\ \beta_1 &= -\beta_2 \end{aligned}\right\} \tag{7-24}$$

四、斜齿轮的当量齿轮和当量齿数

在进行斜齿轮的强度计算时，需要知道斜齿轮的法面齿形。经理论分析可知，齿数为 z 的斜齿轮的法面齿形与齿数为 z_v 的直齿轮的端面齿形非常接近。该直齿轮称为斜齿轮的当量齿轮，其齿数 z_v 称为当量齿数，其模数和压力角与斜齿轮的法向模数和法向压力角分别相等。当量齿数为

$$z_v = \frac{z}{\cos^3\beta} \tag{7-25}$$

由上式可得出标准斜齿轮不发生根切的最少齿数为

$$z_{min} = z_{vmin}\cos^3\beta \tag{7-26}$$

式中，z_{vmin} 为当量齿轮不发生根切的最少齿数。由此可知，标准斜齿轮不发生根切的最少齿数比标准直齿轮少，故采用斜齿轮传动可以得到更为紧凑的结构。

五、斜齿轮传动的强度计算

1. 受力分析

两斜齿轮啮合传动，略去齿面间的摩擦力，轮齿间的相互作用力为法向力 $\boldsymbol{F}_n$，按在节点 C 处啮合进行受力分析（图 7-23）。为便于分析计算，将法向力 $\boldsymbol{F}_n$ 分解为相互垂直的三个分力，即圆周力 $\boldsymbol{F}_t$、径向力 $\boldsymbol{F}_r$ 和轴向力 $\boldsymbol{F}_a$。各力的计算公式为

$$\left.\begin{aligned} F_{t1} &= F_{t2} = \frac{2T_1}{d_1} \\ F_{r1} &= F_{r2} = F_{t1}\frac{\tan\alpha_n}{\cos\beta} \\ F_{a1} &= F_{a2} = F_{t1}\tan\beta \\ F_{n1} &= F_{n2} = \frac{F_{t1}}{\cos\beta\cos\alpha_n} \end{aligned}\right\} \tag{7-27}$$

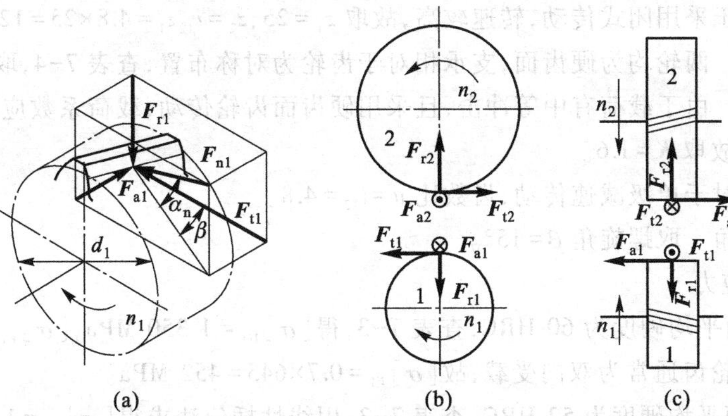

图 7-23　斜齿轮传动的受力分析

斜齿轮传动的圆周力 $\boldsymbol{F}_t$ 和径向力 $\boldsymbol{F}_r$ 方向的确定与直齿轮传动相同。主动轮(图中为轮 1)轴向力 $\boldsymbol{F}_a$ 的方向可用左、右手定则判定,左旋齿轮用左手,右旋齿轮用右手,判定时用手握住齿轮的轴线,让四指弯曲的方向与齿轮的转向相同,则大拇指的指向即为齿轮所受轴向力 $\boldsymbol{F}_a$ 的方向。而从动轮所受轴向力的方向与主动轮的相反。

斜齿轮传动中的轴向力 $\boldsymbol{F}_a$ 随着螺旋角 β 的增大而增大,故 β 角不宜过大;但 β 角过小,又失去了斜齿轮传动的优越性。所以,在设计中一般取 $\beta=8°\sim20°$。对于人字齿轮传动(图 7-2e),因其左右结构完全对称,所产生的轴向力可相互抵消,因此允许采用较大的螺旋角($\beta=15°\sim40°$)。人字齿轮传动常用于高速重载传动中,其缺点是制造较困难。

2. 强度计算

斜齿轮啮合传动,载荷作用在法面上,而法面齿形近似于当量齿轮的齿形,因此斜齿轮传动的强度计算可转换为当量齿轮的强度计算。由于斜齿轮传动的接触线是倾斜的,且重合度较大,因此,斜齿轮传动的承载能力比相同尺寸的直齿轮传动略有提高。斜齿轮传动的齿面接触疲劳强度和齿根弯曲疲劳强度计算公式分别为

$$d_1 \geqslant 75.6\sqrt[3]{\frac{KT_1}{\psi_d[\sigma]_H^2}\cdot\frac{u+1}{u}} \tag{7-28}$$

$$m_n \geqslant 1.24\sqrt[3]{\frac{KT_1Y_{FS}}{\psi_d z_1^2[\sigma]_F}} \tag{7-29}$$

由于斜齿轮传动平稳,因此,选取载荷系数 K 时,应考虑到这点。复合齿形系数 Y_{FS} 应按当量齿数 z_v 在表 7-5 中查取。

例 7-2　设计一单级减速器中的斜齿圆柱齿轮传动。已知减速器的输入功率 $P=15$ kW,输入转速 $n=1\ 460$ r/min,传动比 $i_{12}=4.8$,载荷有中等冲击,双向运转。要求减速器的结构尺寸紧凑。

解　1. 材料选择

由于要求结构尺寸紧凑,故采用硬齿面齿轮传动。小齿轮选用 20Cr,渗碳淬火处理,齿面平均硬度为 60 HRC;大齿轮选用 40Cr,表面淬火处理,齿面平均硬度为 52 HRC。

2. 参数选择

1）齿数　由于采用闭式传动，转速较高，故取 $z_1=25$，$z_2=i_{12}z_1=4.8\times25=120$。

2）齿宽系数　两轮均为硬齿面，支承相对于齿轮为对称布置，查表 7-4，取 $\psi_d=0.8$。

3）载荷系数　由于载荷有中等冲击，且采用硬齿面齿轮传动，载荷系数应取较大值，但考虑到为斜齿轮传动，故取 $K=1.6$。

4）齿数比　对于单级减速传动，齿数比 $u=i_{12}=4.8$。

5）初选螺旋角　取螺旋角 $\beta=15°$。

3. 确定许用应力

小齿轮的齿面平均硬度为 60 HRC，查表 7-3，得 $[\sigma]_{H1}=1\ 350$ MPa，$[\sigma]_{F1}=645$ MPa。因为齿轮双向运转时，轮齿通常为双向受载，故 $[\sigma]_{F1}=0.7\times645=452$ MPa。

大齿轮的齿面平均硬度为 52 HRC，查表 7-3，用线性插值法求得 $[\sigma]_{H2}=1\ 071$ MPa，$[\sigma]_{F2}=503$ MPa。因轮齿双向受载，故 $[\sigma]_{F2}=0.7\times503=352$ MPa。

4. 计算小齿轮上的转矩

$$T_1=\frac{9.55\times10^6P}{n}=\frac{9.55\times10^6\times15}{1\ 460}\text{N}\cdot\text{mm}=9.81\times10^4\ \text{N}\cdot\text{mm}$$

5. 按齿面接触疲劳强度计算

取较小的许用接触应力 $[\sigma]_{H2}$ 代入式(7-28)中，得小齿轮的分度圆直径为

$$d_1\geqslant75.6\sqrt[3]{\frac{KT_1}{\psi_d[\sigma]_{H2}^2}\cdot\frac{u+1}{u}}=75.6\times\sqrt[3]{\frac{1.6\times9.81\times10^4}{0.8\times1\ 071^2}\times\frac{4.8+1}{4.8}}\ \text{mm}=44.7\ \text{mm}$$

齿轮的模数为

$$m_n=\frac{d_1\cos\beta}{z_1}=\frac{44.7\times\cos15°}{25}\ \text{mm}=1.73\ \text{mm}$$

6. 按齿根弯曲疲劳强度计算

两齿轮的当量齿数为

$$z_{v1}=\frac{z_1}{\cos^3\beta}=\frac{25}{\cos^3 15°}=27.7$$

$$z_{v2}=\frac{z_2}{\cos^3\beta}=\frac{120}{\cos^3 15°}=133.2$$

查表 7-5，得复合齿形系数 $Y_{FS1}=4.15$，$Y_{FS2}=3.98$。复合齿形系数与许用弯曲应力的比值为

$$\frac{Y_{FS1}}{[\sigma]_{F1}}=\frac{4.15}{452}=0.009\ 18$$

$$\frac{Y_{FS2}}{[\sigma]_{F2}}=\frac{3.98}{352}=0.011\ 31$$

因为 $Y_{FS2}/[\sigma]_{F2}$ 较大，故以此比值代入式(7-29)中，得齿轮的模数为

$$m_n\geqslant1.24\sqrt[3]{\frac{KT_1Y_{FS2}}{\psi_d z_1^2[\sigma]_{F2}}}=1.24\times\sqrt[3]{\frac{1.6\times9.81\times10^4\times3.98}{0.8\times25^2\times352}}\ \text{mm}=1.89\ \text{mm}$$

7. 确定模数

由上述计算结果可见，齿根弯曲疲劳强度较为薄弱，故应以 $m_n \geqslant 1.89$ mm 为准。查表 7-1，取 $m_n=2$ mm。

8. 计算齿轮几何尺寸

齿轮传动的中心距为

$$a=\frac{m_n(z_1+z_2)}{2\cos\beta}=\frac{2\times(25+120)}{2\cos 15°}\text{ mm}=150.12\text{ mm}$$

斜齿轮传动的中心距应当圆整为整数以便加工，一般可以通过改变螺旋角的大小来实现。现将中心距取为 $a=150$ mm，则实际螺旋角为

$$\beta=\arccos\frac{m_n(z_1+z_2)}{2a}=\arccos\frac{2\times(25+120)}{2\times150}=14°50'6''①$$

齿轮的其余主要尺寸分别为

$$d_1=\frac{m_n z_1}{\cos\beta}=\frac{2\times25}{\cos14°50'6''}\text{ mm}=51.72\text{ mm}$$

$$d_2=\frac{m_n z_2}{\cos\beta}=\frac{2\times120}{\cos14°50'6''}\text{ mm}=248.28\text{ mm}$$

$$d_{a1}=d_1+2h_{an}^*m_n=(51.72+2\times1\times2)\text{ mm}=55.72\text{ mm}$$

$$d_{a2}=d_2+2h_{an}^*m_n=(248.28+2\times1\times2)\text{ mm}=252.28\text{ mm}$$

$$b=\psi_d d_1=0.8\times51.72\text{ mm}=41.4\text{ mm}$$

取 $b_2=40$ mm，$b_1=44$ mm。由于取的模数标准值比计算值大，故 b_2 向小圆整后仍能满足式(7-29)的需要。必要时应进行验算。

§7-9 锥齿轮传动

一、概述

锥齿轮用于相交轴之间的传动。两轴之间的轴交角 Σ 可根据传动的需要来确定，在一般机械中，多采用 $\Sigma=90°$ 的传动。锥齿轮的轮齿有直齿、斜齿和曲齿等多种形式，由于直齿锥齿轮的设计、制造和安装均较简便，故应用最为广泛。曲齿锥齿轮主要用在高速大动力传动中。斜齿锥齿轮则应用较少。本节介绍 $\Sigma=90°$ 的直齿锥齿轮传动。

直齿锥齿轮(简称锥齿轮)的轮齿是分布在圆锥面上的，因此有大端和小端之分。为了便于计算和测量，通常取锥齿轮大端的参数为标准值。即大端模数为标准值，按表 7-7 选取；大端压力角为标准值，$\alpha=20°$。

表 7-7　锥齿轮模数(摘自 GB/T 12368—1990)　　mm

…	1	1.125	1.25	1.375	1.5	1.75	2	2.25
2.5	2.75	3	3.25	3.5	3.75	4	4.5	5
5.5	6	6.5	7	8	9	10	…	

① 螺旋角 β 的计算应精确到秒(″)，才能满足工程需要。

二、锥齿轮的参数和几何尺寸计算

如前所述，锥齿轮是以大端参数为标准值，所以其几何尺寸计算也是以大端为基准，其齿顶高系数 $h_a^*=1$，顶隙系数 $c^*=0.2$。

图 7-24 所示为一对锥齿轮传动，轴交角 $\Sigma=\delta_1+\delta_2=90°$，其传动比为

$$i_{12}=\frac{\omega_1}{\omega_2}=\frac{z_2}{z_1}=\frac{d_2}{d_1}=\cot\delta_1=\tan\delta_2 \tag{7-30}$$

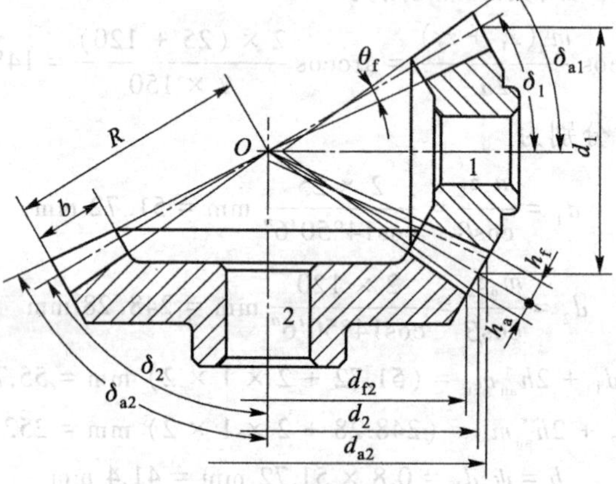

图 7-24 锥齿轮传动

图 7-24 中 R 为分度圆锥的锥顶到大端的距离，称为锥距。齿宽 b 与锥距 R 的比值称为锥齿轮的齿宽系数，用 ψ_R 表示，一般取 $\psi_R=b/R=0.25\sim0.3$，由 $b=\psi_R R$ 计算出的齿宽应圆整，并取大小齿轮的齿宽 $b_1=b_2=b$。因为锥齿轮安装时要求两齿轮分度圆锥的锥顶重合，大端面对齐，所以大小齿轮的齿宽应相等。

根据 GB/T 12369—1990、GB/T 12370—1990 的规定，现主要采用等顶隙锥齿轮传动（图 7-24），即两轮的顶隙由轮齿大端到小端都是相等的。在这种传动中，两轮的分度圆锥和齿根圆锥的锥顶共点。但两轮的齿顶圆锥，因其母线各自平行于与之啮合传动的另一锥齿轮的齿根圆锥母线，所以其锥顶就不再重合于一点了。锥齿轮传动的主要几何尺寸计算公式列于表 7-8 中。

表 7-8 标准直齿锥齿轮传动的几何尺寸计算公式（$\Sigma=90°$）

名称	代号	计算公式
齿顶高	h_a	$h_a=h_a^* m=m \quad (h_a^*=1)$
齿根高	h_f	$h_f=(h_a^*+c^*)m=1.2\,m \quad (c^*=0.2)$
全齿高	h	$h=h_a+h_f=2.2m$
顶隙	c	$c=c^* m=0.2m$
分度圆锥角	δ	$\delta_1=\arctan(z_1/z_2)$，$\delta_2=\arctan(z_2/z_1)$
分度圆直径	d	$d_1=mz_1$，$d_2=mz_2$

续表

名　　称	代号	计算公式
齿顶圆直径	d_a	$d_{a1}=d_1+2h_a\cos\delta_1, d_{a2}=d_2+2h_a\cos\delta_2$
齿根圆直径	d_f	$d_{f1}=d_1-2h_f\cos\delta_1, d_{f2}=d_2-2h_f\cos\delta_2$
锥　　距	R	$R=\sqrt{d_1^2+d_2^2}/2=m\sqrt{z_1^2+z_2^2}/2$
齿　　宽	b	$b=\psi_R R, \psi_R=0.25\sim0.3$
齿　根　角	θ_f	$\theta_f=\arctan(h_f/R)$
顶　锥　角	δ_a	$\delta_{a1}=\delta_1+\theta_f, \delta_{a2}=\delta_2+\theta_f$
根　锥　角	δ_f	$\delta_{f1}=\delta_1-\theta_f, \delta_{f2}=\delta_2-\theta_f$

三、锥齿轮传动的正确啮合条件

一对标准锥齿轮的啮合传动，除了要求两个锥齿轮大端的模数和压力角分别相等外，还要求两锥齿轮的锥距相等。因此标准锥齿轮传动的正确啮合条件为

$$\left.\begin{aligned}m_1&=m_2=m\\ \alpha_1&=\alpha_2=\alpha\\ R_1&=R_2=R\end{aligned}\right\} \tag{7-31}$$

四、锥齿轮的当量齿轮和当量齿数

在进行锥齿轮的强度计算时，需要知道锥齿轮的大端齿形。经理论分析知，齿数为 z 的锥齿轮的大端齿形与齿数为 z_v 的直齿轮的端面齿形非常接近。该直齿轮称为锥齿轮的当量齿轮，其齿数 z_v 称为当量齿数，其模数和压力角与锥齿轮大端的模数和压力角分别相等。当量齿数为

$$z_v=\frac{z}{\cos\delta} \tag{7-32}$$

由上式可得出标准锥齿轮不发生根切的最少齿数为

$$z_{min}=z_{vmin}\cos\delta \tag{7-33}$$

式中，z_{vmin} 为当量齿轮不发生根切的最少齿数。

五、锥齿轮传动的强度计算

1. 受力分析

两锥齿轮啮合传动，略去齿面间的摩擦力，轮齿间的相互作用力为法向力 $\boldsymbol{F}_n$。通常将法向力视为集中作用在平均分度圆上，即按齿宽中点（节点）C 处来进行受力分析（图 7-25）。为便于分析计算，将法向力 $\boldsymbol{F}_n$ 分解为相互垂直的三个分力，即圆周力 $\boldsymbol{F}_t$、径向力 $\boldsymbol{F}_r$ 和轴向力 $\boldsymbol{F}_a$，各力的计算公式为

$$
\left.\begin{aligned}
F_{t1} &= F_{t2} = \frac{2T_1}{d_{m1}} \\
F_{r1} &= F_{a2} = F_{t1}\tan\alpha\cos\delta_1 \\
F_{a1} &= F_{r2} = F_{t1}\tan\alpha\sin\delta_1 \\
F_{n1} &= F_{n2} = \frac{F_{t1}}{\cos\alpha}
\end{aligned}\right\} \tag{7-34}
$$

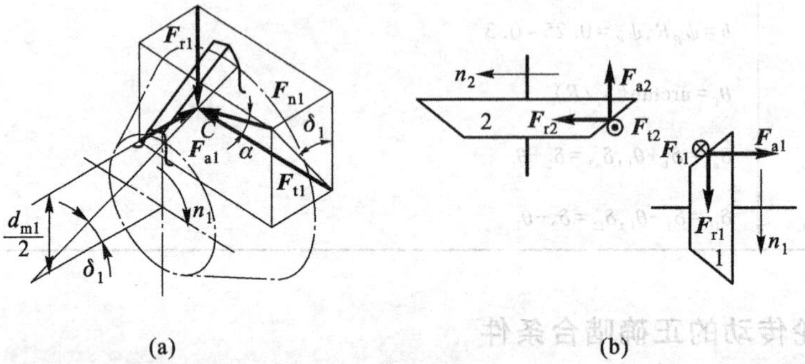

图 7-25　圆锥齿轮传动的受力分析

式中：F_n、F_t、F_r 和 F_a 的单位为 N；d_{m1} 为小锥齿轮的平均分度圆直径（mm），$d_{m1}=(1-0.5\psi_R)d_1$。

锥齿轮的圆周力 $\boldsymbol{F}_t$ 和径向力 $\boldsymbol{F}_r$ 方向的确定与直齿轮传动相同，轴向力 $\boldsymbol{F}_a$ 的方向由各锥齿轮的小端指向大端。

2. 强度计算

锥齿轮传动的强度计算可以近似地按平均分度圆处的当量齿轮传动进行计算，齿面接触疲劳强度和齿根弯曲疲劳强度的计算公式分别为

$$
d_1 \geqslant 96.6\sqrt[3]{\frac{KT_1}{\psi_R(1-0.5\psi_R)^2u[\sigma]_H^2}} \tag{7-35}
$$

$$
m \geqslant 1.59\sqrt[3]{\frac{KT_1Y_{FS}}{\psi_R(1-0.5\psi_R)z_1^2\sqrt{u^2+1}[\sigma]_F}} \tag{7-36}
$$

式中：d_1 和 m 的单位为 mm；Y_{FS} 按锥齿轮的当量齿数 z_v，在表 7-5 中查取。

§7-10　蜗 杆 传 动

一、概述

蜗杆传动用于传递空间两交错轴之间的运动和动力（图 7-26），通常两轴垂直交错，交错角为 90°。通常以蜗杆为主动件作减速传动。如果蜗杆导程角较大时，也可以用蜗轮为主动件作增速传动。蜗杆根据其螺旋线的旋向不同，有右旋和左旋之分，通常采用右旋蜗杆。

由于蜗杆传动具有传动比大、工作平稳、噪声小和反行程可自锁等优点，因此得到了广泛的应用。其主要缺点是：啮合齿面间有较大的相对滑动速度，容易引起磨损和胶合。故常需用耐磨

和减摩性能良好的有色金属材料(如锡青铜等)来制造蜗轮,因而成本较高。蜗杆传动的效率也较低,通常 $\eta=0.7\sim0.9$。

按照蜗杆形状的不同,蜗杆传动可分为圆柱蜗杆传动(图 7-26a)、环面蜗杆传动(图 7-26b)和锥蜗杆传动(图 7-26c)。其中圆柱蜗杆传动在工程中应用最广。

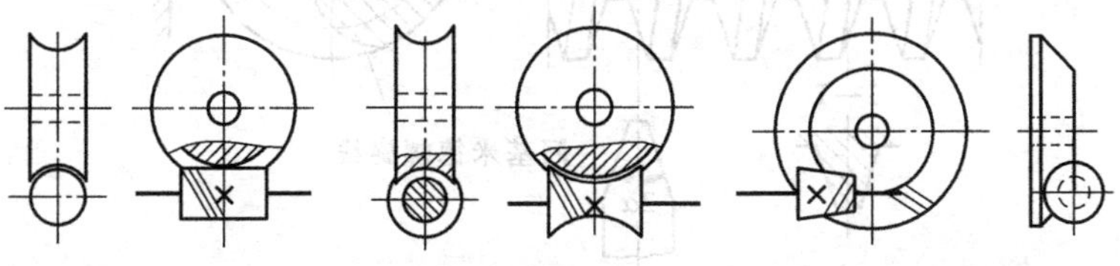

(a) 圆柱蜗杆传动　(b) 环面蜗杆传动　(c) 锥蜗杆传动

图 7-26　蜗杆传动的类型

圆柱蜗杆传动又分为普通圆柱蜗杆传动和圆弧齿圆柱蜗杆传动。普通圆柱蜗杆轴向截面上的齿形为直线(或近似为直线)(图 7-27a),而圆弧齿圆柱蜗杆轴向截面上的齿形为内凹圆弧线(图 7-27b)。由于圆弧齿圆柱蜗杆传动的承载能力大,传动效率高,尺寸小,因此目前动力传动的标准蜗杆减速器均采用圆弧齿圆柱蜗杆传动。普通圆柱蜗杆传动根据加工蜗杆时所用刀具及安装位置的不同,又可分为多种形式。其中阿基米德蜗杆传动最为简单。由于这些普通圆柱蜗杆传动的啮合原理、几何尺寸计算及承载能力计算基本上是相同的,而且也是认识其他蜗杆传动的基础,故本节将通过阿基米德蜗杆传动,介绍蜗杆传动的一些基本知识。

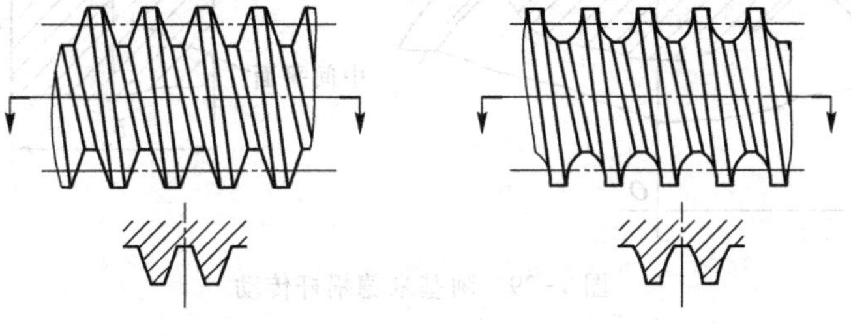

(a) 普通圆柱蜗杆　(b) 圆弧齿圆柱蜗杆

图 7-27　普通圆柱蜗杆和圆弧齿圆柱蜗杆

二、蜗杆传动的主要参数和几何尺寸

阿基米德蜗杆的轴面齿廓是直线(图 7-28),端面齿廓是阿基米德螺旋线。蜗杆的螺旋齿是用刀刃为直线的车刀车削而成,加工容易,但因难以磨削,故难以获得高精度。

图 7-29 所示为阿基米德蜗杆传动。通过蜗杆轴线并垂直于蜗轮轴线的平面称为蜗杆传动的中间平面。在中间平面内,蜗杆相当于一个齿条,蜗轮的齿廓为渐开线。蜗轮与蜗杆的啮合在中间平面内就相当于渐开线齿轮与齿条的啮合。因此,蜗杆传动的设计计算都以中间平面为准。

1. 模数 m 和压力角 α

由于中间平面为蜗杆的轴面和蜗轮的端面,故规定:蜗杆的轴向模数 m_{a1} 和蜗轮的端面模数 m_{t2} 相等且为标准值 m,m 按表 7-9 选取;蜗杆的轴向压力角 α_{a1} 和蜗轮的端面压力角 α_{t2} 相等且为

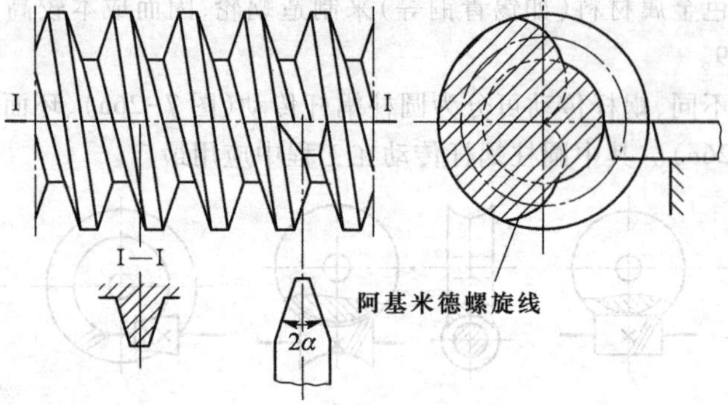

图 7-28　阿基米德蜗杆的加工

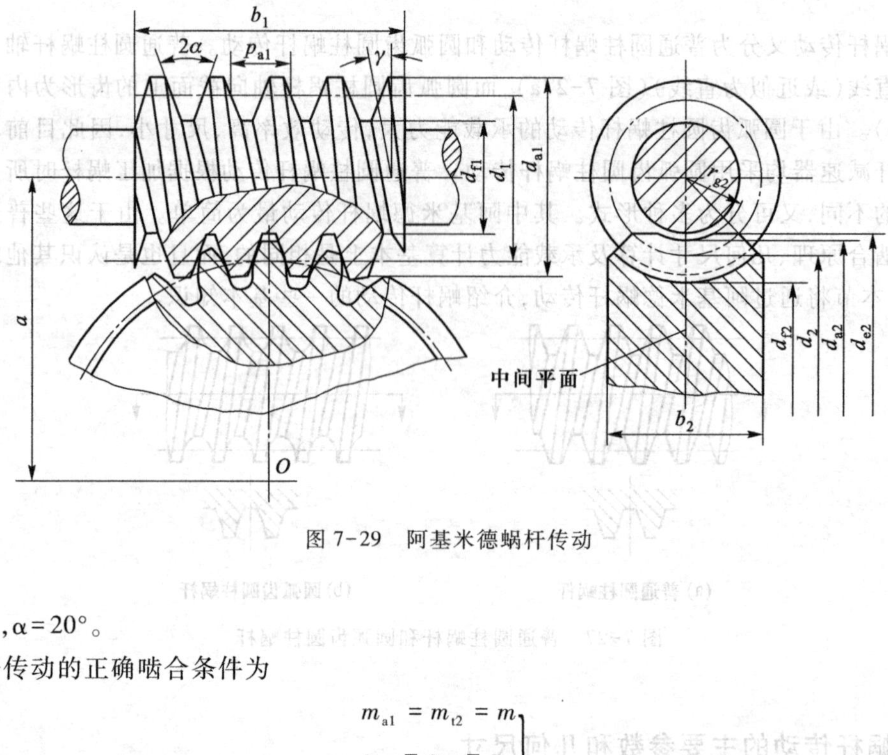

图 7-29　阿基米德蜗杆传动

标准值 α，α=20°。

蜗杆传动的正确啮合条件为

$$\left.\begin{aligned} m_{a1} &= m_{t2} = m \\ \alpha_{a1} &= \alpha_{t2} = \alpha \\ \gamma &= \beta \end{aligned}\right\} \tag{7-37}$$

式中，γ 为蜗杆的导程角，β 为蜗轮的螺旋角，两者应大小相等，旋向相同（图 7-30）。

2. 传动比 i_{12}、蜗杆头数 z_1 和蜗轮齿数 z_2

通常蜗杆为主动件，蜗杆与蜗轮之间的传动比为

$$i_{12}=\frac{n_1}{n_2}=\frac{z_2}{z_1} \tag{7-38}$$

式中：n_1、n_2 分别为蜗杆和蜗轮的转速（r/min）；z_1、z_2 分别为蜗杆头数和蜗轮齿数。

蜗杆头数 z_1 通常为 1、2、4、6。当要求蜗杆传动具有大的传动比或反行程自锁时，取 $z_1=1$，此

时传动效率较低；当要求蜗杆传动具有较高的传动效率时，取 $z_1=2$、4、6。一般情况下，蜗杆头数 z_1 可根据传动比按表 7-10 选取。

表 7-9　蜗杆传动的标准模数和直径

m /mm	d_1 /mm	z_1	m^2d_1 /mm^3	m /mm	d_1 /mm	z_1	m^2d_1 /mm^3
1	18	1	18	5	50	1,2,4,6	1 250
1.25	20	1	31		90	1	2 250
	22.4	1	35	6.3	63	1,2,4,6	2 500
1.6	20	1,2,4	51		112	1	4 445
	28	1	72	8	80	1,2,4,6	5 120
2	22.4	1,2,4,6	90		140	1	8 960
	35.5	1	142	10	90	1,2,4,6	9 000
2.5	28	1,2,4,6	175		160	1	16 000
	45	1	281	12.5	112	1,2,4	17 500
3.15	35.5	1,2,4,6	352		200	1	31 250
	56	1	556	16	140	1,2,4	35 840
4	40	1,2,4,6	640		250	1	64 000
	71	1	1 136				

注：本表摘自 GB/T 10085—1988，表中所列 d_1 数值为国家标准规定的优先使用值。

表 7-10　蜗杆头数选取

传动比 i	5~8	7~16	15~32	30~80
蜗杆头数 z_1	6	4	2	1

蜗轮齿数 $z_2=i_{12}z_1$。在蜗杆传动中，为了避免蜗轮轮齿发生根切，通常规定 $z_{2\min}\geqslant 28$。而当 $z_2>80$ 时，由于蜗轮直径较大，使得蜗杆的支承跨度也相应增大，从而降低了蜗杆的刚度。故在动力蜗杆传动中，常取 $z_2=30\sim80$。对于仅传递运动的蜗杆传动，蜗轮齿数的上限不受此限制。

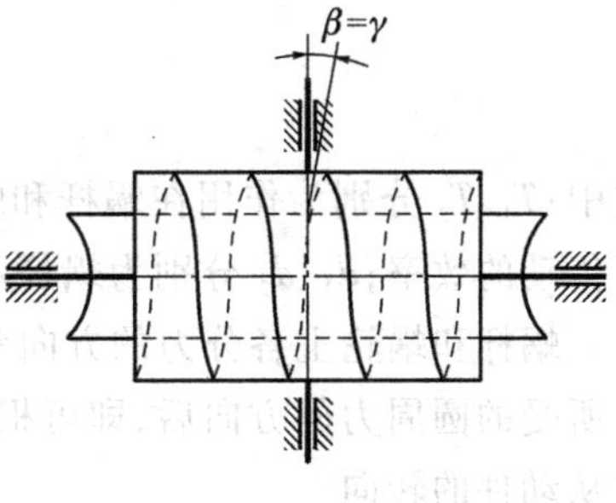

图 7-30　蜗杆导程角与蜗轮螺旋角的关系

3. 蜗杆分度圆直径 d_1

由于在加工蜗轮时，使用的刀具是与蜗杆分度圆尺寸相同的蜗轮滚刀。因此，加工同一模数的蜗轮，有几种蜗杆分度圆直径，就需要几种蜗轮滚刀。为了限制刀具的数目和便于刀具的标准化，国家标准规定了蜗杆分度圆的标准化系列，并与标准模数 m 相匹配，见表 7-9。

4. 几何尺寸计算

阿基米德蜗杆传动的几何尺寸关系如图 7-29 所示，其主要尺寸计算公式列于表 7-11 中。

表 7-11　蜗杆传动主要几何尺寸计算公式

名　　称	代号	计 算 公 式
齿　顶　高	h_a	$h_a=h_a^* m=m$　$(h_a^*=1)$
齿　根　高	h_f	$h_f=(h_a^*+c^*)m=1.2m$　$(c^*=0.2)$
全　齿　高	h	$h=h_a+h_f=2.2m$
分度圆直径	d	d_1 由表 7-9 确定，$d_2=mz_2$
齿顶圆直径	d_a	$d_{a1}=d_1+2h_a$，$d_{a2}=d_2+2h_a$
齿根圆直径	d_f	$d_{f1}=d_1-2h_f$，$d_{f2}=d_2-2h_f$
中　心　距	a	$a=(d_1+d_2)/2$
蜗轮齿顶圆弧半径	r_{g2}	$r_{g2}=d_1/2-m$
蜗轮外圆直径	d_{e2}	当 $z_1=1$ 时，$d_{e2}\leqslant d_{a2}+2m$；当 $z_1=2$ 时，$d_{e2}\leqslant d_{a2}+1.5m$ 当 $z_1=4$、6 时，$d_{e2}\leqslant d_{a2}+m$
蜗轮齿宽	b_2	当 $z_1\leqslant 2$ 时，$b_2\leqslant 0.75d_{a1}$；当 $z_1>2$ 时，$b_2\leqslant 0.67d_{a1}$
蜗杆导程角	γ	$\tan\gamma=mz_1/d_1$
蜗杆螺旋部分长度	b_1	当 $z_1\leqslant 2$ 时，$b_1\geqslant(11+0.06z_2)m$ 当 $z_1>2$ 时，$b_1\geqslant(12.5+0.09z_2)m$

三、蜗杆传动的受力分析

蜗杆与蜗轮啮合传动，略去齿面间的摩擦力，轮齿间的相互作用力为法向力 $\boldsymbol{F}_n$，按在节点 C 啮合进行受力分析，并将法向力 $\boldsymbol{F}_n$ 分解为相互垂直的三个分力，即圆周力 $\boldsymbol{F}_t$、径向力 $\boldsymbol{F}_r$ 和轴向力 $\boldsymbol{F}_a$（图 7-31），各力的计算公式为

$$\left.\begin{aligned} F_{t1}&=F_{a2}=\frac{2T_1}{d_1}\\ F_{a1}&=F_{t2}=\frac{2T_2}{d_2}\\ F_{r1}&=F_{r2}=F_{t2}\tan\alpha \end{aligned}\right\}\tag{7-39}$$

式中：T_1、T_2 分别为作用在蜗杆和蜗轮上的转矩（N · mm），$T_2=T_1 i_{12}\eta$，其中 i_{12} 为传动比，η 为蜗杆传动的效率；d_1、d_2 分别为蜗杆和蜗轮的分度圆直径（mm）；F_t、F_a 和 F_r 的单位为 N。

蜗杆和蜗轮上各分力的方向和判别方法与斜齿轮传动相同。在蜗杆传动中，在确定了从动件所受的圆周力的方向后，即可根据从动件在受力点处的圆周速度方向与圆周力方向相同来确定从动件的转向。

四、蜗杆传动的失效形式和材料

1. 蜗杆传动的失效形式

由于蜗杆传动的相对滑动速度大、效率低、发热量大，因此其主要失效形式为轮齿的胶合、点蚀和磨损。但因对于胶合和磨损尚未建立起简明而有效的计算方法，因此蜗杆传动目前常只作

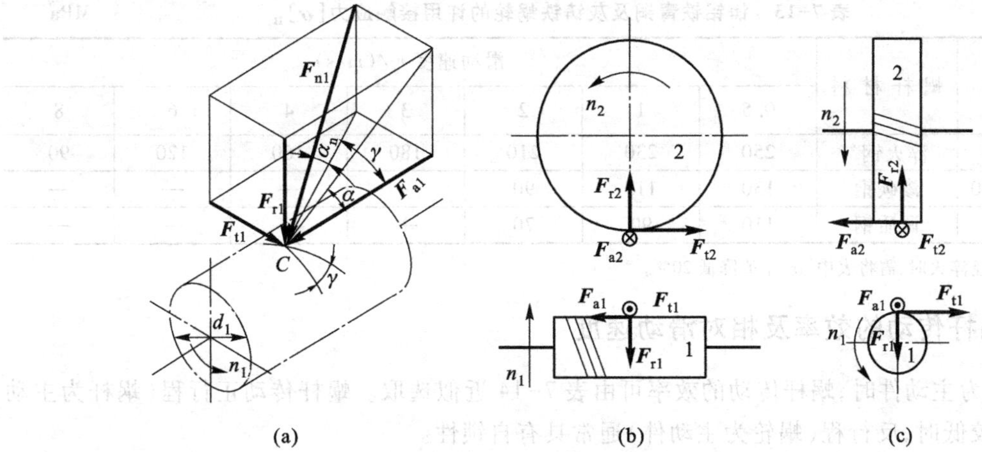

图 7-31　蜗杆传动的受力分析

齿面接触疲劳强度条件性计算。

在蜗杆传动中，由于蜗轮的材料较弱，所以失效多发生在蜗轮轮齿上，故一般只对蜗轮轮齿进行承载能力计算。

2. 蜗杆传动的常用材料

蜗杆一般采用碳钢或合金钢制造。

常用的蜗轮材料为铸锡青铜（ZCuSn10P1，ZCuSn5Pb5Zn5）、铸铝铁青铜（ZCuAl10Fe3）及灰铸铁（HT150、HT200）等。锡青铜耐磨性最好，但价格较高，用于滑动速度 $v_s \geqslant 3$ m/s 的重要传动；铝铁青铜的耐磨性较锡青铜差一些，但价格较便宜，一般用于滑动速度 $v_s \leqslant 4$ m/s 的传动；要求不高时，可采用灰铸铁。

五、蜗杆传动的强度计算

蜗轮的齿面接触疲劳强度计算公式为

$$m^2 d_1 \geqslant KT_2 \left(\frac{500}{z_2 [\sigma]_H} \right)^2 \tag{7-40}$$

式中：$m^2 d_1$ 的单位为 mm³；K 为载荷系数，$K=1.1 \sim 1.3$，当工作载荷变化较大、蜗轮圆周速度较高时，K 取较大值；$[\sigma]_H$ 为蜗轮材料的许用接触应力（MPa），见表 7-12 和表 7-13。

按式（7-40）计算出 $m^2 d_1$ 值后，由表 7-9 查取适当的模数 m 和蜗杆分度圆直径 d_1。

表 7-12　铸锡青铜蜗轮的许用接触应力 $[\sigma]_H$　MPa

蜗 轮 材 料	铸 造 方 法	蜗杆齿面硬度	
		≤350 HBS	>45 HRC
ZCuSn10P1	砂模	180	200
	金属模	200	220
ZCuSn5Pb5Zn5	砂模	110	125
	金属模	135	150

表 7-13　铸铝铁青铜及灰铸铁蜗轮的许用接触应力$[\sigma]_H$　　MPa

蜗轮材料	蜗杆材料	滑动速度 v_s/(m/s)						
		0.5	1	2	3	4	6	8
ZCuAl10Fe3	淬火钢*	250	230	210	180	160	120	90
HT150,HT200	渗碳钢	130	115	90	—	—	—	—
HT150	调质钢	110	90	70	—	—	—	—

* 蜗杆未经淬火时,需将表中$[\sigma]_H$值降低20%。

六、蜗杆传动的效率及相对滑动速度

当蜗杆为主动件时,蜗杆传动的效率可由表 7-14 近似选取。蜗杆传动正行程(蜗杆为主动件)的效率较低时,反行程(蜗轮为主动件)通常具有自锁性。

表 7-14　蜗杆传动的效率

蜗杆头数 z_1	1	2	4	6
传动效率 η	0.7～0.8	0.8～0.86	0.86～0.91	0.90～0.92

注:蜗杆转速高,齿面相对滑动速度大时,η 取较大值,反之取较小值。

蜗杆传动与螺旋传动相似,齿面相对滑动速度较大。由图 7-32 可知,齿面的相对滑动速度为

$$v_s=\frac{v_1}{\cos\gamma}=\frac{\pi d_1 n_1}{60\times 1\ 000\cos\gamma}\qquad(7\text{-}41)$$

式中:v_1 为蜗杆分度圆的圆周速度(m/s);d_1 为蜗杆分度圆直径(mm);n_1 为蜗杆的转速(r/min);v_s 的单位为m/s。

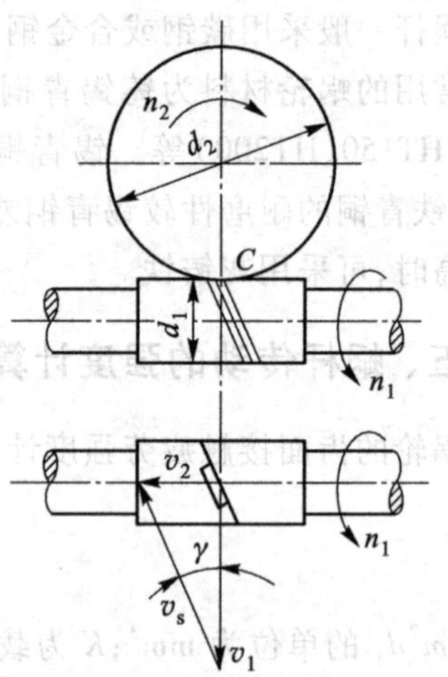

图 7-32　蜗杆传动的相对滑动速度

由于蜗杆传动的效率较低,发热量较大,易发生胶合破坏,因此对于连续运转的动力蜗杆传动,还应进行热平衡计算。若传动温升过高,则需增大蜗杆传动的散热能力。有关这方面的设计和计算,请参阅参考书目[4]。

例 7-3　试设计一由电动机驱动的单级闭式蜗杆传动。电动机功率 $P_1=5.5$ kW,转速 $n_1=1\ 440$ r/min,传动比 $i_{12}=25$,载荷较平稳。

解　1. 材料选择

蜗杆选用 45 钢,表面淬火处理,齿面硬度>45 HRC;蜗轮选用 ZCuSn10P1,砂模铸造,查表 7-12,蜗轮材料的许用接触应力$[\sigma]_H=200$ MPa。

2. 确定参数

1) 蜗杆头数和蜗轮齿数　由传动比 $i_{12}=25$,查表 7-10,选取 $z_1=2$,蜗轮齿数 $z_2=i_{12}z_1=25\times2=50$。

2) 载荷系数　因载荷较平稳,蜗轮转速不高,故取载荷系数 $K=1.2$。

3) 效率　查表 7-14,由 $z_1=2$,闭式传动,估取效率 $\eta=0.83$。蜗轮的转矩 T_2 为

$$T_2 = i_{12}\eta T_1 = i_{12}\eta \frac{9.55 \times 10^6 P_1}{n_1} = 25 \times 0.83 \times \frac{9.55 \times 10^6 \times 5.5}{1\,440}\ \text{N} \cdot \text{mm} = 756\,871\ \text{N} \cdot \text{mm}$$

3. 按齿面接触疲劳强度计算

由式(7-40),$m^2 d_1$ 为

$$m^2 d_1 \geqslant KT_2\left(\frac{500}{z_2[\sigma]_H}\right)^2 = 1.2 \times 756\,871 \times \left(\frac{500}{50 \times 200}\right)^2\ \text{mm}^3 = 2\,271\ \text{mm}^3$$

查表 7-9,选取 $m=6.3$ mm、$d_1=63$ mm,对应的 $m^2 d_1 = 2\,500$ mm^3,满足要求。

4. 确定主要几何尺寸

蜗轮的分度圆直径和中心距分别为

$$d_2 = z_2 m = 50 \times 6.3\ \text{mm} = 315\ \text{mm}$$

$$a = \frac{d_1 + d_2}{2} = \frac{63 + 315}{2}\ \text{mm} = 189\ \text{mm}$$

其余几何尺寸计算从略。

§7-11 齿轮的结构设计

一、圆柱齿轮和锥齿轮的结构设计

通过齿轮传动的强度计算,可以确定齿轮的齿数、模数、齿宽、螺旋角、分度圆直径等主要尺寸,而齿圈、轮毂等的结构形式及尺寸,通常由结构设计而定。

对于直径较小的钢制齿轮,当齿根圆直径与轴的直径相差较小时,应将齿轮与轴做成一体,称为齿轮轴(图 7-33);如果齿轮的直径比轴的直径大得较多时,应将齿轮与轴分开制造(图 7-34)。

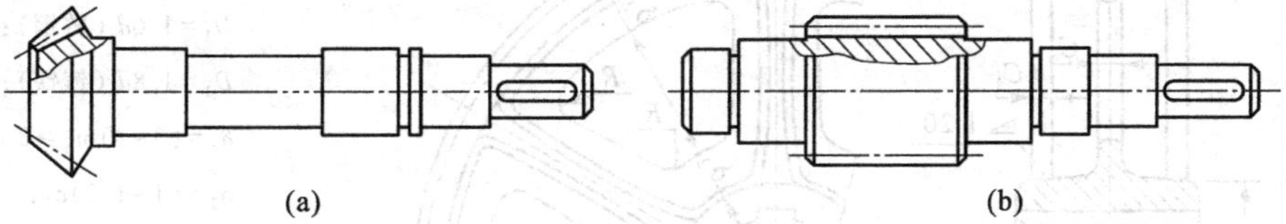

图 7-33 齿轮轴

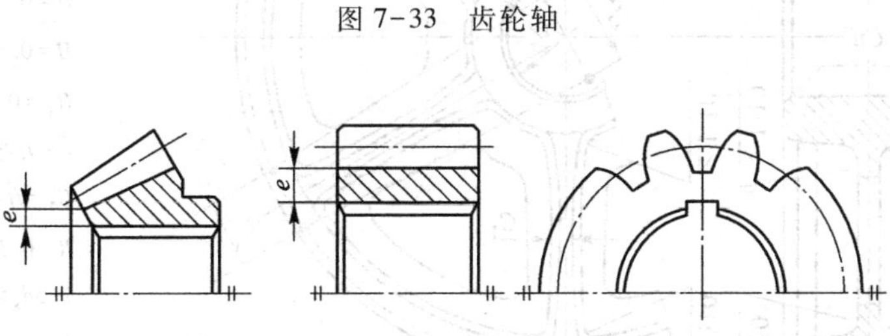

图 7-34 实心齿轮

锥齿轮 $e \geqslant (1.6\sim2)m$;圆柱齿轮 $e \geqslant (2\sim2.5)m_n$

齿顶圆直径 $d_a \leqslant 500$ mm 的齿轮,可以采用锻造或铸造,通常为腹板式结构。图 7-35a、b 所

示为锻造腹板式齿轮，图 7-35c 所示为铸造腹板式齿轮。

齿顶圆直径 $d_a \geqslant 400$ mm 的齿轮，通常采用铸造，常采用图 7-36 所示的轮辐式结构。

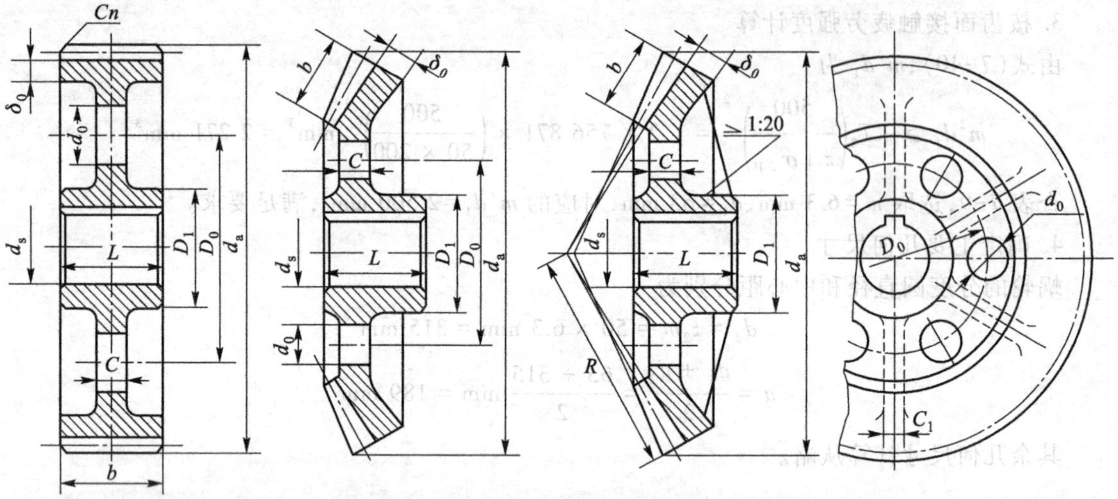

(a) (b) (c)

图 7-35 腹板式齿轮

$D_1 = 1.6d_s$（钢材）；$D_1 = 1.8d_s$（铸铁）；D_0、d_0 按结构而定；

圆柱齿轮：$L = (1.2 \sim 1.5)d_s \geqslant b$；$\delta_0 = (2.5 \sim 4)m_n \geqslant 10$ mm；$C = (0.2 \sim 0.3)b$；$n = 0.5m_n$；

锥齿轮：$L = (1.0 \sim 1.2)d_s$；$\delta_0 = (3 \sim 4)m \geqslant 10$ mm；$C = (0.1 \sim 0.17)R$；$C_1 = 0.8C$

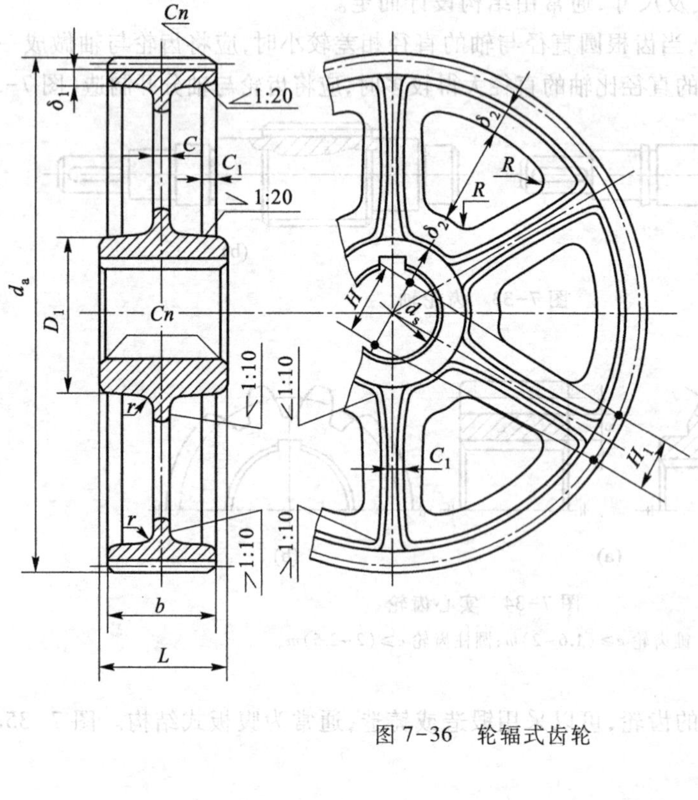

$D_1 = 1.6d_s$（铸钢）；

$D_1 = 1.8d_s$（铸铁）；

$\delta_1 = (3 \sim 4)m_n \geqslant 8$ mm；

$\delta_2 = (1 \sim 1.2)\delta_1$；

$H = 0.8d_s$（铸钢）；

$H = 0.9d_s$（铸铁）；

$H_1 = 0.8H$；

$C = H/5$；

$C_1 = H/6$；

$R = 0.5H$；

$1.5d_s > L \geqslant b$；

轮辐数常取为 6

图 7-36 轮辐式齿轮

二、蜗杆和蜗轮的结构设计

由于蜗杆螺旋部分的直径不大,所以通常和轴做成一体,如图 7-37 所示。

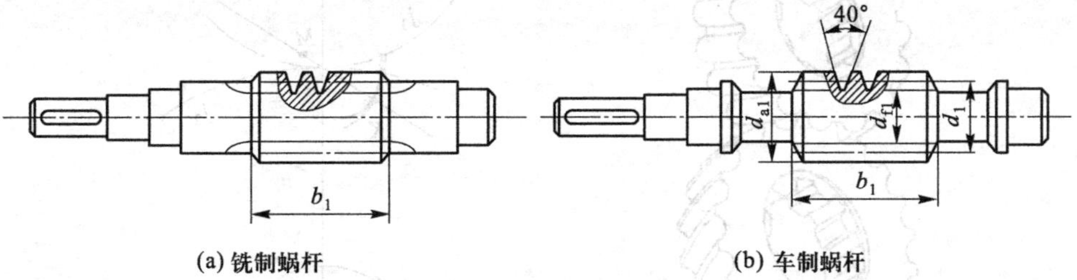

图 7-37　蜗杆的结构形式

蜗轮的结构形式取决于蜗轮所用的材料和蜗轮的尺寸大小。常用的结构形式有以下几种:

1) 整体式(图 7-38a)　主要用于铸铁蜗轮或尺寸很小的青铜蜗轮。

2) 齿圈式　为了节约贵重的有色金属,对尺寸较大的蜗轮通常采用组合式结构,即齿圈用有色金属制造,而轮心用钢或铸铁制造。采用过盈连接(图 7-38b)、螺栓连接(图 7-38c)、拼铸(图 7-38d)等将其组合到一起。

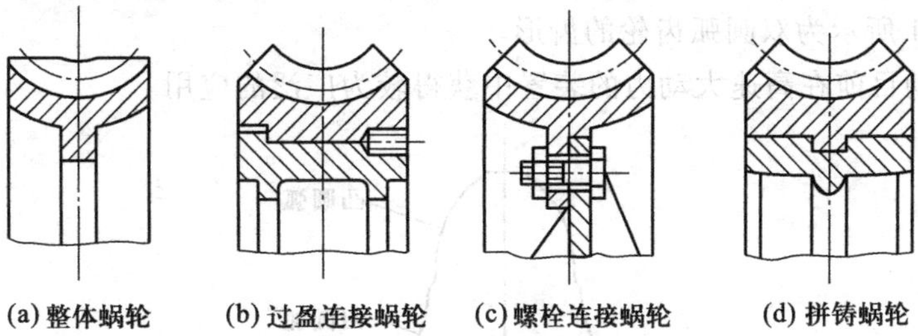

图 7-38　蜗轮的结构形式

§7-12　圆弧齿轮传动简介

圆弧齿轮传动如图 7-39 所示,其端面齿廓或法面齿廓为圆弧。小齿轮为凸圆弧,大齿轮为凹圆弧,凸圆弧的曲率半径比凹圆弧的曲率半径略小一点。两齿轮的齿廓只在图 7-40 所示位置接触,在其他任何位置都不会接触,其端面重合度 $\varepsilon_\alpha=0$。故这种齿轮只能做成斜齿才能保证连续传动。

圆弧齿轮传动具有如下优点:

1) 齿面接触强度高。大约比渐开线齿轮传动提高 1.5~2 倍。

2) 齿面上载荷的分布集中在齿宽的很小一段上,故对制造误差不敏感。

3) 径向尺寸小,因为圆弧齿轮传动没有根切问题。

圆弧齿轮传动有下列一些缺点:

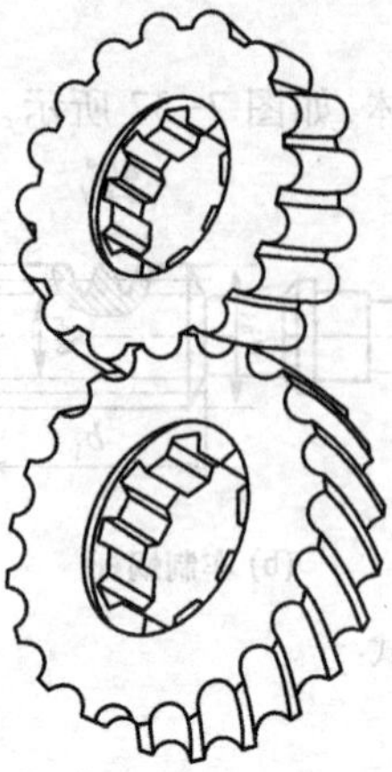

图 7-39　圆弧齿轮传动

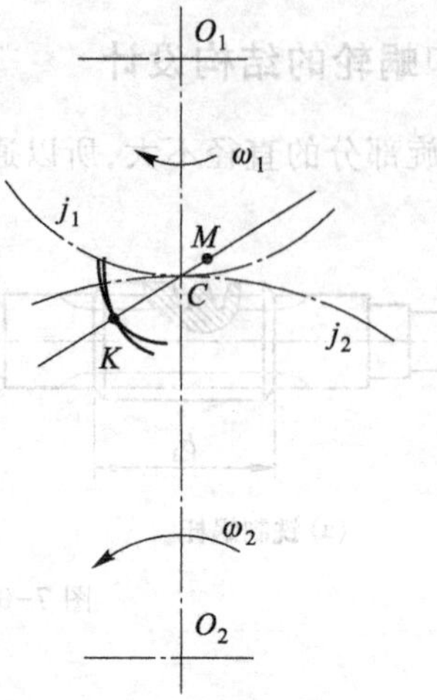

图 7-40　一对圆弧齿轮的啮合

1）圆弧齿轮传动不具有可分性，因此对传动中心距的精度要求较高。

2）轴向尺寸大，因为传动的重合度主要靠增大齿宽来实现。

3）凸齿廓的轮齿与凹齿廓的轮齿各需要用一把刀具来切制。为克服此缺点，可采用双圆弧齿轮传动，图 7-41 所示为双圆弧齿轮的齿形。

圆弧齿轮传动目前在高速大动力的装置中获得较为广泛的应用。

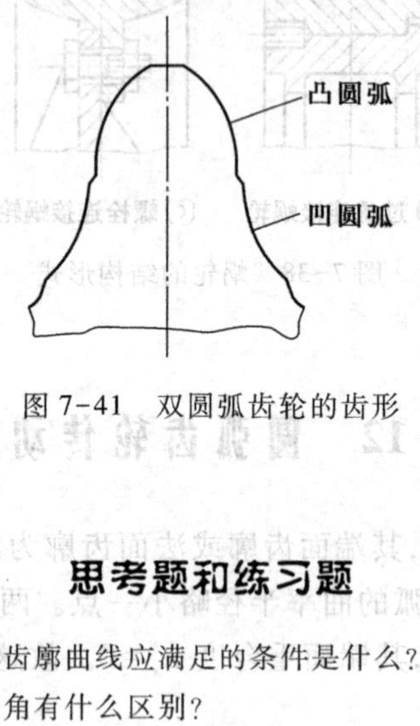

图 7-41　双圆弧齿轮的齿形

思考题和练习题

7-1　对于定传动比的齿轮传动，其齿廓曲线应满足的条件是什么？

7-2　节圆与分度圆，啮合角与压力角有什么区别？

7-3　按标准中心距安装的标准齿轮传动具有哪些特点？

7-4　标准齿轮传动的实际中心距大于标准中心距时，下列参数：传动比、啮合角、分度圆半径、节圆半径、基圆半径、顶隙等中哪些发生变化？哪些不变？

7-5　一对标准直齿轮的中心距 $a=160$ mm，齿数 $z_1=24$、$z_2=56$。试求模数和两轮的分度圆直径。

7-6　已知一对直齿轮的传动比 $i_{12}=1.5$，中心距 $a=100$ mm，模数 $m=2$ mm。试计算这对齿轮的几何尺寸。

7-7　常用的轮齿切制方法有哪些？各有什么特点？

7-8　模数和齿数相同的正变位齿轮与标准齿轮相比，下列参数 d、d_b、p、s、e、h_a、h_f、d_a、d_f 中哪些参数变大了？哪些参数变小了？哪些参数没有变？

7-9　一对标准圆柱齿轮传动，大、小齿轮的齿面接触应力是否相等？齿根弯曲应力是否相等？为什么？

7-10　一单级直齿轮减速器，已知 $z_1=25$，$z_2=73$，$b_1=72$ mm，$b_2=70$ mm，$m=4$ mm，$n_1=720$ r/min，齿轮材料的 $[\sigma]_{H1}=580$ MPa，$[\sigma]_{H2}=540$ MPa，$[\sigma]_{F1}=280$ MPa，$[\sigma]_{F2}=240$ MPa。齿轮单向转动，载荷平稳。试计算该传动所允许传递的功率。

7-11　现有一闭式直齿轮传动，已知输入功率 $P_1=4$ kW，输入转速 $n_1=720$ r/min，$z_1=18$，$z_2=55$，$m=4$ mm，$b_1=74$ mm，$b_2=70$ mm，小齿轮材料为45钢，调质处理，齿面平均硬度为230 HBS，大齿轮材料为ZG310-570，正火处理，齿面平均硬度为180 HBS。齿轮双向转动，载荷有中等冲击，取 $K=1.6$，齿轮相对轴承非对称布置。试校核该齿轮传动的强度。

7-12　设计一单级减速器中的直齿轮传动。已知传递的功率 $P=10$ kW，小齿轮转速 $n_1=960$ r/min，传动比 $i_{12}=4.2$，单向转动，载荷平稳，齿轮相对轴承对称布置。

7-13　斜齿轮不同圆柱面上的螺旋角的值是否相等？斜齿轮的螺旋角是指哪个圆柱面上的螺旋角？

7-14　图示为一双级斜齿轮传动。齿轮1的转向和螺旋线旋向如图所示，为了使轴Ⅱ上两齿轮的轴向力方向相反，试确定各齿轮的螺旋线旋向，并在啮合点处画出齿轮各分力的方向。

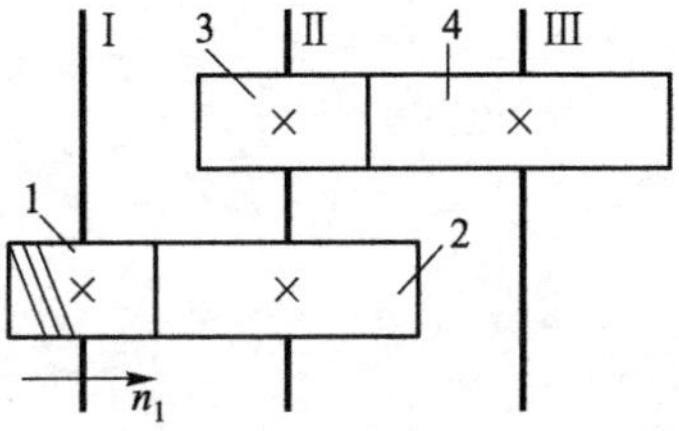

题 7-14 图

7-15　什么是斜齿轮、锥齿轮的当量齿轮？为什么要提出当量齿轮的概念？

7-16　复合齿形系数与齿数有何关系？同一齿数的直齿轮、斜齿轮及锥齿轮的复合齿形系数是否相等？为什么？

7-17　一对斜齿轮的齿数为 $z_1=21$，$z_2=37$，法向模数 $m_n=3.5$ mm。若要求两轮的中心距 $a=105$ mm，试求其螺旋角 β。

7-18　设计一单级减速器中的斜齿轮传动。已知传递的功率 $P=13$ kW，小齿轮转速 $n_1=970$ r/min，传动比 $i_{12}=4.5$，双向运转，载荷有中等冲击，齿轮相对轴承对称布置，要求结构尺寸紧凑。

7-19　一对锥齿轮传动，已知 $z_1=20$，$z_2=50$，$m=5$ mm，试计算两轮的主要几何尺寸及当量齿数 z_v。

7-20　设计一闭式锥齿轮传动。已知传动比 $i_{12}=2.75$，齿数 $z_1=16$，传递的功率 $P=7.5$ kW，小齿轮转速 $n_1=840$ r/min，单向运转，载荷有中等冲击。

7-21　图示蜗杆传动中，蜗杆均为主动件。试在图中标出未注明的蜗杆或蜗轮的转向及螺旋线的旋向，在啮合点处画出蜗杆和蜗轮各分力的方向。

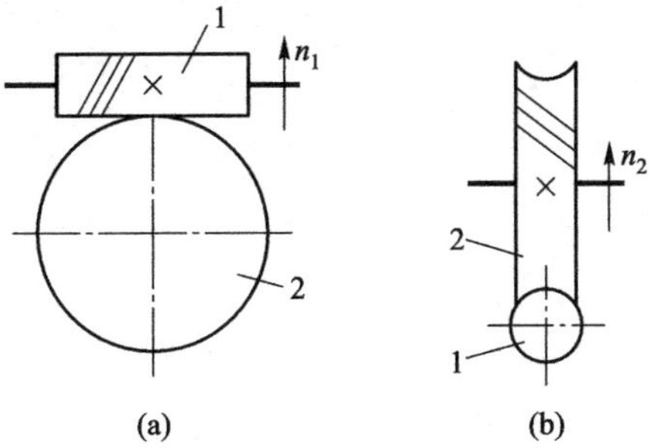

题 7-21 图

7-22　有一阿基米德蜗杆传动，已知模数 $m=10$ mm，蜗杆分度圆直径 $d_1=90$ mm，蜗杆头数 $z_1=2$，传动比 $i_{12}=15.5$。试计算蜗杆传动的主要几何尺寸及蜗轮的螺旋角 β。

7-23　设计一蜗杆传动，已知传递的功率 $P=7.5\ \mathrm{kW}$，蜗杆转速 $n_1=970\ \mathrm{r/min}$，传动比 $i_{12}=20.5$，电动机驱动，载荷平稳。

7-24　为什么在圆柱齿轮传动中，通常取小齿轮齿宽 $b_1>b_2$（大齿轮齿宽）；而在锥齿轮传动中，却取 $b_1=b_2$？

第八章 轮 系

由一系列齿轮所组成的传动系统称为轮系。工程上常将装在一个封闭箱体内用来降低转速、增大转矩的轮系称为减速器,将传动比能随时改变的传动装置称为变速器。本章介绍轮系、减速器和变速器的类型、应用,重点介绍轮系传动比的计算及减速器的结构。

§8-1 轮系及其分类

由一对齿轮相互啮合组成的传动系统是齿轮传动最简单的形式。但在机械传动中,为了将原动机的运动和动力按照多方面工作的需要传递给工作机械或执行机构,仅仅使用一对齿轮往往难以达到要求,故需采用轮系。

按照轮系运转时各轮几何轴线的位置是否固定,可将轮系分为定轴轮系和周转轮系两种基本类型。

一、定轴轮系

轮系运转过程中,若各齿轮几何轴线位置相对于机架固定不动,这种轮系称为定轴轮系,如图 8-1 所示。

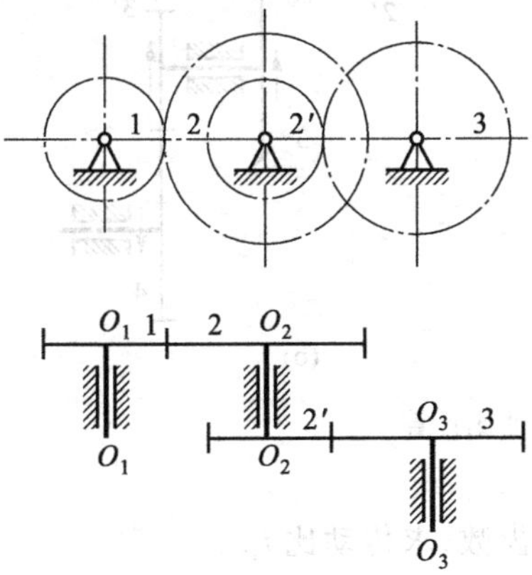

图 8-1 定轴轮系

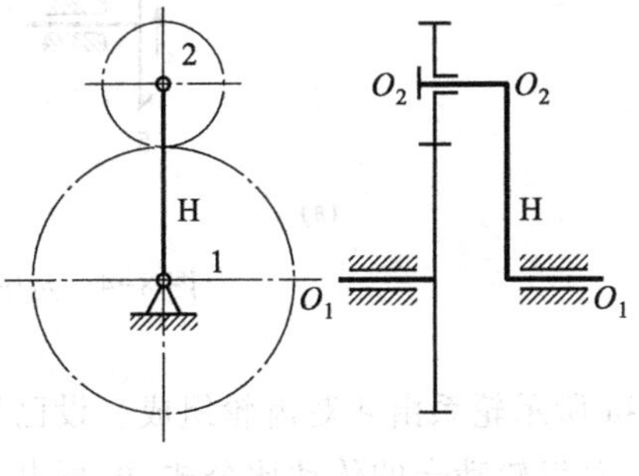

图 8-2 周转轮系

二、周转轮系

轮系运转过程中,若其中至少有一个齿轮的几何轴线位置相对于机架不固定,而是绕着其他齿轮的固定几何轴线回转，这种轮系称为周转轮系。如图 8-2 中，齿轮 2 的几何轴线 O_2O_2 不固定，而是绕着齿轮 1 的固定几何轴线 O_1O_1 转动。

根据周转轮系自由度数目的不同，周转轮系又分为差动轮系和行星轮系两种形式。自由度 $F=2$ 的周转轮系称为差动轮系（图 8-3a）；自由度 $F=1$ 的周转轮系称为行星轮系（图 8-3b）。

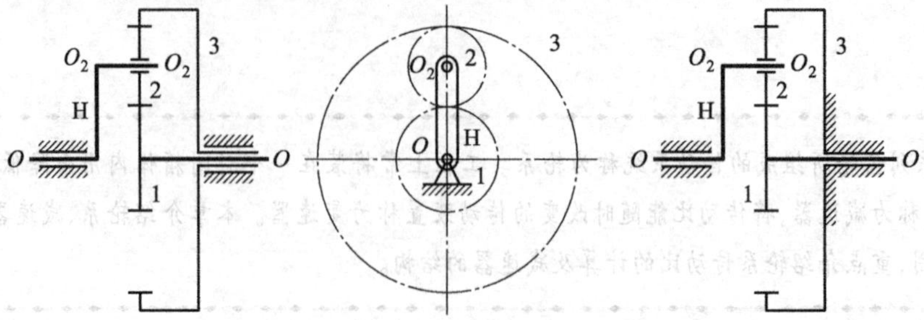

(a) 差动轮系　　　　(b) 行星轮系

图 8-3　周转轮系及其类型

§8-2　定轴轮系的传动比

轮系中，首、末两轮的角速度（或转速）之比称为轮系的传动比。计算轮系传动比时，既要确定传动比的大小，又要确定首、末两轮的转向关系。下面通过具体实例分析定轴轮系传动比的计算方法。

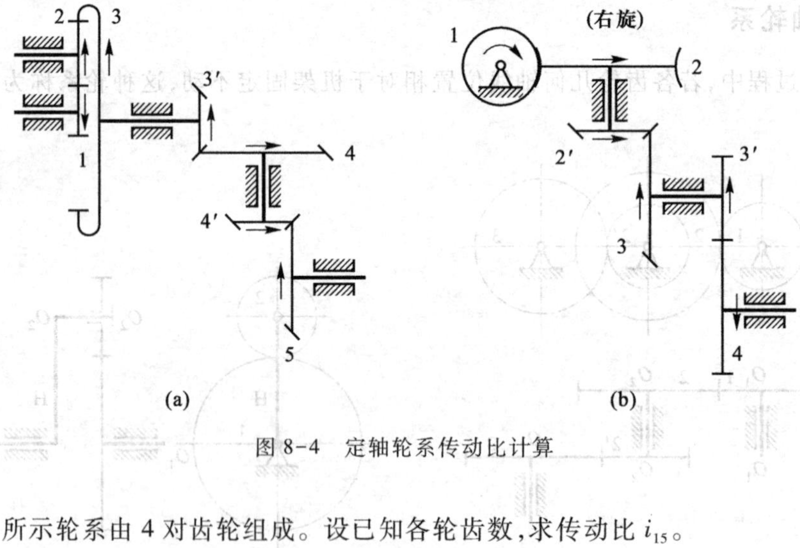

(a)　　　　(b)

图 8-4　定轴轮系传动比计算

图 8-4a 所示轮系由 4 对齿轮组成。设已知各轮齿数，求传动比 i_{15}。

根据一对齿轮啮合的传动比公式，可写出该轮系中相互啮合的各对齿轮的传动比如下：

$$i_{12}=\frac{n_1}{n_2}=\frac{z_2}{z_1}$$

$$i_{23}=\frac{n_2}{n_3}=\frac{z_3}{z_2}$$

$$i_{3'4}=\frac{n_{3'}}{n_4}=\frac{z_4}{z_{3'}}$$

$$i_{4'5}=\frac{n_{4'}}{n_5}=\frac{z_5}{z_{4'}}$$

其中，齿轮 3 与 3′、4 与 4′各为同一构件，所以 $n_3=n_{3'}$、$n_4=n_{4'}$。将以上各式两边连乘，得：

$$i_{12}i_{23}i_{3'4}i_{4'5}=\frac{n_1}{n_2}\frac{n_2}{n_3}\frac{n_{3'}}{n_4}\frac{n_{4'}}{n_5}=\frac{n_1}{n_5}=\frac{z_2}{z_1}\frac{z_3}{z_2}\frac{z_4}{z_{3'}}\frac{z_5}{z_{4'}}$$

即

$$i_{15}=\frac{n_1}{n_5}=i_{12}i_{23}i_{3'4}i_{4'5}=\frac{z_2z_3z_4z_5}{z_1z_2z_{3'}z_{4'}}$$

上式说明，定轴轮系的传动比等于该轮系中各对齿轮传动比的连乘积，也等于各对啮合齿轮中从动轮齿数的连乘积与主动轮齿数的连乘积之比。

在确定齿轮 5 的转向时，可根据齿轮 1 的转向，按齿轮传动类型，逐对判定并用箭头在图上标出（箭头方向表示齿轮可见侧面的圆周速度方向）。图 8-4a 中由于齿轮 1 和齿轮 5 轴线平行，箭头所示齿轮 5 转动方向与齿轮 1 相反，此时可在其传动比数值前冠以“-”号，否则为“+”号。故图 8-4a 所示轮系的传动比为

$$i_{15}=\frac{n_1}{n_5}=-\frac{z_2z_3z_4z_5}{z_1z_2z_{3'}z_{4'}}=-\frac{z_3z_4z_5}{z_1z_{3'}z_{4'}}$$

此式既表示了该轮系传动比的大小，又表明了齿轮 5 与齿轮 1 转向相反。

在图 8-4a 中，齿轮 2 同时与齿轮 1 和齿轮 3 相啮合，它既是前者的从动轮，又是后者的主动轮，z_2在分子、分母中同时出现而被约去，即其齿数不影响轮系传动比的大小，但它会改变从动轮的转向。这种齿轮称为惰轮（或过轮、中介轮）。

注意：当首轮与末轮轴线不平行时，则不能用正、负号来表示其转向关系，而只能在图中用箭头表示（如图 8-4b 所示），其传动比大小为 $i_{14}=\frac{n_1}{n_4}=\frac{z_2z_3z_4}{z_1z_{2'}z_{3'}}$。

综上所述，定轴轮系中首轮 A 与末轮 N 间的传动比大小为

$$i_{AN}=\frac{\omega_A}{\omega_N}=\frac{n_A}{n_N}=\frac{\text{A→N 间所有从动轮齿数的连乘积}}{\text{A→N 间所有主动轮齿数的连乘积}} \tag{8-1}$$

注意：① 末轮 N 的转向可用画箭头的方法在图中表示；② 当首轮 A 与末轮 N 的轴线平行时，可在其传动比数值前冠以正、负号，以表示末轮转向与首轮转向相同或相反。

§8-3 周转轮系及其传动比

一、周转轮系的组成

图 8-3 所示为一常见的周转轮系，它由齿轮 1、2、3 和构件 H 组成。其中齿轮 2 一方面绕其自身的几何轴线 O_2O_2 回转（自转），而 O_2O_2 又随构件 H 绕固定几何轴线 OO 回转（公转），故称齿轮 2 为行星轮。构件 H 称为行星架（又称系杆或转臂），用以支承行星轮 2。齿轮 1、3 分别与行

星轮 2 相啮合，且齿轮 1、3 的几何轴线与固定几何轴线 OO 重合，称为中心轮（或太阳轮）。

周转轮系中，中心轮 1、3 和行星架 H 均绕固定几何轴线 OO 转动，称为基本构件。周转轮系中各基本构件的轴线必须重合，否则轮系不能运动。

二、周转轮系的传动比

由于周转轮系中行星轮的运动不是绕固定几何轴线回转的简单运动，故其传动比不能直接采用求解定轴轮系传动比的方法来计算。下面介绍求解周转轮系传动比常用的转化轮系法。

根据相对运动原理，假定给图 8-5a 所示的整个周转轮系加上一个与行星架 H 转速大小相等而方向相反的公共转速（$-n_H$）使其绕 OO 轴线回转（图 8-5b），轮系中各构件之间的相对运动关系保持不变，但行星架的转速变为 $n_H-n_H=0$，因而行星轮的轴线就转化为“固定轴线”。这样，周转轮系就转化为假想的“定轴轮系”（图 8-5c），并称其为原周转轮系的转化轮系。

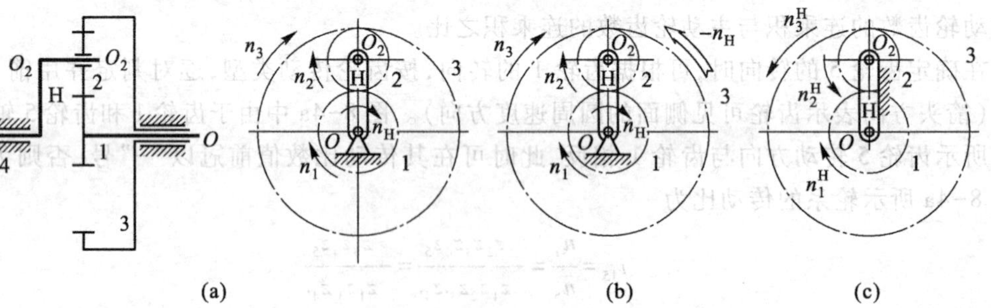

图 8-5　周转轮系的转化

周转轮系转化前后各构件的转速见表 8-1。

表 8-1　周转轮系转化前后各构件的转速

构　　件	原来的转速	转化轮系中的转速
中心轮 1	n_1	$n_1^H=n_1-n_H$
行星轮 2	n_2	$n_2^H=n_2-n_H$
中心轮 3	n_3	$n_3^H=n_3-n_H$
机　架 4	0	$n_4^H=-n_H$
行星架 H	n_H	$n_H^H=n_H-n_H=0$

表中原来的转速是指周转轮系中各构件相对于机架的绝对转速；而转化轮系中各构件的转速（在转速的右上角带有角标 H）则是指各构件相对于行星架 H 的相对转速。

既然周转轮系的转化轮系是“定轴轮系”，因此，转化轮系中轴线与行星架回转轴线平行的任意两轮间的传动比（是相对运动的传动比）可用定轴轮系传动比的计算方法来求得。故轮 1 和轮 3 在转化轮系中的传动比为

$$i_{13}^H=\frac{n_1^H}{n_3^H}=\frac{n_1-n_H}{n_3-n_H}=-\frac{z_2z_3}{z_1z_2}=-\frac{z_3}{z_1}$$

式中，右端的“-”号表示轮 1 和轮 3 在转化轮系中的转速 n_1^H 与 n_3^H 的转向相反。

推而广之，在任一周转轮系中，当任意两轮 A、B 及行星架 H 回转轴线平行时，其转化轮系传

动比的一般计算式为

$$i_{AB}^{H}=\frac{n_A^H}{n_B^H}=\frac{n_A-n_H}{n_B-n_H}=\pm\frac{A\to B\text{ 间所有从动轮齿数的连乘积}}{A\to B\text{ 间所有主动轮齿数的连乘积}} \tag{8-2}$$

应用式(8-2)时必须注意：

1）公式只适用于齿轮 A、B 和行星架 H 的回转轴线互相平行的情况。对于图 8-6 所示由锥齿轮组成的周转轮系，齿轮 1、3 和行星架 H 三者的回转轴线平行，由式(8-2)得

$$i_{13}^{H}=\frac{n_1-n_H}{n_3-n_H}\quad\text{（正确）}$$

而图 8-6 中的齿轮 1、2 和行星架 H 三者的回转轴线不平行，因此不能用式(8-2)计算，即

$$i_{12}^{H}=\frac{n_1-n_H}{n_2-n_H}\quad\text{（错误）}$$

2）公式中齿数比前的"±"号表示在转化轮系中，齿轮 A 与 B 的转向关系，可用画箭头的方法确定。齿轮 A 与 B 的转向相同时为"+"，转向相反时为"−"。如果将"±"号遗漏或判错，都将影响周转轮系传动比的计算结果。

3）公式中 n_A、n_B、n_H 均为实际转速（代数值），假定某一转动方向为正，这一转向的构件的转速以正值代入，相反转向的构件的转速以负值代入。

4）$i_{AB}^{H}\neq i_{AB}$。$i_{AB}^{H}=n_A^H/n_B^H=(n_A-n_H)/(n_B-n_H)$ 是转化轮系中 A、B 两轮相对于行星架 H 的相对转速之比；而 $i_{AB}=n_A/n_B$ 是周转轮系中 A、B 两轮实际转速之比。

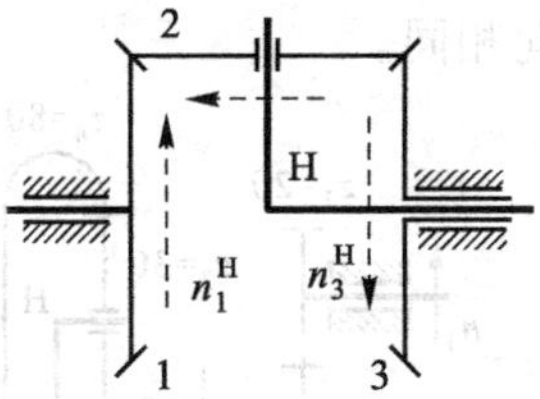

图 8-6　锥齿轮周转轮系

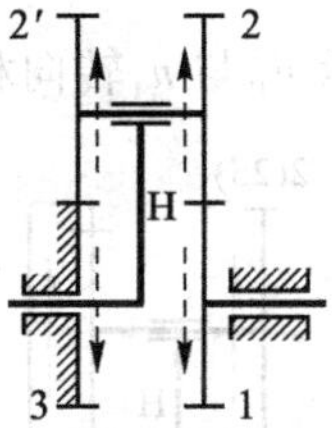

图 8-7　双排外啮合行星轮系

例 8-1　在图 8-7 所示行星轮系中，已知各轮齿数 $z_1=100$、$z_2=101$、$z_{2'}=100$、$z_3=99$。试求传动比 i_{H1}。

解　在此轮系中，由于齿轮 3 固定不动，即 $n_3=0$。由式(8-2)有

$$i_{13}^{H}=\frac{n_1^H}{n_3^H}=\frac{n_1-n_H}{n_3-n_H}=\frac{n_1-n_H}{0-n_H}=+\frac{z_2z_3}{z_1z_{2'}}$$

得

$$i_{1H}=\frac{n_1}{n_H}=1-\frac{z_2z_3}{z_1z_{2'}}=1-\frac{101\times99}{100\times100}=\frac{1}{10\ 000}$$

所以

$$i_{H1}=\frac{1}{i_{1H}}=10\ 000$$

传动比 i_{H1} 为正，表示行星架 H 与齿轮 1 转向相同。

该例说明行星轮系可以用少数几个齿轮获得很大的传动比。但要注意，这种类型的行星轮系传动，减速比愈大，其机械效率愈低，一般不宜传递大功率。如将其用作增速传动（即齿轮 1 低

速输入,行星架 H 高速输出),则可能产生自锁。

若将图 8-7 所示轮系中齿轮 2′的齿数改为 $z_{2'}=99$,则 $i_{H1}=-100$。这说明同一结构形式的行星轮系,仅将其中一个齿轮的齿数作微小变动,结果不但传动比 i_{H1} 的大小变动很大,而且可以改变输出构件的转向,这是行星轮系与定轴轮系的显著不同之处。

例 8-2 在图 8-8 所示差动轮系中,已知各轮齿数,转速 $n_1=200$ r/min,$n_3=50$ r/min。试求当 n_1、n_3转向相同和相反时行星架 H 转速 n_H的大小、转向。

解 由式(8-2)有

$$i_{13}^{H}=\frac{n_1^H}{n_3^H}=\frac{n_1-n_H}{n_3-n_H}=-\frac{z_2z_3}{z_1z_{2'}}=-\frac{25\times60}{15\times20}=-5$$

即

$$n_H=\frac{n_1+5n_3}{6}$$

1) 当 n_1、n_3转向相同时,即将 $n_1=+200$ r/min,$n_3=+50$ r/min 代入上式,有

$$n_H=\frac{200+5\times50}{6}\ \text{r/min}=75\ \text{r/min}$$

求得的 n_H为"+",表示 n_H与 n_1、n_3转向相同。

2) 当 n_1、n_3转向相反时,若令 n_1为正,则 n_3应以负值代入,于是有

$$n_H=\frac{200-5\times50}{6}\ \text{r/min}=-8.33\ \text{r/min}$$

求得的 n_H为"-",表示 n_H与 n_1转向相反,而与 n_3转向相同。

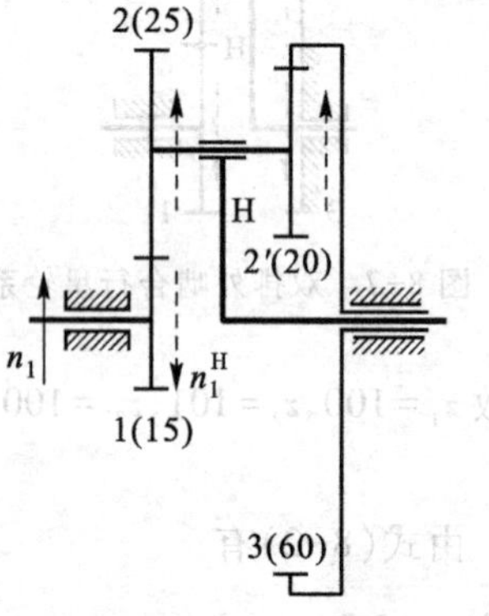

图 8-8 双排内外啮合差动轮系

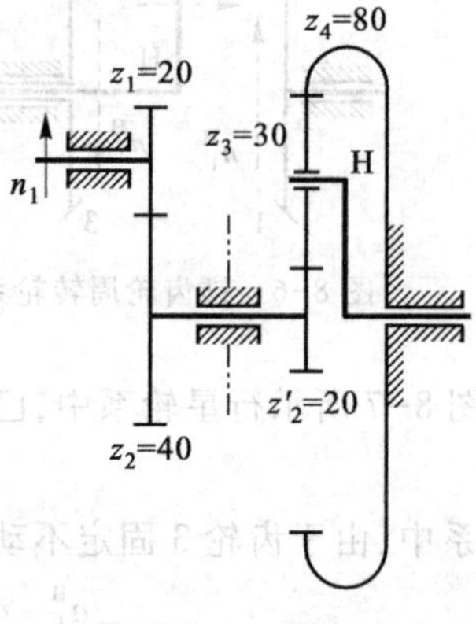

图 8-9 复合轮系

例 8-3 图 8-9 所示轮系中,设已知各轮齿数,转速 $n_1=300$ r/min。试求行星架 H 转速 n_H的大小和转向。

解 不难看出该轮系既不是一个定轴轮系,也不是一个单一的周转轮系。它是由齿轮 1、2 所组成的定轴轮系和由齿轮 2′、3、4 与行星架 H 所组成的周转轮系共同构成的一个复合轮系。

由于复合轮系不可能转化成一个定轴轮系,所以计算复合轮系传动比时,首先应分析清楚该轮系的结构,即它是由几个定轴轮系和(或)几个单一周转轮系所组成的,再利用式(8-1)及式(8-2)分别列出各个定轴轮系和单一周转轮系传动比的计算关系式,然后联立求解,从而求解出该复合轮系的传动比。

对于图示复合轮系，其定轴轮系部分

$$i_{12}=\frac{n_1}{n_2}=-\frac{z_2}{z_1}=-\frac{40}{20}=-2$$

得
$$n_2=\frac{n_1}{i_{12}}=\frac{+300}{-2}\ \text{r/min}=-150\ \text{r/min}$$

其周转轮系部分

$$i_{2'4}^{H}=\frac{n_{2'}^{H}}{n_4^{H}}=\frac{n_{2'}-n_H}{n_4-n_H}=-\frac{z_4}{z_{2'}}=-\frac{80}{20}=-4$$

因为齿轮 2 与 2′为同一构件，所以 $n_{2'}=n_2=-150$ r/min，而齿轮 4 固定不动，故 $n_4=0$，将以上数值代入上式后，有

$$\frac{-150-n_H}{0-n_H}=-4$$

最后解得　$n_H=-30$ r/min。n_H为"-"，表示行星架 H 的转向与齿轮 1 转向相反。

§8-4　轮系的功用

轮系广泛应用于各类机械和仪表中，它的主要功用有以下几个方面。

一、获得大的传动比

用定轴轮系实现大传动比，其传动外廓尺寸（图 8-10 中实线所示）较一对齿轮传动（图 8-10 中点画线所示）小，可以节约材料和减轻传动装置总重量；采用周转轮系，可用较少的齿轮获得很大的传动比，如例 8-1 所示的行星轮系就是一个很好的例子。

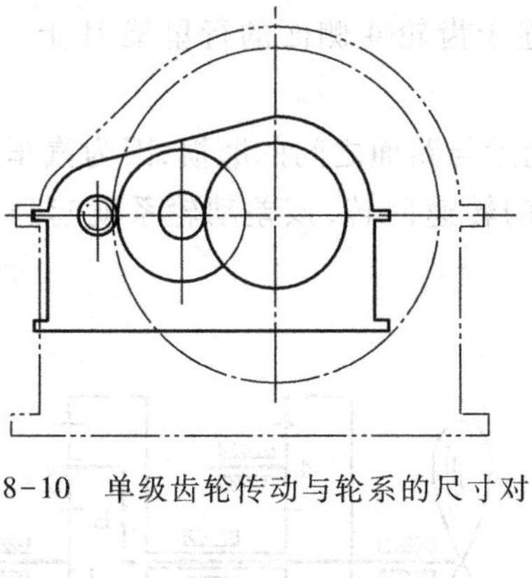

图 8-10　单级齿轮传动与轮系的尺寸对比

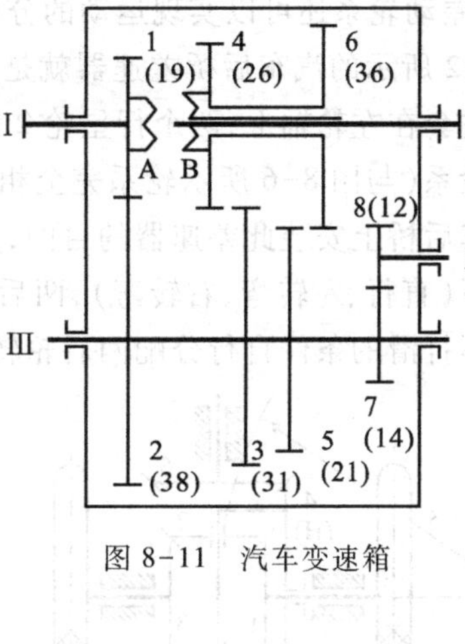

图 8-11　汽车变速箱

二、实现变速、变向传动

在主动轴转速和转向不变的情况下，利用轮系可使从动轴获得不同的转速和转向。

例如，汽车变速箱可以使行驶中的汽车方便地实现变速和倒车（即变向）。在图 8-11 所示汽车变速箱中，牙嵌离合器的一半 A 和齿轮 1 固连在输入轴Ⅰ上，其另一半 B 则和滑移双联齿

轮 4、6 用花键与输出轴Ⅱ相连。齿轮 2、3、5、7 固连在轴Ⅲ上。齿轮 8 固连在轴Ⅳ上。

按照不同的传动路线，输出轴可以获得四挡转速（表8-2）。若已知轴Ⅰ的转速 n_{I} = 1 000 r/min，各轮齿数如图中括号内所示，请读者自己求出四挡转速（大小与转向），并将结果填入该表中。

表 8-2　汽车变速箱传动路线和输出轴转速

转速挡	传动路线				传动比 $i_{\mathrm{I\,II}}$ ($n_{\mathrm{I}}/n_{\mathrm{II}}$)	转速 n_{II}/(r/min)
	A、B	3、4	5、6	6、8		
高速挡（三挡）	接合	脱开	脱开	脱开		
中速挡（二挡）	脱开	啮合	脱开	脱开		
低速挡（一挡）	脱开	脱开	啮合	脱开		
倒车挡	脱开	脱开	脱开	啮合		

三、实现运动的合成和分解

差动轮系具有两个自由度，故可利用差动轮系将两个输入运动合成为一个输出运动，例 8-2 就是一个例子。

又如图 8-6 所示的轮系，若 $z_1=z_3$，则

$$i_{13}^{\mathrm{H}}=\frac{n_1^{\mathrm{H}}}{n_3^{\mathrm{H}}}=\frac{n_1-n_{\mathrm{H}}}{n_3-n_{\mathrm{H}}}=-\frac{z_3}{z_1}=-1$$

解得

$$2n_{\mathrm{H}}=n_1+n_3$$

该轮系是应用较广的差动轮系中的一种，它可以将两个输入运动合成为一个运动输出，即实现运动的合成。这种合成作用在机床、计算机构和补偿装置中都得到应用。

反之，差动轮系还可以实现运动的分解，即将一个输入运动按可变的比例分解成两个输出运动。图 8-12 所示的汽车后桥差速器就是一个典型例子。左右两个后轮分别和锥齿轮 1、3 连接。锥齿轮 4 空套在左轮轴上，两个行星轮 2 和 2′装在固连于齿轮 4 侧面的行星架 H 上。1、2、3、H 组成差动轮系（与图 8-6 所示轮系完全相同）。

在汽车后桥上安装此差速器的目的，是为了减小轮胎与路面之间的磨损，因为汽车在不同的行驶状况下（直行、左转弯、右转弯），两后轮应以不同的转速回转，该差动轮系就起到了根据轮胎与路面不打滑的条件自行分配两后轮转速的作用。

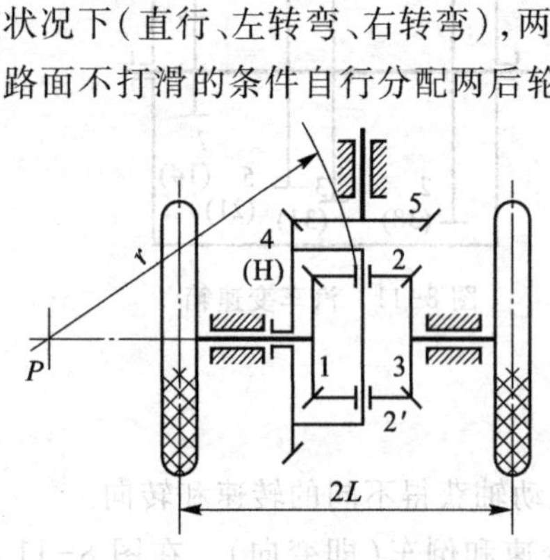

图 8-12　汽车后桥差速器

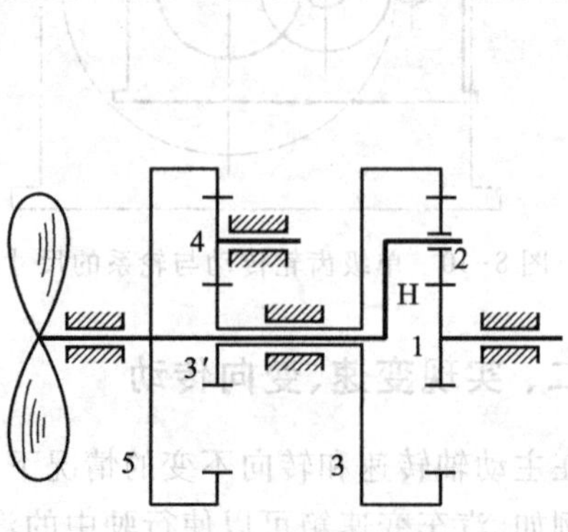

图 8-13　涡轮螺旋桨发动机主减速器

四、实现结构紧凑的大功率传动

图 8-13 为某涡轮螺旋桨发动机主减速器传动简图，由于采用内啮合，而且输入轴和输出轴同轴线，因此其径向尺寸十分紧凑（约为 ϕ430 mm），而传递的功率却达到 2 850 kW。

动力由中心轮 1 输入，经行星架 H 和内齿轮 3 分两路向左部传递，最后在行星架 H 与内齿轮 5 的接合处汇合，输往螺旋桨。由于功率分流传递，并采用了多个行星轮和中介轮（4 个行星轮 2，6 个中介轮 4，图上只画出其中之一）共同承担载荷，从而使整个装置体积小、质量小，并实现了大功率传动。

§8-5 减速器和变速器

一、减速器

将具有减速功能的轮系封闭在刚性壳体内而组成的独立传动部件称为减速器（亦称减速箱或减速机）。减速器通常装置在机械的原动机和工作机之间，用来降低转速并增大转矩。

减速器按传动原理可分为普通减速器和行星减速器两大类。全部为定轴轮系传动的称为普通减速器；主要是行星轮系传动的称为行星减速器。

行星减速器具有结构紧凑、体积小、质量小、传动比大、传动平稳、抗冲击和抗振动能力强等优点。在国内外均获得了较为普遍的应用，并有系列产品生产。设计时可根据机械设计手册或产品目录选用。

在没有特殊说明情况下，下文中的减速器均指普通减速器。

1. 减速器的主要类型及特点

减速器的类型很多。一般按齿轮传动的类型可分为：圆柱齿轮减速器、锥齿轮减速器、蜗杆减速器、圆锥-圆柱齿轮减速器、蜗杆-圆柱齿轮减速器等。

按传动的级数可分为单级、双级及多级减速器。图 8-14 所示为常用减速器的类型。

图 8-14a 所示为单级圆柱齿轮减速器。齿轮可为直齿（传动比 $i \leqslant 4$）、斜齿或人字齿（$i \leqslant 6$）。箱体常用铸铁铸造，支承多采用滚动轴承。为了避免减速器外廓尺寸过大，限制单级减速器的最大传动比 $i \leqslant 10$，否则应采用双级减速器。

图 8-14b 所示为单级锥齿轮减速器。用于需要输入轴与输出轴成 90°配置的传动装置中。当为直齿锥齿轮时，其传动比 $i \leqslant 3$。当传动比较大时，可采用图 8-14d 所示两级圆锥-圆柱齿轮减速器，其传动比 $i = 8 \sim 15$。由于大尺寸的锥齿轮较难精确制造，一般总是将锥齿轮传动置于圆锥-圆柱齿轮减速器的高速级，以减小其尺寸，并便于提高制造精度。

图 8-14c 所示为单级蜗杆减速器，其传动比大，结构紧凑，但传动效率较低，故主要用于中小功率、输入轴和输出轴垂直交错的传动中。其传动比一般为 $i = 10 \sim 70$。图示减速器为蜗杆下置式，其冷却与润滑均较易保证，且蜗杆轴承润滑方便，应尽可能优先选用。当蜗杆的圆周速度 $v >$ 4~5 m/s 时，为了减少搅油和飞溅损耗的功率，可采用蜗杆上置式结构（图 8-17b）。当传动比很大时，可采用图 8-14e 所示的蜗杆-圆柱齿轮减速器，其中蜗杆传动为高速级，以获得较小的结构尺寸，且有利于提高蜗杆传动的效率，其传动比一般为 $i = 50 \sim 130$，最大传动比可达 250。

双级圆柱齿轮减速器在机械中应用很广，一般传动比为$i=8\sim40$。按齿轮布置形式可分为展开式、分流式和同轴式三种。

图 8-14f 所示为展开式双级圆柱齿轮减速器。其结构简单，输入轴伸出端和输出轴伸出端的位置可根据需要来选择。但由于齿轮相对于两轴承不是对称布置，因此当轴发生弯曲变形时，易引起载荷沿轮齿齿宽方向分布不均匀，故宜用于载荷较平稳的机械中。该减速器高速级常用斜齿，低速级可用斜齿或直齿。

图 8-14g 所示为高速级分流式双级圆柱齿轮减速器。齿轮相对于轴承为对称布置，载荷沿轮齿齿宽方向分布较均匀。其齿轮多用斜齿，同一根轴上两斜齿轮旋向相反，以抵消轴向力。外伸轴位置可选择任一边，给传动装置的总体布置带来方便。分流式减速器结构复杂，需多用一对齿轮，轴向尺寸大。适用于承受变载荷的机械中。

图 8-14h 所示为同轴式双级圆柱齿轮减速器。其输出轴和输入轴位于同一轴线上，径向尺寸较小，但轴向尺寸较大。且中间轴较长，刚性差，因而沿轮齿齿宽方向的载荷集中现象较严重。由于两级齿轮的中心距必须一致，所以高速级齿轮的承载能力不能充分利用，而且位于减速器中间部分的轴承润滑较困难。当要求输入轴端和输出轴端只能位于同一轴线上时，可选用这种减速器。

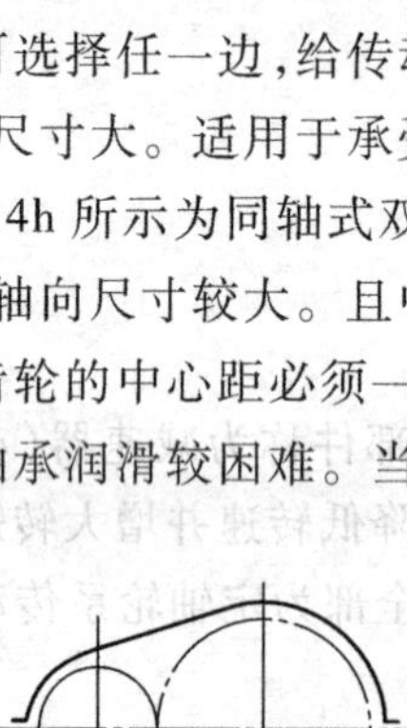

(a) 单级圆柱齿轮减速器

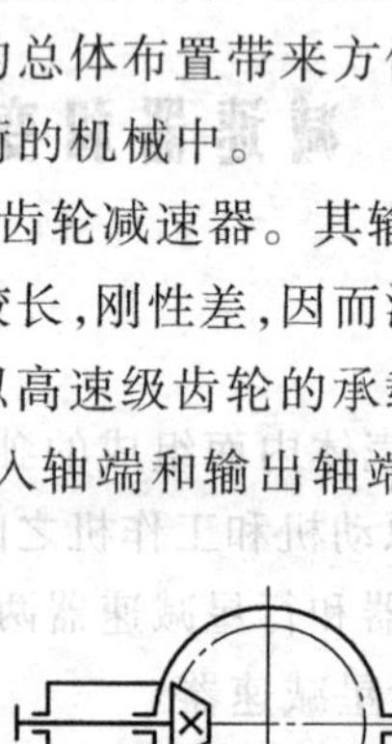

(b) 单级锥齿轮减速器

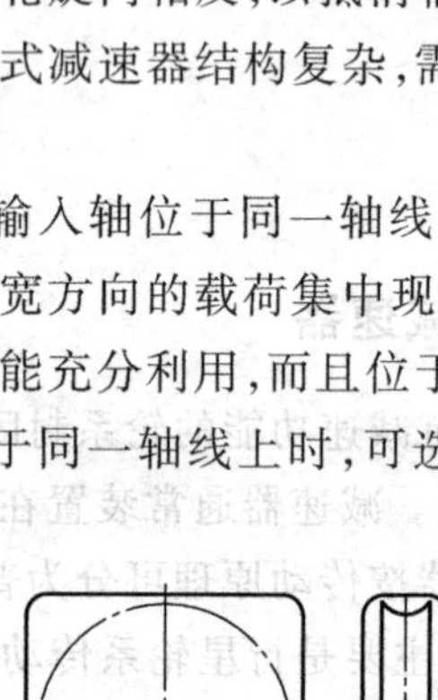

(c) 单级蜗杆减速器

(d) 双级圆锥-圆柱齿轮减速器

(e) 蜗杆-圆柱齿轮减速器

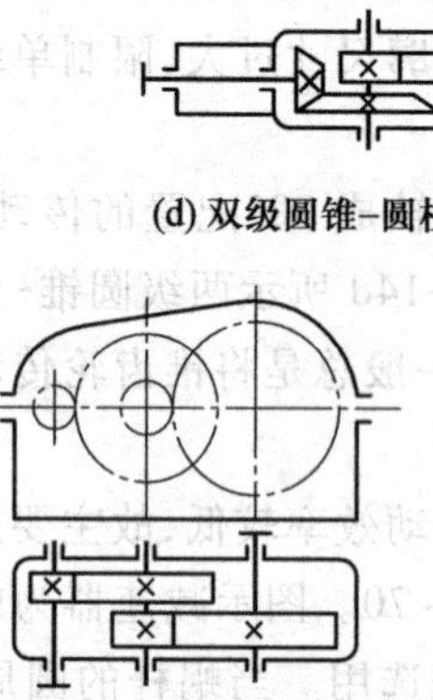

(f) 展开式双级圆柱齿轮减速器

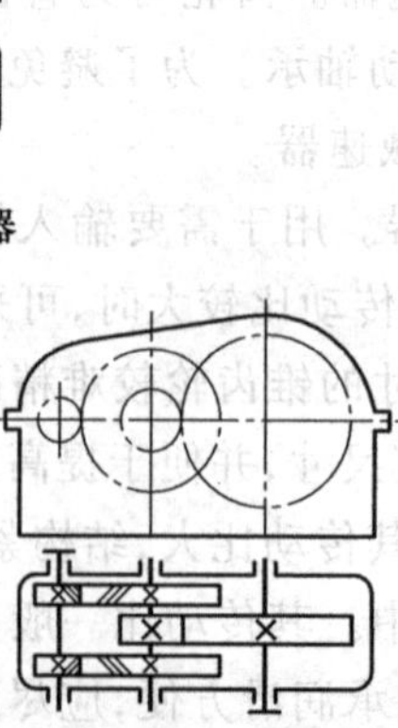

(g) 高速级分流式双级圆柱齿轮减速器

(h) 同轴式双级圆柱齿轮减速器

图 8-14　常用减速器的类型

以上各种类型减速器的主要技术参数已经标准化，并成为定型的系列产品，由专门工厂成批生产。我们可以根据工作要求(如传动比、工作条件、转速、载荷以及在机械传动装置总体布局中的位置等)来选用。当选用不到适合的标准减速器时，可自行设计制造。

2. 减速器的结构和润滑

减速器主要由齿轮(或蜗杆、蜗轮)、轴、轴承、箱体及其他附件组成。图 8-15 为图 8-14a 所示单级圆柱齿轮减速器的结构图。

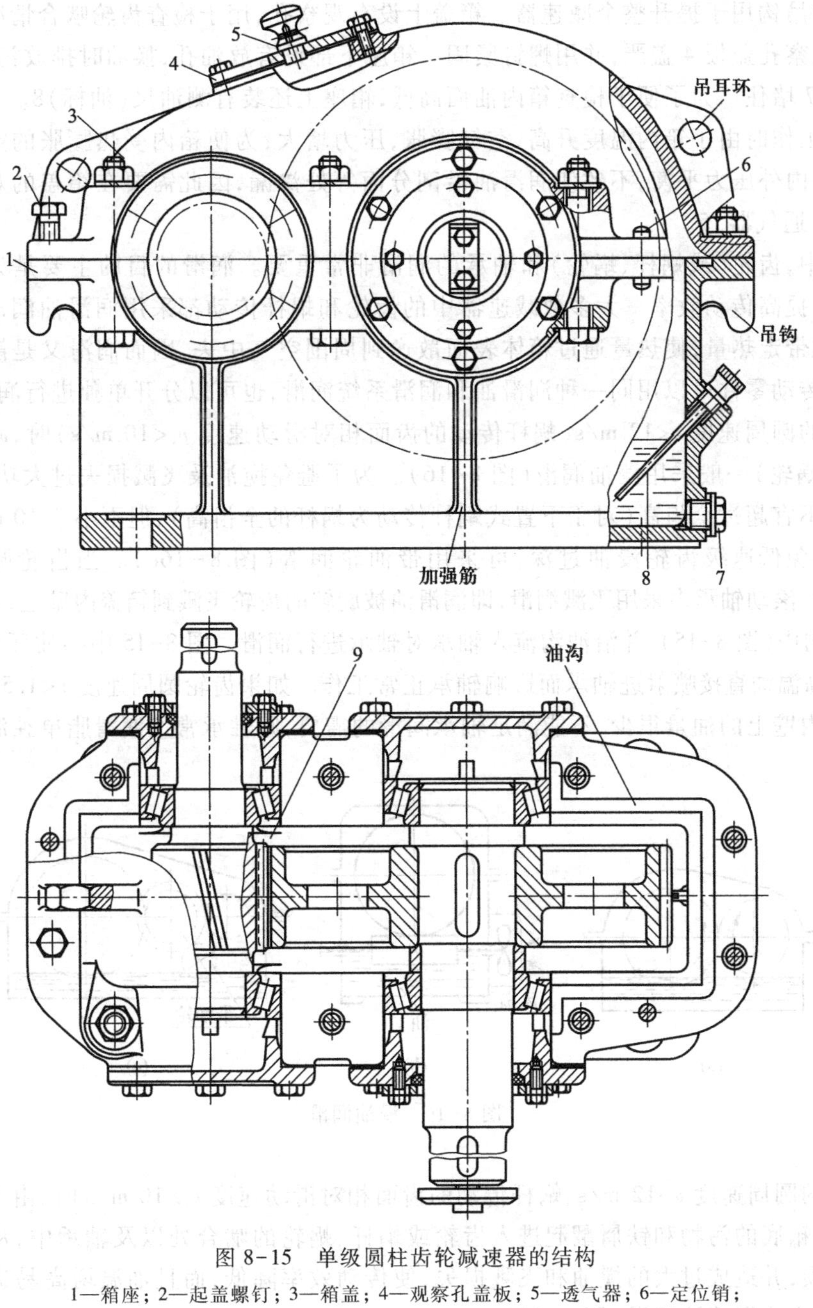

图 8-15　单级圆柱齿轮减速器的结构

1—箱座；2—起盖螺钉；3—箱盖；4—观察孔盖板；5—透气器；6—定位销；7—油塞；8—测油尺；9—挡油环

箱体一般用中等强度的灰铸铁铸造(单件生产时可用钢板焊接)。为了便于减速器中零件的安装和拆卸,箱体一般做成剖分式结构,其剖分面应与齿轮轴线重合。

箱座1和箱盖3用定位销6定位,并用螺栓紧固。箱体上的加强筋用来增加支承刚性。箱体两端用轴承盖封闭,外伸轴处的轴承盖有通孔,其中装有密封装置,为了加强密封效果,通常装配前在箱体的剖分面上涂以水玻璃或密封胶。为了便于打开箱盖,常在箱盖凸缘上装有起盖螺钉2。为了便于吊运,在箱体上设置有起吊装置(吊耳环和吊钩),箱盖上的吊耳环用于提升箱盖,箱座上的吊钩用于提升整个减速器。箱盖上设有观察孔,用于检查齿轮啮合情况及向箱内注油,平时用观察孔盖板4盖严,并用螺钉紧固。箱座下部设有放油孔,换油时排放污油和清洗剂,平时用油塞7堵住。为了便于检查箱内油面高低,箱座上还装有测油尺(油标)8。

减速器工作时由于箱内温度升高,空气膨胀,压力增大,为使箱内受热膨胀的空气能自由排出,以保持箱内外压力平衡,不致使润滑油沿剖分面等处渗漏,因此需要在箱盖的观察孔盖板上装设透气器(通气器)5。

减速器中,齿轮(或蜗杆、蜗轮)和轴承的润滑非常重要。润滑的目的主要是为了减小摩擦和减轻磨损,提高传动效率。大多数减速器中的齿轮和蜗杆传动都采用润滑油润滑。在润滑过程中,润滑油带走热量,使热量通过箱体表面散逸到周围空气中去,因而润滑又是散热的重要途径。轴承和传动零件可以用同一种润滑油和润滑系统润滑,也可以分开单独进行润滑。

当齿轮的圆周速度 $v<12$ m/s(蜗杆传动的齿面相对滑动速度 $v_s<10$ m/s)时,减速器中的齿轮(或蜗杆、蜗轮)一般采用浸油润滑(图8-16)。为了避免搅油及飞溅损失过大功率,齿轮的浸油深度一般不宜超过全齿高(对于下置式蜗杆传动为蜗杆的全齿高),但不小于10 mm;在多级传动中,为了避免低速级齿轮浸油过深,可采用带油轮润滑(图8-16c)。当齿轮圆周速度 $v \geq 1.5\sim2$ m/s时,滚动轴承多采用飞溅润滑,即润滑油被旋转的齿轮飞溅到箱盖内壁上,沿内壁流到分箱面上的油沟中(图8-15),并沿油沟流入轴承对轴承进行润滑。图8-15中挡油环9的作用是防止啮合区的高温油直接喷射进轴承而影响轴承正常工作。如果齿轮圆周速度 $v<1.5\sim2$ m/s,因为飞溅到箱体内壁上的油量很少,不能满足轴承润滑的需要,则轴承常用润滑脂单独润滑。

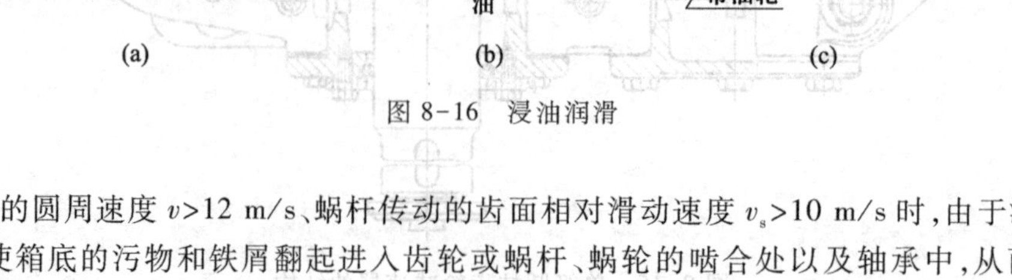

图8-16 浸油润滑

当齿轮的圆周速度 $v>12$ m/s、蜗杆传动的齿面相对滑动速度 $v_s>10$ m/s时,由于润滑油被激烈搅动,易使箱底的污物和铁屑翻起进入齿轮或蜗杆、蜗轮的啮合处以及轴承中,从而加速齿轮和轴承的磨损,并造成过大的搅油和飞溅损失,使传动效率降低,而且油温增高易造成润滑油氧化变质,此时应改用喷油润滑(图8-17)。

现代机械传动装置的外廓尺寸愈来愈小，而传递的功率愈来愈大，这使得有些传动装置的承载能力并非受到强度的限制，而是受到发热的限制难以提高。若散热不良，会使传动装置的温升过高，容易因润滑油粘度下降使润滑作用降低而导致传动装置的胶合失效。故当传动装置的自然散热能力不足时，应当加装散热装置，如图 8-16b 中在蜗杆轴端上加装风扇，图 8-17b 中在润滑油循环系统中加装冷却器，也可在箱体的外表面加装散热片等。

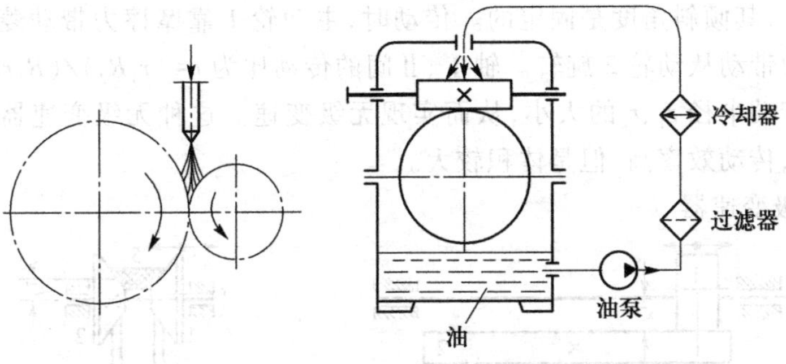

图 8-17 喷油润滑

二、变速器

减速器的传动比都是固定不变的。但在许多情况下，机器需要在工作过程中根据不同的要求随时改变速度，如汽车要根据具体情况改变行车速度；机床要根据被加工零件的要求调整主轴的转速，以达到最佳的切削速度。变速器就是能随时改变传动比的传动装置。变速器可分为有级变速器和无级变速器两大类。

有级变速器的传动比只能按既定的设计要求通过操纵机构分级进行改变。例如图 8-11 所示的汽车变速器，通过操纵机构可使滑移齿轮与不同的齿轮相啮合，便得到不同的传动比。有级变速器多是通过齿轮的啮合来传递运动的，因此传动比只能有级地改变。

无级变速器的传动比则可在设计预定的范围内无级地进行改变。实现无级变速的方法有机械式、电气式（如直流电动机调速、交流电动机变频调速）和液压式（如液压泵与液压马达组合调速）。其中，机械无级变速器大部分是依靠摩擦力来传递运动的，通过操纵机构，可以连续地改变主、从动轮的接触半径，便可得到连续变化的传动比，从而实现无级变速。

下面仅介绍几种常用的机械无级变速器（简称无级变速器）的变速原理及特点。

1. 滚轮平盘式无级变速器

如图 8-18a 所示，主动滚轮 1 与从动平盘 2 用弹簧 3 压紧，传动时靠滚轮与平盘接触处产生的摩擦力传动，传动比为 $i=r_2/r_1$。操纵滚轮 1 作轴向移动，即可改变 r_2，从而实现无级变速。这种无级变速器结构简单，制造方便。但因存在较大的相对滑动，所以磨损严重，不宜用于传递大功率。

2. 宽 V 带式无级变速器

如图 8-18b 所示，在主动轴 Ⅰ 和从动轴 Ⅱ 上分别装有锥轮 1、2 和 3、4，其中锥轮 2 和 3 分别固定在轴 Ⅰ 和轴 Ⅱ 上，锥轮 1 和 4 可以沿轴 Ⅰ、Ⅱ 同步同向移动。宽 V 带 5 套在两对锥轮之间，传动时如同 V 带传动，传动比为 $i=r_2/r_1$。通过轴向同步移动锥轮 1 和 4，可改变传动半径 r_1、r_2 的大小，从而实现无级变速。这种无级变速器传递功率较大，使用寿命较长，在中小功率范围内，它是机械无级变速器中应用最广的一种。

3. 菱锥式无级变速器

如图 8-18c 所示，空套在轴Ⅲ上的菱锥 3（通常为 3~8 个）被压紧在主、从动轮 1、2 之间。轴Ⅲ安装在支架 4 上，其倾斜角度是固定的。传动时，主动轮 1 靠摩擦力带动菱锥 3 绕轴Ⅲ旋转，菱锥 3 又靠摩擦力带动从动轮 2 旋转。轴Ⅰ、Ⅱ间的传动比为 $i=(r_1R_2)/(R_1r_2)$。水平移动支架 4，可改变菱锥的传动半径 r_1、r_2 的大小，从而实现无级变速。这种无级变速器承载能力大，摩擦损耗小，运转平稳，传动效率高，但是体积较大。

4. 钢球式无级变速器

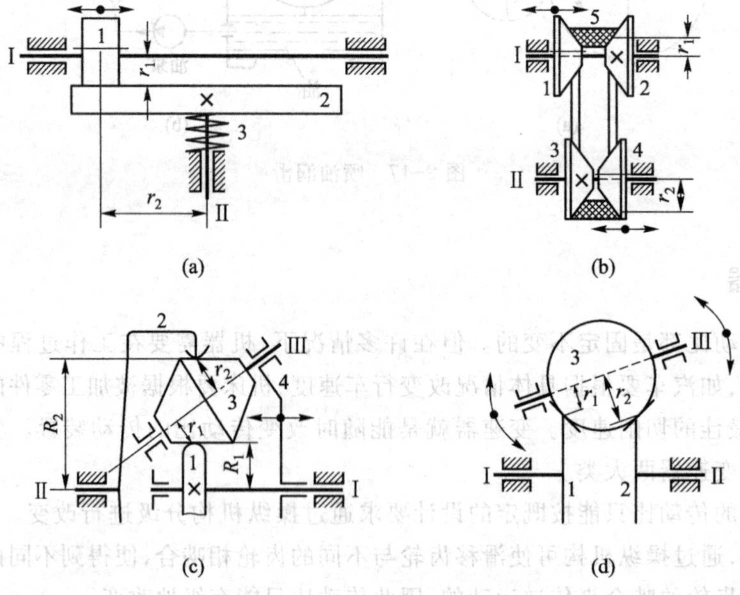

图 8-18　机械无级变速器

如图 8-18d 所示，这种变速器主要由两个锥轮 1、2 和一组钢球 3（通常为 6 个）组成。主、从动锥轮 1 和 2 分别装在轴Ⅰ和轴Ⅱ上，钢球 3 被压紧在两锥轮的工作锥面上，并可绕轴Ⅲ自由转动。工作时，主动锥轮 1 依靠摩擦力带动钢球 3 绕轴Ⅲ旋转，钢球依靠摩擦力带动从动锥轮 2 转动，轴Ⅰ、Ⅱ间的传动比为 $i=r_1/r_2$。调整轴Ⅲ的倾斜角与倾斜方向，即可改变钢球 3 的传动半径 r_1 和 r_2，从而实现无级变速。这种无级变速器结构紧凑，传动平稳，摩擦损失小，但钢球加工精度要求高。

摩擦式机械无级变速器的主要优点是：结构简单；过载时可利用摩擦传动元件间的打滑而避免损坏机器；运转较平稳，噪声较小，可用于较高转速的传动；易于平缓连续地变速：有些无级变速器（如上述第 2、3、4 种）可在较大的变速范围内实现恒功率传动，这是电气和液压无级变速难以达到的。其缺点是：零部件加工及润滑要求较高；承载能力较低；不能保证精确的传动比；抗过载和抗冲击性能较差。因此，摩擦式机械无级变速器一般适用于中、小功率传动。另外，各种机械无级变速器的变速范围都比较小，一般为 $i_{max}/i_{min}=10$ 左右。为了扩大变速范围，通常可将无级变速器与有级变速器串联使用。

关于无级变速器的设计方法可参看有关书籍或设计手册。

思考题和练习题

8-1　在什么情况下要考虑采用轮系？轮系有哪些功用？试举例说明。

8-2　定轴轮系与周转轮系有什么区别？行星轮系与差动轮系的区别是什么？

8-3　定轴轮系传动比如何计算？首末两轮的转向关系如何确定？

8-4　什么是转化轮系？引入转化轮系的目的是什么？

8-5　周转轮系传动比如何计算？i_{AB}^{H}与i_{AB}有什么本质区别？

8-6　减速器中有哪些附件？它们各有什么功用？

8-7　润滑油在减速器中起什么作用？如何提高润滑效果和防止润滑油流失？

8-8　无级变速器与有级变速器的区别是什么？实现无级变速有哪些方法？

8-9　在图示轮系中，已知各轮齿数，试计算传动比i_{14}（大小及转向关系）。

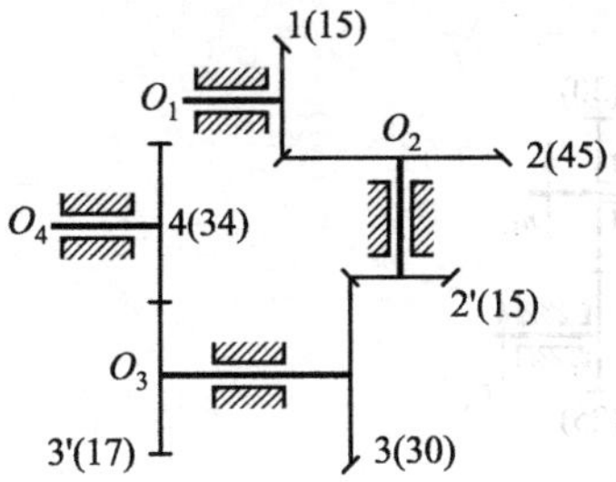

题 8-9 图

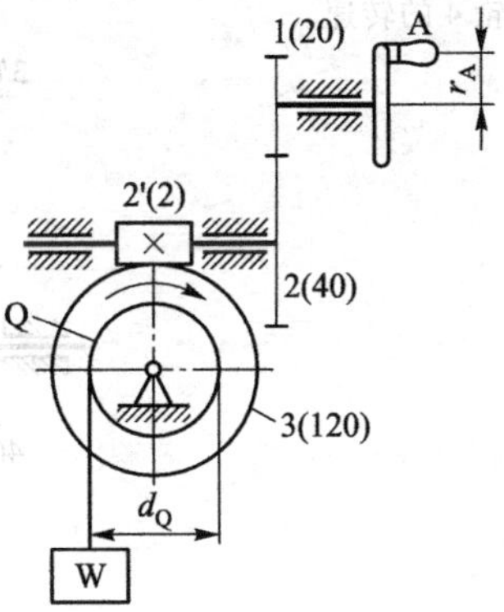

题 8-10 图

8-10　图示为一手动提升机构。已知各轮齿数及蜗杆 2′的头数 $z_{2'}=2$（右旋），与蜗轮固连的鼓轮 Q 的直径 $d_Q=0.2$ m，手柄 A 的半径 $r_A=0.1$ m。当需要提升的物品 W 的重力 $F_W=20$ kN 时，试计算作用在手柄 A 上的力 F（不考虑机构中的摩擦损失）。

8-11　在图示轮系中，已知各轮齿数，齿轮 1 的转速 $n_1=200$ r/min。试求行星架 H 的转速 n_H。

8-12　图示为行星搅拌机机构简图，已知各轮齿数，当行星架 H 以 $\omega_H=31$ rad/s 的角速度回转时，求搅拌叶片 F 的角速度 ω_F的大小及转向。

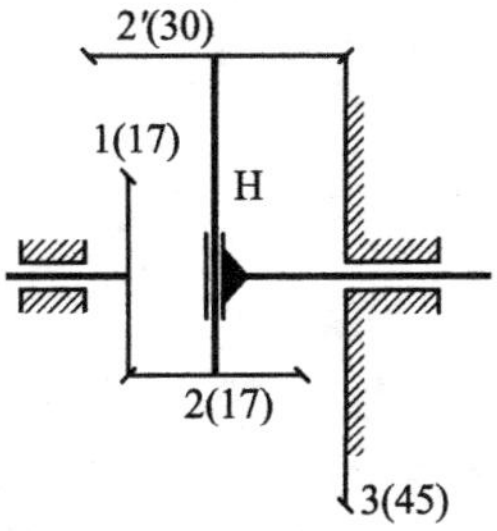

题 8-11 图

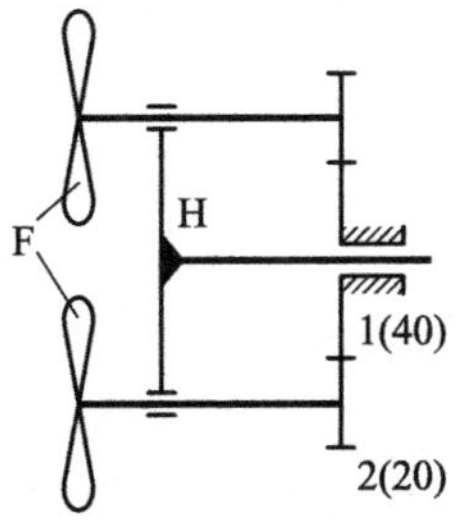

题 8-12 图

8-13　图示为一矿井用电钻的行星轮系，已知 $z_1=15$、$z_3=45$，电动机转速 $n_1=3\ 000$ r/min。试求钻头 H 的转速 n_H。

8-14　在图示手动葫芦中，S 为手动链轮，H 为起重链轮。已知 $z_1=12$、$z_2=28$、$z_{2'}=14$、$z_3=54$，试求传动比 i_{SH}。

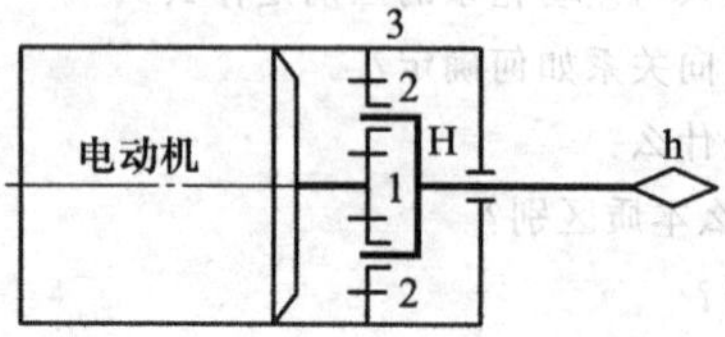

题 8-13 图

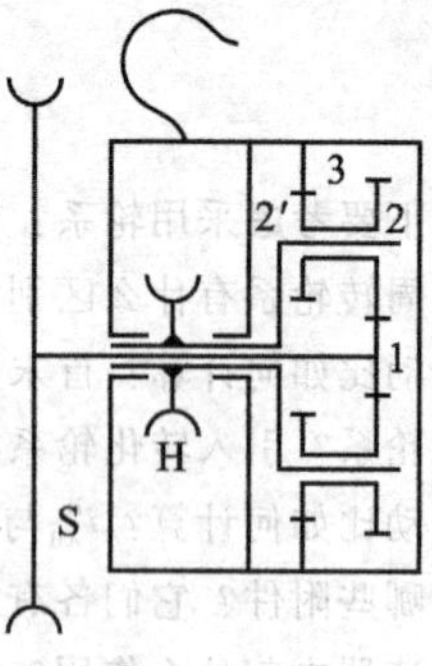

题 8-14 图

8-15　在图示轮系中，已知各轮齿数及齿轮 1 的转速 $n_1=50$ r/min，行星架 H 的转速 $n_H=100$ r/min，转向如图所示。试求齿轮 4 的转速。

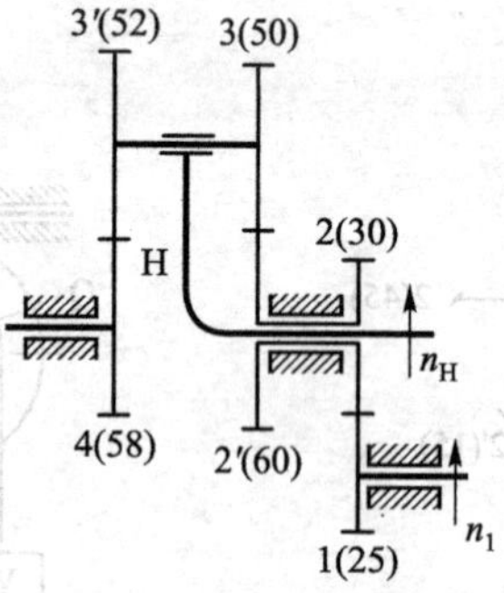

题 8-15 图

8-16　某菱锥式无级变速器（图 8-18c）中，已知输入转速 $n_{\mathrm{I}}=300$ r/min、$R_2=3R_1$、$r_1/r_2=0.3\sim3$，试求输出转速 n_{II} 的范围。

第九章　带传动及链传动

在机械传动中，带传动及链传动同属挠性传动，且应用十分广泛。当主动轴与从动轴相距较远时，常采用这种传动。

带传动多是利用摩擦原理进行工作的，它适用于圆周速度较高和圆周力较小时的工作条件；链传动是利用链轮轮齿与链条的啮合来实现传动的，它适用于圆周速度较低和圆周力较大时的工作条件。

本章将着重介绍 V 带和 A 系列滚子链的类型、特点、工作原理及其传动设计。

§9-1　带传动的类型和特点

带传动通常是由主动轮 1、从动轮 2 和张紧在两轮上的环形带 3 所组成(图 9-1)，安装时带被张紧在带轮上。带传动分为摩擦传动和啮合传动两大类。摩擦型带传动靠带与带轮间的摩擦力来传递运动和动力(图 9-1a)，啮合型带传动是靠带内表面上凸齿与带轮外缘上轮齿间的啮合来传递运动和动力(图 9-1b)，啮合型带传动也称为同步带传动。下面主要讨论摩擦型带传动。

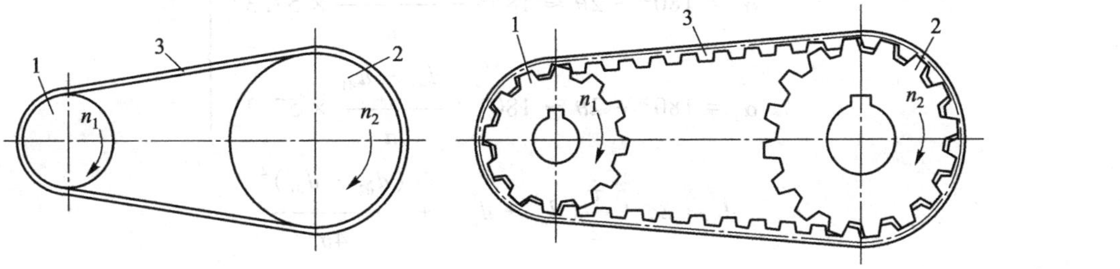

(a) 摩擦型带传动　　(b) 啮合型带传动

图 9-1　带传动

在摩擦型带传动中，按带的横截面形状的不同，常用带可分为平带(图 9-2a)、V 带(图 9-2b)、圆带(图 9-2c)和多楔带(图 9-2d)。

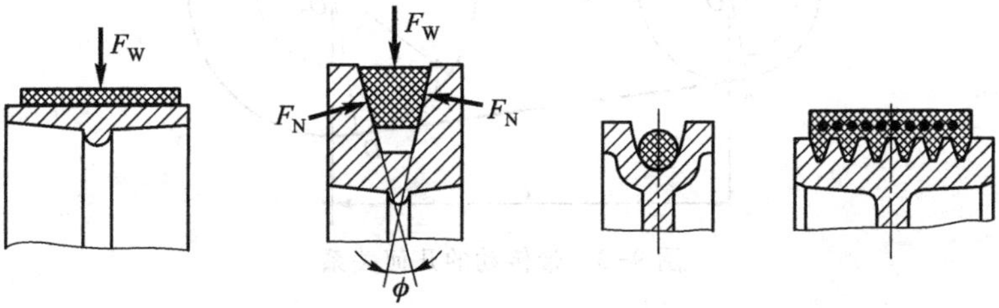

(a)　(b)　(c)　(d)

图 9-2　带的横截面形状

平带传动的结构最简单，带长可根据需要剪截后用接头接成封闭环形，带轮也容易制造，在传动中心距较大的情况下应用较多。平带是由多层胶帆布构成，其横截面为扁平矩形，工作面是与带轮表面相接触的内侧面（图 9-2a）。

V 带传动是一般机械中应用最广的一种传动形式。V 带的横截面呈等腰梯形，带轮上也做有相应的轮槽。传动时，V 带只和轮槽的侧面接触，即两个侧面为工作面（图 9-2b）。根据槽面摩擦原理，在同样的张紧力下，V 带传动较平带传动能产生更大的摩擦力，故 V 带传动可传递较大的功率；加上它允许的传动比较大，结构紧凑，而且 V 带多已标准化并可大量生产等优点，因此 V 带传动的应用比平带传动广泛得多。

圆带横截面为圆形（图 9-2c），其牵引能力小，常用于轻载仪器和家用器械中。

多楔带相当于多条 V 带组合而成，工作面是楔的侧面（图 9-2d），它兼有平带和 V 带的优点，其柔性好，摩擦力大，传递功率大，并解决了多根 V 带长短不齐而导致各带受力不均的问题，它主要用于功率大而又要求结构紧凑的场合。

同步带属啮合型传动带，没有弹性滑动，可用于要求有准确传动比的地方；所需的张紧力小，轴和轴承上所受的载荷小；同步带的厚度薄，质量轻，允许有较高的线速度（v 可达 50 m/s）和较小的带轮直径，可获得较大的传动比（i_{12}可达 10~20）；有较高的传动效率（η 可近 0.98）。但其对制造与安装精度要求较高，成本也较高。

带传动如图 9-3 所示，带与带轮接触弧所对的圆心角称为包角。根据图示几何关系，包角 α（°）和带长 L（mm）的计算公式如下

$$\left.\begin{aligned}\alpha_1 &= 180° - 2\theta \approx 180° - \frac{d_{d2} - d_{d1}}{a} \times 57.3° \\ \alpha_2 &= 180° + 2\theta \approx 180° + \frac{d_{d2} - d_{d1}}{a} \times 57.3°\end{aligned}\right\} \tag{9-1}$$

$$L \approx 2a + \frac{\pi}{2}(d_{d1} + d_{d2}) + \frac{(d_{d2} - d_{d1})^2}{4a} \tag{9-2}$$

式中：a 为带传动的中心距（mm）；d_{d1}和 d_{d2}为带轮的基准直径（mm）。

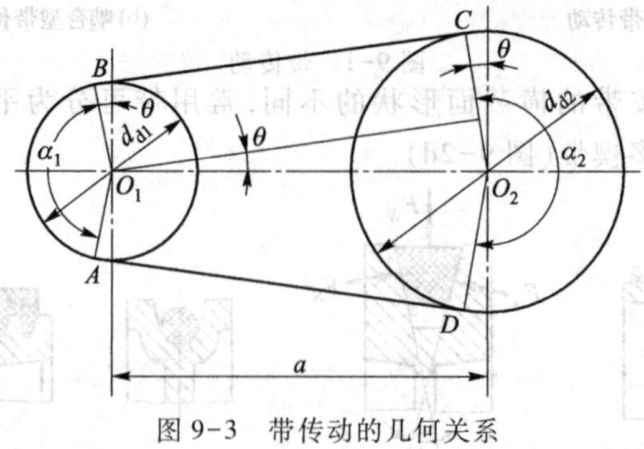

图 9-3　带传动的几何关系

带传动的优点：① 带具有良好的弹性，能缓冲吸振，尤其是 V 带没有接头，传动较平稳，噪声

小;② 过载时带在带轮上打滑(同步带传动除外),可以防止其他器件损坏;③ 结构简单,制造和维护方便,成本低;④ 适用于中心距较大的传动场合。

带传动的缺点(同步带传动除外):① 工作中有弹性滑动(见 §9-2),使传动效率降低,不能准确地保持主动轴和从动轴的转速比关系;② 传动的外廓尺寸较大;③ 由于需要张紧,使轴上受力较大;④ 带传动可能因摩擦起电,产生火花,故不能用于易燃易爆的场合。

§9-2 带传动的工作原理和工作能力分析

一、带传动的受力分析

安装带传动时,传动带即以一定的张紧力 F_0 紧套在两轮上。由于 F_0 作用,带和带轮的接触面就产生了正压力。带传动不工作时,传动带两边的拉力相等,都等于 F_0(图 9-4a)。

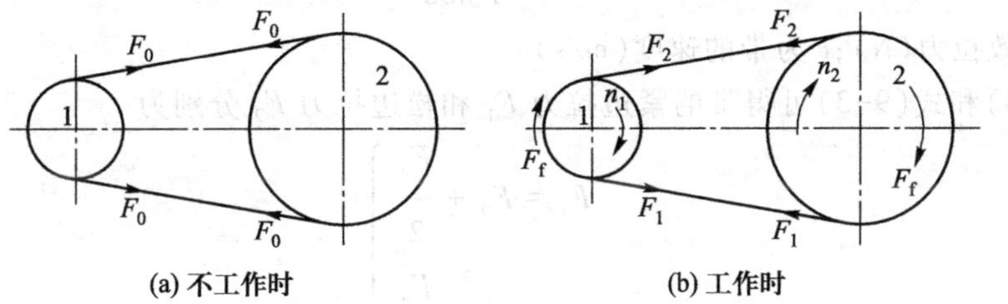

图 9-4 带传动的工作原理图

带传动工作时(图 9-4b),设主动轮以转速 n_1 转动,在从动轮上作用有阻力矩 T_2,则在带与带轮的接触面间便产生了摩擦力 F_f,主动轮作用在带上的摩擦力 F_f 方向和主动轮的圆周速度方向相同,主动轮即靠摩擦力驱使带运动;而带作用在从动轮上的摩擦力的方向与带的运动方向相同,带同样靠摩擦力 F_f 驱使从动轮以转速 n_2 转动,这时为了克服从动轮上阻力,传动带两边的拉力相应发生了变化,带绕上主动轮的一边被拉紧,称为紧边,其拉力由 F_0 增加到 F_1;带绕上从动轮的一边被放松,称为松边,带的拉力由 F_0 减少到 F_2。如果近似的认为带的总长度不变,则带紧边拉力的增加量应等于松边拉力的减少量,即

$$F_1 - F_0 = F_0 - F_2$$

或

$$F_1 + F_2 = 2F_0 \tag{9-3}$$

在带传动中,带轮对带的摩擦力 F_f 的方向如图 9-5 所示。当取主动轮一端的带为分离体时,则总摩擦力 F_f 和两边拉力对轴心的力矩的代数和 $\sum T=0$,即

$$F_f \frac{d_{d1}}{2} - F_1 \frac{d_{d1}}{2} + F_2 \frac{d_{d1}}{2} = 0$$

由上式得

$$F_f = F_1 - F_2$$

在带传动中,有效拉力 F_e 是带轮接触面上各点摩擦力的总和,故整个接触面上的摩擦力 F_f 即等于带所传递的有效拉力,则由上式的关系可知

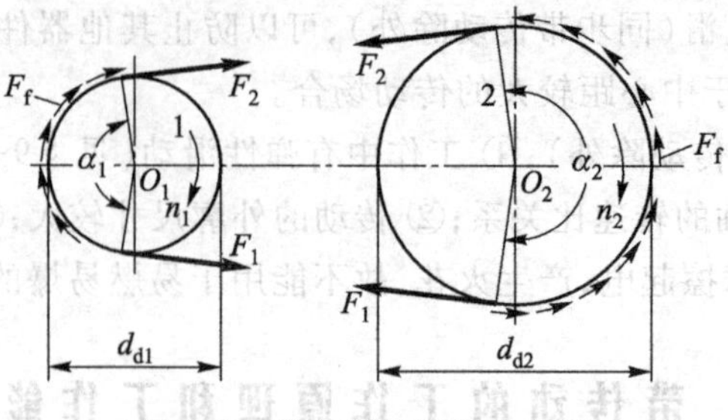

图 9-5　带与带轮的受力分析

$$F_e = F_f = F_1 - F_2 \tag{9-4}$$

带传动所能传递的功率 P(kW)为

$$P = \frac{F_e v}{1\ 000} \tag{9-5}$$

式中:F_e 为有效拉力(N);v 为带的速度(m/s)。

由式(9-4)和式(9-3)可得带的紧边拉力 F_1 和松边拉力 F_2 分别为

$$\left.\begin{aligned} F_1 &= F_0 + \frac{F_e}{2} \\ F_2 &= F_0 - \frac{F_e}{2} \end{aligned}\right\} \tag{9-6}$$

由式(9-6)可知,带的两边拉力 F_1 和 F_2 的大小,取决于张紧力 F_0 和带传动的有效拉力 F_e。而由式(9-5)可知,在带的传动能力范围内,F_e 的大小和传动功率 P 及带的速度 v 有关。当传动功率增大时,带的两边拉力的差值 $F_e = F_1 - F_2$ 也要相应地增大。带的两边拉力的这种变化,实际上反映了带和带轮接触面上摩擦力的变化。显然,当其他条件不变且张紧力 F_0 一定时,这个摩擦力有一极限值(临界值)。当带有打滑趋势时,这个摩擦力正好达到极限值,带传动的有效拉力 F_e 也就达到了最大值 F_{ec}。如果这时再进一步增大带传动的工作载荷,就会超过带所能传递的最大有效拉力,在带和带轮之间将会发生显著的相对滑动,这一现象称为打滑。打滑将使带的磨损加剧,从动轮转速急剧降低,甚至使传动失效,这种情况应当避免。

由理论分析可知,带在出现打滑趋势而未打滑的临界状态时,带的紧边拉力 F_1 与松边拉力 F_2 之间满足柔性体摩擦的欧拉公式,即

$$F_1 = F_2 e^{f\alpha} \tag{9-7}$$

式中:e 为自然对数的底(e=2.718…);f 为摩擦因数,对于 V 带用当量摩擦因数 f_v 代替 f;α 为带在带轮上的包角(rad),在带传动中,两个带轮上的包角 α_1、α_2 不相等时应将较小的包角代入上式。

将式(9-6)代入式(9-7)整理后,得出带所能传递的最大有效拉力(即有效拉力的临界值)F_{ec} 为

$$F_{ec} = 2F_0 \frac{e^{f\alpha} - 1}{e^{f\alpha} + 1} \tag{9-8}$$

由式(9-8)可知,最大有效拉力 F_{ec} 与张紧力 F_0、包角 α 和摩擦因数 f 有关,增大 F_0、α 和 f 均能增大最大有效拉力 F_{ec}。其中张紧力 F_0 不宜过大或过小,F_0 过大,将使带中应力过大,使带过快松弛,缩短了带的工作寿命;若 F_0 过小,则带传动的工作能力得不到充分发挥,运转时带易发生跳动和打滑。

二、带的应力分析

带传动工作时,带中的应力有以下几种:

1. 拉应力

$$\left.\begin{aligned} &\text{紧边拉应力} \quad \sigma_1 = \frac{F_1}{A} \\ &\text{松边拉应力} \quad \sigma_2 = \frac{F_2}{A} \end{aligned}\right\} \tag{9-9}$$

式中:A 为带的横截面面积(mm^2);σ_1、σ_2 的单位为 MPa。

2. 弯曲应力

带绕在带轮上时要产生弯曲变形,带中的弯曲应力 σ_b 为

$$\sigma_b \approx \frac{Eh}{d_d} \tag{9-10}$$

式中:h 为带的高度(mm);d_d 为带轮的计算直径(mm),对于 V 带指带轮的基准直径,见表 9-3;E 为带的弹性模量(MPa);σ_b 的单位为 MPa。

由式(9-10)可知,σ_b 与 h 成正比,与 d_d 成反比。当 h 一定时,d_d 越小,带的弯曲应力 σ_b 就越大。故带绕在小带轮上时的弯曲应力 σ_{b1} 大于绕在大带轮上时的弯曲应力 σ_{b2}。为了避免弯曲应力过大,带轮直径就不能过小,因此对带轮最小直径就要有一定的限制。V 带轮的最小基准直径 d_{dmin} 见表 9-3。

3. 离心应力

当带以速度 v 沿带轮轮缘作圆周运动时,带本身的质量将引起离心力。由于离心力的作用,带中产生离心拉力,在带的横截面上的离心应力 σ_c 为

$$\sigma_c = \frac{qv^2}{A} \tag{9-11}$$

式中:q 为带单位长度的质量(kg/m),V 带的 q 值见表 9-1;v 为带的线速度(m/s);σ_c 的单位为 MPa。

图 9-6 表示带的应力分布情况。带中产生的最大应力发生在带的紧边开始绕上小带轮处,此处的最大应力可近似地表示为

$$\sigma_{max} \approx \sigma_1 + \sigma_{b1} + \sigma_c \tag{9-12}$$

由图可见,带是在变应力状态下工作的。当应力循环次数达到一定值后,将使带产生疲劳破坏。

三、带传动的运动分析

因为带是弹性体,带受到拉力后要产生弹性变形。又由于带在工作时,带两边(紧边和松

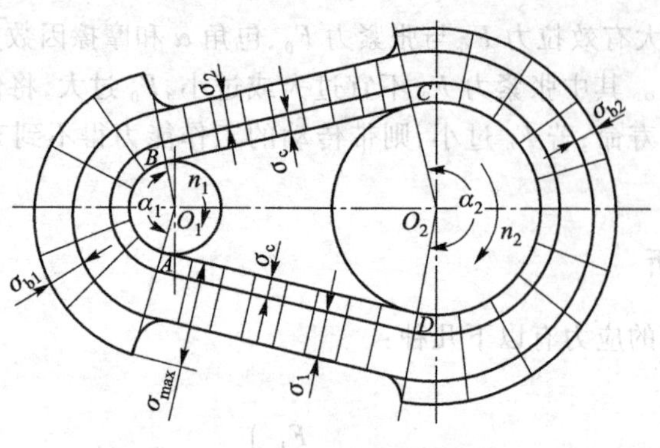

图 9-6　带工作时的应力分布情况示意图

边)的拉力不同,因而弹性变形也不同。带在绕过主动轮时,作用在带上的拉力由 F_1 逐渐减小到 F_2,带的弹性变形量也逐渐减小,因而带一面随主动轮绕进,另一方面又相对主动轮在向后退缩,故带的速度 v 低于主动轮的速度 v_1。而在带绕过从动轮时,作用在带上的拉力又由 F_2 增大到 F_1,带的弹性变形量也逐渐增大,这时带一面随从动轮绕进,另一方面又相对于从动轮向前伸长,故带的速度 v 高于从动轮的速度 v_2。这种由于带的弹性变形而引起的带在带轮上的微小滑动,称为带的弹性滑动。弹性滑动是带传动工作时的固有特性,是不可避免的。

由上述分析知,因弹性滑动的影响,将使从动轮的圆周速度 v_2 低于主动轮的圆周速度 v_1,其降低量可用滑动率 ε 来表示,即

$$\varepsilon=\frac{v_1-v_2}{v_1} \tag{9-13}$$

主动轮和从动轮的圆周速度分别为

$$\left.\begin{aligned} v_1&=\frac{\pi d_{d1} n_1}{60\times 1\ 000}\\ v_2&=\frac{\pi d_{d2} n_2}{60\times 1\ 000}\end{aligned}\right\} \tag{9-14}$$

式中:d_{d1}、d_{d2} 分别为主、从动带轮的基准直径(mm);n_1、n_2 分别为主、从动带轮转速(r/min);v_1、v_2 的单位为 m/s。

带传动的传动比

$$i_{12}=\frac{n_1}{n_2}=\frac{d_{d2}}{d_{d1}(1-\varepsilon)} \tag{9-15}$$

带传动的滑动率 $\varepsilon\leqslant 0.01\sim 0.02$,数值较小,在一般计算中可不予考虑,可取传动比为

$$i_{12}=\frac{n_1}{n_2}\approx\frac{d_{d2}}{d_{d1}} \tag{9-16}$$

由于滑动率 ε 不是一个固定值,而是随外载荷和张紧力等的变化而变化的,因而摩擦型带传动不能用于要求有准确传动比的场合。若要求带传动有准确的传动比,则应采用同步带传动。

另外,要注意带的打滑和弹性滑动是两个截然不同的概念,打滑是由于超载所引起的带在带轮上的全面滑动,是可以避免的。

四、带传动的设计准则

根据前面的分析知，带传动的主要失效形式是打滑和疲劳破坏，因此带传动的设计准则应为：在保证带传动不打滑的条件下，使带具有一定的疲劳强度和使用寿命。

§9-3　V带的标准及其传动设计

一、V带的标准

V带有普通V带、窄V带、联组V带、齿形V带、大楔角V带、宽V带等多种类型，其中普通V带应用最广。本节将着重讨论普通V带。

普通V带已标准化，按其截型大小分为Y、Z、A、B、C、D、E七种，它们都被制造成无接头的环形带。V带的形式根据其结构分为包边V带和切边V带两类，如图9-7所示，带由胶帆布1、顶胶2、芯绳3和底胶4等部分组成。

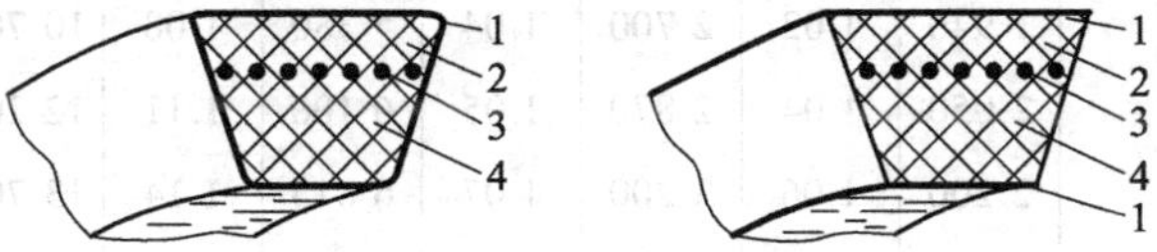

(a) 包边V带　　(b) 切边V带

图9-7　普通V带结构简图

当V带受弯曲时，顶胶伸长，而底胶缩短，只有在两者之间的中性层长度不变，这个中性层称为节面。带的节面宽度称为节宽 b_p，带弯曲时该宽度保持不变。V带的高度 h 与其节宽之比 h/b_p 称为相对高度，普通V带的相对高度约为0.7。

在V带轮上，与所配用V带的节宽 b_p 相对应的带轮直径称为基准直径 d_d。V带在规定张紧力下，位于带轮基准直径上的周线长度（沿中性层量得的长度）称为基准长度 L_d。V带的公称长度以基准长度 L_d 表示。普通V带的截面尺寸见表9-1，普通V带的基准长度 L_d 见表9-2，V带轮的最小基准直径 d_{dmin} 及基准直径系列见表9-3。

表9-1　普通V带的截面尺寸（摘自GB/T 13575.1—2008）

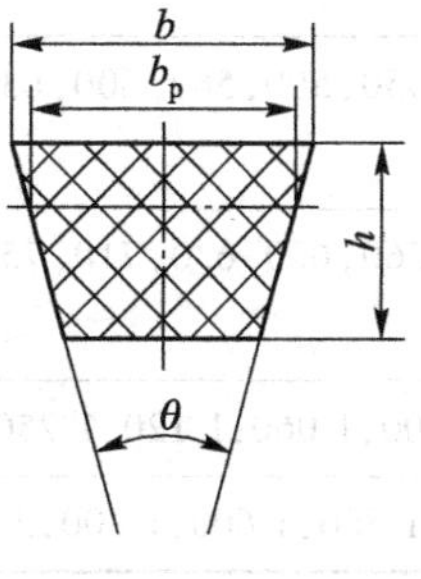

带型	Y	Z	A	B	C	D	E
节宽 b_p/mm	5.3	8.5	11.0	14.0	19.0	27.0	32.0
顶宽 b/mm	6.0	10.0	13.0	17.0	22.0	32.0	38.0
高度 h/mm	4.0	6.0	8.0	11.0	14.0	19.0	23.0
楔角 θ	40°						
每米带长质量 q/(kg/m)	0.023	0.060	0.105	0.170	0.300	0.630	0.970

表 9-2　普通 V 带的基准长度 L_d(mm)及带长修正系数 K_L(摘自 GB/T 13575.1—2008)

Y		Z		A		B		C		D		E	
L_d	K_L	L_d	K_L	L_d	K_L	L_d	K_L	L_d	K_L	L_d	K_L	L_d	K_L
200	0.81	405	0.87	630	0.81	930	0.83	1 565	0.82	2 740	0.82	4 660	0.91
224	0.82	475	0.90	700	0.83	1 000	0.84	1 760	0.85	3 100	0.86	5 040	0.92
250	0.84	530	0.93	790	0.85	1 100	0.86	1 950	0.87	3 330	0.87	5 420	0.94
280	0.87	625	0.96	890	0.87	1 210	0.87	2 195	0.90	3 730	0.90	6 100	0.96
315	0.89	700	0.99	990	0.89	1 370	0.90	2 420	0.92	4 080	0.91	6 850	0.99
355	0.92	780	1.00	1 100	0.91	1 560	0.92	2 715	0.94	4 620	0.94	7 650	1.01
400	0.96	920	1.04	1 250	0.93	1 760	0.94	2 880	0.95	5 400	0.97	9 150	1.05
450	1.00	1 080	1.07	1 430	0.96	1 950	0.97	3 080	0.97	6 100	0.99	12 230	1.11
500	1.02	1 330	1.13	1 550	0.98	2 180	0.99	3 520	0.99	6 840	1.02	13 750	1.15
		1420	1.14	1 640	0.99	2 300	1.01	4 060	1.02	7 620	1.05	15 280	1.17
		1 540	1.54	1 750	1.00	2 500	1.03	4 600	1.05	9 140	1.08	16 800	1.19
				1 940	1.02	2 700	1.04	5 380	1.08	10 700	1.13		
				2 050	1.04	2 870	1.05	6 100	1.11	12 200	1.16		
				2 200	1.06	3 200	1.07	6 815	1.14	13 700	1.19		
				2 300	1.07	3 600	1.09	7 600	1.17	15 200	1.21		
				2 480	1.09	4 060	1.13	9 100	1.21				
				2 700	1.10	4 430	1.15	10 700	1.24				
						4 820	1.17						
						5 370	1.20						
						6 070	1.24						

表 9-3　V 带轮的最小基准直径 d_{dmin} 及基准直径系列　　mm

带型	基准直径 d_d
Y	**20**,22.4,25,28,31.5,35.5,40,45,50,56,80,90,100,112,125
Z	**50**,56,63,71,75,80,90,100,112,125,132,140,150,160,180,200,224,250,280,315,355,400,500,630
A	**75**,80,85,90,95,100,106,112,118,125,132,140,150,160,180,200,224,250,280,315,355,400,450,500,560,630,710,800
B	**125**,132,140,150,160,170,180,200,224,250,280,315,355,400,450,500,560,600,630,710,750,800,900,1 000,1 120
C	**200**,212,224,236,250,265,280,300,315,335,355,400,450,500,560,600,630,710,750,800,900,1 000,1 120,1 250,1 400,1 600,2 000
D	**355**,375,400,425,450,475,500,560,600,630,710,750,800,900,1 000,1 060,1 120,1 250,1 400,···
E	**500**,530,560,600,630,670,710,800,900,1 000,1 120,1 250,1 400,1 500,1 600,1 800,2 000,···

注:基准直径系列中第一个数值(黑体字)为带轮的最小基准直径 d_{dmin}。

二、单根普通 V 带的许用功率

对于 V 带传动,在既不打滑又具有一定的疲劳强度和使用寿命的要求下,单根普通 V 带的基本额定功率 P_0 见表 9-4,该表是在传动比 $i=1$、包角 $\alpha=180°$、特定带长、载荷平稳的特定条件下通过实验和计算得到的。

表 9-4　单根普通 V 带的基本额定功率 P_0　　kW

带型	小带轮的基准直径 d_{d1}/mm	小带轮转速 n_1/(r/min)									
		400	700	800	950	1 200	1 450	1 600	2 000	2 400	2 800
Z	50	0.06	0.09	0.10	0.12	0.14	0.16	0.17	0.20	0.22	0.26
	56	0.06	0.11	0.12	0.14	0.17	0.19	0.20	0.25	0.30	0.33
	63	0.08	0.13	0.15	0.18	0.22	0.25	0.27	0.32	0.37	0.41
	71	0.09	0.17	0.20	0.23	0.27	0.30	0.33	0.39	0.46	0.50
	80	0.14	0.20	0.22	0.26	0.30	0.35	0.39	0.44	0.50	0.56
	90	0.14	0.22	0.24	0.28	0.33	0.36	0.40	0.48	0.54	0.60
A	75	0.26	0.40	0.45	0.51	0.60	0.68	0.73	0.84	0.92	1.00
	90	0.39	0.61	0.68	0.77	0.93	1.07	1.15	1.34	1.50	1.64
	100	0.47	0.74	0.83	0.95	1.14	1.32	1.42	1.66	1.87	2.05
	112	0.56	0.90	1.00	1.15	1.39	1.61	1.74	2.04	2.30	2.51
	125	0.67	1.07	1.19	1.37	1.66	1.92	2.07	2.44	2.74	2.98
	140	0.78	1.26	1.41	1.62	1.96	2.28	2.45	2.87	3.22	3.48
B	125	0.84	1.30	1.44	1.64	1.93	2.19	2.33	2.64	2.85	2.96
	140	1.05	1.64	1.82	2.08	2.47	2.82	3.00	3.42	3.70	3.85
	160	1.32	2.09	2.32	2.66	3.17	3.62	3.86	4.40	4.75	4.89
	180	1.59	2.53	2.81	3.22	3.85	4.39	4.68	5.30	5.67	5.76
	200	1.85	2.96	3.30	3.77	4.50	5.13	5.46	6.13	6.47	6.43
	224	2.17	3.47	3.86	4.42	5.26	5.97	6.33	7.02	7.25	6.95
C	200	2.41	3.69	4.07	4.58	5.29	5.84	6.07	6.34	6.02	5.01
	224	2.99	4.64	5.12	5.78	6.71	7.45	7.75	8.06	7.57	6.08
	250	3.62	5.64	6.23	7.04	8.21	9.04	9.38	9.62	8.75	6.56
	280	4.32	6.76	7.52	8.49	9.81	10.72	11.06	11.04	9.50	6.13
	315	5.14	8.09	8.92	10.05	11.53	12.46	12.72	12.14	9.43	4.16
	355	6.05	9.50	10.46	11.73	13.31	14.12	14.19	12.59	7.98	—

注:表中未列出 Y 型、D 型和 E 型带的 P_0 值。

由表 9-4 可以看出,一般小带轮的基准直径越大、转速越高,单根 V 带所允许传递的功率就越大。因此,适当提高带速可以提高带传动传递的功率。

带传动的实际工作条件与上述特定条件不同时,应对 P_0 值加以修正。修正后即得到实际工作条件下单根普通 V 带所允许传递的功率,称为许用功率 $[P_0]$,即

$$[P_0]=(P_0+\Delta P_0)K_\alpha K_L \tag{9-17}$$

式中:ΔP_0 为功率增量(kW),考虑传动比 $i\neq1$ 时带在大带轮上的弯曲应力较小,在寿命相同的条件下可增大传递的功率,ΔP_0 值见表 9-5;K_α 为包角修正系数,考虑包角 $\alpha\neq180°$ 时对传动能力的

影响，其值见表 9-6；K_L 为带长修正系数，考虑带的长度不同时对传动能力的影响，其值见表 9-2；$[P_0]$ 的单位为 kW。

表 9-5 单根普通 V 带额定功率的增量 ΔP_0 kW

带型	传动比 i	小带轮转速 n_1/(r/min)									
		400	700	800	950	1 200	1 450	1 600	2 000	2 400	2 800
Z	1.19~1.24	0.00	0.00	0.01	0.01	0.01	0.02	0.02	0.02	0.03	0.03
	1.25~1.34	0.00	0.01	0.01	0.01	0.02	0.02	0.02	0.02	0.03	0.03
	1.35~1.50	0.00	0.01	0.01	0.02	0.02	0.02	0.02	0.03	0.03	0.04
	1.51~1.99	0.01	0.01	0.02	0.02	0.02	0.02	0.03	0.03	0.04	0.04
	≥2.00	0.01	0.02	0.02	0.02	0.03	0.03	0.03	0.04	0.04	0.04
A	1.19~1.24	0.03	0.05	0.05	0.06	0.08	0.09	0.11	0.13	0.16	0.19
	1.25~1.34	0.03	0.06	0.06	0.07	0.10	0.11	0.13	0.16	0.19	0.23
	1.35~1.50	0.04	0.07	0.08	0.08	0.11	0.13	0.15	0.19	0.23	0.26
	1.51~1.99	0.04	0.08	0.09	0.10	0.13	0.15	0.17	0.22	0.26	0.30
	≥2.00	0.05	0.09	0.10	0.11	0.15	0.17	0.19	0.24	0.29	0.34
B	1.19~1.24	0.07	0.12	0.14	0.17	0.21	0.25	0.28	0.35	0.42	0.49
	1.25~1.34	0.08	0.15	0.17	0.20	0.25	0.31	0.34	0.42	0.51	0.59
	1.35~1.50	0.10	0.17	0.20	0.23	0.30	0.36	0.39	0.49	0.59	0.69
	1.51~1.99	0.11	0.20	0.23	0.26	0.34	0.40	0.45	0.56	0.68	0.79
	≥2.00	0.13	0.22	0.25	0.30	0.38	0.46	0.51	0.63	0.76	0.89
C	1.19~1.24	0.20	0.34	0.39	0.47	0.59	0.71	0.78	0.98	1.18	1.37
	1.25~1.34	0.23	0.41	0.47	0.56	0.70	0.85	0.94	1.17	1.41	1.64
	1.35~1.50	0.27	0.48	0.55	0.65	0.82	0.99	1.10	1.37	1.65	1.92
	1.51~1.99	0.31	0.55	0.63	0.74	0.94	1.14	1.25	1.57	1.88	2.19
	≥2.00	0.35	0.62	0.71	0.83	1.06	1.27	1.41	1.76	2.12	2.47

表 9-6 包角修正系数 K_α

小轮包角 α_1	180°	175°	170°	165°	160°	155°	150°	145°	140°	135°	130°	125°	120°	110°	100°	90°
K_α	1.00	0.99	0.98	0.96	0.95	0.93	0.92	0.91	0.89	0.88	0.86	0.84	0.82	0.78	0.74	0.69

三、V 带传动设计

1. 设计原始数据及内容

设计 V 带传动给定的原始数据为：传递功率 P，转速 n_1、n_2（或传动比 i_{12}），传动位置要求和工作条件等。

设计内容包括：确定带的截型、长度、根数、传动中心距、带轮基准直径及结构尺寸等。

2. 设计方法及步骤

（1）确定计算功率 P_{ca}　计算功率 P_{ca} 是根据传递功率 P，并考虑到载荷性质和每天运转时间长短等因素的影响而确定的。即

$$P_{ca}=K_A P$$

式中：P 为传递功率(kW)；K_A为工作情况系数，见表 9-7；P_{ca}的单位为 kW。

表 9-7　工作情况系数 K_A

工作机		原动机					
		空、轻载启动			重载启动		
载荷性质	机器举例	每天运转时间/h					
		≤10	>10~16	>16	≤10	>10~16	>16
载荷平稳	液体搅拌机，鼓风机，轻型输送机	1.0	1.1	1.2	1.1	1.2	1.3
载荷变动小	带式输送机（砂、煤、谷物），发电机，机床，剪床，压力机，印刷机	1.1	1.2	1.3	1.2	1.3	1.4
载荷变动较大	输送机（斗式、螺旋式），锻锤，磨粉机，纺织机，木工机械	1.2	1.3	1.4	1.4	1.5	1.6
载荷变动很大	破碎机（旋转式、颚式等），辗磨机（球式、棒式），起重机	1.3	1.4	1.5	1.5	1.6	1.8

注：(1) 空、轻载启动——电动机、四缸以上内燃机、装有离心式的离合器、液力联轴器的动力机。

(2) 重载启动——电动机（联机交流启动、直流复励和串励）、四缸以下内燃机。

(3) 反复启动、正反转频繁、工作条件恶劣等场合，K_A应乘以 1.2；在增速传动场合，K_A应乘以 1.2。

(2) 选择带的截型　根据计算功率 P_{ca}、小带轮转速 n_1由图 9-8 选定带的截型。

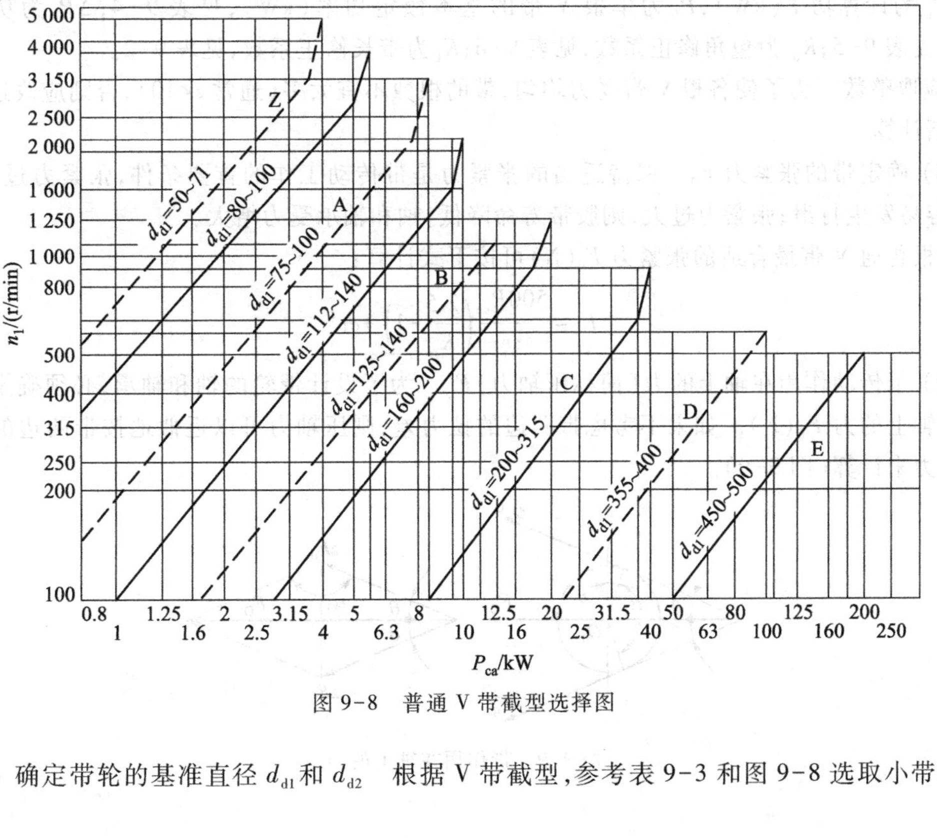

图 9-8　普通 V 带截型选择图

(3) 确定带轮的基准直径 d_{d1}和 d_{d2}　根据 V 带截型，参考表 9-3 和图 9-8 选取小带轮的基

准直径 $d_{d1} \geqslant d_{dmin}$。

大带轮基准直径 $d_{d2} \approx i_{12} d_{d1}$，并按 V 带轮的基准直径系列表 9-3 加以适当圆整。

(4) 验算带的速度 v　带速过高则离心力大，从而降低传动能力；带速太低，由 $P=F_e v/1\ 000$ 可知，要求有效拉力 F_e 就越大，使带的根数过多。带速一般应在 5~25 m/s 之内，否则应调整小带轮的直径或转速。由公式(9-14)，带速为

$$v=\frac{\pi d_{d1} n_1}{60 \times 1\ 000}$$

(5) 确定中心距 a 和带的基准长度 L_d　如果中心距未限定，可根据传动的结构需要初步确定中心距 a_0，一般取

$$0.7(d_{d1}+d_{d2})<a_0<2(d_{d1}+d_{d2})$$

选取 a_0 后，根据式(9-2)初步计算所需带的长度 L，由表 9-2 选取和 L 相近的 V 带的基准长度 L_d。则带的实际中心距 a 可采用下列公式作近似计算，即

$$a \approx a_0+(L_d-L)/2 \tag{9-18}$$

(6) 验算小带轮上的包角 α_1　小带轮的包角 α_1 由式(9-1)计算，为了使带传动具有一定的工作能力，一般应使 $\alpha_1 \geqslant 120°$。若 α_1 过小，可通过增大中心距等方法来调整。

(7) 确定带的根数 z　V 带的根数 z 可按下式计算：

$$z=\frac{P_{ca}}{[P_0]}=\frac{P_{ca}}{(P_0+\Delta P_0)K_\alpha K_L} \tag{9-19}$$

式中：P_{ca} 为计算功率(kW)；P_0 为单根 V 带的基本额定功率(kW)，见表 9-4；ΔP_0 为功率增量(kW)，见表 9-5；K_α 为包角修正系数，见表 9-6；K_L 为带长修正系数，见表 9-2。

z 应取整数。为了使各根 V 带受力均匀，带的根数不宜太多(通常 $z<10$)，否则应改选带的截型，重新计算。

(8) 确定带的张紧力 F_0　保持适当的张紧力是带传动工作的首要条件，张紧力过小，摩擦力小，容易发生打滑；张紧力过大，则胶带寿命降低，轴和轴承受力增大。

单根普通 V 带最合适的张紧力 F_0(N)可按下式计算：

$$F_0=\frac{500P_{ca}}{zv}\left(\frac{2.5}{K_\alpha}-1\right)+qv^2 \tag{9-20}$$

(9) 带传动作用在轴上的力(简称压轴力)F_Q　为了设计带轮的轴和轴承，必须确定带传动作用在轴上的力 F_Q(N)。如果不考虑带两边的拉力差，则压轴力可以近似地按带两边的张紧力 F_0 的合力来计算(图 9-9)。

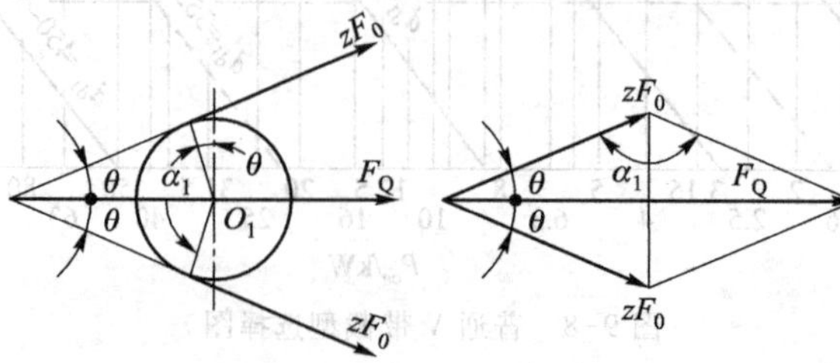

图 9-9　带作用在轴上的力

$$F_Q \approx 2zF_0\cos\theta = 2zF_0\sin(\alpha_1/2) \tag{9-21}$$

（10）V 带轮的设计　带轮的设计，主要是选择带轮材料，根据带轮基准直径的大小选择结构形式，根据带的截型由表 9-8 确定带轮的轮缘尺寸。其他结构尺寸的确定可参照图 9-10 所列的经验公式计算。

表 9-8　轮槽截面尺寸　mm

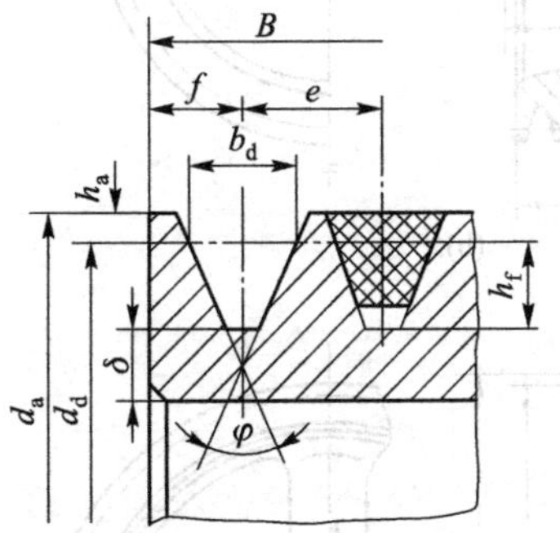

槽型	b_d	h_{amin}	h_{fmin}	e	f_{min}	d_d			
						与 d_d 相对应的 φ			
						$\varphi=32°$	$\varphi=34°$	$\varphi=36°$	$\varphi=38°$
Y	5.3	1.60	4.7	8±0.3	6	≤60	—	>60	—
Z	8.5	2.00	7.0	12±0.3	7	—	≤80	—	>80
A	11.0	2.75	8.7	15±0.3	9	—	≤118	—	>118
B	14.0	3.50	10.8	19±0.4	11.5	—	≤190	—	>190
C	19.0	4.80	14.3	25.5±0.5	16	—	≤315	—	>315
D	27.0	8.10	19.9	37±0.6	23	—	—	≤475	>475
E	32.0	9.60	23.4	44.5±0.7	28	—	—	≤600	>600

V 带两侧面的夹角 θ 均为 40°，当带在带轮上弯曲时，由于截面变形将使带的夹角变小。为了使胶带与轮槽两侧面贴紧，带轮槽角 φ 应当小于 40°。国家标准中将带轮槽角 φ 规定为 32°、34°、36°和 38°，分别与 V 带的截型及带轮直径对应。

带轮的材料主要采用铸铁，常用材料的牌号为 HT150 或 HT200；转速较高时宜采用铸钢；小功率时可用铸铝和塑料。

带轮的结构形式主要有以下几种：实心式（图 9-10a）、腹板式（图 9-10b）、孔板式（图 9-10c）和椭圆轮辐式（图 9-10d）。当带轮的基准直径 $d_d \leqslant (2.5\sim3)d$（$d$ 为轴的直径）时，可采用实心式；当 $d_d \leqslant 300$ mm 时，可采用腹板式或孔板式；当 $d_d > 300$ mm 时，可采用轮辐式。

四、带传动的张紧

带传动须保持在一定的张紧力状态下工作，长期张紧会使带产生永久变形而松弛，导致张紧力减小，传动能力下降，因此带传动要及时地控制和调整张紧力。常用的控制和调整张紧力的方法是调节中心距。如用调节螺钉 1 使装有带轮的电动机 2 沿滑轨 3 移动（图 9-11a），或用螺杆及调节螺母 1 使电动机 2 绕小轴 3 摆动（图 9-11b），前者适用于水平或接近水平的布置，后者适用于垂直或接近垂直的布置。若中心距不能调节时，可采用张紧轮进行张紧（图 9-11c），它靠重锤 1 将张紧轮 2 压在带上，以保持带的张紧。这种张紧装置通常用于平带传动，对于 V 带传动，应采用图 9-11d 的张紧装置，张紧轮通常安放在 V 带松边的内侧，这样可使 V 带传动时只受到单方向的弯曲，以免反向弯曲降低带的寿命。同时，张紧轮应尽量靠近大带轮一边，这样可使小带轮的包角不致过分减小。

例 9-1　试设计某金属切削机床传动系统的 V 带传动。原动机为电动机（轻载启动），$P=11$ kW，$n=1\,460$ r/min，传动比 $i_{12}=4$，每天工作少于 10 h，希望中心距 800 mm 左右。

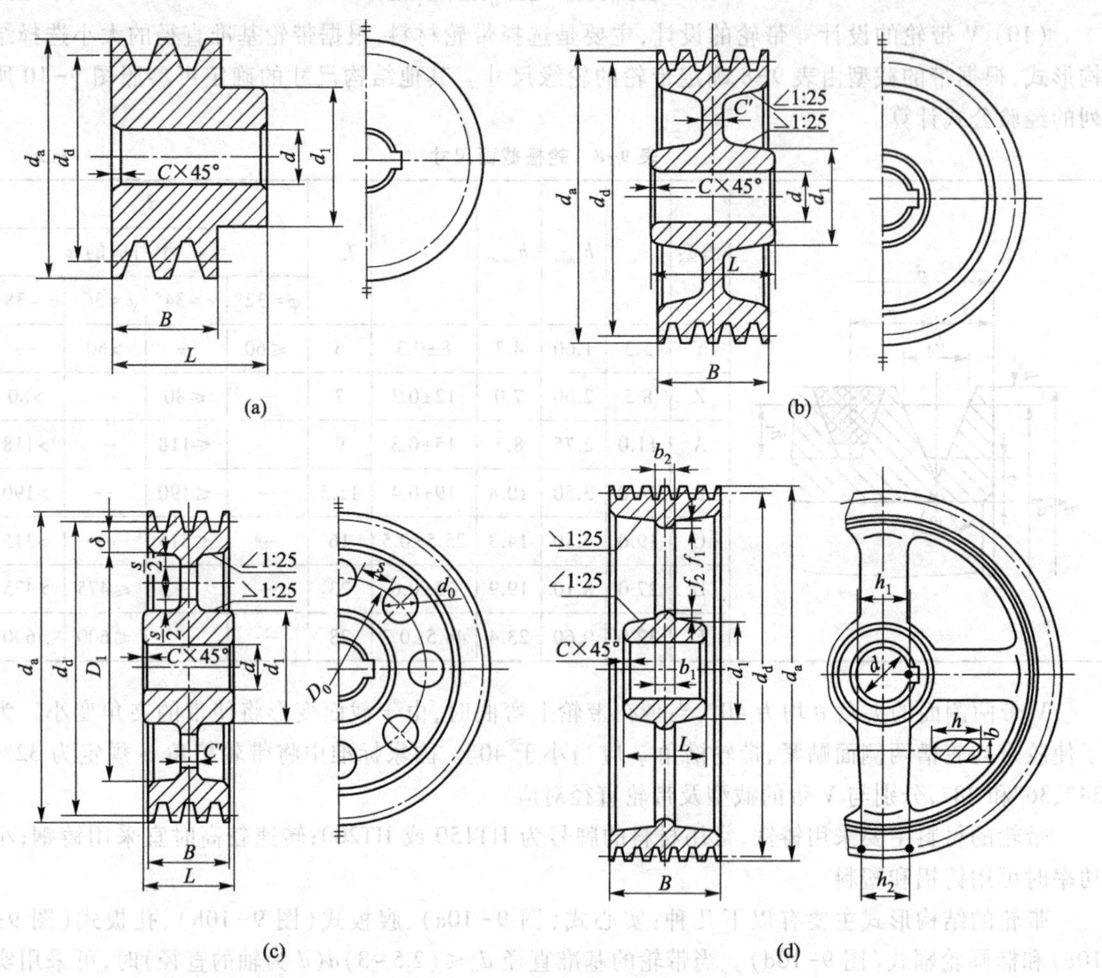

图 9-10　V 带轮结构

$d_1=(1.8\sim2)d$；$D_0=0.5(D_1+d_1)$；$d_0=(0.2\sim0.3)(D_1-d_1)$

$C'=(1/7\sim1/4)B$；$s=C'$；$L=(1.5\sim2)d$；当 $B<1.5d$ 时：$L=B$

$h_1=290\sqrt[3]{P/(nz_a)}$，$h_2=0.8h_1$；$b_1=0.4h_1$；$b_2=0.8b_1$；$f_1=0.2h_1$；$f_2=0.2h_2$

式中：P 为带传递的功率（kW）；n 为带轮的转速（r/min）；z_a 为轮辐数

解　1. 计算功率 P_{ca}

查表 9-7 得 $K_A=1.1$，则

$$P_{ca}=K_AP=1.1\times11\ \text{kW}=12.1\ \text{kW}$$

2. 选择带的截型

根据 $P_{ca}=12.1$ kW 和 $n_1=1\,460$ r/min 查图 9-8 选定 B 型带。

3. 确定带轮的基准直径 d_{d1} 和 d_{d2}

参考图 9-8 和表 9-3 取小带轮的基准直径 $d_{d1}=140$ mm。大带轮的基准直径

$$d_{d2}\approx i_{12}d_{d1}=4\times140\ \text{mm}=560\ \text{mm}$$

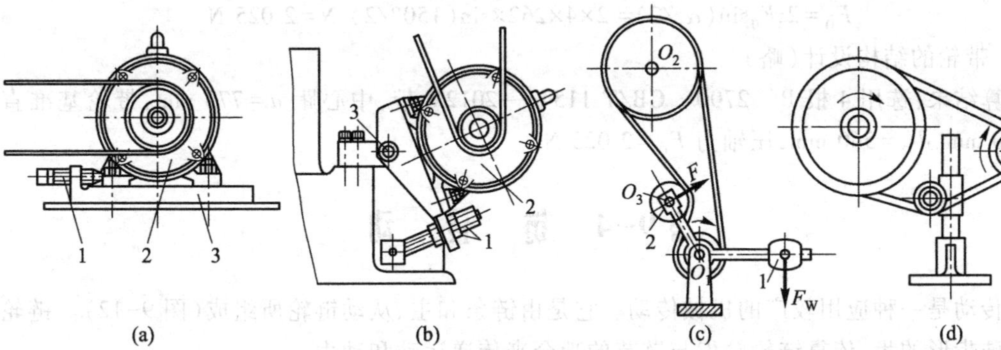

图 9-11　带传动的张紧装置

查表 9-3，取标准值 $d_{d2}=560$ mm。

4. 验算带的速度 v

$$v=\frac{\pi d_{d1}n_1}{60\times1\ 000}=\frac{\pi\times140\times1\ 460}{60\times1\ 000}\ \text{m/s}=10.7\ \text{m/s}$$

带速介于 5～25 m/s 之间，合适。

5. 确定中心距 a 和带的基准长度 L_d

按设计要求，初定中心距 $a_0=800$ mm。则带的长度 L 为

$$L\approx2a+\frac{\pi}{2}(d_{d1}+d_{d2})+\frac{(d_{d2}-d_{d1})^2}{4a}$$

$$=\left[2\times800+\frac{\pi}{2}(140+560)+\frac{(560-140)^2}{4\times800}\right]\ \text{mm}=2\ 754.7\ \text{mm}$$

按表 9-2 选取 $L_d=2\ 700$ mm，则 V 带传动实际中心距为

$$a\approx a_0+(L_d-L)/2=[800+(2\ 700-2\ 754.7)/2]\ \text{mm}=773\ \text{mm}$$

6. 验算小带轮上的包角 α_1

$$\alpha_1\approx180°-\frac{d_{d2}-d_{d1}}{a}\times57.3°=180°-\frac{560-140}{773}\times57.3°=149°\geqslant120°(\text{合适})$$

7. 带的根数 z

根据表 9-4 和表 9-5，当 $d_{d1}=140$ mm、$n=1\ 460$ r/min 时，$P_0=2.83$ kW，当 $i_{12}=4$ 时，$\Delta P_0=0.46$ kW。查表 9-6 得 $K_\alpha=0.92$；查表 9-2 得 $K_L=1.04$。则 V 带的根数为

$$z=\frac{P_{ca}}{(P_0+\Delta P_0)K_\alpha K_L}=\frac{12.1}{(2.83+0.46)\times0.92\times1.04}=3.84$$

取 $z=4$。

8. 确定带的张紧力 F_0

根据表 9-1 查得 $q=0.17$ kg/m

$$F_0=\frac{500P_{ca}}{zv}\left(\frac{2.5}{K_\alpha}-1\right)+qv^2=\left[\frac{500\times12.1}{4\times10.7}\left(\frac{2.5}{0.92}-1\right)+0.17\times10.7^2\right]\ \text{N}=262\ \text{N}$$

9. 计算压轴力 F_Q

$$F_Q = 2zF_0\sin(\alpha_1/2) = 2\times4\times262\times\sin(150°/2)\ \text{N} = 2\ 025\ \text{N}$$

10. 带轮的结构设计(略)

计算结果:选用 4 根 B 2700 GB/T 11544—2012V 带,中心距 $a = 773$ mm,带轮基准直径 $d_{d1} = 140$ mm,$d_{d2} = 560$ mm,压轴力 $F_Q = 2\ 025$ N。

§9-4 链 传 动

链传动是一种应用较广的机械传动。它是由链条和主、从动链轮所组成(图 9-12)。链轮上制有特殊齿形的齿,依靠链轮轮齿与链节的啮合来传递运动和动力。

链传动属于带有中间挠性件的啮合传动。它具有能够保持准确的平均传动比,结构比较紧凑,作用于轴上的径向压力较小,承载能力较大和传动效率较高,在极其恶劣的工作条件下仍能很好地工作等优点。但链传动链节易磨损而使链条伸长,从而造成跳齿,甚至脱链,不能保持恒定的瞬时传动比①,工作时有噪声,不宜在载荷变化大和急速反向的传动中应用。

链传动主要用在要求工作可靠,且两轴相距较远,以及一些不宜采用齿轮传动的场合。链传动传递的功率一般在 100 kW 以下,链速一般不超过 15 m/s,推荐使用的最大传动比 $i_{max} = 8$。

链的类型很多,其中以滚子链应用最为广泛,故本节主要讨论滚子链。

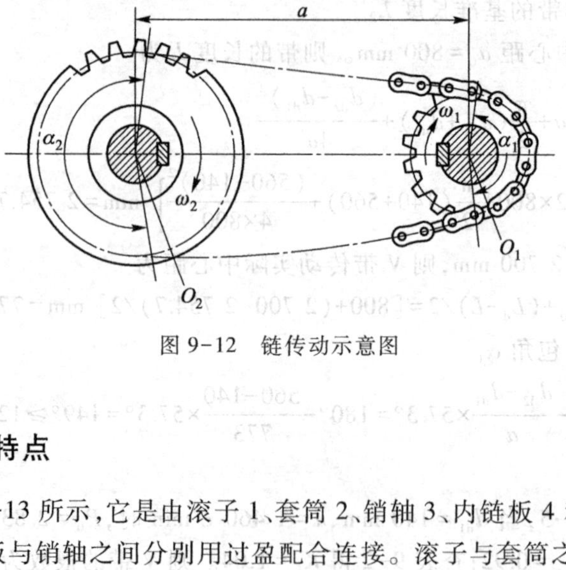

图 9-12 链传动示意图

一、滚子链结构特点

滚子链结构如图 9-13 所示,它是由滚子 1、套筒 2、销轴 3、内链板 4 和外链板 5 所组成。内链板与套筒之间、外链板与销轴之间分别用过盈配合连接。滚子与套筒之间、套筒与销轴之间均为间隙配合,套筒可绕销轴自由转动。滚子是活套在套筒上的,工作时,滚子沿链轮齿廓滚动,这样可减轻齿廓磨损。

链板一般制成 8 字形,以使它的各个横截面具有接近相等的抗拉强度,同时也减小了链的质量和运动时的惯性力。

---

① 因为每一个链节是刚性的,链条绕上链轮后,形成一个正多边形,故链轮传动相当于两个正多边形在啮合传动一样,故其瞬时传动比是变化的,在链传动中称此现象为多边形效应。

当传递大的载荷时,可采用双排链(图 9-14)或多排链。多排链的承载能力与排数成正比。但由于精度影响,各排链所受载荷不易均匀,故排数不宜过多。

链条长度以链节数来表示。链节数通常取为偶数,以便链条方便地连成封闭环形,接头处可用开口销(图 9-15a)或弹簧片(图 9-15b)来固定。若链节数为奇数时,则需采用过渡链节(图 9-15c)。由于过渡链节的链板要受附加弯矩的作用,使链的承载能力降低,故设计时通常不采用奇数链节数。

如图 9-13 所示,滚子链和链轮啮合的基本参数是节距 p,滚子直径 d_1 和内链节内宽 b_1。对于多排链还有排距 p_t,如图 9-14 所示。其中节距 p 是滚子链的主要参数,节距增大时,链条中的各零件的尺寸也相应地增大,可传递的功率也随之增大。

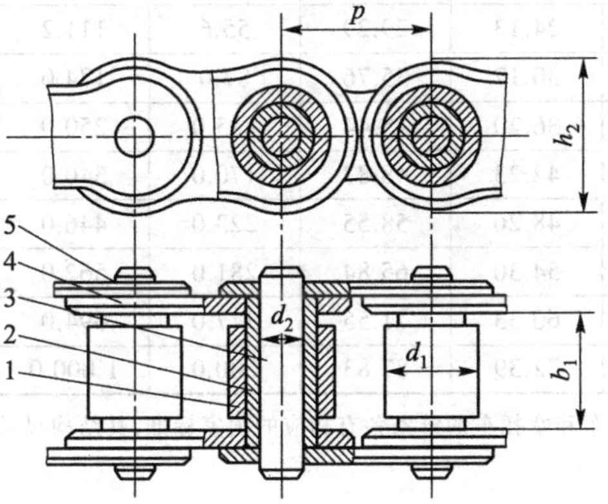

图 9-13 滚子链结构

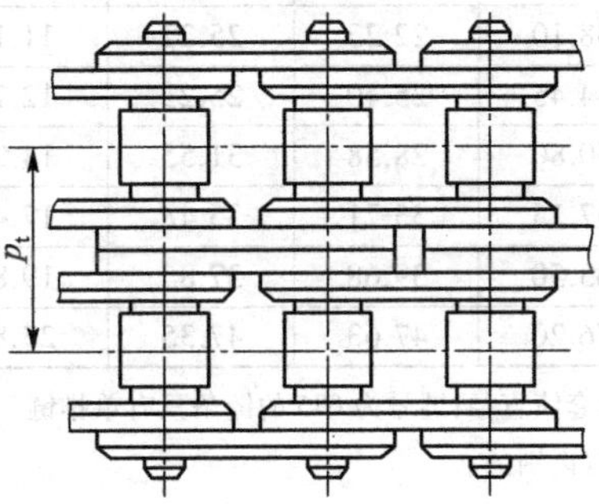

图 9-14 双排链

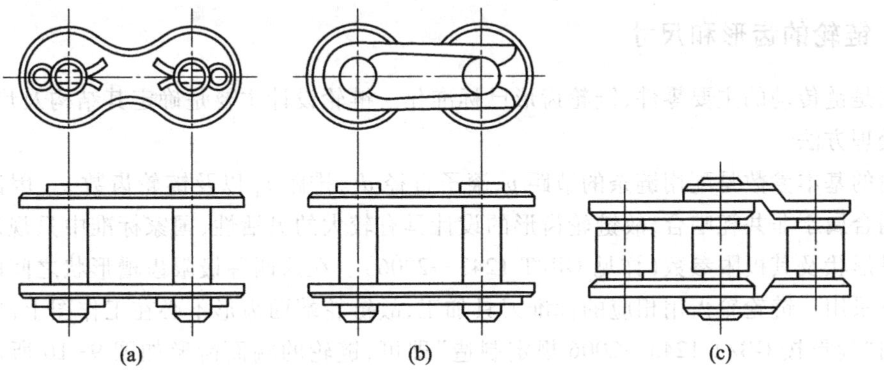

图 9-15 滚子链的接头形式和过渡链节

滚子链已标准化(GB/T 1243—2006),其结构和基本参数已在国家标准中作了规定,设计时可根据载荷大小及工作条件选用。滚子链又分为 A、B 两个系列,我国主要采用 A 系列滚子链。滚子链的规格和主要参数见表 9-9。表中的链号数字乘以 25.4/16(mm)即为链节距 p 值。

表 9-9 滚子链的规格和主要参数(摘自 GB/T 1243—2006)

链号	节距 p	滚子直径 d_1 max	内链节内宽 b_1 min	销轴直径 d_2 max	内链板高度 h_2 max	排距 p_t	极限拉伸载荷 F_Q		
							单排 min	双排 min	三排 min
	mm						kN		
04C	6.35	3.30*	3.10	2.31	6.02	6.40	3.5	7.0	10.5
06C	9.525	5.08*	4.68	3.60	9.05	10.13	7.9	15.8	23.7
08A	12.70	7.92	7.85	3.98	12.07	14.38	13.9	27.8	41.7
085	12.70	7.77	6.25	3.60	9.91	—	6.7	—	—
10A	15.875	10.16	9.40	5.09	15.09	18.11	21.8	43.6	65.4
12A	19.05	11.91	12.57	5.96	18.10	22.78	31.3	62.6	93.9
16A	25.40	15.88	15.75	7.94	24.13	29.29	55.6	111.2	166.8
20A	31.75	19.05	18.90	9.54	30.17	35.76	87.0	174.0	261.0
24A	38.10	22.23	25.22	11.11	36.20	45.44	125.0	250.0	375.0
28A	44.45	25.40	25.22	12.71	42.23	48.87	170.0	340.0	510.0
32A	50.80	28.58	31.55	14.29	48.26	58.55	223.0	446.0	669.0
36A	57.15	35.71	35.48	17.46	54.30	65.84	281.0	562.0	843.0
40A	63.50	39.68	37.85	19.85	60.33	71.55	347.0	694.0	1 041.0
48A	76.20	47.63	47.35	23.81	72.39	87.83	500.0	1 000.0	1 500.0

注:* 为套筒直径;链号为 085 的链条只有单排链。自行车和摩托车的链条各有相应的国家标准,其结构尺寸与滚子链的结构尺寸是有区别的。

滚子链的标记为

链号 - 排数 - 链节数 - 标准编号

例如:08A-1-88 GB/T 1243—2006 表示:A 系列、节距 12.70 mm、单排、88 节的滚子链。

二、链轮的齿形和尺寸

链轮是链传动的主要零件,链轮齿形已标准化。链轮设计主要是确定其结构及尺寸、选择材料和热处理方法。

链轮的基本参数是配用链条的节距 p、滚子直径 d_1、排距 p_t 以及链轮齿数 z。因滚子链与链轮齿的啮合属于非共轭啮合,故链轮齿形的设计具有较大的灵活性,国家标准中只规定了最大和最小齿槽形状及其极限参数(详见 GB/T 1243—2006)。在这两种极限齿槽形状之间的各种齿槽形状均可采用。链轮轮齿用相应的标准刀具加工,故链轮端面齿形不必在工作图上画出,只要在图上注明“齿形按 GB/T 1243—2006 规定制造”即可,链轮的端面齿形如图 9-16 所示。链轮轮齿的轴面齿廓则应在工作图中画出,轴面齿廓形状如图 9-17 所示,几何尺寸计算查设计手册。

三、链轮的结构和材料

链轮的结构与链轮的直径有关。小直径的链轮可制成整体式(图 9-18a);中等直径的链轮可制成孔板式(图 9-18b);大直径的链轮常采用齿圈可更换的组合式结构(图 9-18c)或焊接结构(图 9-18d)。

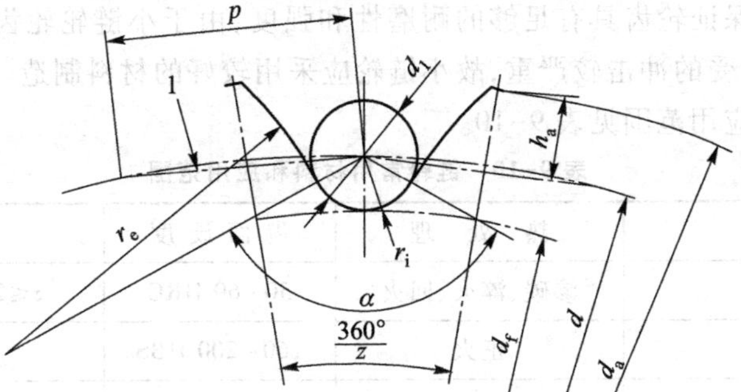

图 9-16　滚子链链轮端面齿形

1—节距多边形；d—分度圆直径；d_1—最大滚子直径；
d_a—齿顶圆直径；d_f—齿根圆直径；r_e—齿槽圆弧半径；
p—弦节距，等于链条节距；h_a—节距多边形以上的齿高；
r_i—齿沟圆弧半径；z—齿数；α—齿沟角

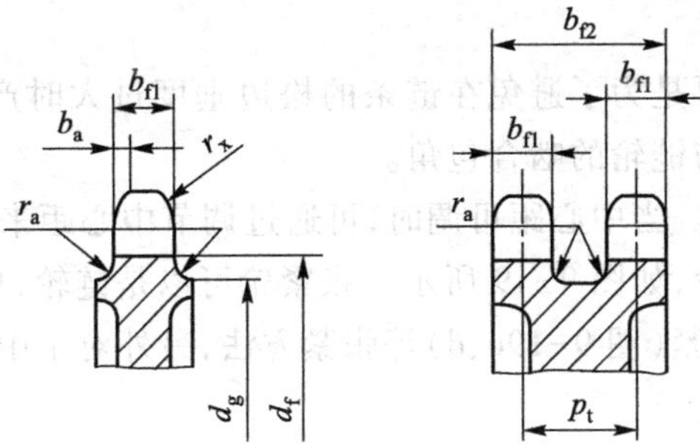

图 9-17　滚子链链轮轮齿的轴面齿形

d_g—最大齿侧凸缘直径；d_f—齿根圆直径；b_{f1}—齿宽；
b_a—齿边倒角宽；b_{f2}—齿全宽；r_a—齿侧凸缘圆角半径；
r_x—齿侧半径；p_t—链条排距

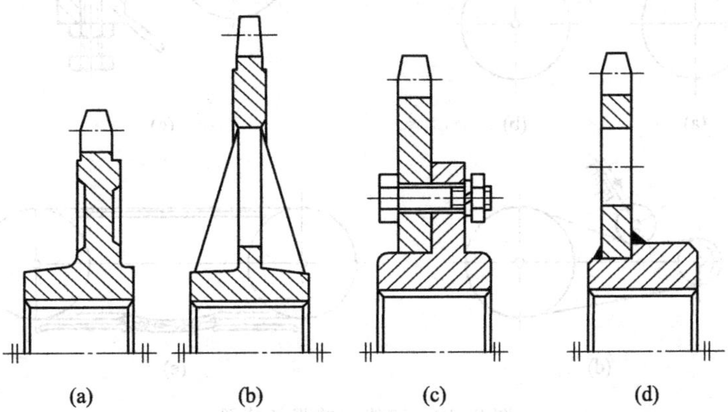

(a)　(b)　(c)　(d)

图 9-18　链轮结构

链轮的材料应能保证轮齿具有足够的耐磨性和强度，由于小链轮轮齿的啮合次数比大链轮轮齿的啮合次数多，所受的冲击较严重，故小链轮应采用较好的材料制造。

链轮常用材料和应用范围见表 9-10。

表 9-10　链轮常用材料和应用范围

链轮材料	热处理	齿面硬度	应用范围
15、20	渗碳、淬火、回火	50~60 HRC	$z \leqslant 25$ 有冲击载荷的链轮
35	正火	160~200 HBS	$z>25$ 的链轮
45、50、ZG310-570	淬火、回火	40~45 HRC	无剧烈冲击的链轮
15Cr、20Cr	渗碳、淬火、回火	50~60 HRC	传输大功率的重要链轮（$z<25$）
40Cr、35SiMn、35CrMo	淬火、回火	40~50 HRC	重要的、使用优质链条的链轮
Q235、Q275	焊接后退火	140 HBS	中速、中等功率、较大的链轮
不低于 HT200 的灰铸铁	淬火、回火	260~280 HBS	$z>50$ 的链轮

四、链传动的张紧

链传动张紧的目的，主要是为了避免在链条的松边垂度过大时产生啮合不良和链条的振动现象；同时也为了增加链条与链轮的啮合包角。

链传动张紧的方法很多。当中心距可调时，可通过调节中心距来控制链条的张紧程度；当中心距不可调时，可设置张紧轮，如图 9-19 所示。张紧轮可以是链轮，也可以是滚轮。可采用自动张紧（图 9-19a、b）和定期张紧（图 9-19c、d）等张紧方法，另外对于中心距较大的链传动，还可用压板和托板张紧（图 9-19e）。

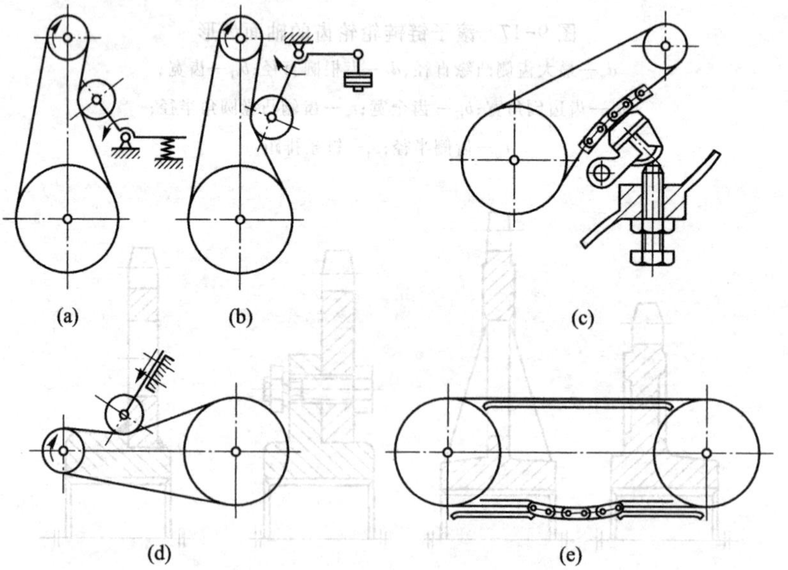

图 9-19　链传动的张紧装置

五、滚子链传动的设计计算

1. 滚子链传动的主要失效形式

1) 链的疲劳破坏　由于链在工作时,周而复始地由松边到紧边不断运动着,因而它的各个零件都是在变应力作用下工作,经过一定循环次数后,链板将会出现疲劳断裂,或者套筒、滚子表面将会出现疲劳点蚀。

2) 链条铰链的磨损　由于铰链的销轴与套筒间承受较大的压力,传动时相对转动,导致铰链磨损,使链条总长伸长,从而使链的松边垂度变大,动载荷也随之增大,引发振动,引起跳齿或脱链,增大传动噪声以及其他形式的破坏,如销轴因磨损削弱而断裂等。

3) 链条铰链胶合　当链轮转速高达一定数值时,链节啮合时受到的冲击能量增大,销轴和套筒的工作表面在很高的温度和压力下,其间的油膜破裂造成直接接触,相对转动产生摩擦热,导致胶合破坏。

4) 链条静力拉断　低速的链条过载,并超过了链条静力强度情况下,链条就会被拉断。

2. 滚子链传动的设计步骤

滚子链传动的设计计算应包括:确定两链轮齿数 z_1 和 z_2,计算链轮的主要几何尺寸,选择链号,确定链节距 p,计算链节数 L_p,计算实际中心距 a,确定润滑方式、链条工作拉力 F 及作用在轴上的径向压力 F_Q。

链传动的设计一般可按下述步骤进行:

1) 选择链轮齿数 z_1 和 z_2　小链轮齿数 z_1 对链传动平稳性和使用寿命有较大的影响,齿数少可减少外廓尺寸,但齿数过少,会使链传递的圆周力增大,多边形效应显著,传动的不均匀性和动载荷增加,铰链磨损加剧,故推荐小链轮的最少齿数 $z_{min} \geqslant 17$。一般情况下,z_1 可根据链速的大小由表 9-11 中选取。

大链轮齿数为 $z_2 = i_{12}z_1$。可见如果 z_1 选得太大,z_2 将更大,这样除增大了传动的尺寸和质量外,也易于因链条节距的伸长而发生跳齿和脱链现象,同样会缩短链条的使用寿命。销轴和套筒磨损后,链节距的增长量 Δp 和节圆由分度圆的外移量 Δd(图 9-20)有如下关系

$$\Delta p = \Delta d \sin \frac{180°}{z}$$

由此可知 Δp 一定时,齿数越多,节圆外移量 Δd 就越大,也越容易发生跳齿和脱链现象。所以,大链轮的齿数不宜过多,通常限定最大齿数 $z_{max} \leqslant 114$。

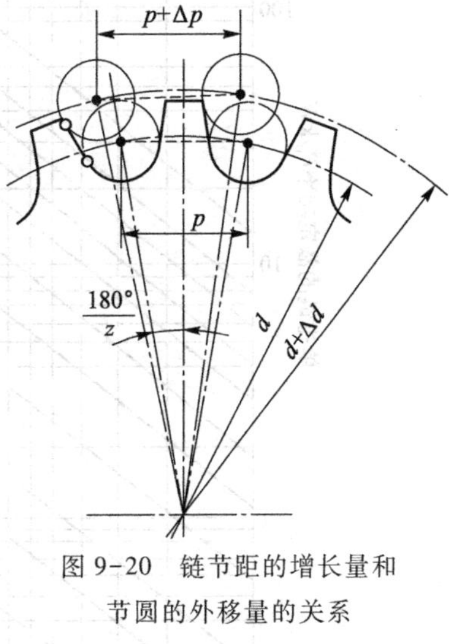

图 9-20　链节距的增长量和节圆的外移量的关系

由于链节数通常是偶数,为使磨损均匀,两链轮齿数最好取为奇数。大链轮的啮合次数少,故磨损较慢,也可采用偶数齿。链轮的优先选用齿数为:17、19、21、23、25、38、57、76、95、114。

表 9-11　小链轮齿数 z_1 的选择

链速 v/(m/s)	<3	3~8	>8
齿数 z_1	≥17	≥21	≥25

2）确定链节距 p　链节距 p 的大小反映了链条和链轮各部分尺寸的大小。节距 p 越大，链的承载能力就越高，但链传动的总体尺寸增大，多边形效应显著，振动、冲击和噪声也严重。为使结构紧凑，应尽量选取较小节距的单排链或多排链。

图 9-21 所示 A 系列滚子链的额定功率曲线（GB/T 18150—2006）是在标准实验条件下得出的，实验条件为：两链轮共面，轴线水平安装，单排链，小链轮齿数 $z=19$，链长 $L_p=120$ 节（无过渡链节），传动比从1∶3到 3∶1，工作温度在−5～+70 ℃之间，载荷平稳，能连续 15 000 h 满负荷运转，按推荐方式润滑。若链传动参数及其运转条件与标准实验条件不符，则传递的功率应予以修正。单排链的计算功率 P_{ca} 为

$$P_{ca}=\frac{K_A K_z P}{K_p}\leqslant P_0 \tag{9-22}$$

式中：P 为链传递的功率（kW）；P_0 为单排链的额定功率（kW），如图 9-21 所示；K_A 为工作情况系数，见表 9-12；K_z 为主动链轮齿数系数，见表 9-13；K_p 为多排链系数，单排链 $K_p=1$，双排链 $K_p=1.75$，三排链 $K_p=2.5$。

根据单排链的计算功率 P_{ca} 和小链轮转速 n_1，由图 9-21 和表 9-9 查得合适的链号及链节距 p。

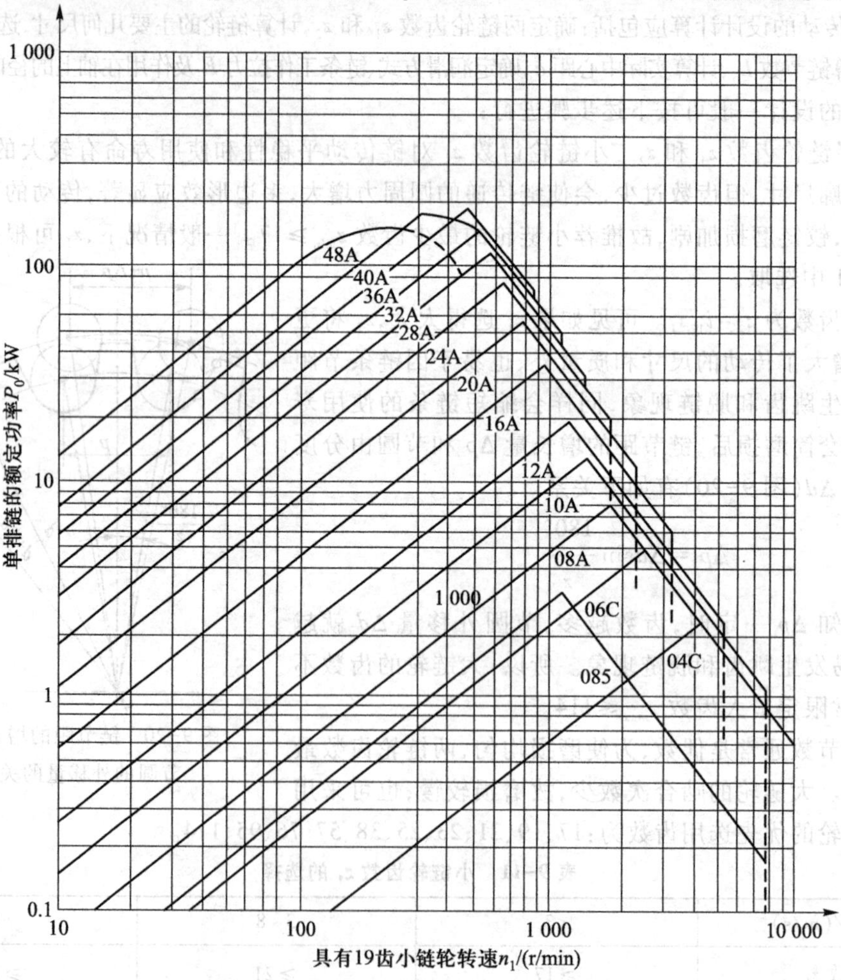

图 9-21　A 系列滚子链的额定功率曲线

表 9-12　工作情况系数 K_A

工作机		原动机		
		平稳运转	轻微振动	中等振动
		电动机、汽轮机和燃气轮机等	频繁启动的电动机、六缸或六缸以上的内燃机	六缸以下的内燃机
平稳运转	离心式的泵和压缩机、印刷机、平稳载荷的带式输送机、自动扶梯、液体搅拌机和混料机、风机	1.0	1.1	1.3
中等振动	三缸或三缸以上的泵和压缩机、混凝土搅拌机、载荷不均匀的输送机、固体搅拌机和混料机	1.4	1.5	1.7
严重振动	单缸或双缸的泵和压缩机、电铲、轧机、球磨机、橡胶加工机械、刨床、剪床、石油钻机	1.8	1.9	2.1

表 9-13　主动链轮齿数系数 K_z

z_1	17	18	19	20	21	22	23	24	25	26	27	28	29	30
K_z	1.13	1.06	1	0.95	0.90	0.85	0.81	0.78	0.74	0.71	0.68	0.66	0.63	0.61

注：表中 K_z 值是由公式 $K_z=(19/z_1)^{1.08}$ 计算得到的。

3）计算链传动实际中心距和链节数　若链传动中心距过小，则小链轮上的包角也小，同时啮合的链轮齿数也减少；若中心距过大，则易使链条抖动，一般可取中心距 $a_0=(30\sim50)p$，链条在小链轮上的包角应不小于 120°。

链条长度以链节数 L_p（节距 p 的倍数）来表示。根据初选链传动中心距 a_0，链节数 L_p 的计算公式为

$$L_p=\frac{2a_0}{p}+\frac{z_1+z_2}{2}+\left(\frac{z_2-z_1}{2\pi}\right)^2\frac{p}{a_0} \tag{9-23}$$

计算出的 L_p 应圆整为整数，且为偶数。链传动的实际中心距 a（mm）可采用以下公式作近似计算，即

$$a=a_0+\frac{p(L_p-L_p')}{2} \tag{9-24}$$

式中：L_p'为计算出的链节数；L_p 为圆整后的链节数。

4）选择润滑方式　链传动的速度 v（m/s）为

$$v=\frac{n_1z_1p}{60\times1\ 000} \tag{9-25}$$

链传动的润滑方式可根据已确定的链号和链速 v，选择图 9-22 中所推荐的方式润滑。当实际情况不能保证图 9-22 中的推荐的润滑方式时，链传动的工作能力和使用寿命将会下降，甚至

根本不能工作。

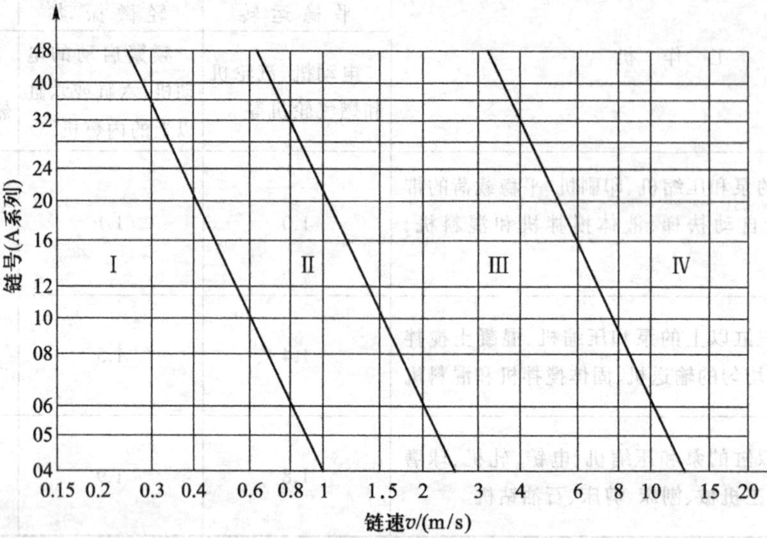

图 9-22　推荐润滑方式

I—人工定期润滑；II—滴油润滑；III—浸油或飞溅润滑；IV—压力喷油润滑

5）计算链传动作用在轴上的径向压力（简称压轴力）F_Q　链传动的工作拉力 F(N) 为

$$F = 1\ 000\ P/v \tag{9-26}$$

式中：P 为链传递的功率（kW）；v 为链速（m/s）。

链传动的压轴力 F_Q(N) 可近似取为

$$F_Q \approx K_Q F \tag{9-27}$$

式中，K_Q 为压轴力系数，对于水平传动 $K_Q = 1.15$，对于垂直传动 $K_Q = 1.05$。

思考题和练习题

9-1　带传动工作时有哪些应力？应力如何分布？最大应力点位于何处？

9-2　带传动中的弹性滑动与打滑有何区别？对传动有何影响？如何避免打滑？

9-3　带传动失效形式有哪些？其计算准则如何？计算的主要内容是什么？

9-4　分析参数 α_1、d_{d1}、i_{12} 的大小对带传动的工作能力有何影响？

9-5　为了提高单根 V 带所能传递的功率，可采用哪些方法？

9-6　滚子链的结构是如何组成的？链的节距和排数对承载能力有何影响？

9-7　试分析链轮齿数 z 过大或过小对链传动有何影响？

9-8　链传动有哪些润滑方法？在设计中应如何选用？

9-9　自行车链条因磨损而伸长，若伸长过大，可取掉数节后再用，为什么去掉的链节数必须是双数？

9-10　为什么说摩擦型带传动不能保证准确的传动比，而链传动虽有确定的平均传动比，但其瞬时传动比是变化的？并说明它们各有何危害？

9-11　带传动与链传动在什么情况下需加张紧轮？张紧轮应如何布置？

9-12　设计一由电动机驱动的普通 V 带减速传动，已知电动机功率 $P = 7$ kW，转速 $n_1 = 1\ 440$ r/min，传动比

$i_{12}=3$,传动比允许偏差为±5%,双班工作,载荷平稳。

9-13　设计一用于带式运输机的链传动,已知电动机功率 $P=5.5$ kW,转速 $n_1=960$ r/min;从动轮转速 $n_2=300$ r/min,载荷平稳,中心距可以调节。

9-14　某运输机为了空投需要,拟用链传动来打开后舱门,由于机舱内空间的特点,设计的大链轮的齿数需要超过书中推荐的齿数上限,试问这一设计是否可行?并说明其理由。

第十章　间歇运动机构及组合机构

在许多机器中，常常需要某些机构的主动件在作连续运动时，从动件产生周期性的时动时停的间歇运动。实现这种间歇运动的机构称为间歇运动机构。还有很多场合，为了满足生产上对机构运动形式、运动规律及机械性能等多方面的要求，常常需要把几个基本机构组合起来加以综合应用，以便得到单个基本机构所不具备的运动性能，这样组合应用的机构称为组合机构。本章将简要地介绍这些机构的工作原理、运动特点及其应用。

§10-1　槽 轮 机 构

一、槽轮机构的组成及工作原理

槽轮机构又称马耳他机构。如图 10-1 所示，它是由带有圆销 A 的主动拨盘 1，具有径向槽的从动槽轮 2 和机架组成。拨盘 1 以等角速度作连续回转，槽轮 2 则作时动时停的间歇转动。当圆销 A 未进入槽轮的径向槽时，由于槽轮的内凹锁止弧$\widehat{nn}$被拨盘 1 的外凸圆弧$\widehat{mm'm}$锁住，故槽轮静止不动。图示为圆销 A 刚开始进入槽轮径向槽时的位置。这时锁止弧$\widehat{nn}$也刚好开始被松开。此后，槽轮受圆销 A 的驱使而转动。当圆销 A 离开径向槽时，下一锁止弧$\widehat{nn}$又被锁住，槽轮又静止不动。直至圆销 A 再一次进入槽轮的另一个径向槽时，又重复上述的运动。

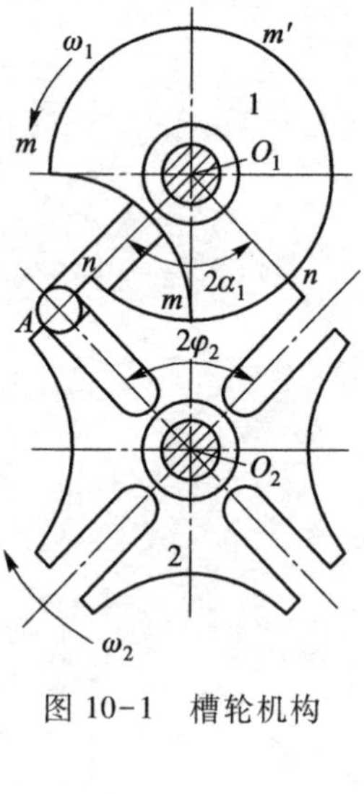

图 10-1　槽轮机构

二、槽轮机构的主要参数及特点

在图 10-1 所示槽轮机构中，当主动拨盘 1 回转一周时，槽轮 2 的运动时间 t_d 与主动拨盘转一周的总时间 t 之比，称为槽轮机构的运动系数，以 k 表示。则由图 10-1 可见，时间 t_d 和 t 所对应的拨盘转角分别为 $2\alpha_1$ 和 2π，因此可得运动系数

$$k=\frac{t_d}{t}=\frac{2\alpha_1}{2\pi}$$

为了使槽轮 2 在开始和终止转动时的瞬间角速度为零，以避免圆销与槽发生刚性冲击，圆销进入或退出径向槽的瞬时，径向槽的中线应当与圆销中心轨迹圆相切（即 $O_2A\perp O_1A$）。设 z 为槽轮上均匀分布的径向槽数，则槽间角 $2\varphi_2=2\pi/z$，由图可见

$$2\alpha_1 = \pi - 2\varphi_2 = \pi - \frac{2\pi}{z}$$

故
$$k = \frac{2\alpha_1}{2\pi} = \frac{z-2}{2z} = \frac{1}{2} - \frac{1}{z} \tag{10-1}$$

为保证槽轮运动，其运动系数 k 必须大于零，故由上式可知，槽轮的槽数 z 不得小于3；而且 k 总是小于 0.5，即槽轮每次转动的时间总是小于停歇时间。

如要 $k>0.5$，即要槽轮每次转动时间大于停歇时间，可在拨盘上装上数个圆销。设圆销在拨盘上均匀分布，其数目为 n，则当拨盘转动一周时，槽轮将被拨动 n 次，故运动系数也比一个圆销时大 n 倍，即

$$k = \frac{n(z-2)}{2z}$$

由于槽轮是间歇转动，故 k 应小于 1（$k=1$ 时，槽轮为连续转动），即

$$\frac{n(z-2)}{2z} < 1$$

由此得
$$n < \frac{2z}{z-2}$$

由上式得槽数 z 与圆销数 n 之间的关系为：

槽数 z	3	4	5	≥6
圆销数 n	1~5	1~3	1~3	1~2

图 10-2 为双圆销槽轮机构。

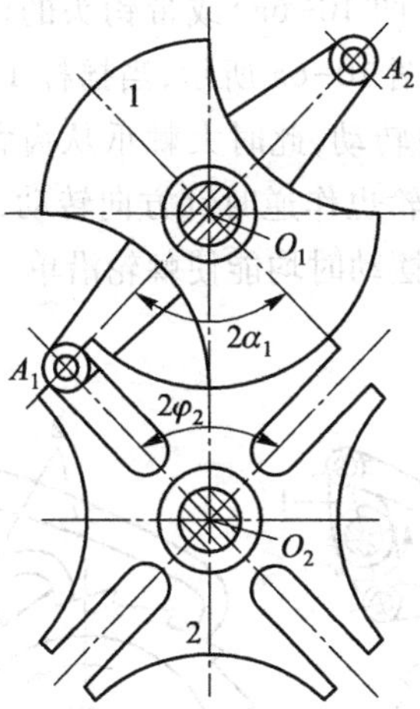

图 10-2　双圆销槽轮机构

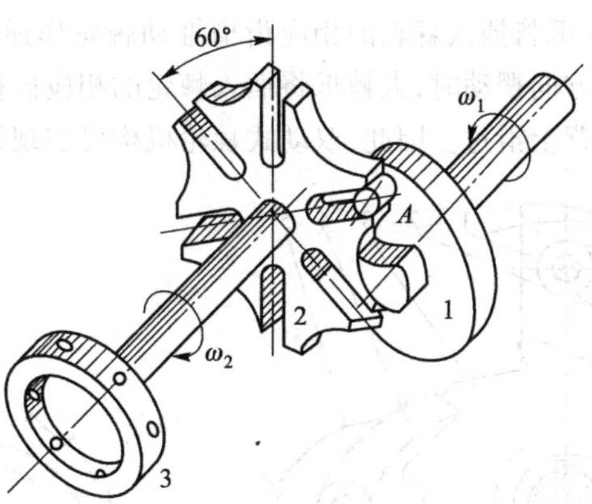

图 10-3　刀架的转位机构

槽轮机构的特点是结构简单，外形尺寸小，机械效率高，并能较平稳间歇地进行转位，因此在自动机床中常用它作为转位机构。如图 10-3 所示为转塔车床刀架的转位机构，刀架 3 上可装 6 把刀具，刀架与具有 6 个槽的槽轮 2 相固连，当具有 1 个圆销的拨盘 1 回转一周时，驱使槽轮转过 1/6 周，即刀架转过 60°，从而将下一工序的刀具转换到工作位置。在电影放映机及自动照相

机中也常用槽轮机构作为拉片机构(图 10-4)。

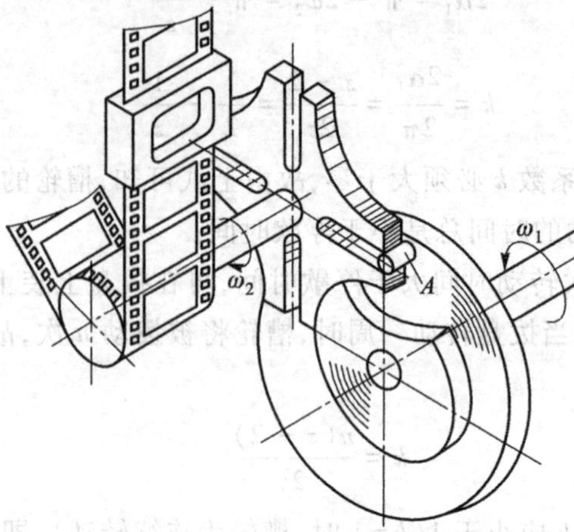

图 10-4　电影放映机的槽轮机构

§ 10-2　棘轮机构

如图 10-5 所示为一外啮合棘轮机构,它主要由棘轮 3、棘爪 2、摇杆 1 和止动爪 4 组成。弹簧 5 用来使止动爪 4 和棘轮 3 保持接触。棘轮通过键固连在传动轴上,摇杆 1 空套在该轴上。当摇杆 1 逆时针方向摆动时,棘爪 2 便插入棘轮 3 的齿间,推动棘轮 3 逆时针方向转过某一角度。当摇杆 1 顺时针方向摆动时,止动爪 4 阻止棘轮 3 顺时针转动,同时棘爪 2 在棘轮 3 的齿背上滑过,故棘轮 3 静止不动。这样,当摇杆 1 作往复摆动时,棘轮 3 作单向的间歇运动。

图 10-6 所示为双动式棘轮机构,棘爪 2 可以制成直边的(图 10-6a)或带钩头的(图 10-6b),棘轮为锯齿形。这种棘轮机构的棘爪由大小两个棘爪组成,如图 10-6a 所示,当摇杆 1 顺时针方向摆动时,小棘爪将插入棘轮的相应齿槽推动棘轮作逆时针方向转动,此时大棘爪从齿背上滑过;当摇杆逆时针方向摆动时,大棘爪将插入棘轮的相应齿槽推动棘轮也作逆时针方向转动,而小棘爪则在棘轮的齿背上滑过。因此,双动式棘轮机构可实现摇杆往复摆动时均能使棘轮沿单一方向运动。

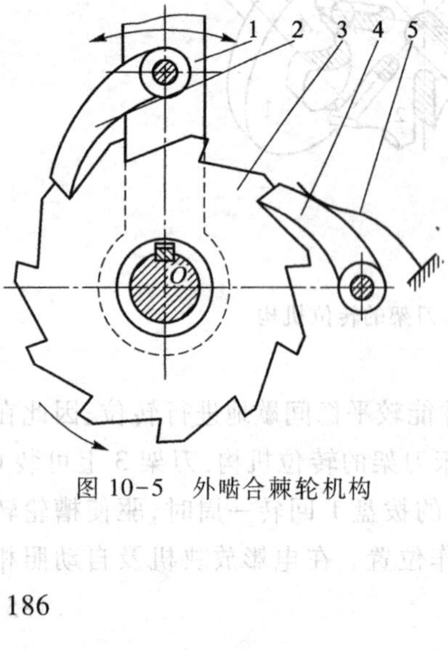

图 10-5　外啮合棘轮机构

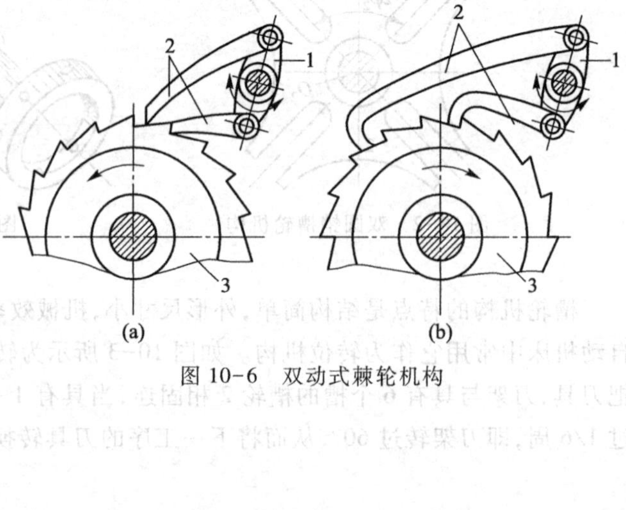

图 10-6　双动式棘轮机构

如果要求棘轮做双向间歇运动,可将棘轮的轮齿做成矩形,而将棘爪做成可翻转的,如图10-7a所示。当棘爪处于图示实线位置 B 时棘轮可获得逆时针方向的单向间歇运动;而当棘爪绕其销轴 A 翻转到虚线位置 B'时,棘轮可获得顺时针方向单向间歇运动。图 10-7b 所示为另一种双向棘轮机构,当棘爪 2 在图示位置时,摇臂 1 往复摆动,棘轮 3 将沿逆时针方向作间歇运动;若将棘爪提起并绕自身轴线转 180°再放下,棘轮即可实现顺时针方向的间歇运动;若将棘爪提起并绕自身轴线转 90°后放下,则棘爪与棘轮脱开而不起作用。这种棘轮机构常应用在牛头刨床工作台的横向进给装置中(图 10-10)。

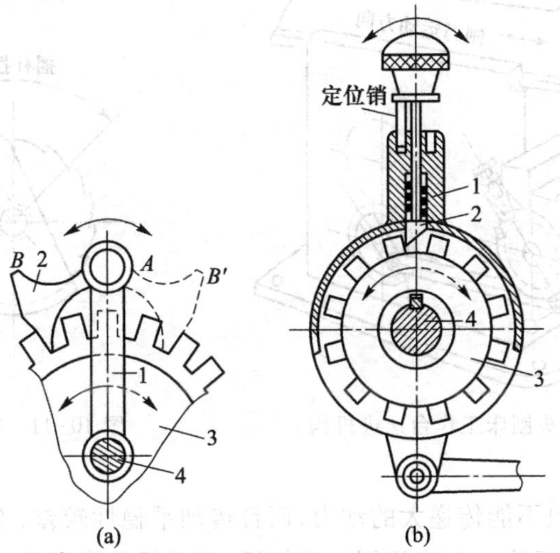

图 10-7 双向棘轮机构

除了外啮合棘轮机构外,还有如图 10-8 所示的内啮合棘轮机构(常用于自行车的传动装置中)和如图 10-9 所示的摩擦式棘轮机构。摩擦式棘轮机构采用无棘齿的棘轮,棘轮的转角可以无级地改变,但其接触表面间容易发生滑动,故运动准确性差。

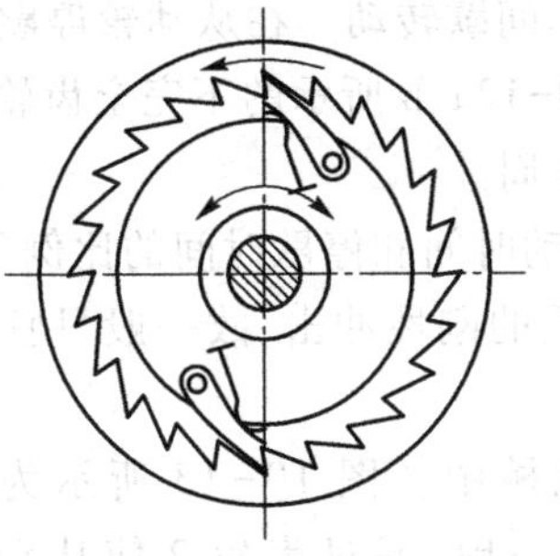

图 10-8 内啮合棘轮机构

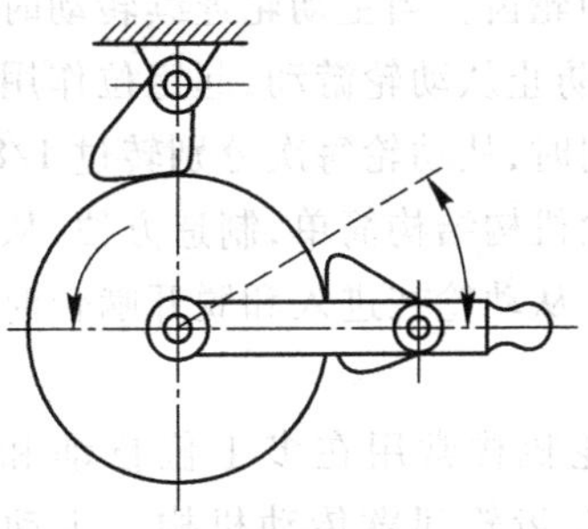

图 10-9 摩擦式棘轮机构

棘轮每次间歇转过的角度称为棘轮转角,棘轮转角的大小由工作需要来决定,可以在较大的范围内调节,这是棘轮机构的突出优点。

调节棘轮转角大小的方法通常有两种：其一是改变摇杆摆角，如在图 10-10 所示牛头刨床工作台的送进机构中，控制工作台横向送进量的棘轮机构的棘爪是由曲柄摇杆机构来带动的，因此可用改变曲柄长度的方法来改变摇杆的摆角，从而改变棘轮转角大小；其二是摇杆的摆角大小不变，而在棘轮上加一遮板，如图 10-11 所示，变更遮板的位置即可使棘爪行程的一部分在遮板上滑过，不与棘轮轮齿接触，被遮板遮住的齿越多，则棘轮转角就越小。

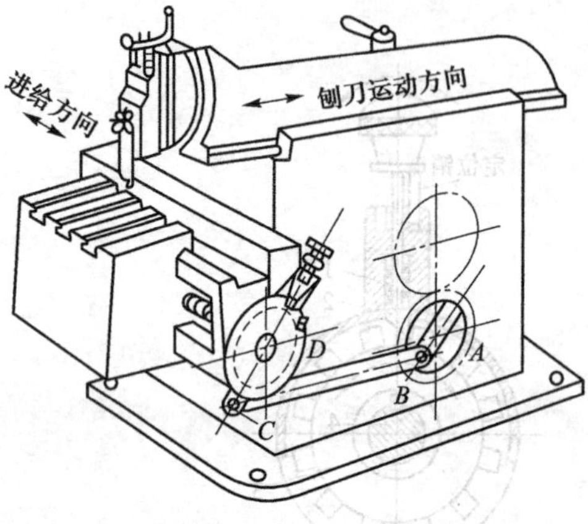

图 10-10 牛头刨床工作台送进机构

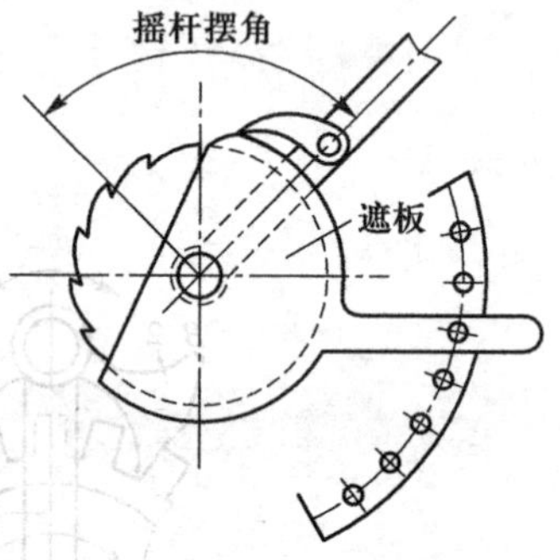

图 10-11 带遮板的棘轮机构

棘轮机构结构简单，但不能传递大的动力，而且传动平稳性较差，不适宜于高速传动，一般用作机床及自动机械的进给机构。也广泛用于卷扬机、提升机及牵引设备中，用它作为防止机械逆转的止动器。

§10-3 不完全齿轮机构

不完全齿轮机构是由齿轮机构演变而得的一种间歇机构，如图 10-12 所示。这种机构的主动轮1上只做出一个齿或几个齿，并根据运动时间与停歇时间的要求，在从动轮 2 上做出与主动轮轮齿相啮合的轮齿。当主动轮连续转动时，从动轮作间歇转动。在从动轮停歇期间，两轮轮缘各有锁止弧，以防止从动轮游动，起定位作用。在图 10-12a、b 所示的不完全齿轮机构中，当主动轮连续转动一周时，从动轮每次分别转过 1/8 周和 1/4 周。

不完全齿轮机构结构简单，制造方便，从动轮的运动时间和停歇时间的比例不受机构结构的限制。其缺点是从动轮在进入和脱开啮合时，都有严重的刚性冲击，故一般只宜用于低速、轻载的场合。

不完全齿轮机构常用在多工位自动和半自动机械中。图 10-13 所示为蜂窝煤压制机工作台的不完全齿轮间歇传动机构。主动轮 3 每转一周，通过齿轮 2 使从动轮工作台 1 转过 1/5 周，相应的 5 个工位可用来完成煤粉的填装、压制、退坯等工序。图 10-14 所示为不完全齿轮机构的往复移动机构。图 10-14a 中主动轮 1 转动一周，齿条 2 往复移动一次。图 10-14b 中主动轮 1 转一周，齿条 2 往复移动两次，即当不完全齿轮 1 上的 A 齿与齿条 2 啮合时，齿条 2 向右移，接着 A 齿与不完全齿轮 3 啮合时，齿条 2 向左移；当 B 齿工作时，齿

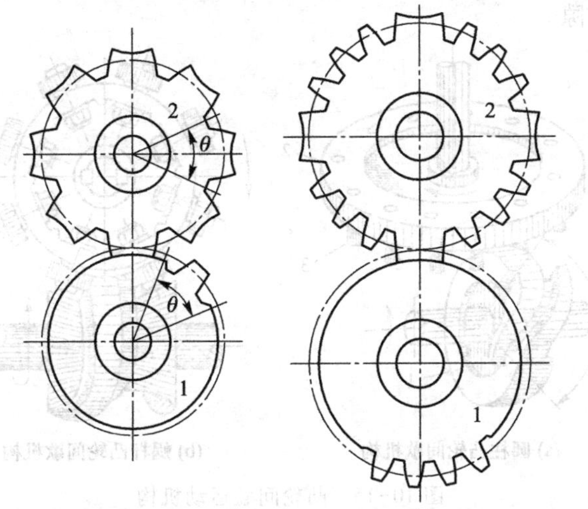

(a) (b)

图 10-12 不完全齿轮机构

条 2 同样也往复移动一次。

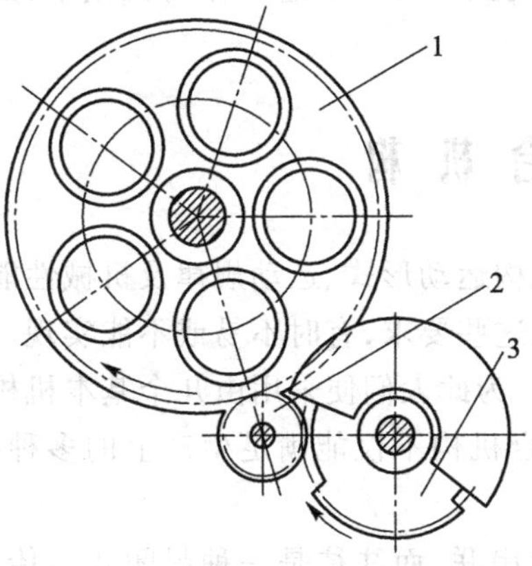

图 10-13 蜂窝煤压制机机构

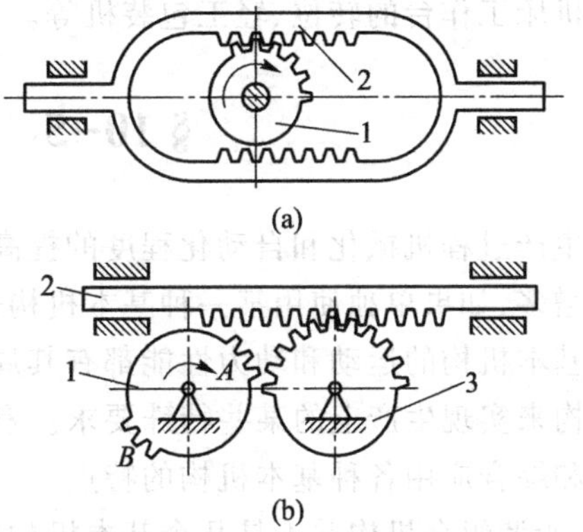

图 10-14 不完全齿轮齿条机构

§10-4 凸轮间歇运动机构

图 10-15 所示为凸轮间歇运动机构,它是由凸轮 1、转盘 2 及机架组成的。转盘 2 端面上装有沿圆周均布的若干滚子 3。当主动件(凸轮)转过曲线槽所对应的角度 β 时,凸轮曲线槽推动滚子使从动件(转盘)转过相邻两滚子所夹的中心角 $2\pi/z$(z 为滚子数)。当凸轮继续转过其余 $(2\pi-\beta)$ 角度时,转盘静止不动。这样就实现了该机构的间歇运动。

凸轮式间歇运动机构一般有两种形式,一种是圆柱凸轮间歇机构(图 10-15a),另一种是蜗杆凸轮间歇机构(图 10-15b)。后一种凸轮间歇机构可以通过调整凸轮与转盘中心距来消除滚子与凸轮凸脊之间的间隙。

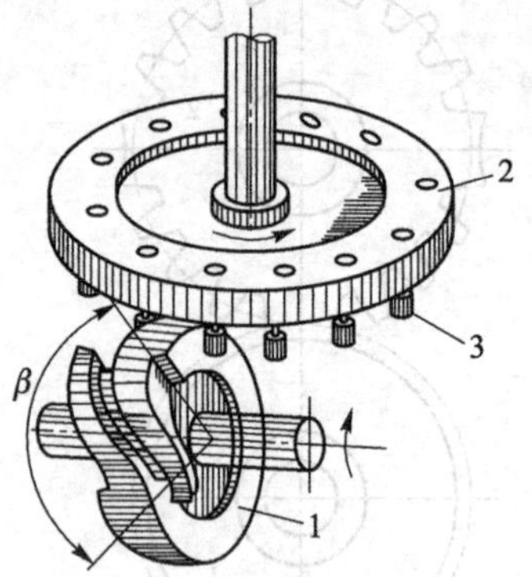

(a) 圆柱凸轮间歇机构

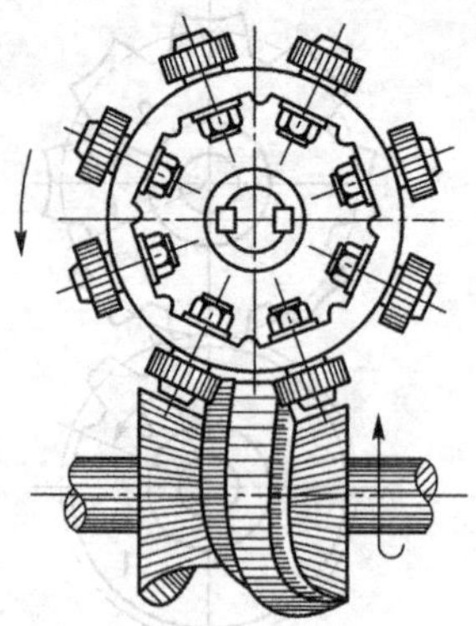

(b) 蜗杆凸轮间歇机构

图 10-15　凸轮间歇运动机构

凸轮间歇运动机构的优点是:传动可靠、平稳,转盘可以实现任何运动规律,以适应高转速的要求;可以改变凸轮曲线槽所对应的 β 角,改变转动与停歇时间比值;转盘停歇时,一般就依靠凸轮棱进行定位,不需要附加定位装置。但凸轮加工较复杂,精度要求较高。

凸轮间歇运动机构常用于需要间歇转位的分度装置和要求步进动作的机械中,如多工位立式半自动机床工作台的转位、轻工包装机等。

§10-5　组合机构

随着生产过程机械化和自动化程度的提高,对机构运动形式、运动规律及机械性能等方面的要求日益增多,如果单独使用某一种基本机构来满足这些要求,有时不易或不能实现。这是因为任何一种基本机构的运动和动力性能都有其局限性。为此人们便采用由几个基本机构组合起来的组合机构来实现生产上的某些特殊要求。利用组合机构不仅能满足生产上的多种要求,而且易于发挥和综合应用各种基本机构的特点。

但是,所谓组合机构并不是几个基本机构的一般串联,而往往是一种封闭式的传动系统,或者是几个基本机构相互协调配合的传动系统。而封闭式机构则是利用一个机构去约束或封闭另一个多自由度系统,使其不仅具有确定的相对运动,而且其从动件能够满足所需的运动形式或运动规律的要求。例如,在图 10-16 所示的用于镜片研磨机中的齿轮-连杆机构,如果两齿轮不啮合,则为一具有两个自由度的五杆机构,现因两齿轮啮合将构件 1、4 的运动封闭起来(即增加一个约束),使带动研磨头 P 的杆 3 不仅具有确定的相对运动,而且其运动符合于研磨镜片的工艺要求(研磨头 P 按复杂的研磨轨迹运动)。

组合机构的类型很多,下面再举两个实例略加介绍。

图 10-17 所示为一齿轮-连杆机构。其中内齿轮 1 固定,当行星架 2 转动时,行星齿轮 3 上点 A 的轨迹如图中双点画线所示,其每一条曲线都近似为圆弧。连杆 4 就铰接在行星轮 3 的点 A 处,若连杆 4 的长度等于该圆弧的半径,则当点 A 在 ab 段上运动时,滑块 5 将作长时间的近似停歇。

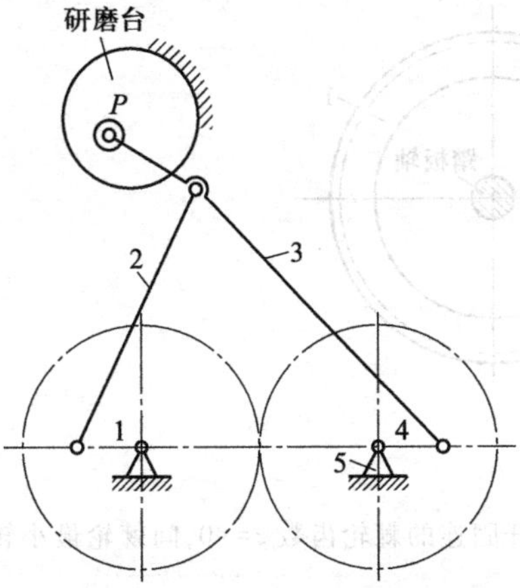

图 10-16　镜片研磨机构

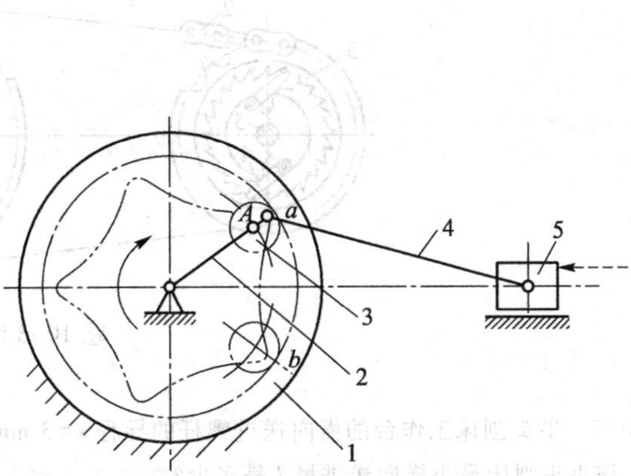

图 10-17　齿轮-连杆组合机构

图 10-18 所示为圆珠笔装配线上的自动送进机构中所采用的联动凸轮机构。主动轴上的盘状凸轮 2 控制托架 3 上下运动，从而将圆珠笔 5 抬起和放下；而端面凸轮 1 及推杆 6 控制托架 3 左右往复移动，从而使圆珠笔 5 沿轨迹 K 运动，将笔杆步进向前送进。4 为固定托架。

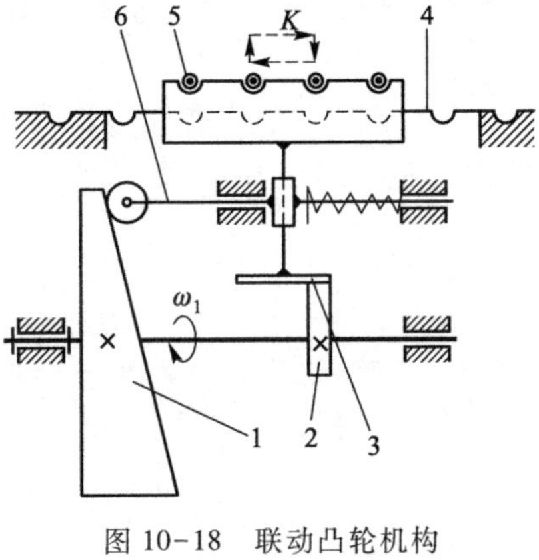

图 10-18　联动凸轮机构

思考题和练习题

10-1　为避免槽轮在开始和终止转动时产生刚性冲击，设计时应注意什么问题？

10-2　何谓槽轮机构的运动系数 k？为什么 k 必须大于零而小于 1？k 有何实际意义？

10-3　如图所示为自行车后轮轴上的棘轮机构，试分析当脚蹬踏板前进和不蹬踏板自由滑行时棘轮机构的工作过程。

10-4　比较不完全渐开线齿轮机构与普通渐开线齿轮机构在啮合过程中的异同点。

10-5　从运动学的观点比较几种间歇运动机构（槽轮机构、棘轮机构、不完全齿轮机构及凸轮间歇运动机构）的异同点，并说明各适用的场合。

10-6　在六角车床刀架转位的槽轮机构中（图 10-3），已知槽数 $z=6$，槽轮静止时间 $t_s=5/6$ s，运动时间 $t_d=2t_s$，求槽轮机构运动系数 k、所需的圆销数 n 及主动拨盘每分钟转数。

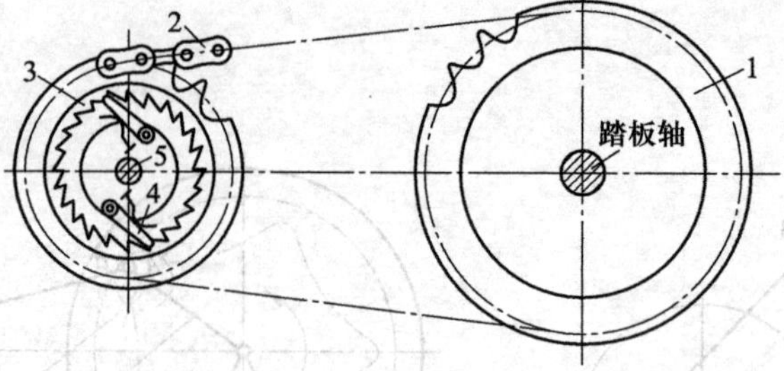

题 10-3 图

10-7　牛头刨床工作台的横向送进螺杆的导程 $s=3$ mm，与螺杆固连的棘轮齿数 $z=40$，问棘轮最小转角是多少？该牛头刨床最小横向送进量 l 是多少？

第三部分

通用机械零件设计基础

第十一章 连 接

在机械中,许多零、部件之间以一定的方式组合成一个整体,这就需要使用各种连接。

连接的类型很多,常用的连接有螺纹连接、键连接、销连接、铆钉连接、焊接、胶接、过盈配合连接以及型面连接等。其中以螺纹连接、键连接在机械中应用最为广泛。

本章主要讨论螺纹连接和键连接的类型、应用、标准、选用以及其工作能力计算等,并简要介绍型面连接、销连接、铆钉连接、焊接、胶接等其他常用连接的类型及其应用。

§11-1 概 述

机械是由许多零、部件用各种不同的连接方法(此处指静连接)组合而成的,以满足制造、结构、装配、维修和运输等方面的要求。根据连接工作原理的不同,连接可分为如下三类。

1. 形锁合连接

它是依靠被连接件或附加固定零件的形状互相嵌合,使其产生连接作用的,如铰制孔用螺栓连接、平键连接、型面连接等。

2. 摩擦锁合连接

它是依靠被连接件的压紧,在接触面间产生摩擦力而阻止被连接件之间的相对运动,从而达到连接的目的,如受横向载荷的普通螺栓连接、过盈配合连接等。

3. 材料锁合连接

在被连接件之间涂敷附加材料,靠其分子间的分子力将零件连接在一起,如胶接、钎焊等。

连接又可分为可拆连接和不可拆连接。可拆连接可经多次拆装,拆装时无需损坏连接中的任何零件,且其工作能力不遭破坏。属这类连接的有螺纹连接、键连接、销连接及型面连接等。不可拆连接是在拆开连接时,至少要损坏连接中的一个零件。如铆钉连接、焊接、胶接等均属这类连接。

至于过盈配合连接,它是利用零件间的过盈配合来达到连接的目的,靠配合面之间的摩擦力来传递载荷,其配合面大多为圆柱面,如轴类零件和轮毂之间的连接等。这种连接结构简单,对中性好,承载能力大,承受变载荷和冲击的性能好,又可避免零件的强度由于加工键槽等原因而被削弱;但配合面加工精度要求高,装配不方便。过盈配合连接一般采用压入法或温差法将配合零件装配在一起。这种连接可做成不可拆连接或可拆连接,视配合表面之间的过盈量大小及装配方法而定。

在选择连接类型时,主要应考虑使用要求和经济要求。一般来讲,采用不可拆连接多是由于制造及经济方面的原因;采用可拆连接多是由于结构、安装、运输、维修等方面的原因。不可拆连接的制造成本通常比可拆连接低廉。另外在具体选择连接类型时，还需考虑连接的加工条件和被连接零件的材料、形状及尺寸等因素。

在设计连接时，应尽可能将连接件与被连接件设计成等强度，使连接中各零件充分发挥其承载能力。若由于结构、工艺或经济等方面的原因而无法实现等强度设计时，则连接的强度应根据其中的最薄弱环节来计算。

§11-2 螺纹连接

螺纹连接是机械中应用极为广泛的一种可拆连接。它具有结构简单、装拆方便、连接可靠、互换性强等特点。据统计在现代机械中具有螺纹结构的零件约占零件总数的一半以上。

各种螺纹及其连接件大多数都制订有国家标准。

一、机械制造中常用的连接螺纹

机械制造中常用的连接螺纹大多为三角形螺纹，它分为普通螺纹和管螺纹两类。前者多用于紧固连接，后者用于紧密连接。

普通螺纹（图 11-1a）是牙型角 $\alpha=60°$ 的三角形米制圆柱螺纹，以大径为公称直径。同一公称直径可以有多种螺距，其中螺距最大的称为粗牙螺纹，其余都为细牙螺纹（表 11-1）。它们均已标准化，其中粗牙螺纹应用最广。与粗牙螺纹相比，细牙螺纹的升角小，小径大，因而自锁性能好，强度高，但不耐磨，多次装拆后易滑扣，常用于薄壁零件或承受冲击、振动和变载荷的零件，也常用作微调机构的调整零件。

管螺纹的牙型角 α 有 55°（图 11-1b、c）和 60°（图 11-1d）两种，可以是圆柱螺纹（GB/T 7307—2001，图 11-1b）或圆锥螺纹（GB/T 7306—2000，图 11-1c；GB/T 12716—2011，图 11-1d），且有米制和英制之分。英制管螺纹的公称直径是管子孔径，米制管螺纹的公称直径是螺纹大径。圆柱管螺纹广泛应用于水、煤气、润滑管路系统中，若要求连接密封，常需在螺旋副间填充密封物，或在密封面之间加密封垫。圆锥管螺纹不用填料就能保证紧密性而且旋合迅速，适用于有密封要求的管路连接中。

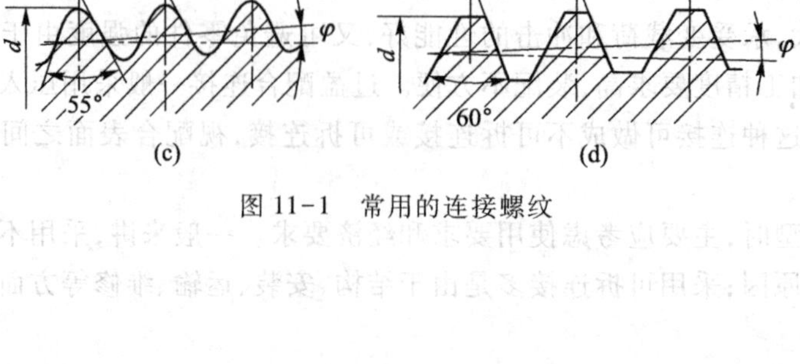

图 11-1 常用的连接螺纹

为使连接具有自锁性，连接螺纹应是单线螺纹。

表 11-1 为普通螺纹的基本参数和尺寸。

表 11-1　普通螺纹的基本参数和尺寸(摘自 GB/T 196—2003)　mm

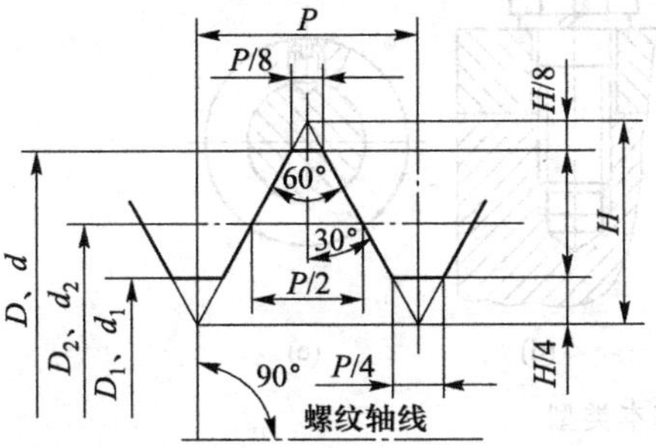

D、d——内、外螺纹大径；

D_2、d_2——内、外螺纹中径；

D_1、d_1——内、外螺纹小径；

P——螺距；

H——原始三角形高度，$H=0.866\ P$

$d_2=d-0.649\ 5\ P$

$d_1=d-1.082\ 5\ P$

标记示例：M16(粗牙普通螺纹，直径 16 mm，螺距 2 mm)

M16×1.5(细牙普通螺纹，直径 16 mm，螺距 1.5 mm)

公称直径	粗牙			细牙
(大径)D、d	螺距 P	中径 D_2、d_2	小径 D_1、d_1	螺距 P
6	1	5.350	4.917	0.75
8	1.25	7.188	6.647	1,0.75
10	1.5	9.026	8.376	1.25,1,0.75
12	1.75	10.863	10.106	1.5,1.25,1
16	2	14.701	13.835	1.5,1
20	2.5	18.376	17.294	2,1.5,1
24	3	22.051	20.752	2,1.5,1
30	3.5	27.727	26.211	3,2,1.5,1

二、螺纹连接的基本类型和螺纹连接件

1. 螺纹连接的基本类型

螺纹连接的基本类型有螺栓连接(普通螺栓连接、铰制孔用螺栓连接)、双头螺柱连接、螺钉连接和紧定螺钉连接，其结构形式如图 11-2 所示。

普通螺栓连接(图 11-2a)是将一端有头、另一端制有螺纹的螺栓，穿过被连接件的通孔，旋上螺母，拧紧后将被连接件连成一体。螺母与被连接件之间常放置垫圈。当需要螺纹连接承受较大的横向载荷时，可采用铰制孔用螺栓(图 11-2b)，此时被连接件的孔与螺栓杆多采用基孔制过渡配合。螺栓连接的结构特点是：被连接件上不必切制螺纹，结构简单，装拆方便，主要用于被连接件不太厚，并有足够装拆空间的场合。

双头螺柱连接(图 11-2c)是将两端均制有螺纹的螺柱的一端拧入一个被连接件的螺纹孔中，另一端则穿过另一个被连接件的通孔，旋上螺母，拧紧后将被连接件连成一体。这种连接多

用于被连接件之一太厚而不便钻通孔的场合，或为了结构紧凑而必须采用盲孔的连接。双头螺柱连接拆卸时，只需拆下螺母，不用拆下螺柱，因此允许多次装拆而不会损坏被连接零件。

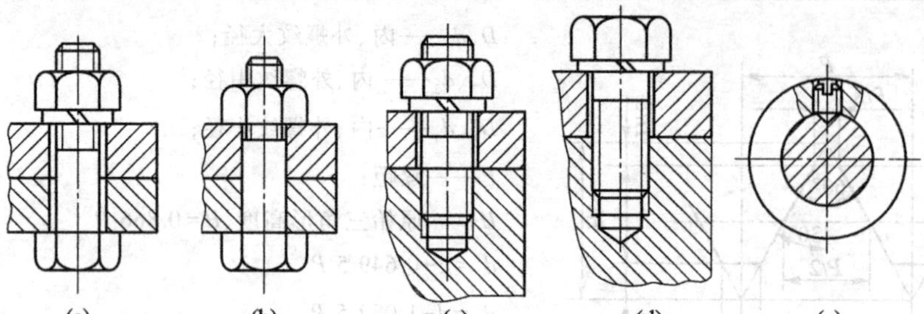

图 11-2　螺纹连接的基本类型

螺钉连接(图 11-2d)不需要螺母，将螺钉穿过一个被连接件的通孔，拧入另一个被连接件的螺纹孔内而实现连接。也用于被连接件之一较厚的场合，其结构上较双头螺柱简单，但不宜经常装拆，否则易使被连接件的螺纹孔损坏。

紧定螺钉连接(图 11-2e)是将紧定螺钉拧入一个零件，并以末端顶紧另一个零件来固定两零件的相互位置，可传递不大的力和转矩。这种连接多用于轴上零件与轴的轴向固定。

2. 螺纹连接件(紧固件)

螺纹连接件的种类很多，通常有螺栓、双头螺柱、螺钉、螺母和垫圈等。它们大都已标准化，设计时应尽量按标准选用。

1) 螺栓　螺栓的头部形状有多种形式，最常用的是六角形(图 11-3)，螺栓杆部分可制出一段螺纹或全螺纹。六角头螺栓的产品等级分为 A、B、C 三级，A 级和 B 级属精制普通螺栓，在机械中应用较广，A 级用于螺栓公称直径 $d \leqslant 24$ mm 的螺栓，B 级用于 $d>24$ mm 的螺栓；C 级普通螺栓精度低，主要用在金属结构及其他不重要的连接中。精制铰制孔用螺栓(A、B 级)用于承受横向载荷的连接中(图 11-12b)。六角头螺栓的基本尺寸见表 11-2。

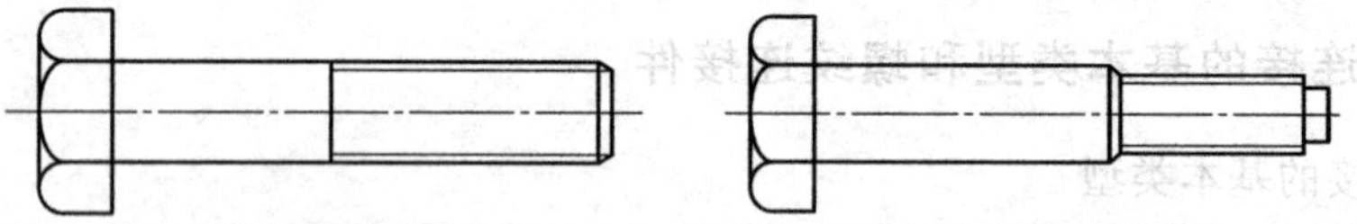

图 11-3　螺栓

螺栓也可用于螺钉连接中，即螺栓不用螺母，作为螺钉使用。

常用的螺栓材料为 Q215、Q235、35、45 等碳钢。当强度要求高时，还可采用合金钢，如 15Cr、40Cr 等。国家标准将钢制螺栓(以及双头螺柱、螺钉)按机械性能分为 9 个等级，见表 11-3。

表 11-2　六角头螺栓的基本尺寸(摘自 GB/T 5782—2016)　　mm

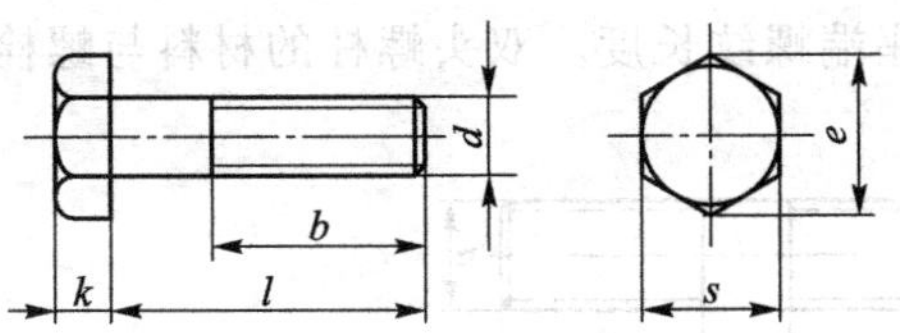

标记示例

螺纹规格 d=M16、公称长度 l=80 mm,性能等级为 8.8 级、表面氧化、A 级的六角头螺栓

螺栓　GB/T 5782　M16×80

d		6	8	10	12	16	20	24	30
S		10	13	16	18	24	30	36	46
e_{min}		11.05	14.38	17.77	20.03	26.75	33.53	39.98	—
k		4	5.3	6.4	7.5	10	12.5	15	18.7
l		30~60	40~80	45~100	50~120	65~160	80~200	90~240	110~300
b	$l \leqslant 125$	18	22	26	30	38	46	54	66
	$125<l \leqslant 200$	24	28	32	36	44	52	60	72
	$l>200$	37	41	45	49	57	65	73	85
l 的长度系列		…30,35,40,45,50,55,60,65,70,80,90,100,110,120,130,140,150,160,180,200,220,240,260,280,300…							

表 11-3　螺栓、螺钉和螺柱的机械性能(GB/T 3098.1—2010,GB/T 3098.2—2015)

性能等级	4.6	4.8	5.6	5.8	6.8	8.8	9.8	10.9	12.9
抗拉强度极限 σ_b/MPa	400		500		600	800	900	1 000	1 200
屈服极限 σ_s/MPa	240	320	300	400	480	640	720	900	1 080
材料和热处理	碳钢或添加元素的碳钢					碳钢、添加元素的碳钢、合金钢,淬火并回火			合金钢或添加元素的碳钢,淬火并回火
相配螺母的性能等级	4(d>M16) 5($d \leqslant$M16)		5		6	8	9	10	12

注:1. 螺栓、螺钉性能等级小数点前的数字为抗拉强度极限 σ_b 的 1/100,小数点后的数字为屈强比(σ_s/σ_b)的 10 倍。

2. 规定性能等级的螺栓、螺母在图纸中只标出性能等级,不应标出材料牌号。

2）双头螺柱　双头螺柱两端都制有螺纹，两端螺纹长度可以相同或不同，旋入被连接件螺孔的一端称为座端，另一端称为螺母端。图 11-4a 所示为等长双头螺柱，使用时不分座端和螺母端。图 11-4b 所示的不等长双头螺柱较为常用，b_m 为座端螺纹长度。双头螺柱的材料与螺栓相同，力学性能等级由标准确定。

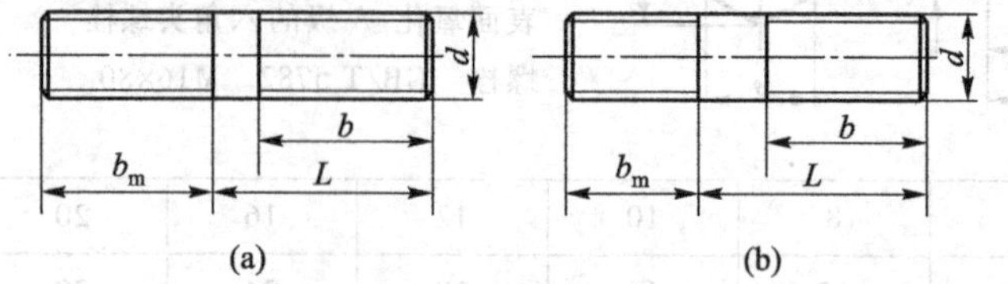

图 11-4　双头螺柱

3）螺钉　螺钉通常分为连接螺钉、紧定螺钉以及特殊螺钉（如吊环螺钉、自攻螺钉等）。

螺钉的结构形状与螺栓类似，但头部形式更多，以适应不同的要求。内六角圆柱头螺钉可施加较大的拧紧力矩，连接强度高，可以代替六角头螺栓，用于要求结构紧凑的场合。

紧定螺钉头部有各种不同形状（图 11-5a），以适应不同拧紧程度的要求。螺钉尾部（末端）要顶住被连接件之一的表面或相应凹坑中，所以尾部也有各种形状（图 11-5b），且要求有足够的硬度。

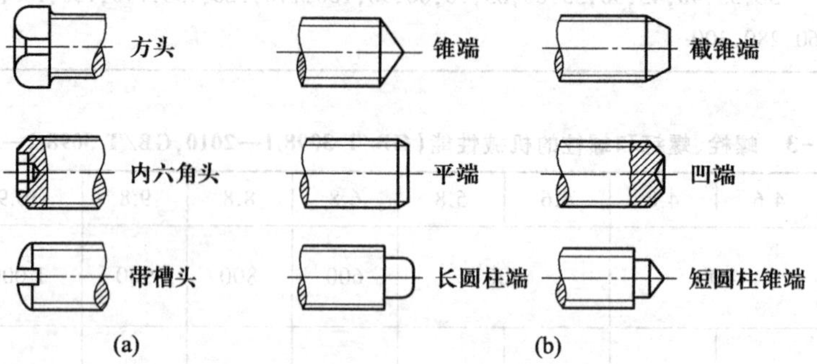

图 11-5　紧定螺钉的头部和末端形状

自攻螺钉（图 11-6）头部形状也有多种形状，末端形状有锥端和平端两种，它的螺纹与普通螺纹相比，在相同大径时，其螺纹的螺距大而小径稍小，已标准化（GB/T 5280—2002）。自攻螺钉较硬，一般用渗碳钢，热处理硬度为 50～58 HRC，被连接件上可不预先制出螺纹孔，连接时利用螺钉直接攻出螺纹。多用于连接金属薄板、轻合金或塑料零件等，在汽车工业、家电、仪器、仪表及玩具等行业中应用日益广泛。

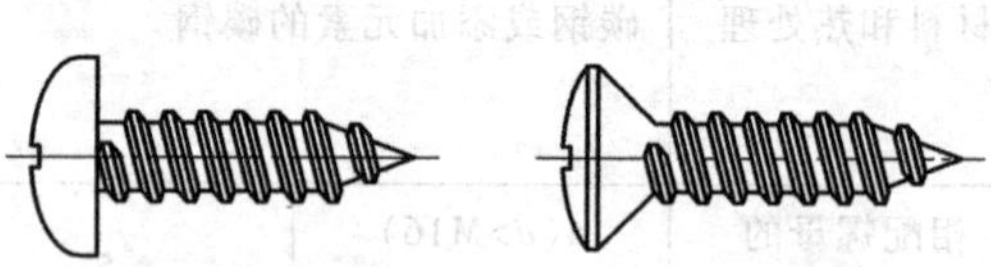

图 11-6　自攻螺钉

4）螺母　螺母的类型很多，但以六角螺母应用最普遍（图 11-7a～c）。六角螺母有厚薄之分，常用六角螺母如图 11-7a 所示，扁螺母（图 11-7b）用于轴向尺寸受到限制的场合，厚螺母（图 11-7c）用于经常装拆易于磨损之处。六角螺母也分 A、B、C 三级，分别与相同级别的螺栓配用。圆螺母(图 11-7d)常用于轴上零件的轴向固定。

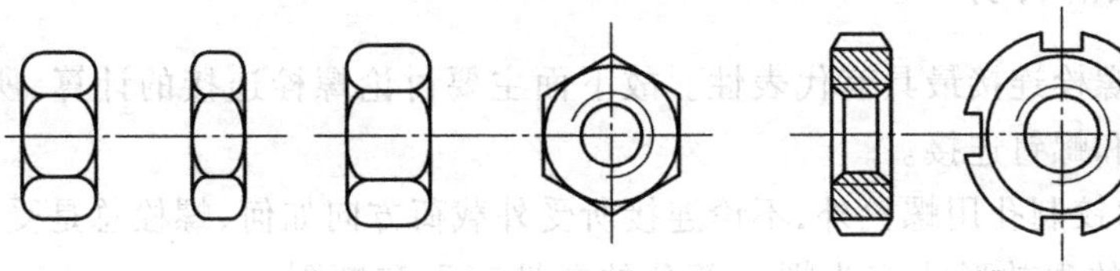

图 11-7 螺母

5) 垫圈 垫圈放置在螺母与被连接件之间,作用是增大被连接件的支承面积以减小接触处的压强,且避免拧紧螺母时擦伤被连接件的表面。常用的多为平垫圈(图 11-8),它分为 A 级、C 级两种,与相同级别的螺栓、螺母配用。有的垫圈还可起到防松的作用,如弹簧垫圈(图 11-15b)。

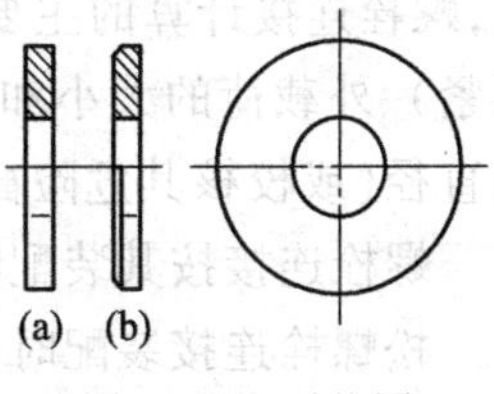

图 11-8 平垫圈

三、螺纹连接的预紧

为了保证螺纹连接的可靠性或被连接件的密封性,螺纹连接一般需要预紧,即在安装时必须将螺母或螺钉拧紧,使螺杆中产生一定的轴向预紧力 F_p。预紧力的大小应适当,若太小则达不到预紧的目的,若太大又易使螺纹连接失效。预紧力 F_p 和拧紧力矩 T(N · mm)的大小有关,对于常用的粗牙钢制螺纹连接可近似按下式计算:

$$T \approx 0.2F_p d \tag{11-1}$$

式中:d 为螺纹的公称直径(mm);F_p 为预紧力(N)。

由式(11-1)可见,预紧力 F_p 的大小与拧紧力矩 T 成正比,故可通过控制拧紧力矩大小来控制预紧力 F_p。对于一般的螺纹连接,预紧力的大小可用普通扳手凭经验控制;对于重要的螺纹连接应使用专门的装配工具,如测力矩扳手(图 11-9)或定力矩扳手(图 11-10)等。重型设备的螺纹连接用控制螺杆的伸长或螺母的转角来控制预紧力。

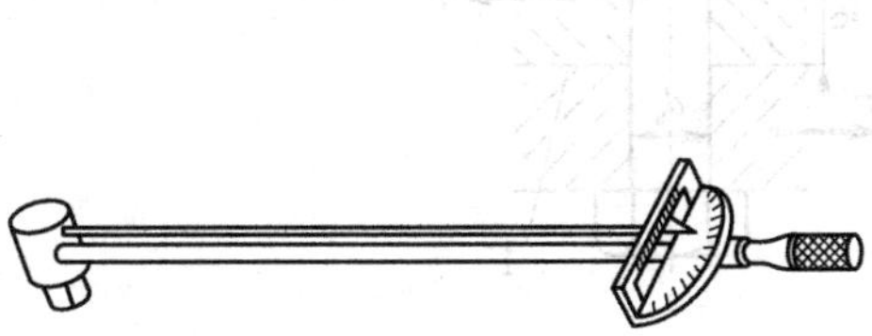

图 11-9 测力矩扳手

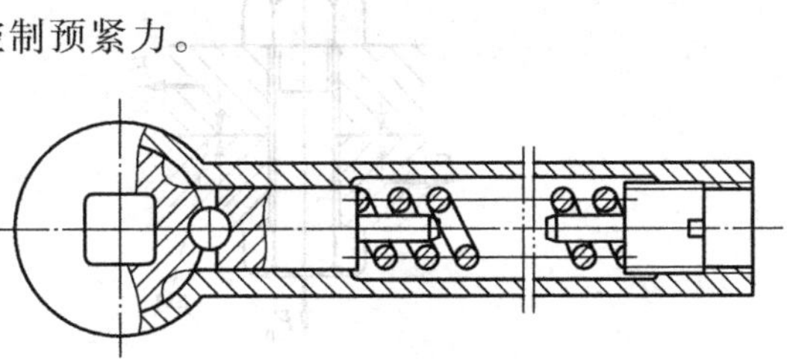

图 11-10 定力矩扳手

普通扳手的尺寸与螺栓的尺寸是对应的,小直径的螺栓用小尺寸的扳手,大直径的螺栓用大尺寸的扳手,螺栓直径与扳手长度大体是成线性比例关系的。然而螺栓的承载能力却是随螺栓直径的平方变化的,即螺栓的拧紧力矩是与螺栓直径的平方成比例的。若扳手的尺寸对中等直径的螺栓产生的拧紧力矩是合适的,那么对于小直径的螺栓就容易过拧紧,对于大直径的螺栓就容易拧不紧。过拧紧的螺栓连接会因过载而损坏,所以重要的螺栓连接的直径不宜过小。

四、螺纹连接的计算

螺纹连接中以螺栓连接最具有代表性。故下面主要讨论螺栓连接的计算,所讨论内容也基本适用于双头螺柱和螺钉连接。

螺栓连接中,除铰制孔用螺栓外,不论连接所受外载荷方向如何,螺栓总是受轴向拉力(静载荷或变载荷),连接的失效形式多为螺纹部分的塑性变形和断裂及螺杆的疲劳断裂。疲劳断裂主要发生在应力集中处,根据实践统计,螺栓发生断裂的部位如图 11-11 所示。当螺栓直径确定后,螺栓和螺母的螺纹牙及其他各部分尺寸均可按标准选定。因此,螺栓连接计算的主要问题是根据连接的装配情况(预紧或不预紧)、外载荷的大小和方向以及材料性能等按强度条件确定螺栓直径(或校核其危险截面的强度)。

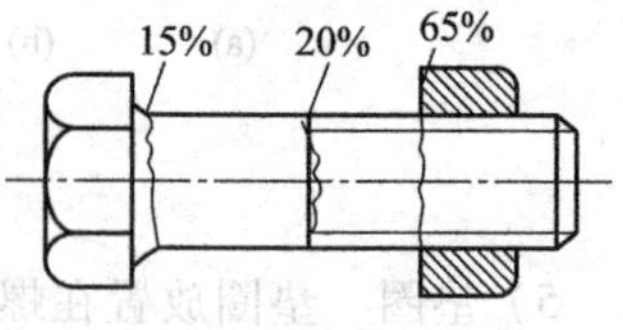

图 11-11　螺栓损坏部位统计

螺栓连接按其装配时是否需要预紧,分为松螺栓连接和紧螺栓连接两种情况。

松螺栓连接装配时不需拧紧,在承受外载荷前,螺栓不受力。这种螺栓连接只能承受静载荷,应用范围有限。当外载荷使螺栓受拉时,可按抗拉强度条件确定螺栓的直径。

紧螺栓连接装配时必须拧紧,在承受外载荷之前,螺栓已受到预紧力 F_p 的作用,这种连接应用很广泛。下面讨论紧螺栓连接的计算。

按照外载荷方向的不同,螺栓连接的强度计算可分为受横向载荷和受轴向载荷两种情况。

1. 受横向载荷的紧螺栓连接

图 11-12a 所示为普通螺栓连接,外载荷 F 与螺栓轴线垂直,靠螺栓预紧后在连接接合面间产生的摩擦力来承受载荷。螺栓预紧力 F_p 的大小根据受载时被连接件之间不发生相对滑动的

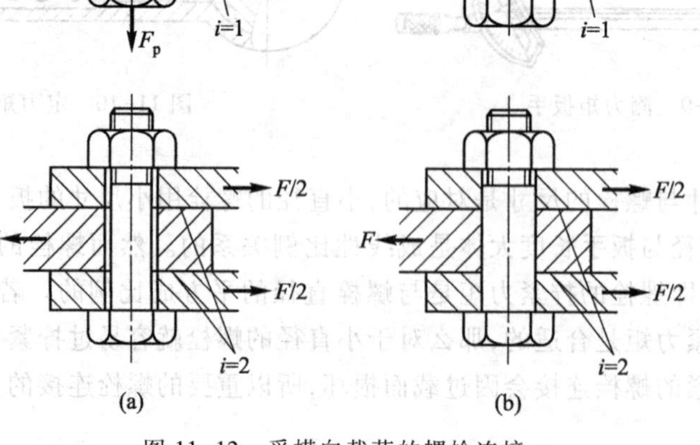

图 11-12　受横向载荷的螺栓连接

条件来确定，即

$$F_p \geqslant \frac{K_s F}{zif} \tag{11-2}$$

式中：f 为接合面间的摩擦因数，对钢或铸铁的被连接件可取 $f=0.1\sim0.15$；i 为被连接件的接合面数目；z 为工作螺栓数目；K_s 为防滑系数，通常取 $K_s=1.1\sim1.3$；F_p 的单位为 N。

用扳手拧紧螺栓与螺母时，螺栓既受到预紧力 F_p 产生的拉应力 σ 作用，又受到扳手力矩 T 产生的扭转切应力 τ 的作用。根据第四强度理论，在紧螺栓连接的强度计算时，应将拉应力 σ 乘以 1.3 来考虑扭转切应力的影响，其强度条件为

$$\sigma=\frac{1.3F_p}{\pi d_1^2/4}\leqslant[\sigma] \tag{11-3}$$

式中：d_1 为螺栓小径(mm)；$[\sigma]$为螺栓材料的许用应力(MPa)，其计算方法见式(11-8)；σ 的单位为 MPa。

由式(11-3)，螺栓的小径 d_1 为

$$d_1\geqslant\sqrt{\frac{4\times1.3F_p}{\pi[\sigma]}} \tag{11-4}$$

由式(11-2)可知，当取 $f=0.15$、$i=1$、$z=1$、$K_s=1.2$ 时，$F_p\geqslant 8F$，可见预紧力比外载荷大得多，据此设计的螺栓尺寸必然很大。为避免这个缺点，可采用以键、销等来承受横向载荷的减载装置（图 11-13），这时螺栓仅起连接压紧作用，尺寸可大为减小。

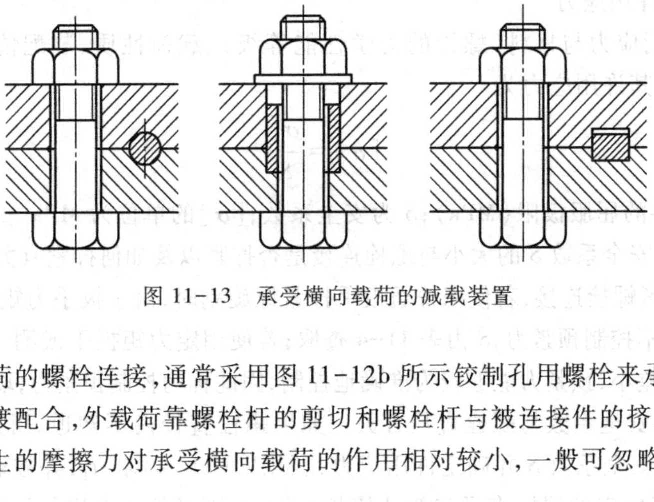

图 11-13　承受横向载荷的减载装置

对于受横向载荷的螺栓连接，通常采用图 11-12b 所示铰制孔用螺栓来承受横向外载荷。由于螺栓杆与孔为过渡配合，外载荷靠螺栓杆的剪切和螺栓杆与被连接件的挤压来传递，而螺栓预紧后在接合面间产生的摩擦力对承受横向载荷的作用相对较小，一般可忽略不计。则其剪切强度条件为

$$\tau=\frac{4F}{zi\pi d_s^2}\leqslant[\tau] \tag{11-5}$$

挤压强度条件为

$$\sigma_{bs}=\frac{F}{zd_s\delta}\leqslant[\sigma]_{bs} \tag{11-6}$$

式中：d_s 为螺栓受剪面直径(mm)；i 为螺栓受剪面的数目；z 为工作螺栓数目；δ 为螺栓杆与被连接件孔壁间接触受压的最小轴向长度(mm)；$[\tau]$为螺栓许用切应力(MPa)，其计算公式见式(11-9)；$[\sigma]_{bs}$为螺栓或孔壁的许用挤压应力(MPa)，由式(11-10)确定；τ、σ_{bs}的单位均为 MPa。

2. 受轴向载荷的紧螺栓连接

图 11-14 所示的压力容器盖螺栓连接是受轴向载荷紧螺栓连接的典型实例,其外载荷与螺栓轴线一致。设压力容器内的流体压力为 p,螺栓数目为 z,则缸体周围每个螺栓承受的轴向工作载荷为 $F=p\pi D^2/(4z)$。

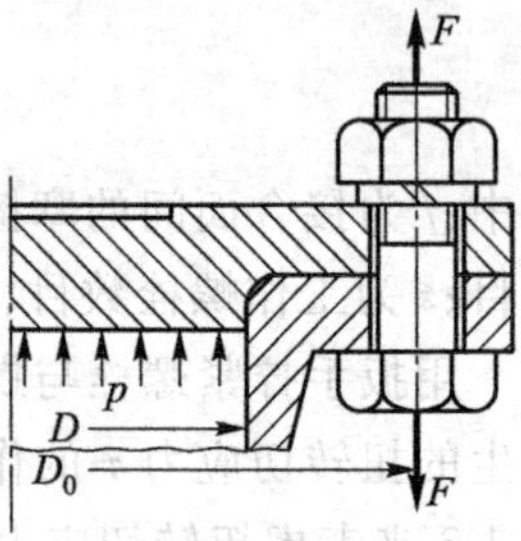

图 11-14 压力容器盖螺栓连接

连接拧紧后,螺栓受预紧力 F_p 而伸长,被连接件受到压缩,其压紧力也为 F_p。当压力容器工作时,工作载荷使螺栓伸长量增加,被连接件的压紧因螺栓的伸长而略有放松,其压紧力减小为 F_p'。F_p'称为残余预紧力。此时,螺栓所受的轴向总载荷 F_Q 为残余预紧力和工作载荷之和,即

$$F_Q = F + F_p' \tag{11-7}$$

为了保证连接的紧密性,防止连接接合面间出现间隙,残余预紧力 F_p'必须大于零。F_p'的大小可按连接的工作条件根据经验选定。当工作载荷 F 无变化时,可取 $F_p'=(0.2\sim0.6)F$;当 F 有变化时,$F_p'=(0.6\sim1.0)F$;对于特别重要的紧密连接,可取 $F_p'=(1.5\sim1.8)F$。

此种连接当求出作用在单个螺栓上的总载荷 F_Q 后,可用式(11-4)确定螺栓小径,此时该式中的 F_p 应以 F_Q 来代替。

五、设计螺栓连接的几个问题

1. 螺栓材料的许用应力

螺栓材料的许用应力与材料(螺栓的力学性能等级)、载荷性质、装配情况以及结构尺寸有关。对于受拉螺栓,其许用应力为

$$[\sigma] = \frac{\sigma_s}{S} \tag{11-8}$$

式中:σ_s 为螺栓材料的屈服极限(MPa);S 为安全系数;$[\sigma]$的单位为 MPa。

在式(11-8)中,安全系数 S 的大小与螺栓连接是否拧紧以及如何拧紧有关。对于松螺栓连接,取 $S=1.2\sim1.7$;对于紧螺栓连接,若使用普通扳手拧紧螺旋副时,由于扳手力矩偏差大,预紧力不能准确控制,因此称为不控制预紧力,S 由表 11-4 查取;若使用定力矩扳手或测力矩扳手拧紧螺旋副时,由于扳手力矩偏差小,预紧力能够较为准确地控制,因此称为控制预紧力,取 $S=1.2\sim1.5$。

按表 11-4 选用安全系数与螺栓直径有关。如果螺栓直径尚不知道,可采用试算法,即初估螺栓直径,由此查得安全系数 S 并确定许用应力,利用式(11-4)求 d_1,并按表 11-1 查出螺栓公称直径 d。若由计算确定的螺栓直径与初估值相差较大,则必须重新进行计算。

表 11-4 紧螺栓连接的安全系数 S(不控制预紧力)

材　料	静载荷		变载荷	
	M6~M16	M16~M30	M6~M16	M16~M30
碳钢	4~3	3~2	10~6.5	6.5
合金钢	5~4	4~2.5	7.5~5	5

铰制孔用螺栓连接的许用应力按以下公式确定：

许用切应力

$$[\tau]=\frac{\sigma_s}{S_\tau} \tag{11-9}$$

式中：σ_s 为螺栓材料的屈服极限(MPa)；S_τ 为安全系数，静载荷时 $S_\tau=2.5$，变载荷时 $S_\tau=3.5\sim5$；$[\tau]$的单位为 MPa。

许用挤压应力

$$\left.\begin{aligned}&\text{被连接件为钢时(静载荷)} && [\sigma]_{bs}=\frac{\sigma_s}{1.25}\\ &\text{被连接件为铸铁时(静载荷)} && [\sigma]_{bs}=\frac{\sigma_b}{2\sim2.5}\end{aligned}\right\} \tag{11-10}$$

式中：σ_s 为钢制被连接件的屈服极限(MPa)；σ_b 为铸铁被连接件的强度极限(MPa)；$[\sigma]_{bs}$的单位为 MPa。当为变载荷时，应将计算出的$[\sigma]_{bs}$值降低 20%～30%。

2. 关于螺栓组连接的概念

大多数机械中螺栓都是成组使用的。在设计螺栓组连接时，首先是连接的结构设计，即根据被连接件的结构和连接的用途，确定螺栓的数目和分布形式。各螺栓之间的距离大小既要保证连接的可靠性又要考虑装拆方便，留有足够的扳手空间(可查阅机械设计手册)。其次是根据连接的工作情况及外载荷，分析螺栓的受力情况，找出其中受力最大的螺栓及其所受的力。然后根据单个螺栓连接的计算方法确定螺栓直径。为了减少螺栓的尺寸规格数量和便于制造装配，其他受力较小的螺栓一般都采用与受力最大螺栓相同的直径尺寸。

3. 螺纹连接的防松问题

用于连接的普通螺纹，其升角($\phi=1.5°\sim3.5°$)小于螺旋副的当量摩擦角($\varphi_v=6°\sim11°$)，满足自锁条件，且螺母与支承面上的摩擦力也有防松作用，一般在静载荷和工作温度变化不大时，螺纹连接不会自行松脱。但在冲击、振动和变载荷作用下，螺纹间的摩擦力可能瞬时消失，连接有可能松脱。当温度变化较大时，由于热变形等原因，也可能发生螺纹的松脱现象。为了保证连接的可靠性和安全，必须在设计时考虑螺纹连接的防松问题。

防松的根本问题在于防止螺旋副的相对转动。防松的方法很多，根据防松原理可分为摩擦防松、采用专门防松元件防松和其他方法防松等。

图 11-15 为摩擦防松。图 11-15a 是利用对顶螺母之间的并紧，使两螺母间螺纹产生轴向力，从而使螺纹间的摩擦力不会消失，以达到防松的目的。图 11-15b 是利用弹簧垫圈被压紧变形后所产生的轴向力，使螺纹间始终保持一定的摩擦力来防松，弹簧垫圈还有一定的机械防松作

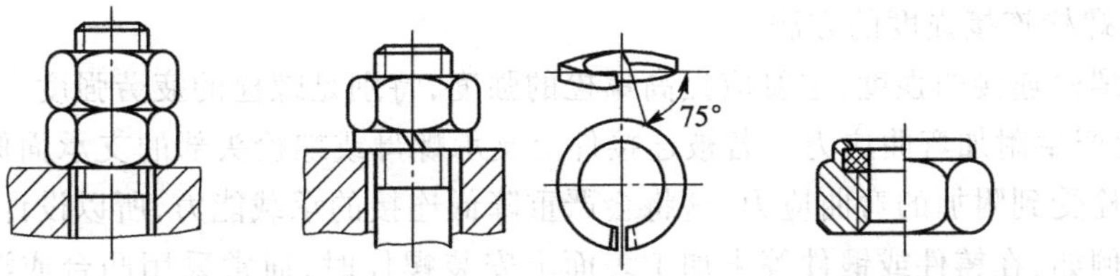

(a) 对顶螺母　(b) 弹簧垫圈　(c) 尼龙圈锁紧螺母

图 11-15　利用摩擦防松

用。图 11-15c 所示的锁紧螺母中嵌有尼龙圈，锁紧螺母拧入螺栓后，尼龙圈内孔被胀大而箍紧螺栓，以达到防松的目的。

图 11-16 为采用专门防松元件防松，其防松作用可靠。图 11-16a 是将槽形螺母拧紧后，用开口销穿过螺栓尾部小孔和螺母的槽内，并将开口销尾部掰开，使螺旋副不能相对转动。图 11-16b是将螺母拧紧后，将止动垫片折边，分别压靠在螺母和被连接件的侧面，即可将螺母锁住。图 11-16c 中带翅垫圈的内翅卡在螺纹杆的纵向槽内，圆螺母拧紧后，将对应的外翅锁在螺母的一个槽口内，多用于较大直径的螺纹连接和滚动轴承的紧固。

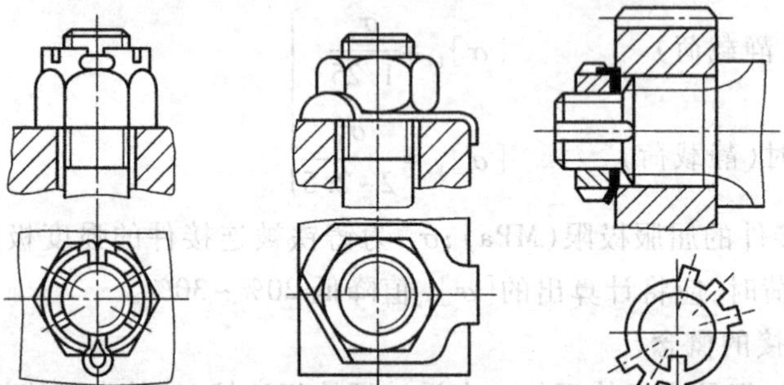

(a) 槽形螺母和开口销　　(b) 止动垫片　　(c) 圆螺母和带翅垫片

图 11-16　采用专门防松元件防松

图 11-17 为其他方法防松。图 11-17a、b 是冲点防松和焊接防松，防松可靠，但拆卸后连接件不能重复使用，适用于不需拆卸的特殊连接。图 11-17c 是用黏接剂涂于螺纹旋合表面，拧紧螺母后黏接剂能自行固化，防松效果良好。

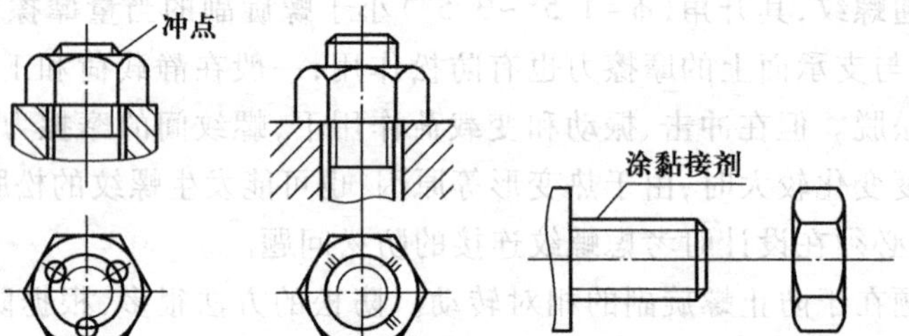

(a) 冲点法　　(b) 焊接法　　(c) 黏接法

图 11-17　其他方法防松

4. 提高螺栓连接强度的方法

要提高螺栓连接的强度，主要应提高螺栓的强度，特别是螺栓的疲劳强度。其主要方法有：

1）避免产生附加弯曲应力　若被连接件上支承螺母或螺栓头部的支承面倾斜或未加工，则有可能使螺栓受到附加的弯曲应力，这将会严重降低连接的承载能力，所以设计时必须注意支承面的平整。例如，在铸件或锻件等未加工表面上安装螺栓时，通常采用凸台或沉头座等结构，经局部加工后可获得平整的支承面(图 11-18)。

2）减少应力集中　螺纹的牙根和收尾、螺栓头部与螺栓杆的过渡处以及螺栓杆的截面变化处，都是产生应力集中的地方。使螺栓截面变化均匀是减少螺栓应力集中的有效方法，增大过渡圆角、切制卸载槽等都是常用的措施。

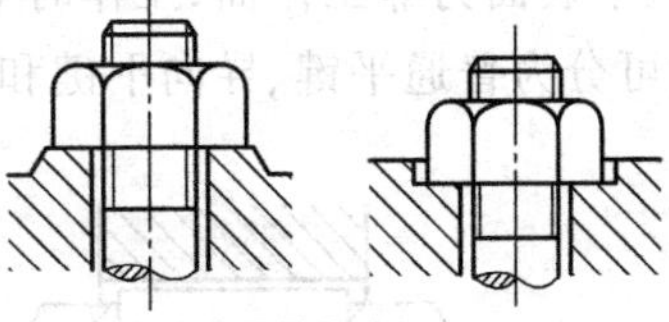
图 11-18　避免产生附加弯曲应力的措施

例 11-1　计算圆柱形压力容器盖的螺栓连接（图 11-14）。已知容器内流体压力 $p=3$ MPa（静载荷），容器内径 $D=200$ mm，螺栓数目 $z=12$，容器与容器盖凸缘厚度均为18 mm。拧紧螺母时不控制预紧力。

解　1. 确定单个螺栓的工作载荷 F

$$F=\frac{p\pi D^2}{4z}=\frac{3\pi\times 200^2}{4\times 12}\text{ N}=7\ 854\text{ N}$$

2. 确定螺栓的总拉伸载荷 F_Q

考虑到压力容器的密封性要求，取残余预紧力 $F_p'=1.6F$，则

$$F_Q=F+F_p'=2.6F=2.6\times 7\ 854\text{ N}=20\ 420\text{ N}$$

3. 求螺栓直径

选取螺栓力学性能等级为 8.8，则 $\sigma_s=640$ MPa。由式（11-8）确定许用应力$[\sigma]$时需查找安全系数 S，当不控制预紧力时，S 与螺栓直径 d 有关，故需用试算法。

由表 11-4 暂取 $S=3$（假定 $d=16$ mm），则螺栓许用应力为

$$[\sigma]=\frac{\sigma_s}{S}=\frac{640}{3}\text{ MPa}=213.3\text{ MPa}$$

由式（11-4）得螺栓小径为

$$d_1\geqslant\sqrt{\frac{4\times 1.3F_Q}{\pi[\sigma]}}=\sqrt{\frac{4\times 1.3\times 20\ 420}{\pi\times 213.3}}\text{ mm}=12.588\text{ mm}$$

由表 11-1 查得 $d=16$ mm 时，$d_1=13.835$ mm>12.588 mm，能满足强度要求且与原假定相符，故取 M16 的螺栓合适。

根据容器凸缘厚度及螺母厚度，参考图 11-2a，由表 11-2 选取螺栓公称长度 $l=60$ mm。

标记为：螺栓 GB/T 5782　M16×60-8.8。

§11-3　键连接、销连接及型面连接

一、键连接的类型

安装在轴上的零件（如齿轮、带轮、凸轮、飞轮等）都是以它们的轮毂部分与轴通过键连接在一起的。键连接主要用来实现轴、毂之间的周向固定以传递转矩。有些类型的键还可以实现轴上零件的轴向固定。

键可分为平键、半圆键、楔键及花键等几大类，且大都是标准件。

1. 平键连接

平键的两侧面是工作面，键的上表面与轮毂上的键槽底部之间留有空隙（图 11-19），键的

上、下表面为非工作面，工作时靠键与键槽侧面的挤压来传递转矩，定心性较好。根据其用途，平键可分为普通平键、导向平键和滑键等。

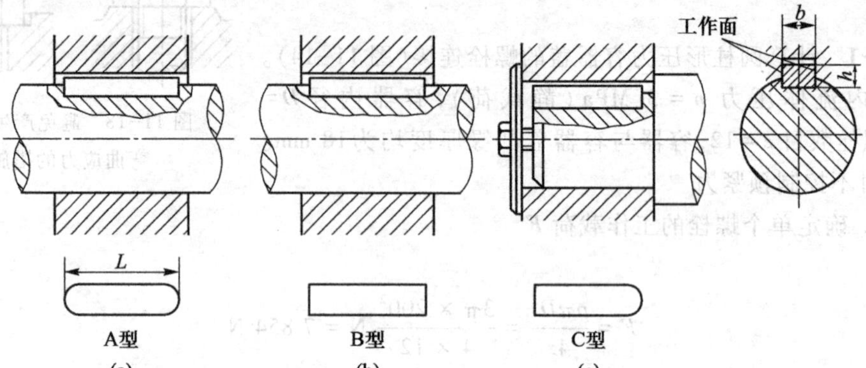

图 11-19　普通平键连接

1）普通平键　其结构如图 11-19 所示，按键端形状分为圆头（A 型）、平头（B 型）和单圆头（C 型）三种。轴上键槽可用指状铣刀加工（图 11-19a）或盘状铣刀加工（图 11-19b），轮毂上的键槽可用插削、拉削或线切割加工。普通平键应用极为广泛。

2）导向平键　当轮毂需沿轴向移动时，可用图 11-20所示的导向平键。导向平键较长，通常用螺钉固定于轴上的键槽内，且在键的中部加工一个起键螺孔，以便于键的拆卸。

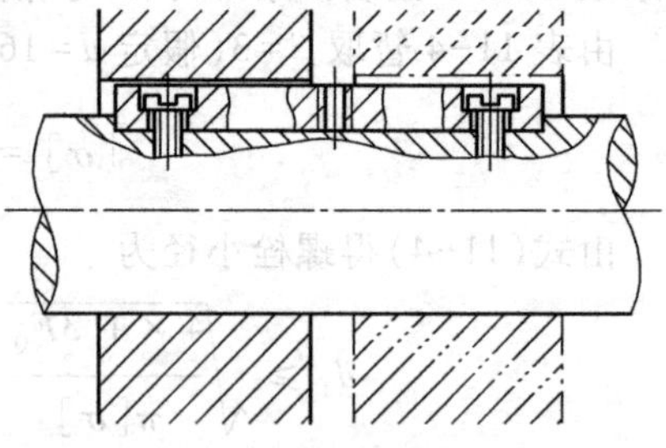

图 11-20　导向平键连接

导向平键与轮毂的键槽配合较松，属动连接。而普通平键与轮毂上键槽的配合属静连接。

2. 半圆键连接

如图 11-21 所示，键是半圆形的，其侧面为工作面，键能在轴上的键槽中绕其圆心摆动，以适应轮毂上键槽的斜度，安装方便。但因键槽较深，对轴削弱较大，故适用于轻载，且多用于锥形轴端的连接（图 11-21b）。

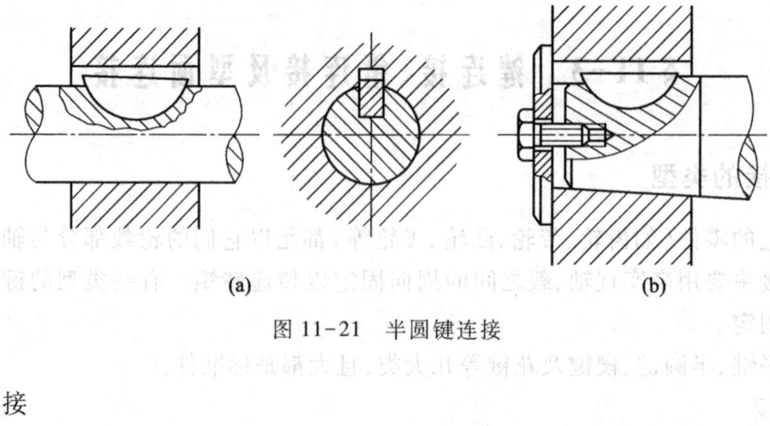

图 11-21　半圆键连接

3. 楔键连接

如图 11-22 所示，楔键的上、下表面为工作面，两侧面为非工作面。键的上表面和轮毂上的键槽底面各有 1∶100 的斜度，装配时将键打入，使键的上下两工作面分别与轮毂和轴的键槽工作面压紧，靠其摩擦力和挤压传递转矩，并可对轮毂作轴向固定，承受单方向的轴向力。由于楔紧而产生的装配偏心使楔键连接定心精度较低，故楔键只宜用于转速不高及旋转精度要求低的连接中。

楔键分为普通楔键（图 11-22a）和钩头楔键（图 11-22b）两种。钩头楔键的钩头用于键的拆卸。

由于键连接具有结构简单、连接可靠、装拆方便等优点，在各类机械的轴与轮毂连接中得到广泛的应用。键连接的缺点是键槽对轴和轮毂造成削弱，且引起应力集中，使轴的抗疲劳强度降低。

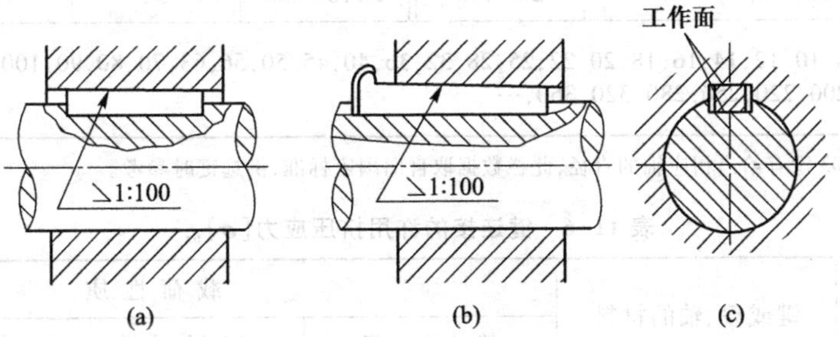

图 11-22　楔键连接

二、平键连接的尺寸选择和强度校核

1. 键的材料及其尺寸选择

平键是标准零件，根据标准规定，键材料采用抗拉强度不低于 590 MPa 的钢，通常为 45 钢；若轮毂为轻金属或非金属材料，键可用 20、Q235A 钢等。

平键的尺寸主要是键的截面尺寸（键宽 b 与键高 h）及键长 L。键宽 b 和键高 h 已标准化，由表 11-5 查取。键的长度可按轮毂的长度确定，一般应略短于轮毂长度，并符合标准中规定的长度系列（表 11-5）。

2. 平键连接的失效形式和强度校核

平键连接的主要失效形式是工作面的压溃。除非严重过载，一般不会出现键的剪断。对于通常采用的材料组合和标准尺寸的平键连接，一般只需作连接的挤压强度校核。设平键侧面的作用力（图 11-23）沿平键的工作长度和高度方向均匀分布，则挤压强度条件为

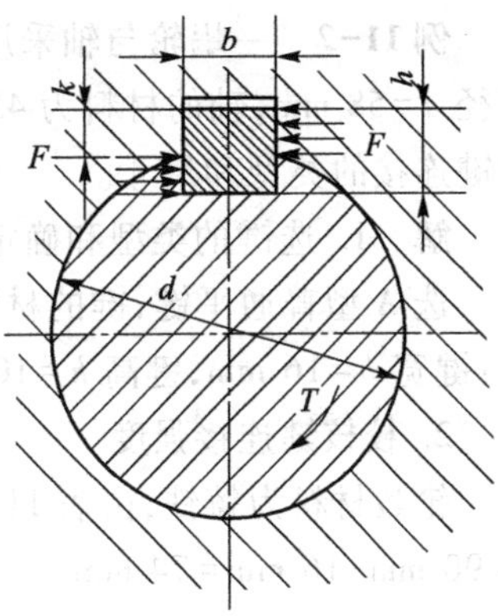

图 11-23　平键连接受力情况

$$\sigma_{bs}=\frac{F}{kl}=\frac{4T}{dhl}\leqslant[\sigma]_{bs} \qquad (11-11)$$

式中：F 为圆周力（N），$F\approx 2T/d$；T 为轴传递的转矩（N · mm）；d 为轴的直径（mm）；k 为键与轮毂槽的接触高度（mm），取 $k=h/2$；l 为键的工作长度（mm），即键的实际挤压长度。A 型平键 $l=L-b$，B 型平键 $l=L$，C 型平键 $l=L-b/2$；$[\sigma]_{bs}$ 为键连接的许用挤压应力（MPa），按连接中材料力学性能较弱的零

件由表 11-6 查取。

表 11-5 普通平键的尺寸(摘自 GB/T 1096—2003) mm

轴径 d①	键的尺寸			轴径 d	键的尺寸		
	键宽 b	键高 h	键长 L		键宽 b	键高 h	键长 L
6~8	2	2	6~20	>44~50	14	9	36~160
>8~10	3	3	6~36	>50~58	16	10	45~180
>10~12	4	4	8~45	>58~65	18	11	50~200
>12~17	5	5	10~56	>65~75	20	12	56~220
>17~22	6	6	14~70	>75~85	22	14	63~250
>22~30	8	7	18~90	>85~95	25	14	70~280
>30~38	10	8	22~110	>95~110	28	16	80~320
>38~44	12	8	28~140	>110~130	32	18	90~360
键长 L 系列	6,8,10,12,14,16,18,20,22,25,28,32,36,40,45,50,56,63,70,80,90,100,110,125,140,160,180,200,220,250,280,320,360,…						

① GB/T 1096—2003 没有给出相应轴的直径,此栏数据取自旧国家标准,供选键时参考。

表 11-6 键连接的许用挤压应力 $[\sigma]_{bs}$ MPa

连接工作方式	键或毂、轴的材料	载荷性质		
		静载荷	轻微冲击	较大冲击
静连接	钢	125~150	100~120	60~90
	铸铁	70~80	50~60	30~45
动连接	钢	50	40	30

注:动连接指有相对滑动的导向平键连接,其主要失效形式是工作面的过度磨损,为了限制工作面磨损,故许用值较低。

当键强度不足时,可适当增加键长或采用两个键(按 180°对称布置)。考虑到两个键载荷分配不均匀,在强度校核中应按 1.5 个键计算。

例 11-2 一蜗轮与轴采用平键连接,蜗轮轮毂材料为 HT250,轮毂宽度 $B=100$ mm。轮毂孔直径 $d=58$ mm,轴的材料为 45 钢。该连接传递转矩 $T=500$ N·m,工作时有轻微冲击。试确定此键连接的类型和尺寸。

解 1. 选键的类型和确定键的尺寸

选 A 型普通平键,键的材料为 45 钢。查表 11-5,由 $d=58$ mm 及 $B=100$ mm,确定键的尺寸为:键宽 $b=16$ mm,键高 $h=10$ mm,键长 $L=90$ mm。

2. 校核键连接强度

轮毂材料为铸铁,由表 11-6 查得许用挤压应力 $[\sigma]_{bs}=50\sim60$ MPa;A 型平键工作长度 $l=L-b=90\text{ mm}-16\text{ mm}=74$ mm。

根据式(11-11)得

$$\sigma_{bs}=\frac{4T}{dhl}=\frac{4\times500\times10^3}{58\times10\times74}\text{ MPa}=46.6\text{ MPa}<[\sigma]_{bs}$$

可知该键连接强度足够。

所选 A 型平键标记为:GB/T 1096 键 16×10×90(同尺寸的 B 型平键和 C 型平键分别标记为:GB/T 1096 键 B16×10×90;GB/T 1096 键 C16×10×90)。

三、花键连接

将具有均布的多个凸齿的轴置于轮毂相应的凹槽中所构成的连接称为花键连接(图11-24)。花键齿的侧面是工作面。由于是多齿传递载荷,故花键连接比平键连接的承载能力大,定心性和导向性好,对轴的削弱小(齿浅、应力集中小),花键连接一般用于定心精度要求高和传递载荷较大的场合。但花键加工需用专门的设备和工具,成本较高。

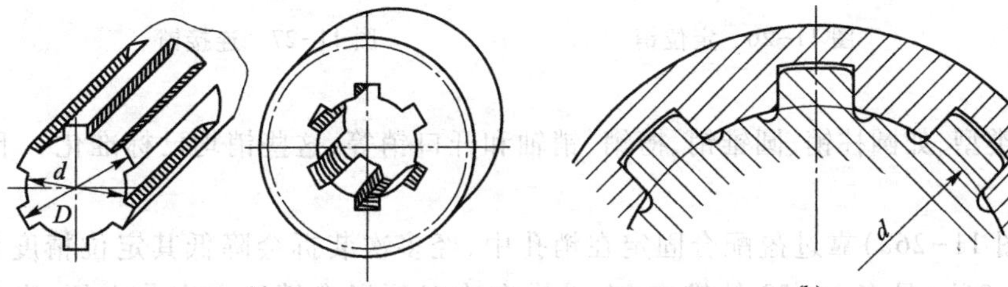

(a) (b)

图 11-24 矩形花键连接

花键连接按齿形不同,可分为矩形花键(图 11-24)和渐开线花键(图 11-25)两类,而且都已标准化。

矩形花键连接的定心方式为小径定心(图 11-24b),其特点是定心精度高,定心稳定性好,能用磨削的方法消除热处理引起的变形而获得较高的精度。矩形花键连接应用广泛。

渐开线花键的齿廓为渐开线,根据分度圆压力角的不同,分为 30°压力角渐开线花键(强度高)和 45°压力角渐开线花键(亦称三角形花键,主要用于薄壁零件的连接中)两种。渐开线花键连接的定心方式为齿形定心,具有自动定心性能。

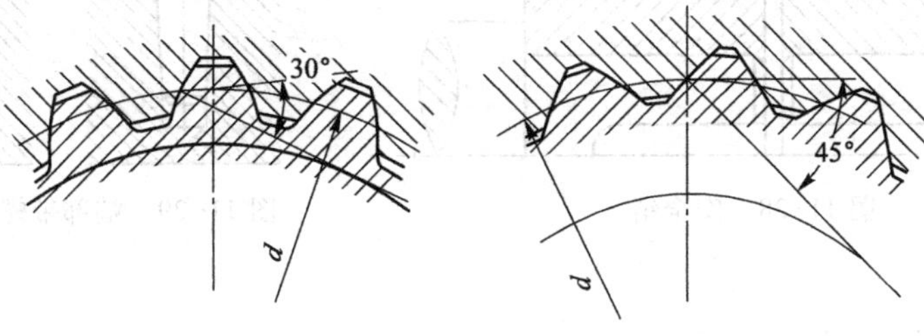

(a) α=30° (b) α=45°

图 11-25 渐开线花键连接

花键的尺寸可按轴径由标准选定(GB/T 1144—2001 和 GB/T 3478.1—2008)。花键连接的强度校核可查阅机械设计手册。

四、销连接

销主要用来固定零件之间的相对位置,称为定位销(图 11-26),它是组合加工和装配时的重要辅助零件;也可用于连接,称为连接销(图 11-27),可传递不大的载荷;还可作为安全装置中的过载剪断元件,称为安全销(图 11-28)。

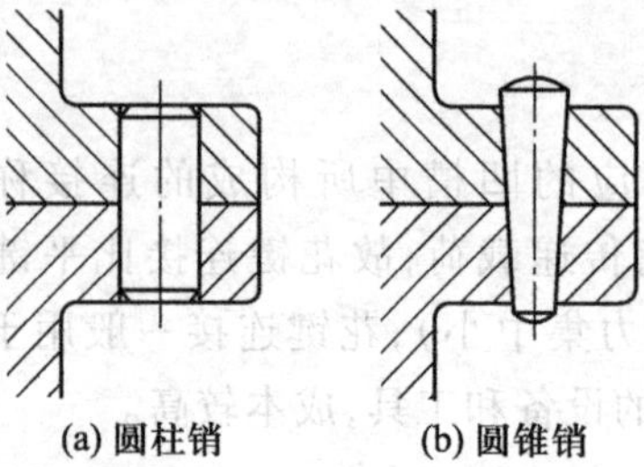

(a) 圆柱销　(b) 圆锥销

图 11-26　定位销

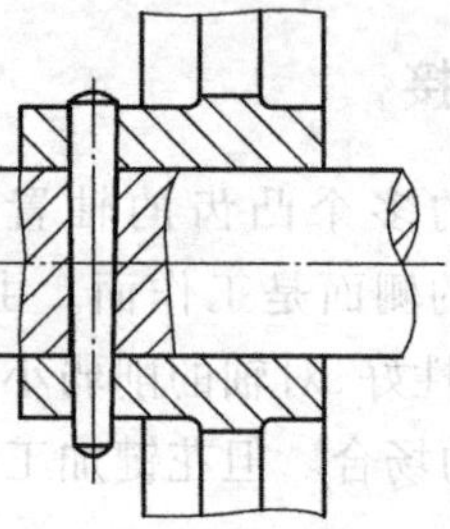

图 11-27　连接销

销有多种类型，如圆柱销、圆锥销、槽销、销轴和开口销等，这些销均已标准化。下面介绍圆柱销和圆锥销。

圆柱销（图 11-26a）靠过盈配合固定在销孔中，经多次装拆会降低其定位精度和可靠性。圆锥销（图 11-26b）具有 1∶50 的锥度，在受横向力时可以自锁。它安装方便，定位精度高，可多次装拆而不影响定位精度。端部带螺纹的圆锥销（图 11-29）可用于盲孔或拆卸困难的场合。

销是标准零件。定位销的尺寸可根据经验从标准中选取；承受载荷的连接销可根据使用和结构要求选择其类型和尺寸，然后校核其强度。销常用的材料为 35 钢、45 钢。

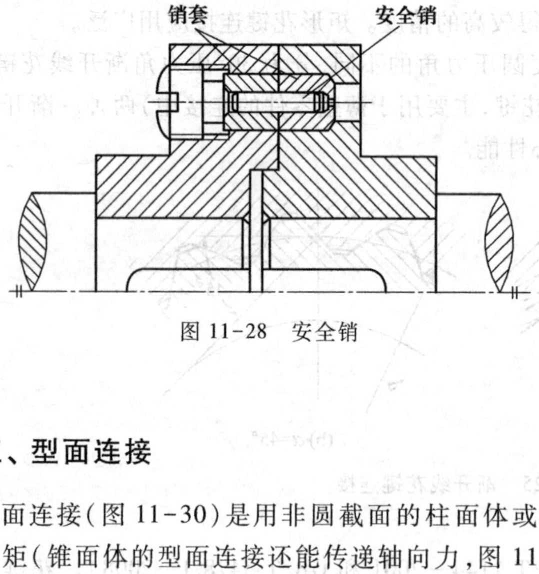

图 11-28　安全销

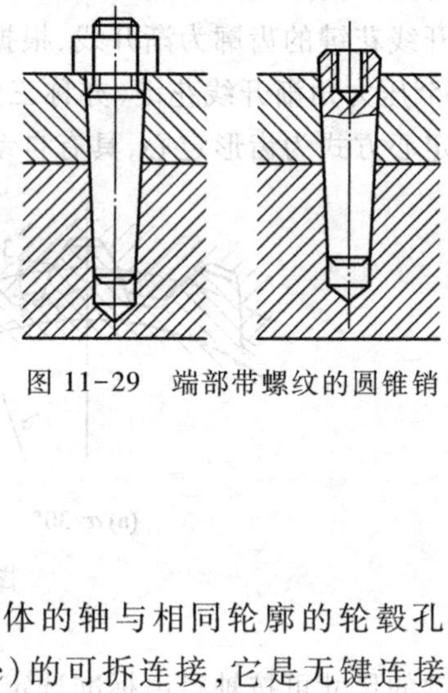

图 11-29　端部带螺纹的圆锥销

五、型面连接

型面连接（图 11-30）是用非圆截面的柱面体或锥面体的轴与相同轮廓的轮毂孔配合来传递转矩（锥面体的型面连接还能传递轴向力，图 11-30c）的可拆连接，它是无键连接的一种形式。

由于型面连接要采用非圆形孔，以前因其加工困难，限制了型面连接的应用。现在随着加工技术的进步以及压铸和注塑零件的大量采用，型面连接的应用得到了很大发展。图 11-30a、b 为应用较多的圆切边和正六边形型面。型面连接的优点是装拆和加工都较方便，对中性好。

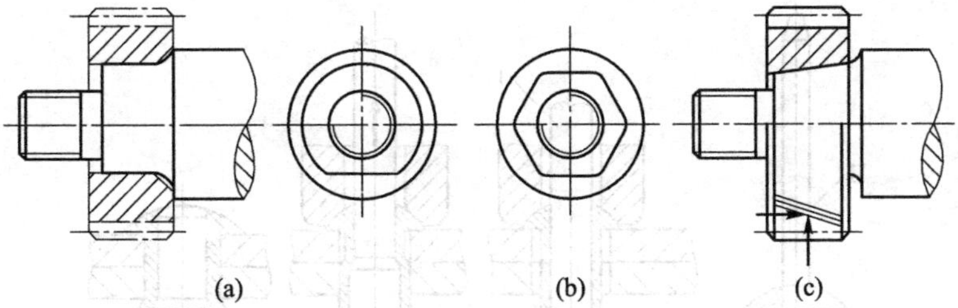

图 11-30　型面连接

§11-4　铆接、焊接、胶接简介

一、铆接

将铆钉穿过被连接件（通常为板材或型材）的预制孔中经铆合而成的连接方式称为铆钉连接，简称铆接（图 11-31）。

铆接分冷铆和热铆。钉杆直径 $d \geqslant 12$ mm 的钢制铆钉，通常是将铆钉加热（常加热到 1 000~1 100 ℃）后进行铆接。一般情况下，钉杆直径 $d<10$ mm 的钢制铆钉和塑性较好的有色金属、轻金属及其合金（如铜、铝等合金）制成的铆钉在常温下进行冷铆。

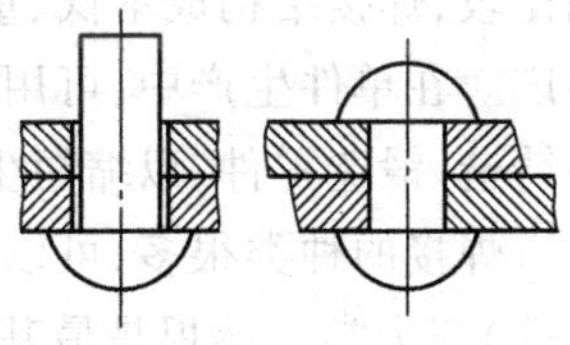

图 11-31　铆钉连接

铆钉有空心和实心两大类。实心的多用于受力大的金属零件的连接；空心的用于受力较小的薄板或非金属零件的连接。

铆钉按其钉头形状有多种类型，并已标准化（GB/T 863.1—1986 ~ GB/T 876—1986 等）。一般机械中应用最广的是半圆头铆钉，其铆接的形式如图 11-31 所示。

铆接具有工艺设备简单，工艺过程比较容易控制，质量稳定，铆接结构抗振、耐冲击，连接牢固可靠，对被连接件材料的力学性能没有不良影响等特点。目前在承受严重冲击或剧烈振动载荷的金属结构连接中（如起重机的构架、铁路桥梁、建筑物、船舶及重型机械等方面）仍有应用；在受力较小的薄板或非金属零件或异性材料的连接及轻工产品上也得到应用；在航空航天工业中，由于飞行器结构本身的特点以及轻金属材料焊接困难，故铆接仍然是一种重要的连接方法。

但与焊接或胶接相比，铆接工艺耗费工时较多；由于被连接件上需制出钉孔，应力集中比较严重，使其强度受到较大削弱；铆接时噪声大、工人劳动强度大，影响工人健康；铆缝紧密性也较差，故现在铆接的应用呈日益减少趋势。

为了克服上述缺点，新近推出的铆钉连接的特殊结构，拓宽了铆接的应用范围。如抽芯铆钉连接（图 11-32），目前应用较多。图 11-32a 为抽芯铆钉结构的基本形式，由铆钉钉芯（芯杆 1）和钉体（钉套 2）组成，图中为开口型平圆头抽芯铆钉（GB/T 12618.1—2006）。图 11-32b 为其铆接过程，铆接时用拉铆枪拉紧芯杆，使其底端圆柱挤入钉套，钉套和钉孔形成轻度过盈配合。铆好后芯杆将自动被拉断。

抽芯铆钉可在单面进行铆接作业，装配方便。在家电、家具制作、建筑装潢等多方面得到广泛应用。

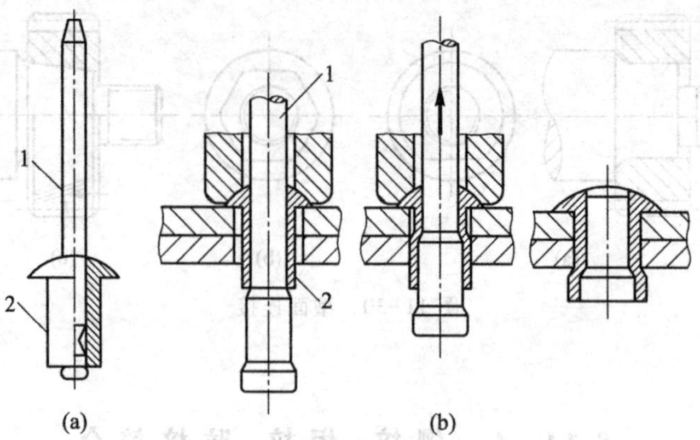

图 11-32　抽芯铆钉

二、焊接

焊接是利用局部加热（或加压）的方法使被连接件接头处的材料熔融连接成一体。与铆接相比较，焊接结构成本低、重量轻，节约金属材料，施工方便，生产率高，易实现自动化，因此应用很广。在单件生产中，可用焊接方法制造很大的零件毛坯（如箱体、机架、大的齿轮结构等）来代替铸造、锻造零件，以缩短生产周期。焊接将是今后生产重型设备机座、框架等的主要方法。

焊接的种类很多，可以归纳为熔焊、压焊（如电阻焊、摩擦焊、爆炸焊等）和钎焊（如锡焊、铜焊等）三大类。熔焊是最基本的焊接方法，在焊接生产中占主导地位。熔焊又分为电弧焊、电渣焊、气焊等，在机械制造中最常用的是电弧焊。电弧焊是利用焊条与焊件间产生的强大电弧热将金属加热并熔化的焊接方法。

焊接结构件广泛地使用各种型材、板材及管材。在机械制造中，最常用的被焊件材料是低碳钢和低碳合金钢（如 Q215、Q235、15、20、16Mn 等）以及焊接性好的其他材料。焊条的材料最好与被焊件的材料相同。焊条的种类很多且已标准化，应针对具体要求从相关标准（GB/T 5117—2012 等）或机械设计手册中选取。

根据被焊件的相互位置，焊接接头的基本形式有对接、搭接和正交接三种，如图 11-33 所示。

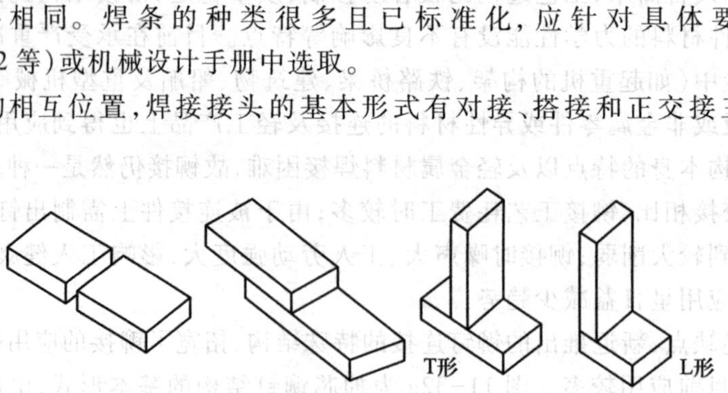

图 11-33　焊接接头形式

常见焊缝大体可分为对接焊缝和角接焊缝两类（图 11-34）。对接焊缝主要用于对接接头以连接位于同一平面内的被焊件。角焊缝主要用于搭接接头和正交接头以连接位于不同平面内的被焊件(焊缝符号表示法详见 GB/T 324—2008)。

当被焊件的结合部位较厚时(对于对接接头其结合部位厚度大于 3 mm 时,对于正交接头其结合部位厚度大于 8 mm 时),为了能够焊透,需根据被焊件厚度将结合部位切制出不同形式的坡口,如 V 形、X 形(图 11-34c)等(焊缝坡口基本形式见 GB/T 985—2008 等)。

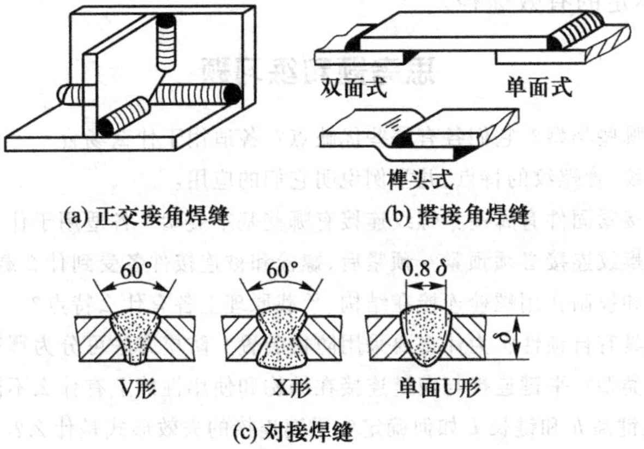

图 11-34 焊缝

三、胶接

胶接是利用胶粘剂直接把被连接件连接在一起,靠胶粘剂凝固后产生的黏附力来传递载荷的。胶接用于木材由来已久,随着新型胶粘剂的发展,胶接已用于金属(包括金属与非金属材料组成的复合结构)的连接。

胶粘剂品种繁多,在机械制造中常用的有环氧树脂胶粘剂、酚醛树脂胶粘剂等。使用时应根据胶接件的使用要求等选择综合性能良好的胶粘剂。各类胶粘剂的性能和用途详见有关设计手册。

与焊接相同,胶接接头分为对接、搭接和正交接头三种,其中以搭接接头应用最多。实践表明,胶接接头的抗剪切及抗拉伸能力强,抗剥离和扯离的能力弱(图 11-35),故在设计接头时应尽可能使接头承受剪切或拉伸载荷。

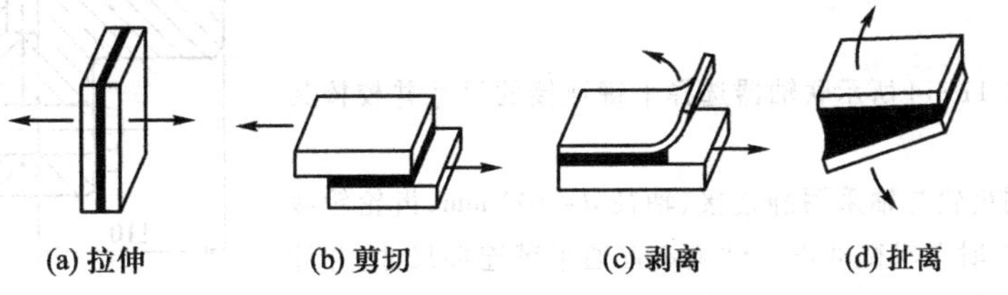

图 11-35 胶接接头的受力状况

与铆接、焊接相比,胶接的主要优点是:被连接件的材料范围广泛;连接后的重量轻,材料的利用率高;成本低;在全部胶接面上应力集中小,故抗疲劳性能好;密封性和绝缘性良好。其缺点是:抗剥离、抗弯曲及抗冲击振动性能差;耐老化及耐介质(如酸、碱等)性能差;胶粘剂对温度变化敏感，影响胶接强度；胶接件的缺陷有时不易发现。

目前，胶接在各行各业中的应用日益广泛。机械工业中以胶代焊、以胶代铆、防漏防泄，已取得明显效果。现代的飞机、飞船和人造卫星的迅速发展，光纤通信的实现等都与胶接的发展密切相关，故胶接的发展有着广阔的前景。不断推出新型胶粘剂、实现与其他连接技术的完美结合等是解决当前胶接强度不足的有效途径。

思考题和练习题

11-1　常用的连接有哪些类型？它们各有哪些优缺点？各适用于什么场合？

11-2　试分析普通螺纹、管螺纹的特点，并举例说明它们的应用。

11-3　常用的螺纹连接紧固件有哪些？螺纹连接有哪些基本类型？各适用于什么场合？

11-4　为什么大多数螺纹连接必须预紧？预紧后，螺栓和被连接件各受到什么载荷？

11-5　普通螺栓连接和铰制孔用螺栓连接在结构、承载原理上各有什么特点？

11-6　螺纹连接是否具有自锁性？为什么要采用防松装置？防松方法可分为哪三类？

11-7　键连接有哪些类型？平键连接与楔键连接在结构和使用性能上有什么不同？

11-8　平键的键宽 b、键高 h 和键长 L 如何确定？平键连接的失效形式是什么？如何进行强度校核？

11-9　花键连接与平键连接相比有哪些优缺点？

11-10　销的基本类型及其功用有哪些？型面连接有何特点？

11-11　试比较铆接、焊接、胶接的特点及其应用。

11-12　用 M16 六角头螺栓连接两块厚度各为 30 mm 的钢板，两块钢板上钻 $\phi 17$ mm 的通孔，采用弹簧垫圈防松。试查表确定该螺栓连接的主要尺寸，并画出连接结构的装配示意图。

11-13　两块金属板用两个普通螺栓连接，传递横向载荷为 5 000 N，接合面间摩擦因数 $f=0.15$，螺栓用性能等级为 8.8 的中碳钢制造。试确定螺栓直径。

11-14　图示刚性联轴器用螺栓连接，螺栓性能等级为 8.8，联轴器材料为铸铁（HT250），若传递载荷 $T=1\ 500$ N·m，为变载荷。

1）采用 4 个 M16 的铰制孔用螺栓，螺栓光杆处的直径 $d_s=17$ mm，试校核其连接强度；

2）若采用 M16 的普通螺栓连接，当接合面间摩擦因数 $f=0.15$，安装时不控制预紧力，试确定所需螺栓数目（取偶数）。

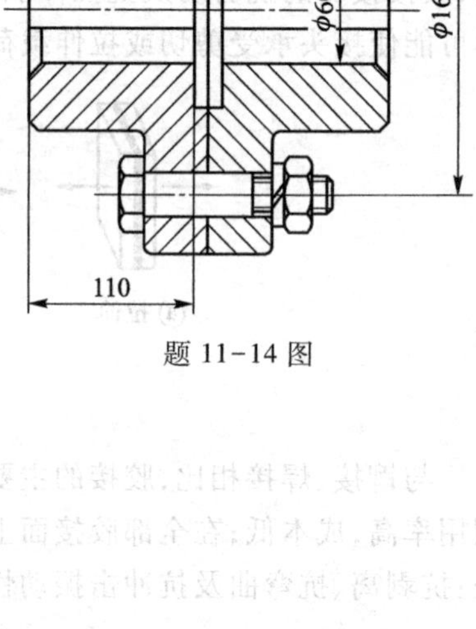

题 11-14 图

11-15　一钢制液压油缸，缸内油压 $p=4$ MPa，油缸内径 $D=160$ mm（图 11-14），沿凸缘圆周均布 8 个螺栓，装配时控制预紧力。试确定螺栓直径。

11-16　试为题 11-14 所示联轴器选择平键连接的尺寸并校核其强度。

11-17　一钢制齿轮与轴采用静连接，轴径 $d=100$ mm，齿轮轮毂宽度为 180 mm，工作时有轻微冲击。试确定普通平键连接尺寸，并计算其能传递的最大转矩。

第十二章　联轴器、离合器和制动器

> 本章介绍了几种常用的联轴器、离合器和制动器。它们大多已经系列化和标准化。认识、了解这些标准化部件的功能，按设计手册正确选用其类型、型号和尺寸是本章的主要目的。因此，学习本章时应重点掌握各种类型联轴器、离合器和制动器的结构特点、应用场合及设计选用方法。

§12-1　概　述

联轴器、离合器和制动器是机械传动中常用的部件。

联轴器和离合器是用来连接两轴（或轴与轴上的回转零件），使它们一起旋转并传递转矩的部件。用联轴器连接的两根轴，只有在停止运转后用拆卸的方法才能将它们分离；而用离合器连接的两根轴，则可在工作过程中，根据工作的需要，不必停转随时将两轴接合或分离。

联轴器和离合器大都已经标准化。一般先根据机器的工作条件和使用要求选择合适的类型，然后按轴径、计算转矩及转速，从标准中选定具体型号。必要时对易损件进行校核。

制动器是对机器的运动件施加阻力或阻力矩，使其迅速减速或停止运动，以满足机械工作要求的装置。

联轴器、离合器和制动器的类型非常多。下面仅介绍其中的一小部分，在实际使用和设计时可查阅机械设计手册和产品样本。

§12-2　联　轴　器

一、联轴器的分类

联轴器所连接的两轴，由于制造及安装误差、承载后的变形及温度变化的影响等，往往不能保证严格对中，会出现某种程度的相对位移，如图 12-1 所示。

根据对各种相对位移有无补偿能力（即能否在发生相对位移的条件下保持连接的功能），联轴器可分为刚性联轴器（无补偿能力）和挠性联轴器（有补偿能力）两大类。挠性联轴器又可按是否具有弹性元件而分为无弹性元件的挠性联轴器和有弹性元件的挠性联轴器两个类别。

二、刚性联轴器

这类联轴器由于各零件之间不能作相对移动，且零件都是刚性的，故不具有补偿两轴相对位移的能力。若两轴有偏移，将产生附加载荷，影响传动性能和使用寿命。

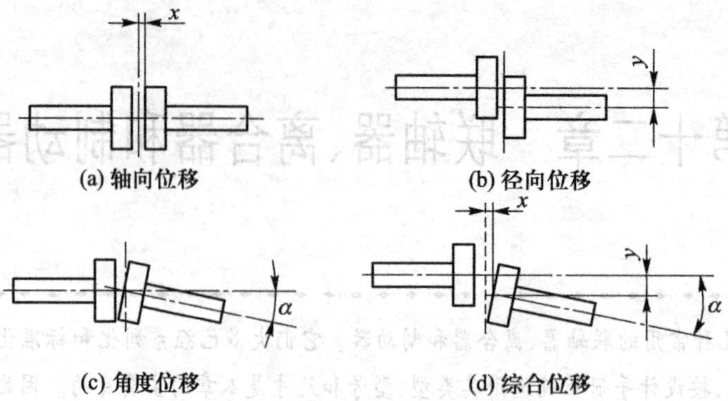

(a) 轴向位移　(b) 径向位移

(c) 角度位移　(d) 综合位移

图 12-1　联轴器连接两轴的相对位移

1. 套筒联轴器

套筒联轴器（图 12-2）由套筒、键或销等组成。其优点是结构简单紧凑、径向尺寸小、组成零件少。缺点是装拆不方便，装拆时轴或套筒需作较大的轴向移动。套筒联轴器适用于载荷不大、工作平稳、两轴能严格对中且径向尺寸受限制的场合。这种联轴器目前没有标准。

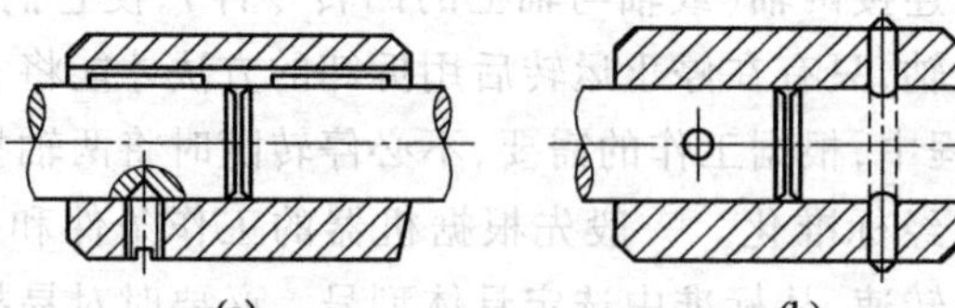

(a)　(b)

图 12-2　套筒联轴器

2. 凸缘联轴器

凸缘联轴器（图 12-3）由两个半联轴器和连接螺栓等组成。其结构简单，制造方便，成本较低，装拆和维修较方便，传递转矩较大，但要求两轴具有较高的对中精度。一般常用于载荷平稳、中高速或传动精度要求较高的场合，是应用广泛的一种刚性联轴器，这种联轴器已经标准化（GB/T 5843—2003）。

图 12-3 表示了这类联轴器的两种结构。图 12-3a 是一般型（YL 型），凸缘上的螺栓可全部或部分采用铰制孔用螺栓（另一部分采用普通螺栓），靠其对中并实现连接，由螺栓与螺栓孔壁

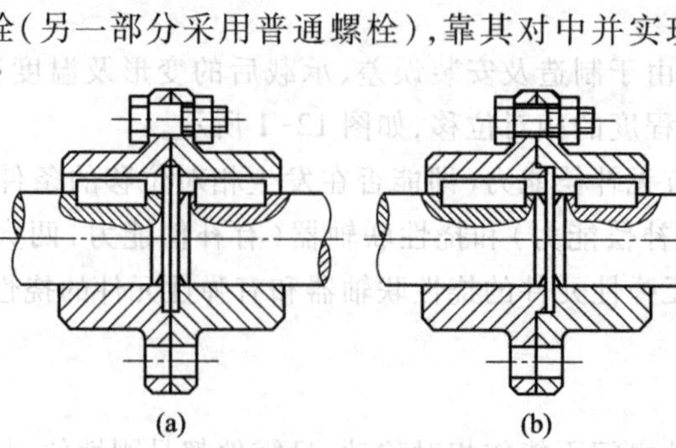

(a)　(b)

图 12-3　凸缘联轴器

的挤压来传递转矩。图 12-3b 是有对中榫型(YLD 型),它由两个半联轴器上的对中榫与凹槽对中,用普通螺栓连接,靠两个半联轴器端面间的摩擦力来传递转矩。

三、挠性联轴器

1. 无弹性元件的挠性联轴器

无弹性元件的挠性联轴器由可作相对移动的刚性件组成,用连接零件间的相对可动性来补偿被连接两轴之间的相对位移。但因无弹性元件,故不能缓冲减振。无弹性元件的挠性联轴器主要有十字滑块联轴器、万向联轴器及鼓形齿式联轴器等。

1) 十字滑块联轴器 十字滑块联轴器(图 12-4)由两个在端面上开有凹槽的半联轴器 1、3 和一个两端带有凸牙的十字滑块 2 组成。十字滑块与两个半联轴器可在相应的径向槽内作相对滑动,形成动连接,因而能补偿两轴间的相对位移。这种联轴器的主要特点是允许两轴有较大的径向位移,并允许不大的角位移和轴向位移。但由于十字滑块偏心运动将产生离心力,故常用于中、低速场合。

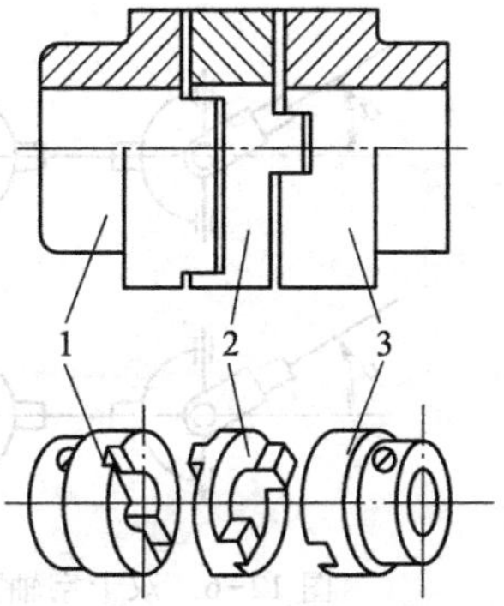

图 12-4 十字滑块联轴器

2) 十字轴万向联轴器 图 12-5a 所示为单十字轴万向联轴器(JB/T 5901—1991),由两个叉形接头 1、3 用铰链分别与一个十字形接头 2 连接而成。这种联轴器可允许两轴间有较大的夹角,最大夹角 α 可达 35°~45°,而且在机器运动时,允许夹角不断变化。

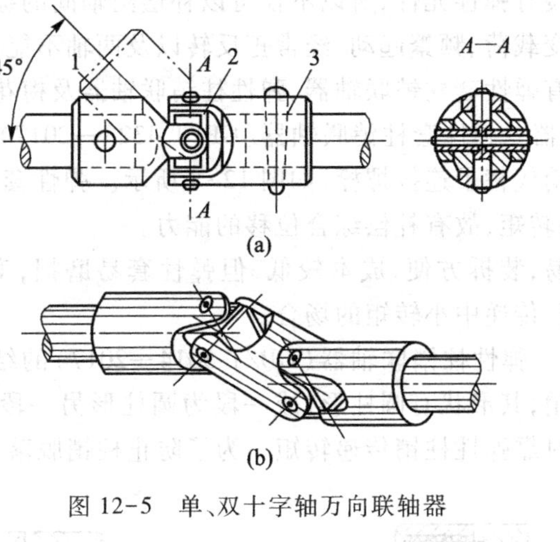

图 12-5 单、双十字轴万向联轴器

对于单十字轴万向联轴器,当两轴有夹角时,即使主动轴 1 的角速度为常数,从动轴 3 的角速度也是周期性变化的,从而引起附加动载荷。为了消除这一缺点,常将万向联轴器成对使用(即所谓双十字轴万向联轴器,图 12-5b)。为了实现主动轴与从动轴等速转动,除了要求主、从动轴和中间轴应位于同一平面内,还必须使中间轴两端叉头在同一平面内,且两端联轴器的夹角 α 必须相等,如图 12-6 所示。

十字轴万向联轴器由于有大范围的角度补偿能力、结构紧凑、传动效率高,故在汽车、拖拉机、机床、起重机、轧钢机等各种类型机械中应用广泛。

3）鼓形齿式联轴器　鼓形齿式联轴器（GB/T 26103.1—2010）是由两对齿数相同的外齿圈1和内齿圈2啮合而成的。两个外齿圈分别装在主、从动轴端上，两个内齿圈在其凸缘处用一组螺栓3连接起来（图12-7a）。它依靠内外齿相啮合来传递转矩，承载能力大，且外齿的齿顶圆柱面修成球面，齿侧面制成鼓形，因此具有良好的综合位移补偿能力，如图12-7b所示。

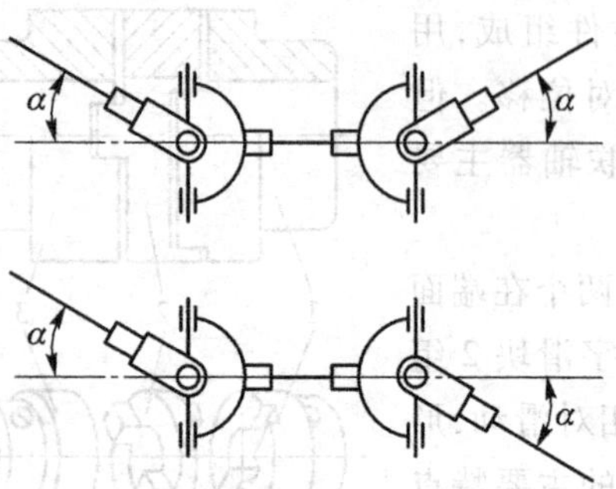

图12-6　双十字轴万向联轴器

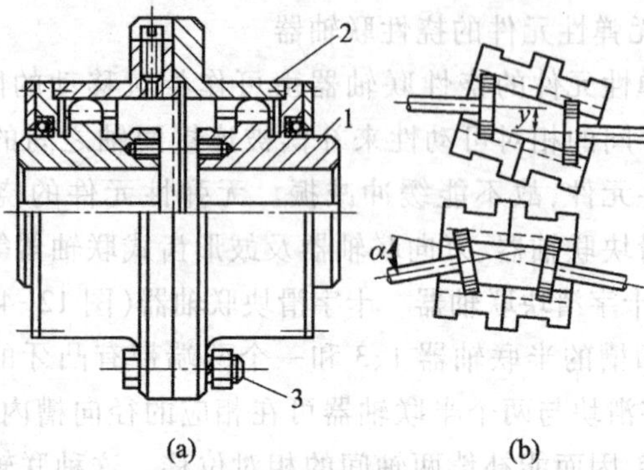

图12-7　鼓形齿式联轴器

鼓形齿式联轴器可用于高速重载工作的机械，以及启动频繁、正反转多变的大功率传动中。它需要良好的润滑和密封。

2. 有弹性元件的挠性联轴器

由于这种联轴器中装有弹性元件，所以不仅可以补偿两轴间的综合位移，而且具有缓冲和减振的能力。它适用于多变载荷、频繁起动、经常正反转以及两轴不能严格对中的传动中。有弹性元件的挠性联轴器主要有弹性套柱销联轴器、弹性柱销联轴器及梅花形弹性联轴器等。

1）弹性套柱销联轴器　弹性套柱销联轴器（GB/T 4323—2017）的构造与凸缘联轴器相似，只是用带有弹性套的柱销代替了连接螺栓，如图12-8所示。弹性套常用耐油橡胶制成。在联轴器工作时，靠弹性套传递转矩，故有补偿综合位移的能力。

这种联轴器制造容易，装拆方便，成本较低，但弹性套易磨损，寿命较短。它适用于载荷平稳、需正反转或起动频繁、传递中小转矩的场合。

2）弹性柱销联轴器　弹性柱销联轴器（GB/T 5014—2017）的结构如图12-9所示，它的弹性元件为尼龙材料的柱销，其形状有圆柱形，或一段为圆柱形另一段为腰鼓形，后者可增大角度位移的补偿能力。工作时靠弹性柱销传递转矩。为了防止柱销脱落，在半联轴器的外侧，用螺钉固定有挡板。

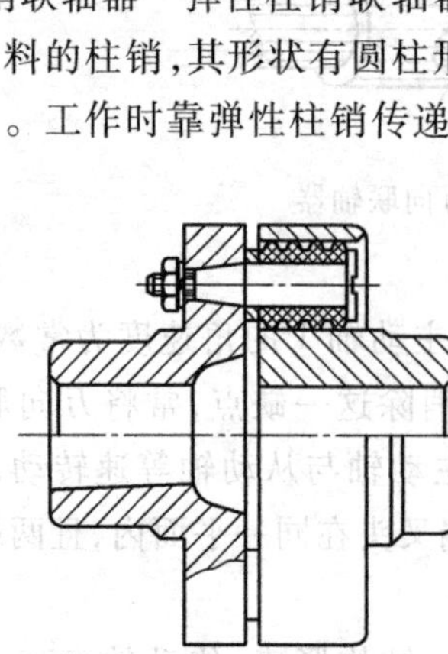

图12-8　弹性套柱销联轴器

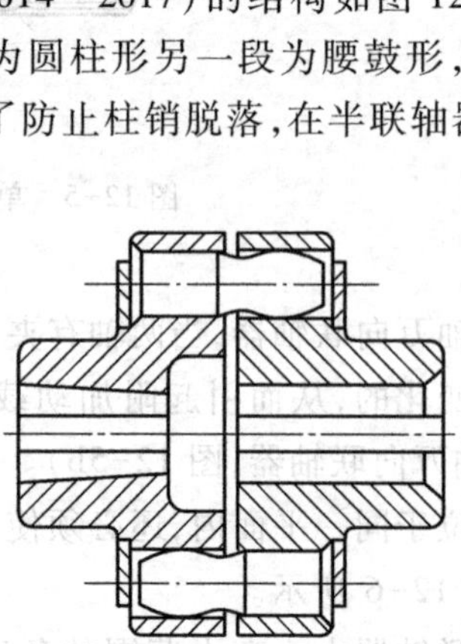

图12-9　弹性柱销联轴器

与弹性套柱销联轴器相比，弹性柱销联轴器的承载能力大，结构更为简单，制造、安装方便，耐久性好，有一定的缓冲和减振能力，允许被连接两轴有一定的轴向位移以及少量的径向位移和角位移。它适用于轴向窜动较大、正反转变化较多和启动频繁的场合。由于尼龙柱销对温度较敏感，故使用温度受到了一定的限制。

3）梅花形弹性联轴器　梅花形弹性联轴器（GB/T 5272—2017）由两个半联轴器 1、3 和梅花形弹性元件 2 组成，如图 12-10 所示。梅花形弹性元件置于两个半联轴器凸爪之间。工作时，靠梅花形弹性元件受挤压来传递转矩。它能补偿两轴的相对偏移，并具有良好的缓冲减振作用。其结构简单，承载能力较强，维护方便。

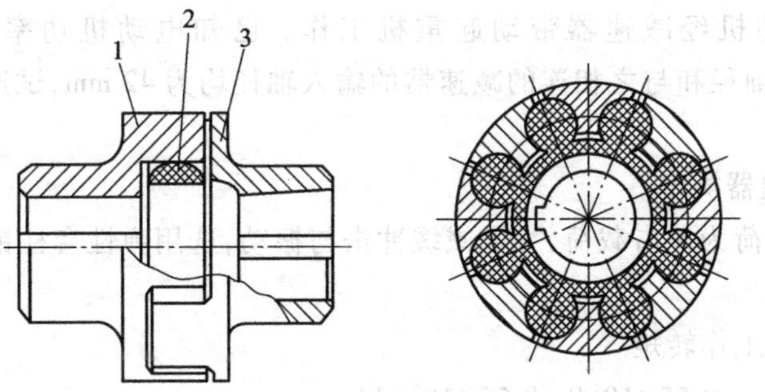

图 12-10　梅花形弹性联轴器

四、联轴器的选择

对于标准联轴器而言，其选择的主要任务是确定联轴器的类型和型号。

1. 联轴器类型的选择

首先应全面了解工作载荷的大小和性质、转速高低、工作环境等，然后再根据联轴器的性能、应用范围及使用场合，参考同类机械或类似机械的使用情况，选用合适的联轴器类型。

一般来说，对于低速、刚性大的短轴可选用刚性联轴器；对于低速、刚性小的长轴可选用无弹性元件的挠性联轴器；对于传递转矩较大的重型机械可选用齿式联轴器；对于高速、有振动和冲击的机械可选用有弹性元件的挠性联轴器；对于轴线位置有较大变动的两轴，则应选用十字轴万向联轴器。

2. 联轴器型号的选择

联轴器类型确定后，应根据轴端直径 d、转矩 T、转速 n 和空间尺寸等要求在标准中选择适当的联轴器型号。所选择的联轴器应满足

$$T_{ca} = KT \leqslant [T] \tag{12-1}$$

式中：T_{ca}为计算转矩（N · mm）；K 为工作情况系数，见表 12-1；T 为联轴器所传递的工作转矩（N · mm）；$[T]$为联轴器的最大许用转矩（N · mm），可从机械设计手册中查取。本书附表 1、2、3 中列出了几种联轴器的部分数值供参考。

表 12-1 工作情况系数 K

工 作 机	原动机为电动机时
转矩变化很小的机械:如发电机、小型通风机、小型离心泵	1.3
转矩变化较小的机械:如透平压缩机、木工机械、输送机	1.5
转矩变化中等的机械:如搅拌机、增压机、有飞轮的压缩机	1.7
转矩变化和冲击载荷中等的机械:如织布机、水泥搅拌机、拖拉机	1.9
转矩变化和冲击载荷大的机械:如挖掘机、起重机、造纸机械	2.3

例 12-1 电动机经减速器带动起重机工作。已知电动机功率 $P=11$ kW,转速 $n=970$ r/min,电动机的轴径和与之相连的减速器的输入轴径均为 42 mm,试选择电动机与减速器之间的联轴器。

解 1. 选择联轴器类型

由于起重机的载荷为冲击载荷,为了减缓冲击与振动,选用弹性套柱销联轴器。

2. 载荷计算

联轴器所传递的工作转矩

$$T=\frac{9.55\times10^6P}{n}=\frac{9.55\times10^6\times11}{970}\ \text{N}\cdot\text{mm}=108\ 299\ \text{N}\cdot\text{mm}$$

由表 12-1 查得,工作情况系数 $K=2.3$,则计算转矩

$$T_{ca}=KT=2.3\times108\ 299\ \text{N}\cdot\text{mm}=249\ 088\ \text{N}\cdot\text{mm}=249\ \text{N}\cdot\text{m}$$

3. 型号选择

从机械设计手册或附表 2 中查得,LT6 型弹性套柱销联轴器的许用转矩为$[T]=355$ N · m,许用最大转速为 3 800 r/min,允许的轴径为:32 mm、35 mm、38 mm、40 mm、42 mm,故合适。

§ 12-3 离 合 器

一、离合器的分类

离合器的种类很多,按其工作原理可分为嵌入式和摩擦式两类;按离合控制方法不同,可分为操纵式和自动式两类。操纵式有机械离合器、电磁离合器、液压离合器和气压离合器等;自动式有超越离合器、离心离合器和安全离合器等。

二、牙嵌离合器

牙嵌离合器是嵌入式离合器中常用的一种,如图 12-11 所示。它由两个端面带牙的半离合器组成。半离合器 1 用平键和主动轴相连接,另一半离合器 2 通过导向平键 3 与从动轴连接,利用操纵杆移动滑环 4 可使离合器接合或分离,对中环 5 固定在半离合器 1 上,使从动轴能在环中自由转动,保证两轴对中。

牙嵌离合器常用的牙形有矩形、梯形和锯齿形,如图 12-12 所示。矩形牙不便于接合;梯形

牙容易接合，牙根部强度高，能自动补偿牙的磨损，因而应用较广；锯齿形牙具有和梯形牙相似的特点，但只能在牙倾角较小的侧面单向受力，传递单向转矩，反向时则自动分离。

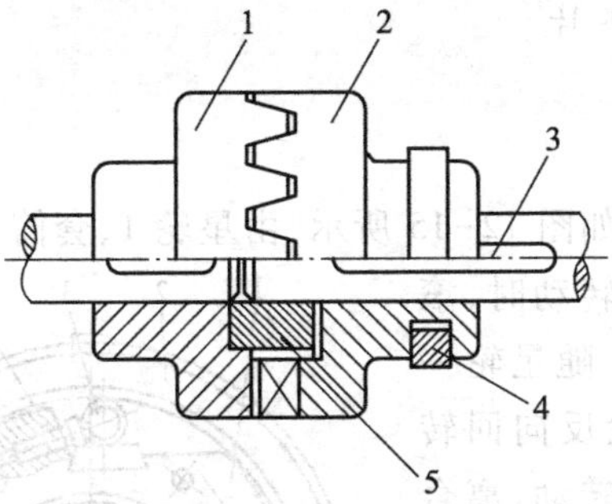

图 12-11　牙嵌离合器

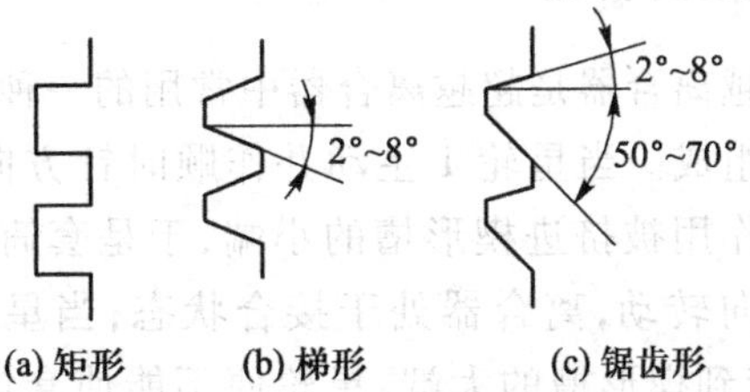

图 12-12　牙嵌离合器的牙形

牙嵌离合器的特点是结构简单、尺寸紧凑、工作可靠、承载能力大、传动准确。为了防止牙齿因受冲击载荷而断裂，离合器的接合必须在两轴转速差很小或停转时进行。

三、摩擦离合器

摩擦离合器的形式很多，其中以圆盘摩擦离合器应用最广泛，它分为单片式和多片式。

图 12-13 所示为单片摩擦离合器，由主动盘 1、从动盘 2 和操纵环 3 组成。工作时，从动盘 2 以一定的压力压紧在主动盘 1 上，靠接合面上的摩擦力传递转矩，操纵环 3 使从动盘作轴向位移实现接合与分离。单片摩擦离合器结构简单，散热性好，易于分离，但只能传递较小的转矩，且径向尺寸大。

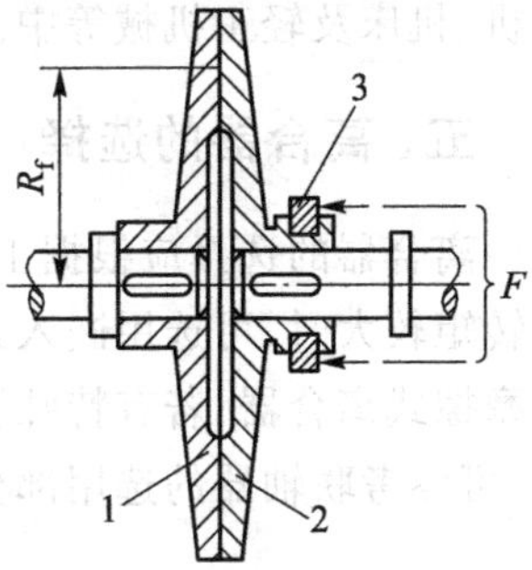

图 12-13　单片摩擦离合器

采用多片摩擦离合器既能传递较大的转矩，又可减小径向尺寸，降低转动惯量。图 12-14 所示为多片摩擦离合器。主动轴 1 与外壳 2，从动轴 3 与套筒 4 均用键连接。外壳大端的内孔上开有花键槽，与外摩擦片 5 上的花键相连接，因此外摩擦片与主动轴一起转动。内摩擦片 6 与套筒 4 也是花键连接，故内摩擦片与从动轴 3 一起转动。内、外摩擦片相间安装。当滑环 7 向左移动到图示位置时，曲臂压杆 8 经压板

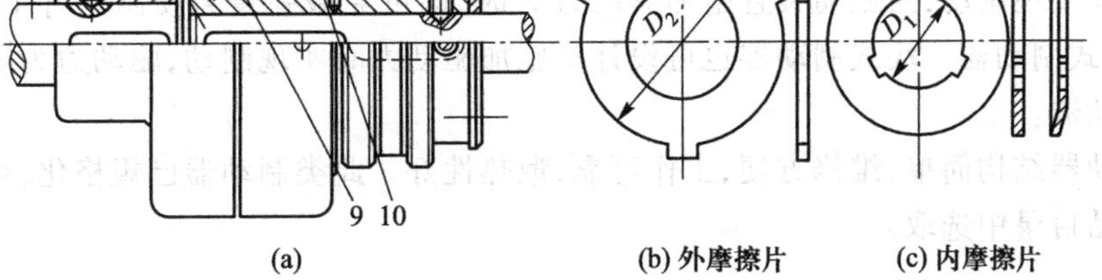

图 12-14　多片摩擦离合器

9 将所有内、外摩擦片压紧在调压螺母 10 上，从而实现接合；当滑环向右移动时，则实现分离。多片摩擦离合器传递转矩的大小，随接合面数量的增加而增加，但考虑到离合的灵活性，摩擦片数量不宜过多，内、外摩擦片总数一般不超过 12~15 片。

四、超越离合器

滚柱超越离合器是超越离合器中常用的一种，如图 12-15 所示，由星轮 1、套筒 2、滚柱 3、弹簧顶杆 4 等组成。当星轮 1 主动并作顺时针方向转动时，滚柱受摩擦力作用被挤进楔形槽的小端，于是套筒 2 随星轮一起顺时针方向转动，离合器处于接合状态；当星轮反向回转时，滚柱被带到楔形槽的大端，星轮便不能使套筒转动，离合器处于分离状态。它只能传递单向运动，故也称为定向离合器。

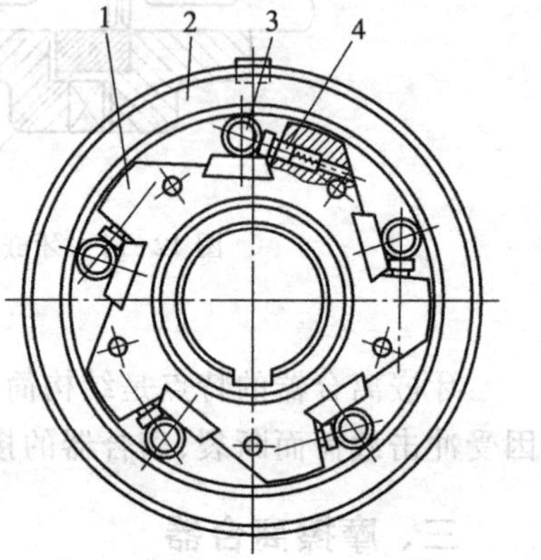

图 12-15　滚柱超越离合器

若当套筒随星轮转动时，又从另一运动系统获得更高的同向转速时，离合器也将处于分离状态，即套筒可超越星轮的转速顺时针方向自由转动，故又称其为超越离合器。

超越离合器的这种定向及超越作用，使其广泛用于车辆、飞机、机床及轻工机械等中。

五、离合器的选择

离合器的选择应根据工作条件和使用要求而定。一般而言，当要求主、从动轴同步转动且传递转矩较大时，可选用嵌入式离合器；当要求在高速下平稳接合而主、从动轴同步要求低时，宜选用摩擦式离合器；若有特殊要求时，可选用有特殊功能的离合器。在确定标准离合器的具体型号时，可参考联轴器的选用部分进行。

§12-4　制　动　器

常见的制动器为摩擦制动器。它主要由制动架、摩擦元件和驱动装置三部分组成。按摩擦元件的结构特征可分为块式制动器、带式制动器、盘式制动器和内张蹄式制动器等。

一、块式制动器

图 12-16 为块式制动器的工作原理图。当驱动装置的驱动力 F 等于零时，弹簧 2 拉紧制动臂 1 和闸块 3 实现制动；当驱动装置施加驱动力 F 时，即可克服弹簧力使制动臂 1 分开，实现松闸，这是常闭式制动器。块式制动器也可设计成施加驱动力时实现制动，驱动力为零时实现松闸的常开式制动器。

块式制动器结构简单，维修方便，工作可靠，散热性好。此类制动器已规格化，可根据所需制动转矩从产品目录中选取。

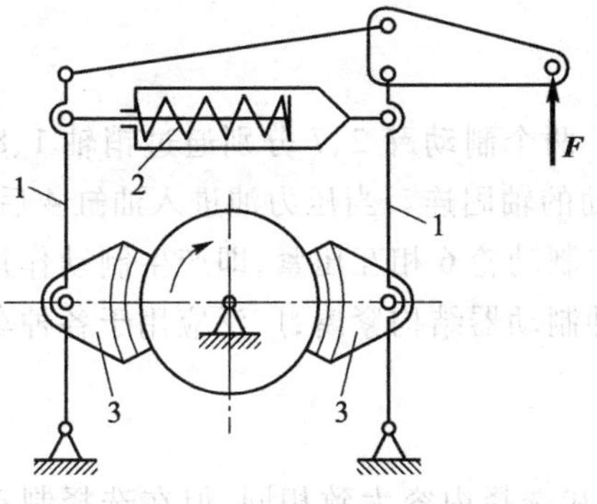

图 12-16　块式制动器

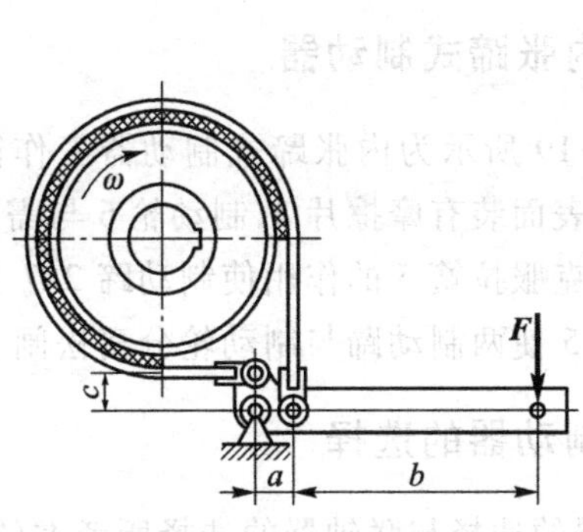

图 12-17　带式制动器

二、带式制动器

带式制动器由制动轮、制动钢带（一般在钢带内侧面有制动衬片）、操纵系统等组成，如图 12-17所示。当杠杆上有外力 F 作用时，钢带被拉紧而抱住制动轮，靠钢带与制动轮间的摩擦力实现制动。

带式制动器的特点是结构简单、紧凑，但制动时有附加径向力作用在制动轮上。带式制动器常用于中、小型起重运输机械和手动操纵的制动场合。

三、盘式制动器

盘式制动器的工作表面为圆盘的两个侧面，其摩擦副由制动盘和制动块组成，如图 12-18 所示。右侧制动块 2 与缸体 3 固连，左侧制动块与活塞 5 固连。当有压力油进入油缸时，活塞 5 与缸体 3 相对运动，使两制动块 2 压紧制动盘 1，由此产生摩擦力而实现制动。泄去油压后，弹簧 4 使缸体 3 与活塞 5 反向移动，制动块 2 与制动盘 1 脱离，实现松闸。

盘式制动器的特点是结构紧凑、体积小、制动块可多对布置，制动力矩大。它适用于工程车辆、起重运输机械、摩托车及石油、矿山机械等。

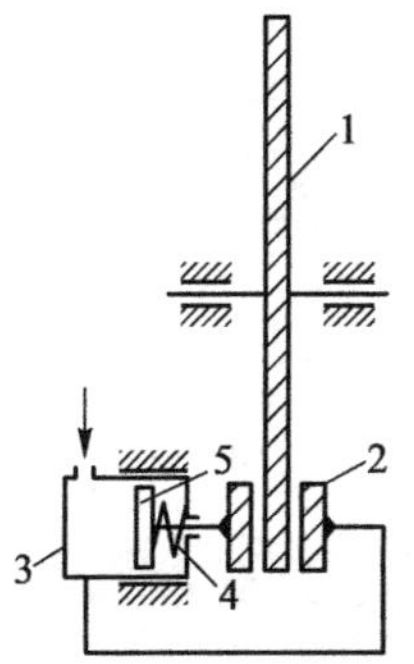

图 12-18　盘式制动器

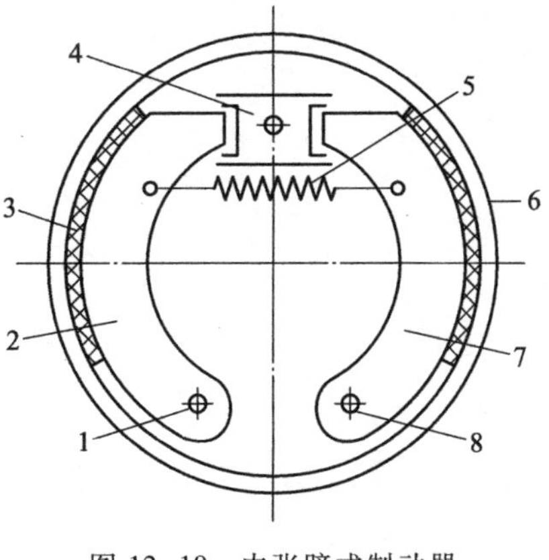

图 12-19　内张蹄式制动器

四、内张蹄式制动器

图 12-19 所示为内张蹄式制动器工作简图。两个制动蹄 2、7 分别通过销轴 1、8 与机架铰接,制动蹄表面装有摩擦片 3,制动轮 6 与需要制动的轴固连。当压力油进入油缸 4 后,推动左右两个活塞,克服拉簧 5 的作用使制动蹄 2、7 分别与制动轮 6 相互压紧,即产生制动作用。油路卸压后,弹簧 5 使两制动蹄与制动轮分离松闸。这种制动器结构紧凑,广泛应用于各种车辆中。

五、制动器的选择

制动器的选择与联轴器的选择所考虑的条件和选择内容大致相同,但在选择制动器的型号时制动力矩的计算较为复杂,可参考有关设计资料进行。

思考题和练习题

12-1　联轴器和离合器的主要功能是什么？主要区别是什么？

12-2　刚性联轴器与挠性联轴器的主要区别是什么？

12-3　十字轴万向联轴器为何常成对使用？如何布置才能使主、从动轴等速转动？

12-4　试比较牙嵌离合器和摩擦离合器的特点和应用。

12-5　试分析自行车“飞轮”中离合器的工作原理。

12-6　按摩擦元件的结构特征,制动器可分为哪几类？举例说明其应用场合。

12-7　已知电动机功率 $P=15$ kW,转速 $n=970$ r/min,电动机外伸轴端的直径为 48 mm,水泵轴端的直径为 42 mm。若电动机与水泵之间用联轴器相连。1）试为其选择一种适当类型的联轴器,并陈述理由;2）根据已知条件,定出联轴器的型号。

第十三章　支　　承

作运动的任何零部件都需要相应的其他零件的支持，才能保持其按预定方向运动。这些提供支持的零件就是支承。本章对常见的支承零件的类型、特性、结构、材料、润滑、承载能力、选择方法及设计中的有关问题进行讨论。学习本章的目的是为了能够在实际工作中结合具体情况，正确地选择和设计轴承及导轨。

§13-1　概　　述

支承是用来支持运动部件，使之按预定的方向运动，并将运动部件上的载荷传至机架。支承通常可分为两大类：一类为轴承，用以支承旋转轴；另一类为导轨，用以支承移动部件。支承按其接触表面摩擦性质的不同，又可分为滑动摩擦支承和滚动摩擦支承，因而有滑动轴承和滚动轴承、滑动导轨和滚动导轨之分。

而轴承按其所能承受载荷方向的不同，又可分为向心轴承（承受径向载荷）、推力轴承（承受轴向载荷）和向心推力轴承（同时承受径向载荷和轴向载荷）。

由于工作条件、润滑状态、表面形态等的不同，两滑动摩擦表面之间可以处于各种不同的摩擦状态，其大致分为如下四种。

1. 干摩擦状态（图 13-1a）

当两相对运动表面之间无任何介质时，两摩擦表面直接接触，这种摩擦状态称为干摩擦状态。此时，摩擦因数大，两表面的磨损快，摩擦功率损耗也较大。

2. 边界摩擦状态（图 13-1b）

在一般的环境下，干摩擦是很少出现的，两摩擦表面上通常吸附有一层极薄的润滑介质薄膜，其厚度一般为 0.1～0.2 μm，两摩擦表面被薄膜隔开。但在载荷作用下，有部分表面上的凸峰会刺破薄膜而形成直接接触，因此这种状态下摩擦因数和磨损都比较大。这种摩擦状态称为边界摩擦状态。

3. 液体摩擦状态（图 13-1c）

当两表面之间存在液体介质，同时液体介质的厚度足以将两表面完全隔开，在这种状态下，两表面之间的摩擦完全来自液体介质内部，摩擦因数很小，磨损几乎为零。这种摩擦状态称为液体摩擦状态。

4. 混合摩擦状态（图 13-1d）

当两表面之间液体介质的厚度较小，使两摩擦表面之间一些地方形成液体摩擦，而在另一些地方形成边界摩擦。这种摩擦状态称为混合摩擦状态。

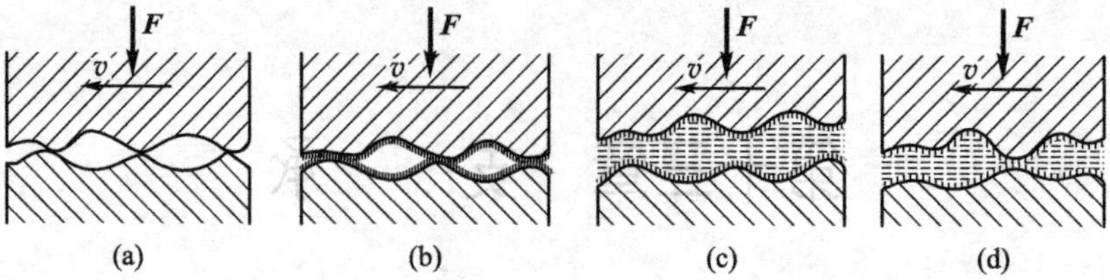

图 13-1　摩擦状态

边界摩擦和混合摩擦统称为非液体摩擦,大多数普通机器中的滑动轴承和滑动导轨中的摩擦状态都属于这种摩擦状态。

为要在两摩擦表面间形成液体摩擦状态,通常有两种方法:一是靠两摩擦表面之间发生相对运动时的动力作用,自动生成压力油膜而形成液体摩擦,称为动压润滑;另一种是靠外部的动力给两摩擦表面之间注入高压液体,这时两摩擦表面之间即使没有相对运动也能形成压力油膜,称为静压润滑。

本章主要介绍非液体摩擦状态下的滑动支承和滚动支承。

§13-2　滑动轴承的结构和材料

滑动轴承由于是面接触,在接触面之间有油膜减振,所以具有承载能力大、抗振性能好、工作平稳、噪声小等特点。若采用液体摩擦滑动轴承,则可长期保持较高的旋转精度。因此,在高速、高精度、重载和结构上要求剖分等场合(如汽轮机、内燃机、高速高精度磨床、压缩机、轧钢机、化工机械及锻压机械等),滑动轴承仍占有重要地位,是滚动轴承所不能完全替代的。另外,由于它结构简单、制造容易、成本低,故也广泛应用于各种简单机械中。

一、滑动轴承的结构

1. 径向滑动轴承的结构

常见的径向滑动轴承结构有整体式、剖分式和调心式。图 13-2 所示为一整体式径向滑动轴承,它由轴承座 1 和整体轴瓦 2 组成。轴承座上面设有安装润滑油杯的螺纹孔,在整体轴瓦上开有油孔和油槽。整体式径向滑动轴承具有结构简单、成本低、刚度大等优点,但是由于整体轴瓦与轴承座配合得比较紧,当轴瓦磨损后,不易更换轴瓦。而且在装拆整体式滑动轴承支承的轴系

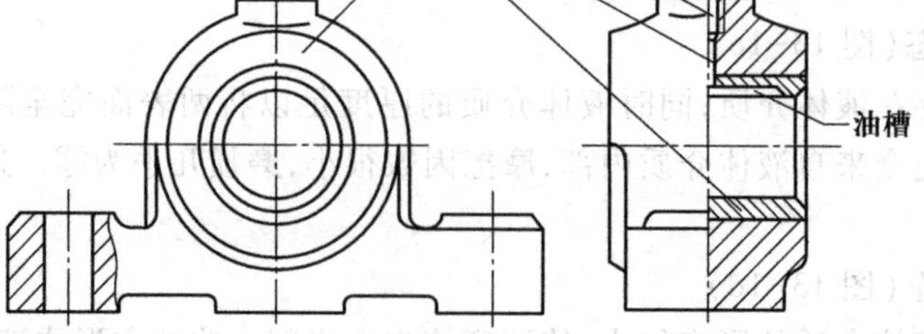

图 13-2　整体式径向滑动轴承

零部件时，需要装拆滑动轴承或将轴作较大的轴向移动，故整体式滑动轴承组成的轴承支承系统装拆不便，常用于轻载、不需经常装拆且不重要的场合。此类轴承已标准化，其标准号为 JB/T 2560—2007。

剖分式轴承的结构如图 13-3 所示，它由轴承座 1、轴承盖 2、连接螺柱 3 和剖分式轴瓦 4 等组成。为防止轴承座与轴承盖间相对横向错动，接合面要做成阶梯形或设止动销钉。剖分式轴承组成的轴承支承系统装拆方便，轴瓦磨损后，更换轴瓦方便，所以剖分式轴承应用广泛。此类轴承也已标准化，其标准号为 JB/T 2561—2007。

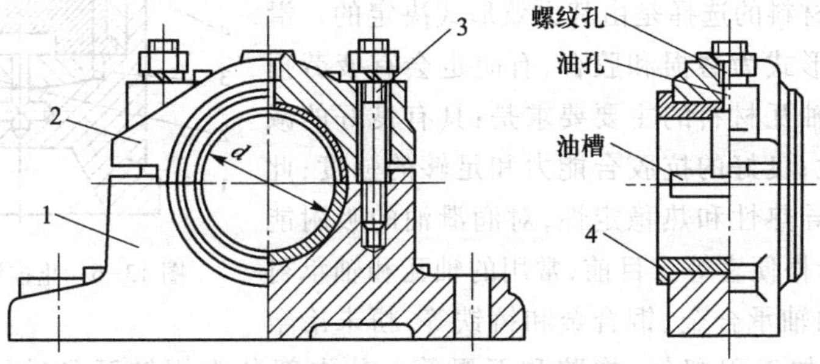

图 13-3　剖分式径向滑动轴承

调心式轴承的结构如图 13-4 所示，其轴瓦 2 与轴承盖 1 和轴承座 3 之间以球面形成配合，使得轴瓦和轴相对于轴承座可在一定范围内摆动，从而避免安装误差或轴的弯曲变形较大时，造成轴颈与轴瓦端部的局部接触所引起的剧烈偏磨和发热。但球面加工不易，所以这种结构一般只用在轴承的宽度 B 和直径 d 之比（即宽径比 B/d）较大的场合。

轴瓦是与轴颈表面直接接触的零件，有整体式（图 13-2）和剖分式（图 13-3）之分。整体轴瓦也称为整体轴套。

有时为了节省贵重金属或结构上的需要，常在轴瓦的内表面上浇注或轧制一层轴承合金，这层合金称为轴承衬（图 13-4）。在这种结构中，轴承衬直接与轴颈接触，而轴瓦只起支承作用。为防止轴瓦在轴承座中轴向移动和周向转动，常用销钉或止动螺钉将轴瓦定位。

为了使润滑油能顺利导入轴承，并能分布到整个摩擦表面而保持较好的润滑状态，常在轴瓦上开设油孔和油槽，常见油孔和油槽的结构如图 13-5 所示。

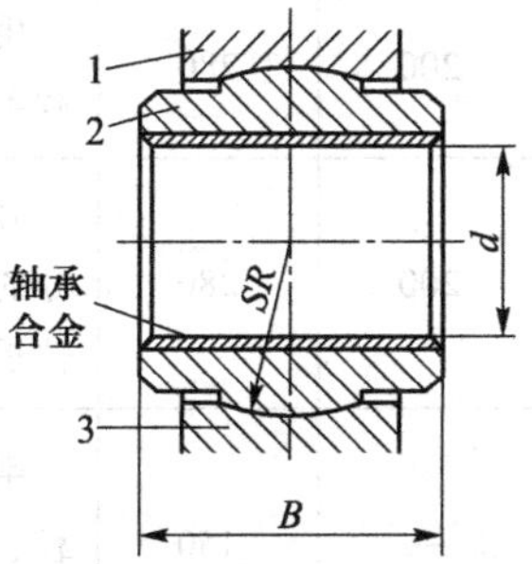

图 13-4　调心式滑动轴承

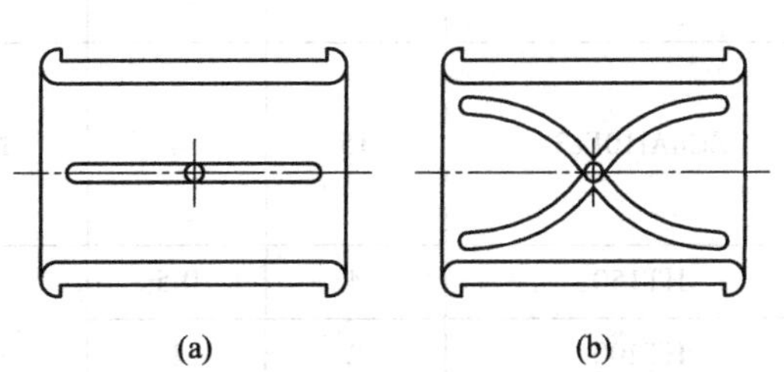

图 13-5　常见的油槽形式

2. 止推滑动轴承的结构

图 13-6 所示为一种止推滑动轴承。它由轴承座 1、防止轴瓦转动的止动销钉 2、止推轴瓦 3、径向轴瓦 4 和轴承盖 5 等组成。止推轴瓦与轴承座做成球面配合,起自动调位作用,径向轴瓦 4 有一定的承受径向载荷的能力。

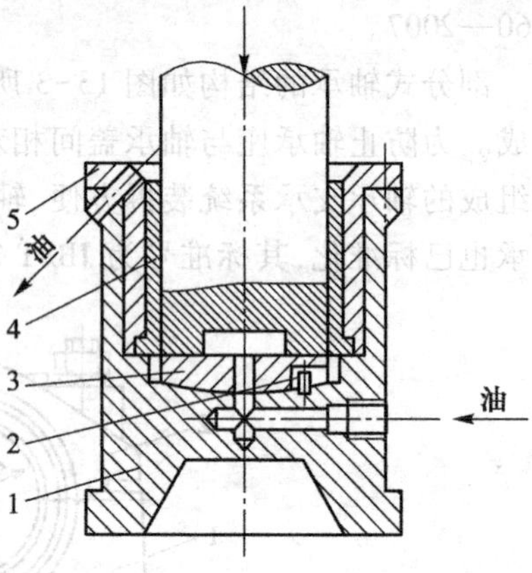

图 13-6 止推滑动轴承的结构

二、轴瓦和轴承衬材料

轴瓦和轴承衬材料的选择是由其失效形式决定的。滑动轴承的主要失效形式为磨损和胶合,有时也会有疲劳损伤、刮伤等,因此对轴瓦材料的主要要求是:具有良好的减摩、耐磨性和磨合性;良好的抗胶合能力和足够的强度;此外还应具备良好的导热性和热稳定性,对润滑油的吸附能力强,易于加工和价格便宜等。目前,常用的轴瓦和轴承衬材料有金属材料,如轴承合金、铜合金和铸铁等;粉末冶金材料;非金属材料,如工程塑料、橡胶和石墨等。其中部分常用轴瓦和轴承衬材料的性能见表13-1。

表 13-1 常用轴瓦和轴承衬材料的性能

材料	牌号		[p] /MPa	[v] /(m/s)	[pv] /(MPa·m/s)	轴颈最小硬度/HBW	最高工作温度/℃	应用场合
锡锑轴承合金	ZSnSb11Cu6 ZSnSb8Cu4	平稳载荷	25	80	20	150	150	用于高速、重载下工作的重要轴承。变载荷下易疲劳。价高
		冲击载荷	20	60	15			
铅锑轴承合金	ZPbSb16Sn16Cu2		15	12	10	150	150	用于中速、中载的轴承。不宜受显著的冲击载荷
	ZPbSb15Sn10		20	15	15			
铸锡青铜	ZCuSn5Pb5Zn5		8	3	15	200	280	用于中速、中载条件下
铸铝青铜	ZCuAl10Fe3		15	4	12	200	280	用于润滑充分的低速、重载轴承
灰铸铁	HT150		4	0.5	—	—	150	用于低速、轻载、不重要的轴承
	HT200		2	1				
	HT250		1	2				

§13-3　非液体摩擦滑动轴承的设计计算

如前所述,非液体摩擦滑动轴承的主要失效形式为磨损和胶合。因此,其设计准则就是要防止轴承在预期的工作寿命内发生过度的磨损和胶合破坏。但因磨损和胶合过程相当复杂,影响因素又很多,目前只能作条件性验算,其设计过程为:首先根据轴承的工作情况确定轴承类型、材料和尺寸,再对其性能作条件性验算。设计的已知条件为:轴颈直径、转速、载荷大小和性质以及工作状况等。

由于径向轴承应用广泛,故这里仅介绍径向轴承的设计,关于推力轴承设计可参考有关机械设计手册。

1. 确定轴承类型、结构及轴瓦材料

根据轴承工作条件和要求、载荷的大小和性质,确定轴承的类型和结构,并参考表 13-1,选取轴瓦材料。

2. 选取轴承的宽径比

一般情况下宽径比 $B/d=0.5\sim1.5$,宽径比不宜过大,在选定 B/d 后,可计算出轴承的宽度。

3. 验算轴承的工作能力

1) 验算轴承的压强 p　为防止轴瓦的过度磨损,就应控制其单位面积的压力,即

$$p=\frac{F}{Bd}\leqslant[p] \tag{13-1}$$

式中:F 为轴承承受的径向载荷(N);B 为轴承的宽度(mm);d 为轴颈直径(mm);$[p]$ 为轴瓦材料的许用压强(MPa),见表 13-1。

2) 验算轴承的 pv 值　为防止轴承工作时产生过多的热量而导致摩擦面的胶合破坏,就应控制单位时间内单位面积的摩擦功耗 fpv,因摩擦因数 f 可近似认为是常数,所以只需控制 pv,即

$$pv=\frac{F}{Bd}\cdot\frac{\pi nd}{60\times1\ 000}=\frac{Fn}{19\ 100B}\leqslant[pv] \tag{13-2}$$

式中:v 为轴颈的圆周速度(m/s);n 为轴颈的转速(r/min);$[pv]$ 为轴瓦材料的许用 pv 值(MPa · m/s),见表 13-1。

3) 验算轴承的滑动速度 v　当压力比较小时,p 和 pv 值的验算均合格的轴承,由于滑动速度过高,也会发生因磨损过快而报废,故还应保证

$$v\leqslant[v] \tag{13-3}$$

式中,$[v]$ 为许用的圆周速度(m/s),见表 13-1。

4. 确定轴承与轴颈间的配合

为保证轴承的旋转精度和运动的灵活性,应选择适当的配合。具体选择时可参考表 13-2。

表 13-2　滑动轴承配合

精度等级	配合代号	应用场合
7	H7/g6	磨床和车床分度头主轴承
7	H7/f6	铣床、钻床及车床的轴承,发动机曲轴和连杆的轴承,减速器的轴承

续表

精度等级	配合代号	应用场合
7	H7/e6	汽轮发电机轴、内燃机凸轮轴、高速转轴、刀架丝杆等轴承
9	H9/f9	电动机、离心泵、风扇轴承,内燃机主轴承和连杆轴承
11	H11/b11, H11/d11	农业机械轴承

例 13-1 已知一支承起重机卷筒的滑动轴承所受的载荷 $F=25\ 000$ N,轴颈直径 $d=90$ mm,轴的转速 $n=83$ r/min,试设计此径向滑动轴承。

解 1. 选择轴承类型和轴瓦材料

因轴承承受径向载荷,并考虑使用条件,选用剖分式径向轴承。此轴承载荷大,转速低,根据表 13-1 选择轴瓦材料为 ZCuSn5Pb5Zn5,其$[p]=8$ MPa,$[pv]=15$ MPa · m/s,$[v]=3$ m/s。

2. 选取轴承宽径比

选取轴承的宽径比 $B/d=1.0$,则轴承宽度 $B=d=90$ mm。

3. 验算轴承工作能力

轴承的 p、pv 和 v 分别为

$$p=\frac{F}{Bd}=\frac{25\ 000}{90\times 90}\ \text{MPa}=3.1\ \text{MPa}$$

$$pv=\frac{Fn}{19\ 100B}=\frac{25\ 000\times 83}{19\ 100\times 90}\ \text{MPa}\cdot\text{m/s}=1.2\ \text{MPa}\cdot\text{m/s}$$

$$v=\frac{\pi dn}{60\times 1\ 000}=\frac{\pi\times 90\times 83}{60\times 1\ 000}\ \text{m/s}=0.39\ \text{m/s}$$

计算表明:$p<[p]$、$pv<[pv]$、$v<[v]$,工作能力满足要求。

由表 13-2,考虑到起重机卷筒为低速重载,精度要求一般,选取配合为 H9/f9。

§13-4 滚动轴承的结构、类型和代号

与滑动轴承相比,滚动轴承应用更为广泛,其摩擦阻力小,功耗少,易起动。滚动轴承多为标准件,由专业工厂大量生产。正因为如此,在机械设计中,主要是根据滚动轴承的使用条件和工作状况来选择合适的轴承类型和型号,并作好轴承的组合设计。

一、滚动轴承的结构

滚动轴承由内圈 1、外圈 2、滚动体 3 和保持架 4 组成,如图 13-7 所示。在外圈的内表面和内圈的外表面上加工有滚道,滚动体在滚道中以点或线接触的形式滚动。保持架将各滚动体相互隔开,可避免运动过程中的碰撞和磨损。常见的滚动体的形状,如图 13-8 所示。

二、滚动轴承的主要类型及性能

在滚动轴承的国家标准中,将滚动轴承分为 13 种基本类型,在表 13-3 中列出了其中常见的

8 种。

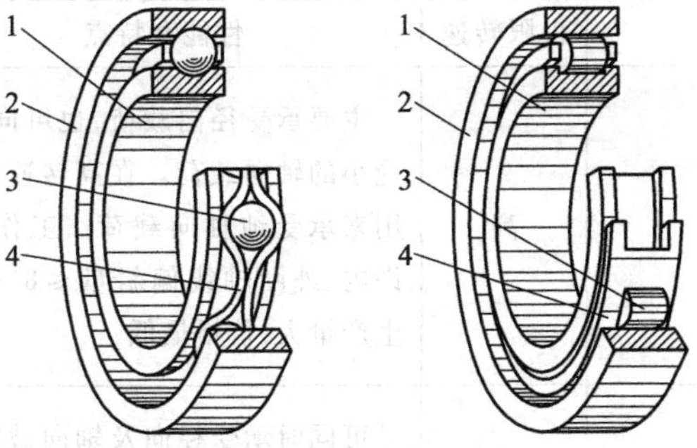

图 13-7 滚动轴承的结构

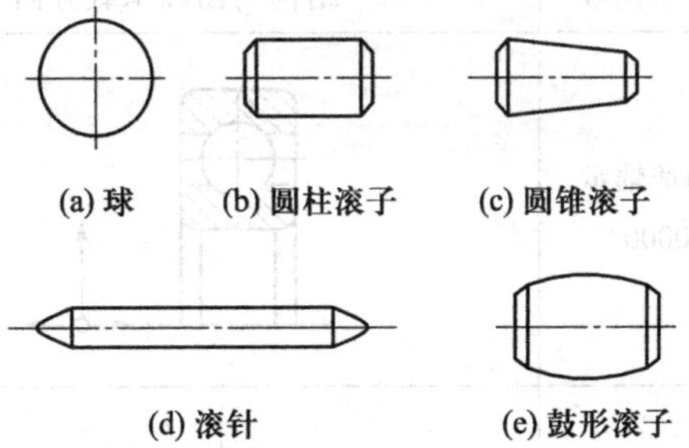

图 13-8 常用的滚动体形状

表 13-3 常用滚动轴承的类型、主要性能和特点

名称及代号	结构简图和承载方向	极限转速	性能和特点
调心球轴承 10000	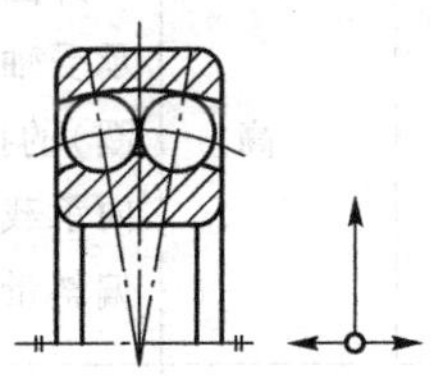	中	外圈滚道是以轴承中心为球心的内球面。故可以自动调心,允许内外圈轴线偏斜量≤2°~3°。主要承受径向载荷,也能承受少量的轴向载荷
调心滚子轴承 20000	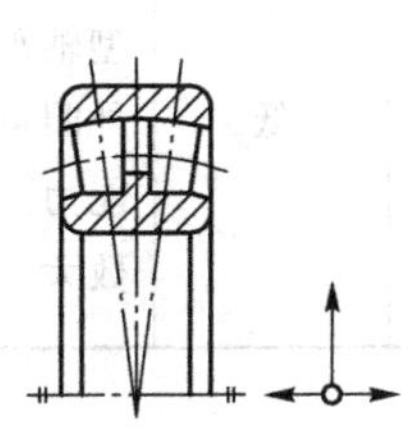	低	性能、特点与调心球轴承相同,具有较大的径向承载能力和少量的轴向承载能力。允许内外圈轴线偏斜量≤1.5°~2.5°
圆锥滚子轴承 30000	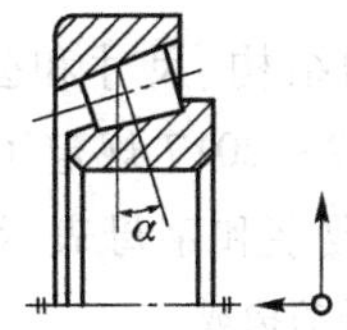	中	可同时承受径向及轴向载荷,承载能力大。内、外圈可分离,安装时可调整游隙。一般成对使用
推力球轴承 50000	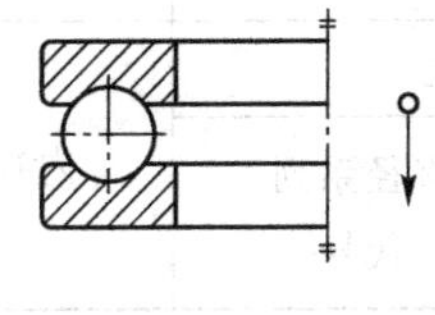	低	工作时必须加有一定的轴向载荷。高速时,离心力大,钢球和保持架磨损、发热严重,寿命降低,故极限转速很低

续表

名称及代号	结构简图和承载方向	极限转速	性能和特点
深沟球轴承 60000	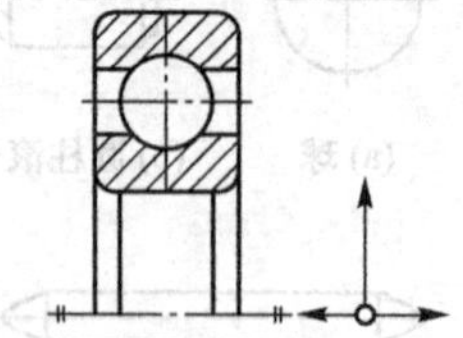	高	主要承受径向载荷，也可同时承受小的轴向载荷。在高转速时，可用来承受纯轴向载荷。工作中允许内、外圈轴线偏斜量≤8′～16′，生产量大，价格最低
角接触球轴承 70000C（$\alpha=15°$） 70000AC（$\alpha=25°$） 70000B（$\alpha=40°$）	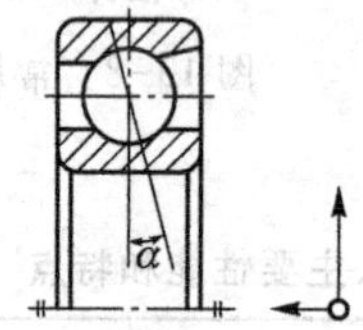	高	可同时承受径向及轴向载荷，也可用来承受纯轴向载荷。承受轴向载荷的能力由接触角 α 的大小决定，接触角大，承受轴向载荷的能力大。一般成对使用
圆柱滚子轴承 N0000	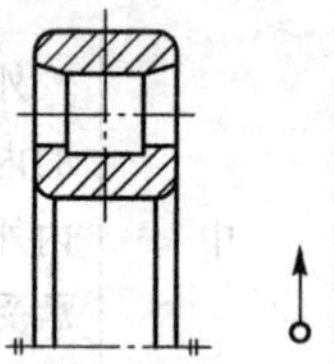	高	外圈（或内圈）可以分离，故不能承受轴向载荷，滚子由内圈（或外圈）的挡边轴向定位，有较大的径向承载能力，内、外圈轴线的允许偏斜量很小（2′～4′）
滚针轴承 NA0000	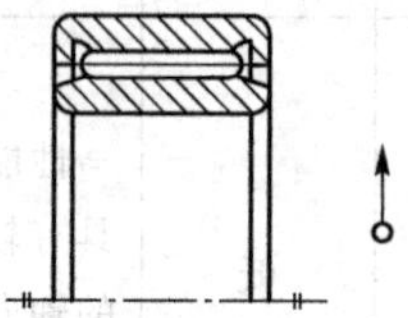	低	在同样的内径条件下，与其他类型轴承相比，其外径最小，内圈或外圈可以分离，有较大的径向承载能力。一般不带保持架。摩擦因数大

三、滚动轴承代号

滚动轴承的类型较多，而每一类型又有多种不同的结构、尺寸和公差等级，为便于组织生产和选用，有必要对其用统一代号来表示。国标 GB/T 272—2017 规定了轴承代号的表示方法。滚动轴承代号由基本代号、前置代号和后置代号组成，用数字和字母表示，其构成见表 13-4。

表 13-4　滚动轴承代号的构成

<table>
<tr><td>前置代号</td><td colspan="4">基本代号</td><td>后置代号</td></tr>
<tr><td rowspan="3">成套轴承分部件代号</td><td>×</td><td>×</td><td>×</td><td>× ×</td><td rowspan="3">内部结构、公差等级及材料等</td></tr>
<tr><td rowspan="2">类型代号</td><td colspan="2">尺寸系列代号</td><td rowspan="2">内径代号</td></tr>
<tr><td>宽度系列代号</td><td>直径系列代号</td></tr>
</table>

注：×——数字或字母。

1. 基本代号

基本代号用来表示轴承的内径、直径系列、宽度系列和类型，其中直径系列和宽度系列统称为尺寸系列。

1）内径代号　用基本代号右起第一、二位数字表示。对于轴承内径为 20~480 mm 的轴承，以内径 d 除以 5 的商数为内径代号，若商为个位数，则在商数左边加 0；对于轴承内径为 10 mm、12 mm、15 mm、17 mm 的轴承，分别用 00、01、02、03 作为内径代号；对内径小于 10 mm 和大于 500 mm的轴承的表示方法，可参阅 GB/T 272—2017。

2）直径系列代号　轴承的直径系列（即结构相同、内径相同的轴承在外径和宽度方面的变化系列）用基本代号右起第三位数字表示，如 0 系列、1 系列、2 系列、3 系列等①。直径系列之间的尺寸对比如图 13-9 所示。

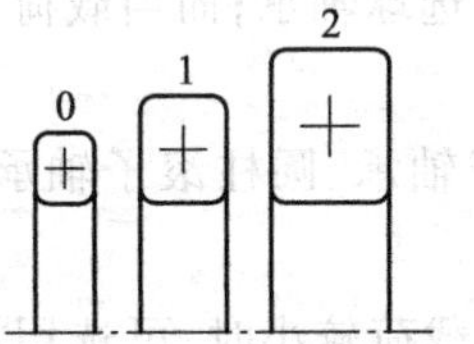

图 13-9　直径系列的对比

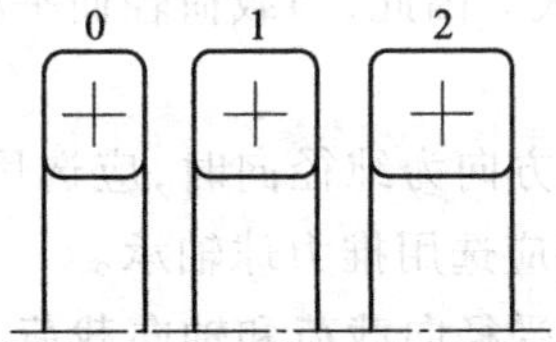

图 13-10　宽度系列的对比

3）宽度系列代号　轴承的宽度系列（即结构相同、内径和直径系列都相同的轴承，在宽度方面的变化系列）用基本代号右起第四位数字表示。如 0 系列、1 系列、2 系列、3 系列等，当宽度系列为 0 系列时，在轴承代号中通常省略。宽度系列之间的尺寸对比如图 13-10 所示。

4）类型代号　用基本代号右起第五位的数字或字母表示，见表 13-3。

2. 前置代号和后置代号

轴承的前置代号用于表示轴承的分部件，用字母表示。轴承的后置代号用字母和数字表示轴承的结构、公差等级及材料等的特殊要求，内容较多。下面仅介绍后置代号中的公差等级代号。

公差等级代号用以表示轴承制造的精度等级，分为 0 级、6 级（或 6x 级）、5 级、4 级和 2 级，分别用/P0、/P6（或/P6x）、/P5、/P4、/P2 表示，精度按以上次序由低到高，6x 级仅适用于圆锥滚子轴承，0 级在轴承代号中省略不标出。

例 13-2　试说明轴承代号 6202 和 31310/P4 的含义。

解　6202——表示内径 $d=15$ mm，深沟球轴承，宽度系列为 0 系列，直径系列为 2 系列，0 级公差等级。

31310/P4——表示内径 $d=50$ mm，圆锥滚子轴承，宽度系列为 1 系列，直径系列为 3 系列，4 级公差等级。

---

① 直径系列分为 7、8、9、0、1、2、3、4 等系列，尺寸依次递增。宽度系列分为 8、0、1、2、3、4、5、6 等系列，宽度尺寸依次递增。不同类型的轴承，直径系列和宽度系列有特定的组合，可参阅 GB/T 273.1—2011、GB/T 273.2—2006 和 GB/T 273.3—2015。

§13-5 滚动轴承的选择

选用轴承时,应首先选择轴承类型,然后再确定轴承尺寸。

一、滚动轴承的类型选择

滚动轴承类型的选择,主要应考虑如下三方面的影响因素来确定。

1. 轴承承受的载荷

轴承的类型选择主要决定于载荷的大小、方向和性质。

1) 由于球轴承元件之间是点接触,而滚子轴承是线接触,所以在同样的载荷下球轴承的接触应力要比滚子轴承大。因此,当载荷轻而平稳时,宜选球轴承;而当载荷大、有冲击时则宜选用滚子轴承。

2) 当轴承载荷的方向为纯径向时,应选用深沟球轴承、圆柱滚子轴承或滚针轴承。而当载荷方向为纯轴向时,则应选用推力球轴承。

3) 若轴承同时承受径向载荷和轴向载荷,且轴向载荷较小时,可选用深沟球轴承;而当轴向载荷较大时,则可选用角接触球轴承和圆锥滚子轴承。

2. 轴承的转速

1) 由于球轴承比滚子轴承的滚动阻力小,所以在尺寸、精度相同时,球轴承比滚子轴承的极限转速高,在高速时应优先选用球轴承。

2) 在轴承内径相同情况下,不同的滚动体尺寸对应于不同的轴承尺寸系列。滚动体的尺寸愈大,在高速转动时产生的离心力也愈大,对轴承的强度和寿命影响也随之增大,因此,滚动体小的轴承更适合于高速转动下工作。

3) 推力轴承的滚道对滚动体的约束能力很小,在较高转速时滚动体很容易脱离滚道位置而失效,所以推力轴承的极限转速都很低。

3. 轴承的调心性能

当轴的跨距较大、弯曲刚度较小或由于加工安装等原因造成轴两端的轴承有较大不同心时,应采用具有自动调心性能的调心球轴承或调心滚子轴承。

此外,轴承类型的选择还应考虑轴承的装拆、调整、轴承游隙的控制等是否方便,这些将在轴承的组合设计中作进一步讨论。

二、滚动轴承尺寸的选择

1. 滚动轴承的失效形式

滚动轴承在工作时,轴承的内、外圈滚道和滚动体承受变化的接触应力,所以疲劳点蚀是滚动轴承的主要失效形式,轴承点蚀破坏后,会使轴承产生振动、噪声,发热增大,旋转精度下降等。

有一些滚动轴承是应用在基本不旋转、缓慢摆动或转速很低($n<10$ r/min)的情况下,一般不会产生疲劳损坏,但在很大的静载荷或冲击载荷作用下,轴承元件上会产生过大的塑性变形,从而使轴承不能正常工作而失效。

此外,由于使用和维护不当或密封润滑不良等因素,也能引起轴承早期磨损、胶合、内外圈和保持架破损等不正常失效。

2. 滚动轴承的基本额定寿命和基本额定动载荷

滚动轴承的寿命是指出现疲劳点蚀前转过的总转数,或在一定转速下总的工作小时数。一批类型、尺寸相同的轴承,由于材料、加工精度、热处理和装配质量不可能完全相同,即使在同样条件下工作,各个轴承的寿命也不相同。寿命最长和最短的相差可达几十倍。因此,对单个轴承而言,很难准确地预测其寿命。为了保证轴承工作的可靠性,在国家标准中规定以基本额定寿命为计算依据。轴承的基本额定寿命是指一批轴承,在同样工作条件下,其中10%的轴承产生疲劳点蚀,而90%的轴承不产生疲劳点蚀时转过的总转数,以 L_{10} 表示。

轴承的基本额定寿命与所受的载荷大小有关,工作载荷愈大,轴承的基本额定寿命就愈短。为了表达各种型号轴承的承载特性,规定轴承基本额定寿命 L_{10} 为 10^6r(转)时,轴承所能承受的最大载荷称为轴承的基本额定动载荷,用字母 C 表示①。显然轴承在基本额定动载荷作用下,工作 10^6r 而不发生疲劳点蚀的可靠度为90%。不同型号的轴承有不同的基本额定动载荷值,它表征了不同型号轴承的承载特性。

3. 轴承的寿命计算

当作用在轴承上的载荷 P 刚好等于其基本额定动载荷 C 时,轴承的基本额定寿命刚好就是 10^6r。如果载荷 P 不等于 C 时,轴承的基本额定寿命又是多少呢? 若在载荷 P 作用下,要求轴承的预期寿命为 L_h,那么轴承应具备多大的基本额定动载荷呢?(即应选择具有多大 C 的轴承呢?)下面就来讨论这两个问题。通过试验并经数据处理后,得到轴承的基本额定寿命与动载荷之间满足如下关系

$$L_{10} = \left(\frac{C}{P}\right)^{\varepsilon} \tag{13-4}$$

式中:L_{10} 为轴承的基本额定寿命(10^6r);C 为轴承的基本额定动载荷(N),其值可从机械设计手册中查取,本书附表4、5、6中列出了少量轴承的 C 值供参考;P 为当量动载荷(N);ε 为寿命指数,球轴承 $\varepsilon=3$,滚子轴承 $\varepsilon=10/3$。

若轴承转速为 n(r/min),则以工作小时数(h)表示的轴承寿命公式为

$$L_h = \frac{10^6}{60n}\left(\frac{C}{P}\right)^{\varepsilon}$$

当轴承的工作温度高于120℃时,会使轴承表面软化而降低轴承承载能力;工作中冲击和振动,将使轴承实际载荷加大,故在计算时分别引入了温度系数 f_t(表13-5)和载荷系数 f_P(表13-6)进行修正。此时轴承寿命计算公式为

$$L_h = \frac{10^6}{60n}\left(\frac{f_t C}{f_P P}\right)^{\varepsilon} \tag{13-5}$$

若载荷 P 和转速 n 已知,并要求轴承的预期寿命为 L_h',则所选轴承应具有的基本额定动载荷 C(N)可由式(13-5)得出,即

$$C = \frac{f_P P}{f_t}\left(\frac{60nL_h'}{10^6}\right)^{\frac{1}{\varepsilon}} \tag{13-6}$$

① 对于向心轴承和向心推力轴承,用 C_r 表示,称为径向基本额定动载荷;对于推力轴承,用 C_a 表示,称为轴向基本额定动载荷。本书略去脚标 r 和 a,以及名称上的区别。

表 13-5 温度系数 f_t

工作温度/℃	≤120	125	150	175	200	225	250	300	350
f_t	1.00	0.95	0.90	0.85	0.80	0.75	0.70	0.60	0.50

表 13-6 载荷系数 f_P

载荷性质	f_P	应用举例
无冲击或轻微冲击	1.0~1.2	电动机、通风机、水泵等
中等冲击	1.2~1.8	车辆、减速器、起重机、造纸机、机床等
强烈冲击	1.8~3.0	破碎机、轧钢机、钻探机、振动筛等

4. 当量动载荷

轴承的 C 值是在规定的受载方向下试验得到的。在实际应用中,轴承的载荷往往与试验条件不同。因此,在进行轴承寿命计算时,应把实际载荷转换成与试验条件相一致的载荷,转换后的载荷是一个等效的载荷,称为当量动载荷 P,可用下式计算。

$$P = XF_r + YF_a \tag{13-7}$$

式中:F_r 为轴承所受的径向载荷(N);F_a 为轴承所受的轴向载荷(N);X 为径向载荷系数;Y 为轴向载荷系数。X、Y 值可查表 13-7。

表 13-7 滚动轴承的载荷系数 X、Y

轴承类型	F_a/C_0	e	$F_a/F_r \le e$		$F_a/F_r > e$	
			X	Y	X	Y
深沟球轴承 60000	0.025	0.22	1	0	0.56	2.0
	0.040	0.24				1.8
	0.070	0.27				1.6
	0.130	0.31				1.4
	0.250	0.37				1.2
	0.500	0.44				1.0

轴承类型		F_a/C_0	e	$F_a/F_r \leqslant e$		$F_a/F_r > e$	
				X	Y	X	Y
角接触球轴承	70000C $\alpha=15°$	0.015	0.38	1	0	0.44	1.47
		0.029	0.4				1.40
		0.058	0.43				1.30
		0.087	0.46				1.23
		0.12	0.47				1.19
		0.17	0.50				1.12
		0.29	0.55				1.02
		0.44	0.56				1.00
		0.58	0.56				1.00
	70000AC $\alpha=25°$	—	0.68	1	0	0.41	0.87
	70000B $\alpha=40°$	—	1.14	1	0	0.35	0.57
圆锥滚子轴承		—	$1.5\tan\alpha$	1	0	0.4	$0.4\cot\alpha$

注：C_0 是轴承的基本额定静载荷；α 是轴承的接触角。

5. 角接触轴承轴向载荷 F_a 的计算

角接触球轴承和圆锥滚子轴承的结构特点是在滚动体和滚道接触处存在着接触角 α，称为角接触轴承。当承受径向载荷 F_r 时，作用在承载区内第 i 个滚动体上的法向力 F_i 可分解为径向分力 F_i''和轴向分力 F_i'(图 13-11)。各滚动体上所受轴向分力之和即为轴承的派生轴向力 F_s。F_s 可按照表 13-8 中的公式计算。

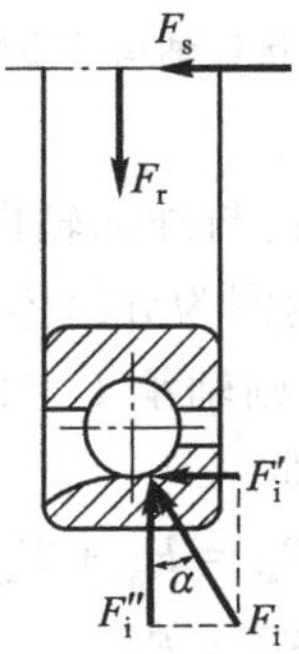

图 13-11 径向载荷产生的轴向派生力

表 13-8　角接触轴承派生轴向力 F_s

轴承类型	角接触球轴承			圆锥滚子轴承
	$\alpha=15°$	$\alpha=25°$	$\alpha=40°$	
F_s	eF_r	$0.68F_r$	$1.14F_r$	$F_r/(2Y)$ $\left(Y 是 \frac{F_a}{F_r}>e 时的轴向系数\right)$

为了使角接触轴承的派生轴向力得到平衡，以免轴窜动，通常这种轴承都要成对使用，对称安装。安装方式有两种：图 13-12a 为正装（两外圈窄边相对），图 13-12b 为反装（两外圈宽边相对），图中 F_A 为轴向外载荷。计算轴承的轴向载荷 F_a 时还应将由径向载荷 F_r 产生的派生轴向力 F_s 考虑进去。图中点 O_1、O_2 分别为轴承 1 和轴承 2 的压力中心，即支反力作用点。O_1、O_2 与轴承端面的距离 a_1、a_2 可由机械设计手册查得，但为了简化计算，通常可认为支反力作用在轴承宽度的中点。图 13-12c 和图 13-12d 为受力简图。

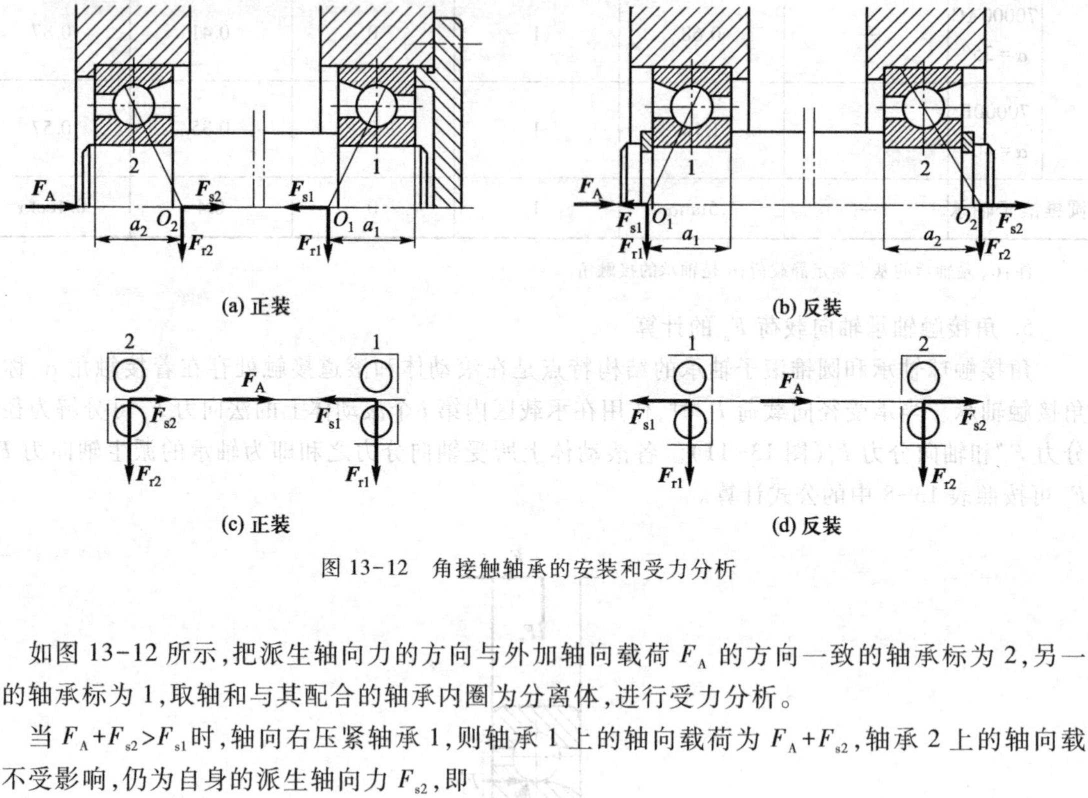

图 13-12　角接触轴承的安装和受力分析

如图 13-12 所示，把派生轴向力的方向与外加轴向载荷 F_A 的方向一致的轴承标为 2，另一端的轴承标为 1，取轴和与其配合的轴承内圈为分离体，进行受力分析。

当 $F_A+F_{s2}>F_{s1}$ 时，轴向右压紧轴承 1，则轴承 1 上的轴向载荷为 F_A+F_{s2}，轴承 2 上的轴向载荷不受影响，仍为自身的派生轴向力 F_{s2}，即

$$\left.\begin{aligned} F_{a1} &= F_A + F_{s2} \\ F_{a2} &= F_{s2} \end{aligned}\right\} \tag{13-8}$$

当 $F_A+F_{s2}<F_{s1}$ 时，即 $F_{s2}<F_{s1}-F_A$，轴向左压紧轴承 2，则轴承 2 上的轴向载荷为 $F_{s1}-F_A$，轴承 1 上的轴向载荷不受影响，仍为自身的派生轴向力 F_{s1}，即

$$\left.\begin{aligned} F_{a1} &= F_{s1} \\ F_{a2} &= F_{s1} - F_A \end{aligned}\right\} \tag{13-9}$$

当 $F_A+F_{s2}=F_{s1}$时，用式(13-8)或式(13-9)的计算结果是相同的。

6. 滚动轴承的静载荷

对于基本不旋转、缓慢摆动或转速很低的轴承，为了防止轴承元件在很大的静载荷或冲击载荷作用下产生过大的塑性变形，应对轴承进行静强度校核。

国家标准 GB/T 4662—2012 规定，使受载最大的滚动体与滚道接触中心处引起的接触应力达到一定值的载荷作为轴承的基本额定静载荷，用 C_0 表示。只要轴承承受的载荷不超过 C_0，就不会影响其正常工作。按轴承静承载能力选择轴承的公式为

$$C_0 \geqslant S_0 P_0 \tag{13-10}$$

式中：S_0 为轴承静强度安全系数，其值可查机械设计手册；P_0 为轴承的当量静载荷(N)，其计算公式为

$$P_0 = X_0 F_r + Y_0 F_a \tag{13-11}$$

式中，径向载荷系数 X_0和轴向载荷系数 Y_0可查轴承手册。

例 13-3　某支承根据工作条件选用深沟球轴承。已知轴径 $d=35$ mm，转速 $n=2\ 900$ r/min，轴承所受径向载荷 $F_r=1\ 500$ N，轴向载荷为 $F_a=750$ N，轻微冲击，预期寿命 $L_h'=5\ 000$ h，试选择轴承型号。

解　1. 初选轴承型号

根据工作条件，初选轴承型号为 6207，查机械设计手册或附表 4，基本额定动载荷 $C=25\ 500$ N，基本额定静载荷 $C_0=15\ 200$ N。

2. 计算当量动载荷

由 $F_a/C_0=750/15\ 200=0.049$，查表 13-7，用线性插值法求得 $e=0.25$

根据 $F_a/F_r=750/1\ 500=0.5>e$，由表 13-7 查得 $X=0.56$，用线性插值法求得 $Y=1.73$。

轴承的当量动载荷

$$P=XF_r+YF_a=(0.56\times1\ 500+1.73\times750)\ \text{N}=2\ 138\ \text{N}$$

3. 校核基本额定动载荷

查表 13-5，得 $f_t=1$；查表 13-6，取 $f_P=1.1$，由式(13-6)

$$C=\frac{f_P P}{f_t}\left(\frac{60nL_h'}{10^6}\right)^{\frac{1}{\varepsilon}}=1.1\times2\ 138\times\left(\frac{60\times2\ 900\times5\ 000}{10^6}\right)^{\frac{1}{3}}\ \text{N}=22\ 451\ \text{N}<25\ 500\ \text{N}$$

所选轴承合适。若计算出的 C 值大于所选轴承的 C 值，则所选轴承不合适，应重新选择轴承。

例 13-4　一机械传动装置，采用一对角接触球轴承(图 13-12a)，轴颈直径 $d=40$ mm，并暂定轴承型号为 7208AC。已知两轴承的径向载荷分别为 $F_{r1}=2\ 050$ N，$F_{r2}=1\ 200$ N，轴的轴向外载荷 $F_A=880$ N，转速 $n=5\ 000$ r/min，运转中受中等冲击，预期寿命 $L_h'=2\ 000$ h，试问所选轴承型号是否合适？

解　1. 计算轴承 1、2 的轴向载荷 F_{a1}、F_{a2}

7208AC 轴承的接触角 $\alpha=25°$，由表 13-8 查得轴承的派生轴向力为

$$F_{s1}=0.68F_{r1}=0.68\times2\ 050\ \text{N}=1\ 394\ \text{N}$$

$$F_{s2}=0.68F_{r2}=0.68\times 1\ 200\ \text{N}=816\ \text{N}$$

因为

$$F_A+F_{s2}=(880+816)\ \text{N}=1\ 696\ \text{N}>F_{s1}$$

所以轴承 1 为压紧端，两轴承的轴向载荷分别为

$$F_{a1}=F_A+F_{s2}=(880+816)\ \text{N}=1\ 696\ \text{N}$$

$$F_{a2}=F_{s2}=816\ \text{N}$$

2. 计算轴承 1、2 的当量动载荷

由表 13-7 查得 $e=0.68$，而

$$\frac{F_{a1}}{F_{r1}}=\frac{1\ 696}{2\ 050}=0.83>e$$

$$\frac{F_{a2}}{F_{r2}}=\frac{816}{1\ 200}=0.68=e$$

查表 13-7 可得 $X_1=0.41,Y_1=0.87;X_2=1.0,Y_2=0$。故当量动载荷为

$$P_1=X_1F_{r1}+Y_1F_{a1}=(0.41\times 2\ 050+0.87\times 1\ 696)\ \text{N}=2\ 316\ \text{N}$$

$$P_2=X_2F_{r2}+Y_2F_{a2}=(1\times 1\ 200+0\times 816)\ \text{N}=1\ 200\ \text{N}$$

3. 计算所需的径向基本额定动载荷 C

因轴的结构要求两端选择同样尺寸的轴承，而 $P_1>P_2$，故应以轴承 1 的当量动载荷 P_1 为计算依据。因工作温度正常，查表 13-5 得 $f_t=1$；按中等冲击载荷，查表 13-6 取 $f_P=1.5$。所以

$$C_1=\frac{f_PP_1}{f_t}\left(\frac{60nL_h'}{10^6}\right)^{\frac{1}{3}}=\frac{1.5\times 2\ 316}{1}\times\left(\frac{60\times 5\ 000\times 2\ 000}{10^6}\right)^{\frac{1}{3}}\ \text{N}=29\ 301\ \text{N}$$

由机械设计手册或附表 5 查得 7208AC 轴承的径向额定动载荷 $C=35\ 200$ N。因为 $C_1<C$，故所选 7208AC 轴承合适。

§13-6 滚动轴承组合设计

为了保证轴承能正常工作，除了要正确选择轴承的类型和尺寸外，还应正确进行轴承的组合设计。组合设计时要正确处理轴承的配置、紧固、调整、装拆、润滑和密封等问题。组合设计与轴承的外围零部件、使用要求及现场条件等因素有关。下面就组合设计中的几个问题讨论如下。

一、滚动轴承的轴向紧固

1. 内圈的轴向紧固

为了确定轴承内圈在轴上的位置，常采用如下的紧固方法：内圈的一侧紧靠在轴肩上。内圈的另一侧根据轴承的类型和受力情况等的不同，可以不紧固（图 13-13a）；或用弹性挡圈（图 13-13d）、轴端挡圈（图 13-13b）、圆螺母和止动垫圈（图 13-13c）紧固。弹性挡圈结构简单，装卸方便，但只能承受小的轴向力；轴端挡圈常用于轴端，可承受中等轴向力；圆螺母和止动垫圈锁紧可靠，装拆方便，可用于高速，能承受大的轴向力。

2. 外圈的轴向紧固

为了确定轴承外圈在机架上的位置，常采用如下的紧固方法：外圈的一侧紧靠在轴承端盖上。外圈的另一侧根据轴承类型和工作情况，可以不紧固（图 13-13a）；或用弹性挡圈（图

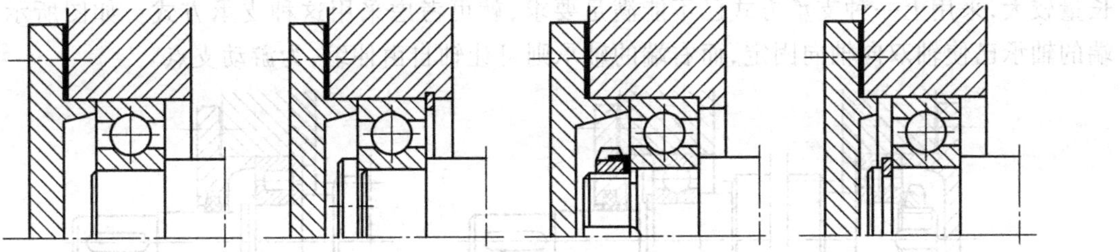

(a) 单向固定支点　(b) 双向固定支点　(c) 双向固定支点　(d) 游动支点

图 13-13　轴承的轴向紧固

13-13b）、凸肩（图 13-13c）等紧固。在有些轴承的紧固结构中，轴承外圈的两侧都不紧固，如图 13-13d 所示。

3. 轴承的固定方式

在图 13-13a 所示的轴承固定方式中，轴的移动受到单向限制，称为单向固定支点；在图 13-13b、c 所示的轴承固定方式中，轴的移动受到双向限制，称为双向固定支点；在图 13-13d 所示的轴承固定方式中，轴可以双向移动，称为游动支点。

二、滚动轴承的组合设计

进行滚动轴承的组合设计，首先要保证轴和轴上零件在机器中具有正确可靠的工作位置，防止轴向窜动，同时又要保证滚动轴承不致因轴受热膨胀而被卡死。

滚动轴承的典型组合支承方式可以分为以下三类。

1. 双支点各单向固定

如图 13-14 所示，轴两端的轴承均为单向固定支点，各自只能确定轴单向的轴向位置，要两端轴承联合作用，才能完全确定轴双向的轴向位置。为给轴留出受热伸长的余地，在轴承与端盖间或在轴承中留有轴向间隙。为防止轴出现过大的轴向窜动，所留的轴向间隙不大（0.2～0.3 mm），故其只适用于热伸长量不大的短轴（一般支点跨距小于 300 mm）。

单向固定支点　单向固定支点　单向固定支点　单向固定支点

(a)　(b)

图 13-14　双支点各单向固定的支承方式

2. 一支点双向固定，另一支点游动

如图 13-15 所示，当轴的支点跨距较大（大于 350 mm）或工作温度较高时，因这时轴的热伸长量较大,采用上一种支承方式已不能满足要求,就可考虑采用这种支承方式。如图所示,其左端的轴承已使轴双向轴向固定,而右端的轴承则可让轴自由伸缩,为游动支点。

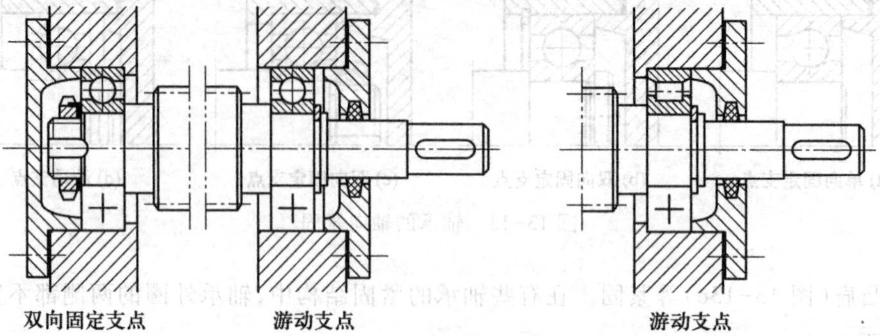

图 13-15 一支点双向固定,另一支点游动的支承方式

3. 双支点游动

其左、右两端的轴承均可让轴自由游动,均为游动支点,此种支承方式一般只用在人字齿轮传动这种特定的情况下。对于人字齿轮传动,两根齿轮轴之一应采用前述的两类支承方式,由于人字齿形的几何约束作用,另一根齿轮轴已不能轴向移动,故采用双支点游动的支承方式,否则将造成支承轴的过定位。

三、滚动轴承的配合

滚动轴承在机器中要靠配合来保证其相对位置和旋转精度,配合的松紧将直接影响其工作状态。配合过紧,会造成轴承转动不灵活,配合过松又会引起振动、磨损和旋转精度降低。因而轴承的内、外圈与相配零件都要规定适当的配合。由于轴承是标准件,所以,其内圈与轴的配合采用基孔制,外圈与轴承座孔的配合采用基轴制。

选择配合时,应根据轴承的类型、尺寸、载荷、转速以及内外圈是否转动来确定。转动套圈的转速越高,载荷和振动越大,应采用越紧的配合。一般情况下轴承内圈随轴一起转动,因此轴承内圈与轴应采用较紧的配合,与轴承内孔配合的轴通常采用的公差为 k6、m6、n6;一般情况下轴承外圈在轴承座孔中不转动,因此轴承外圈与轴承座孔通常采用较松的配合,与轴承外圈配合的轴承座孔通常采用的公差为 H7、J7、G7。

四、滚动轴承的装拆和调整

轴承内圈通常与轴配合较紧,安装时可用压力机在内圈上施加压力,将轴承压套在轴颈上。对于中小型轴承也可用锤将轴承内圈轻轻打入。

拆卸轴承须用专用的拆卸工具,如图 13-16 所示。为使拆卸工具的钩头能钩住内圈,应限制轴肩高度。

轴承安装后,需进行仔细调整。一方面是为了保证轴承中的正常游隙,另一方面是为了调整轴上的传动零件(齿轮)能处于正确的啮合位置。如为了使小锥齿轮与大锥齿轮的锥顶共点,锥齿轮轴需作轴向调整,其调整方法如图 13-17 所示,用改变套杯与机架间垫片 1

的厚度的方法来使锥齿轮轴左右移动。端盖和套杯间的另一组垫片 2 则用来调整轴承的游隙。

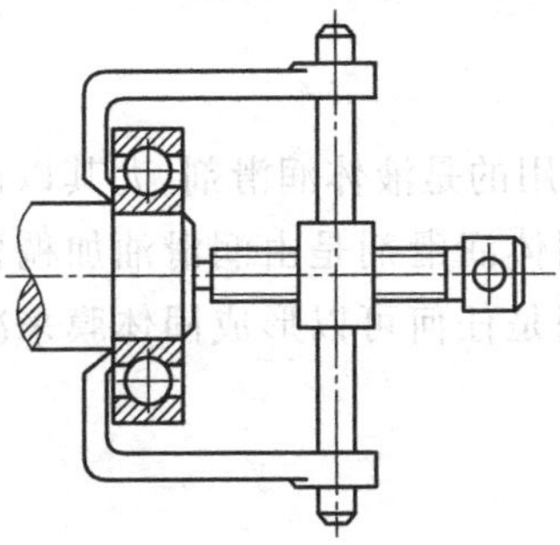

图 13-16 轴承的装拆

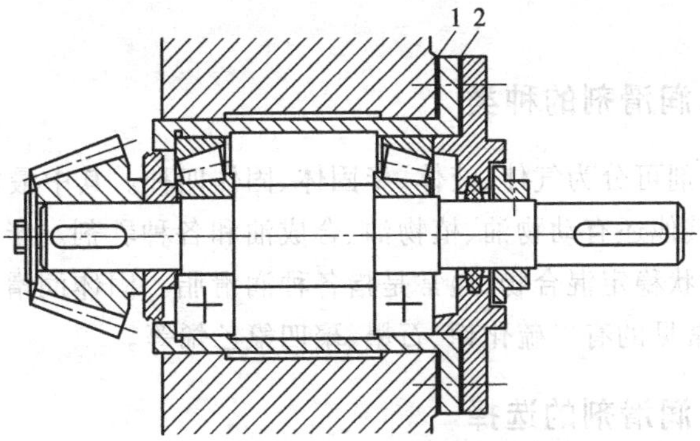

图 13-17 轴承的调整

五、滚动轴承的密封

轴承的密封是为了防止外部尘埃、水分及其他杂物进入轴承,并阻止轴承内润滑剂流失。轴承的密封方法很多,通常可归纳为接触式、非接触式及组合式三大类。

1. 接触式密封

毡圈密封(图 13-18a)用于 $v<5$ m/s 的脂润滑和低速油润滑,工作温度小于 60 ℃,密封效果一般。唇形密封圈密封(图 13-18b)用于 $v<10$ m/s 的油或脂润滑,工作温度为-40~100 ℃,密封效果好。

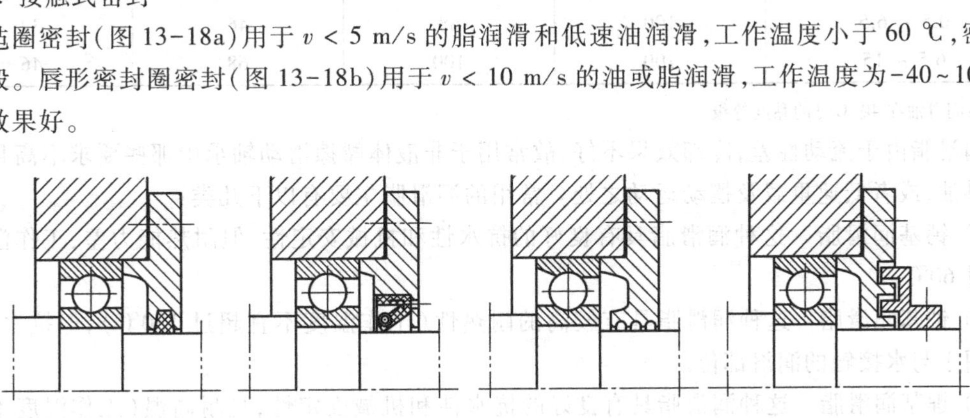

(a) 毡圈密封 (b) 唇形密封圈密封 (c) 油沟密封 (d) 迷宫密封

图 13-18 轴承的密封形式

2. 非接触式密封

油沟密封(图 13-18c)除在轴承盖孔中开有数条油沟外,还留有 0.1~0.3 mm 的半径间隙,使用时应在油沟中填满润滑脂,用于脂润滑或低速油润滑。迷宫密封(图 13-18d)的缝隙一般为 0.2~0.5 mm,缝隙中填入润滑脂,密封性好,可用于 $v<30$ m/s 的油或脂润滑。

3. 组合式密封

为上述两种密封型式的组合(如图 13-17 右端的密封),密封效果好。

§13-7 轴承的润滑和润滑装置

一、润滑剂的种类

润滑剂可分为气体、液体、半固体、固体四种。其中最常用的是液体润滑剂，尤其以矿物油应用最广，其他还有动物油、植物油、合成油和各种乳剂。半固体润滑剂是由润滑油加稠化剂而制成的油膏状稳定混合物，通常是指各种润滑脂。固体润滑剂是任何可以形成固体膜来减小摩擦的物质，常见的有二硫化钼、石墨、聚四氟乙烯等。

二、润滑剂的选择

1. 滑动轴承润滑剂的选择

润滑油是滑动轴承中应用最广的润滑剂，原则上讲，当转速高、压强小时，可选用黏度较低的油；反之，则应选黏度高的油。非液体摩擦滑动轴承的润滑油黏度可根据表 13-9 来选择。

表 13-9 非液体摩擦滑动轴承润滑油黏度的选用 cSt

速度 $v/(\mathrm{m\cdot s^{-1}})$ / 压强 p/MPa	< 0.6	0.6~2.5	2.5~4.5	> 4.5
< 0.5	32	32	15	15
0.5 ~ 6.5	100	68	46	32
6.5 ~ 15	100	100	68	46

注：润滑油在 40 ℃时的黏度等级。

润滑脂由于流动性差，冷却效果不好，故常用于非液体摩擦滑动轴承中那些要求不高且难以经常供油，或者低速重载及摆动运动之处。常用的润滑脂主要有以下几类：

1）钙基润滑脂　这种润滑脂具有良好的抗水性和机械安定性，但耐热能力差，工作温度不宜超过 60℃。

2）钠基润滑脂　这种润滑脂具有较高的耐热性（工作温度不宜超过 120℃），但抗水性差，不宜用于与水接触的润滑部位。

3）锂基润滑脂　这种润滑脂具有良好的抗水性和机械安定性，且耐高温（工作温度不宜超过 145℃），是一种多用途的润滑脂。

此外还有复合铝基脂、复合钙基脂、复合锂基脂等多种润滑脂，适用于不同的工作场合。

2. 滚动轴承润滑剂的选择

滚动轴承常用的润滑剂是润滑油和润滑脂。润滑剂的选用与轴承的工作速度有关。一般情况下，当轴承的 dn 值[d 为滚动轴承的内径(mm)，n 为轴承转速(r/min)]大于 16×10^4 时，应采用油润滑，反之则可采用脂润滑，但还需考虑轴承的使用场合情况。

三、润滑方法和装置

轴承的润滑方法可分为两类，一类是间歇供油润滑，另一类是连续供油润滑。采用何种供油方式主要取决于轴承的工作状态。对于低速或间歇运动的轴承一般采用手工油壶或油枪向油孔进行间歇供油。连续供油常见的方法有:滴油润滑、油环润滑、飞溅润滑和压力循环润滑等。

图 13-19a 所示为针阀式油杯,当轴承需要供油时,可将手柄 1 直立,提起针阀 3,油即通过油孔缓慢滴入轴承。需要停止供油时,可将手柄放倒,针阀即堵住油孔。供油量大小可用螺母 2 调节针阀的开启高度。图 13-19b 所示为油芯式油杯,利用棉纱吸油并将油滴入轴承。这种装置无法调节供油量,且在停车时仍继续滴油。

图 13-20 所示为油环润滑,在轴颈上套一油环,油环下部浸在油中,当轴颈转动时带动油环转动而把油带到轴颈上。这种润滑方式受轴转速的限制,转速过高或过低,都会造成油环的带油量不足,通常用于转速不低于 50~60 r/min 的情况。飞溅润滑是利用转动零件(如齿轮)将润滑油溅到轴承或箱体内壁上通过油沟导入轴承中。压力循环润滑是通过油泵等供油设备以一定压力向轴承喷油的一种润滑方式,多用于高速、重载轴承。采用脂润滑时,只能间歇供油,广泛采用黄油杯(图 13-21),旋拧杯盖即可将装在杯中的润滑脂压送到轴承内。

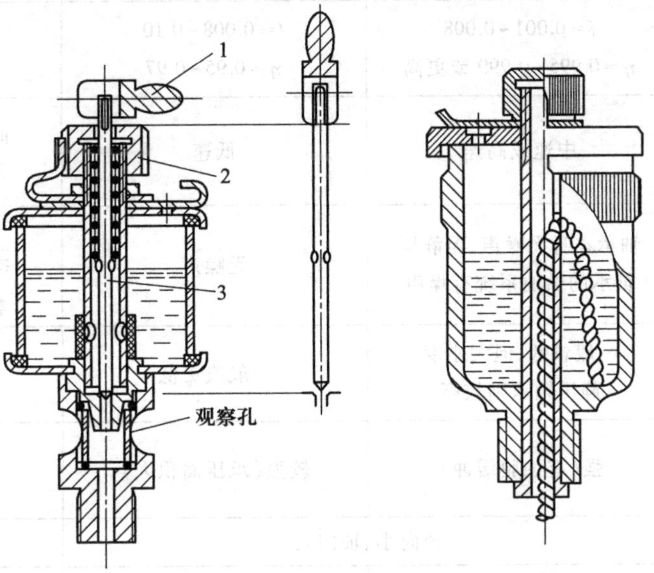

(a) (b)

图 13-19 针阀式油杯和油芯式油杯

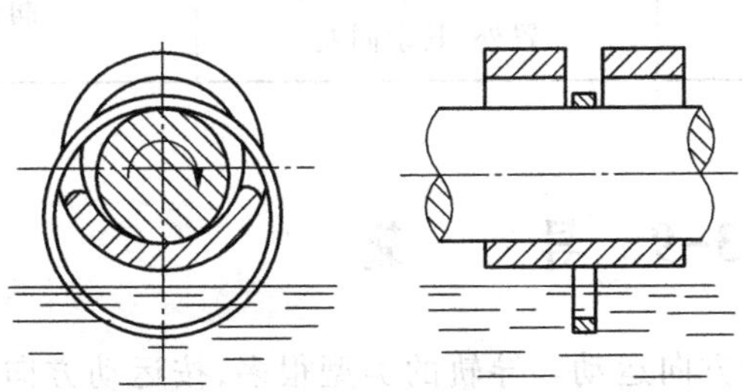

图 13-20 油环润滑

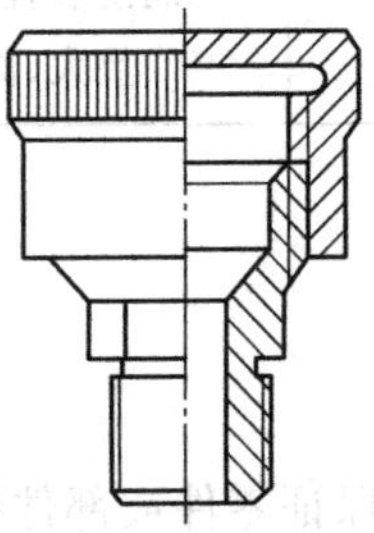

图 13-21 黄油杯

§ 13-8 滚动轴承与滑动轴承的比较

通过前述可知,滚动轴承和滑动轴承各有特点,设计时,应根据具体条件选择既满足工作要求又较为经济的轴承。现将两种轴承的特点列于表 13-10 中进行对比,以便选用时参考。

表 13-10 滚动轴承与滑动轴承的比较

比较项目	滑动轴承		滚动轴承
	液体摩擦轴承	非液体摩擦轴承	
轴承来源	自行设计、加工		可购买标准件,方便
起动时的摩擦力矩	较大(对动压轴承) 较小(对静压轴承)	较大	很小
工作时的摩擦因数及效率值	$f\approx0.001\sim0.008$ $\eta\approx0.995\sim0.999$ 或更高	$f\approx0.008\sim0.10$ $\eta\approx0.95\sim0.97$	$f\approx0.000\ 8\sim0.005$ $\eta\approx0.99\sim0.999$
适用的工作转速	中速或高速	低速	低速或中速,高速时对轴承要特别设计
工作时的噪声	轴承本身无噪声,但静压轴承的供油系统有噪声	无噪声	低精度轴承或高速轴承噪声较大;高精度轴承噪声较小
旋转精度	一般较低,但大刚度静压轴承则较高	一般或更低	较高
承受冲击、振动的能力	强(有油膜缓冲)	较强(承压面积大)	弱(承压面积小)
外廓尺寸	径向小、轴向大		径向大、轴向小
安装	要求精度高	容易	要求精度高,只能轴向装入
润滑	润滑装置复杂,用油量大,需常照料	除不需复杂的润滑装置外,其余同左	润滑简单

§ 13-9 导　　轨

导轨用于保证零件或部件按规定的方向运动。导轨的类型很多,按运动方向可分为直线导轨和旋转导轨;按摩擦性质又可分为滑动摩擦导轨和滚动摩擦导轨。本节主要对直线导轨的结构、常见形式及特性作简略介绍。

一、导轨副的组成、类型及其应满足的要求

导轨副主要由承导件1和运动件2两部分组成，如图13-22所示。在结构特点上有开式和闭式导轨之分。开式导轨一般利用运动件自重和外载荷来保证运动件和承导件可靠接触。闭式导轨则借助结构本身来保证导轨在工作载荷方向或空间位置改变时，运动件和承导件之间的可靠接触。开式导轨多用于室内设备中，而闭式导轨则多用于室外或承受冲击、振动等条件下的设备中。

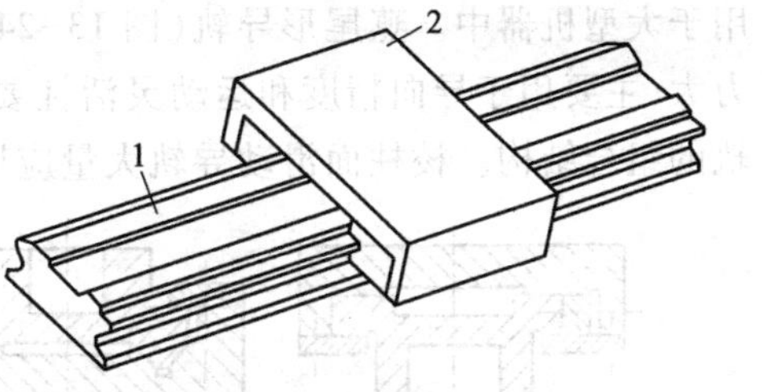

图13-22　导轨副的组成

对导轨的基本要求是：

1）导向精度　即运动件沿规定方向作直线运动的准确程度。它取决于导轨副的配合间隙及导轨母线的直线度和平行度。

2）运动的灵活性和平稳性　主要取决于导轨中的摩擦力和导轨表面的几何形状误差。

3）对温度变化的不敏感性　当工作温度变化时，导轨仍能正常工作，不卡死、不晃动。

4）耐磨性　导轨在长时间使用后不降低精度，它主要取决于相配材料、导轨表面粗糙度及表面硬度。

5）结构工艺性　导轨应在保证机器工作性能的条件下，结构简单、加工方便、易于装拆和维修。

6）成本低。

二、滑动导轨

滑动导轨按承导件的截面形状分为两类：圆柱面滑动导轨和棱柱面滑动导轨。

1. 圆柱面滑动导轨

其常见结构形式如图13-23所示，其主要优点是加工和检验比较简单，易于达到较高的精度。缺点是间隙不能调节，特别是磨损后的间隙不能调整和补偿。闭式圆柱面导轨对温度变化比较敏感，常用于室内设备中。典型的圆柱面滑动导轨的应用实例，如打印机中打印头的横向移动，软盘驱动器中磁头小车的径向导轨运动，以及绘图机中笔架的移动等。采用圆柱面滑动导轨时，应注意保证导轨仅有沿直线运动方向的一个自由度，而其他方向的自由度应采用一定的措施加以限制。

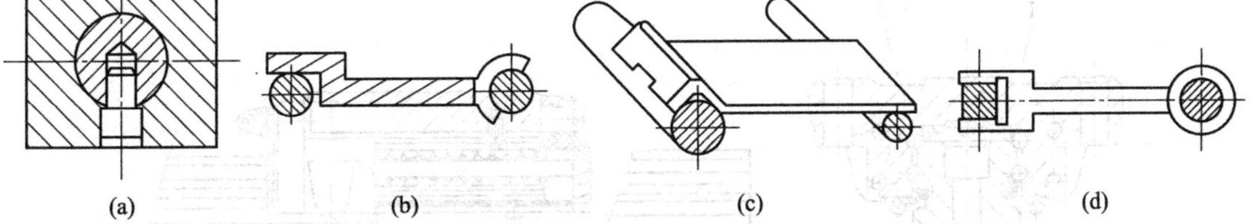

图13-23　圆柱面导轨

2. 棱柱面滑动导轨

其典型结构如图 13-24 所示，其中矩形导轨(图 13-24a)加工检验比较容易，能够达到较高的经济加工精度。V 形导轨(图 13-24b)加工和检验比较复杂，摩擦力大，但能自动调整间隙，常用于大型机器中。燕尾形导轨(图 13-24c)的主要优点是调节简单，结构紧凑，但制造复杂，摩擦力大，主要用于导向精度和运动灵活性要求不高的机构中。图 13-24d 所示为燕尾形和 V 形导轨的组合结构。棱柱面滑动导轨大量应用于机床中，如车床的溜板箱、尾座导轨、小刀架导轨等。

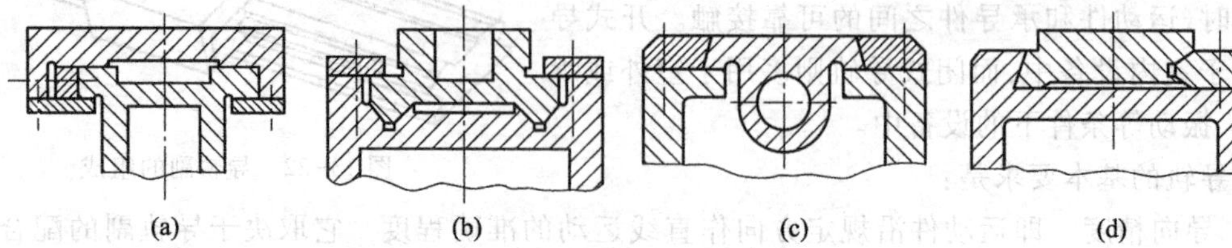

图 13-24　棱柱面导轨

三、滚动导轨

随着机械工业的发展，现在滚动导轨也和滚动轴承一样，有标准产品可供选用。图 13-25 所示为直线滚动导轨副，其内部构造如图 13-26 所示。滑块 1 在导轨 3 上运动。在滑块和导轨之间有四排循环的钢球 2。因其为滚动摩擦，故运动阻力非常小。它可以承受两个方向的载荷和三个方向的倾覆力矩，如图 13-27 所示。滚动导轨有多种安装方式，如图 13-28 所示，所以应用很方便，其应用面也越来越广。

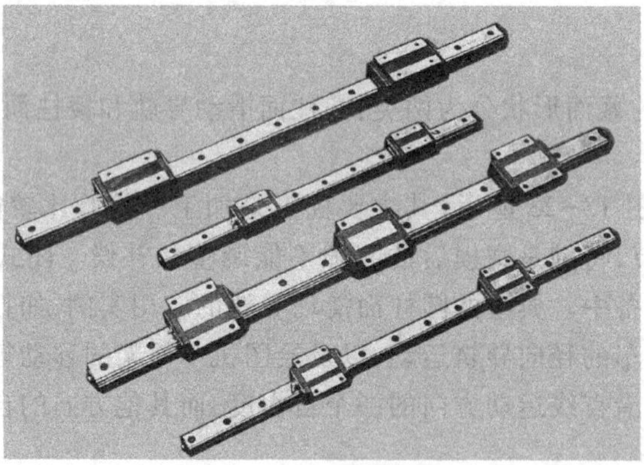

图 13-25　滚动导轨

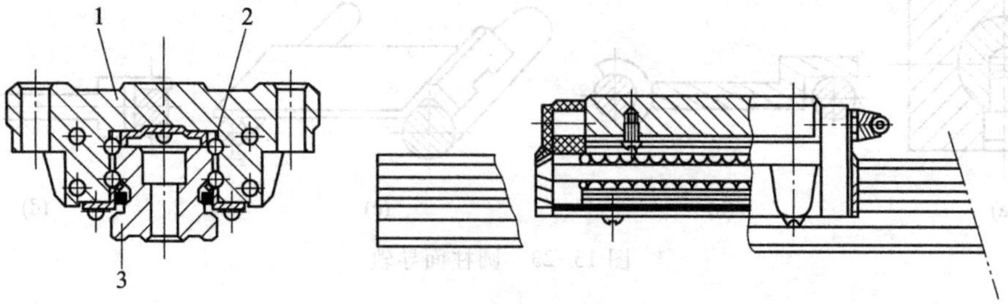

图 13-26　滚动导轨的结构

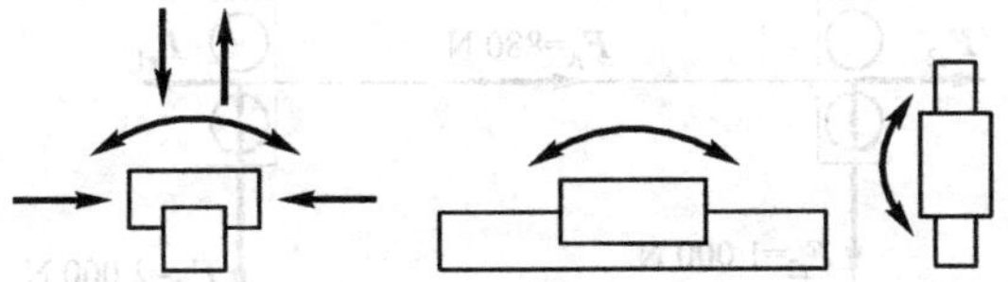

图 13-27　滚动导轨承受的载荷

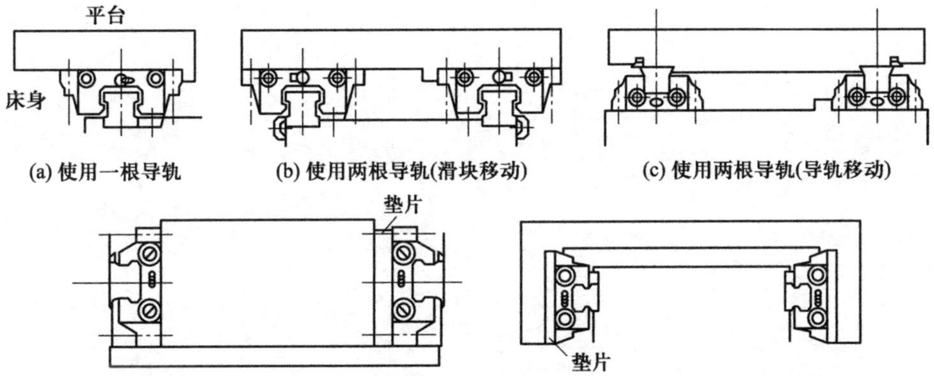

(a) 使用一根导轨　(b) 使用两根导轨(滑块移动)　(c) 使用两根导轨(导轨移动)

(d) 两根导轨相对使用(滑块移动)　(e) 两根导轨相对使用(导轨移动)

图 13-28　滚动导轨的安装方式

思考题和练习题

13-1　滑动轴承的摩擦状态有哪几种？有何本质区别？

13-2　对轴瓦和轴承衬的材料有什么要求？

13-3　在非液体摩擦滑动轴承计算时，验算[p]、[pv]和[v]的目的是什么？

13-4　滚动轴承的组合支承方式分为哪三类？各用于什么场合？

13-5　说明下列滚动轴承代号的意义：N208/P5，7321C，6101，30310，5207。

13-6　滚动轴承主要有那些失效形式？分别采用什么设计准则？

13-7　滚动轴承的基本额定寿命和基本额定动载荷的含义是什么？

13-8　滚动轴承的内、外圈分别采用何种公差基准？配合松紧是如何要求的？

13-9　滑动导轨按截面形状分为那两类？各有何优缺点？各用于什么场合？

13-10　有一非液体摩擦径向滑动轴承，轴颈直径 $d=50$ mm，轴颈转速 $n=960$ r/min，轴瓦材料为 ZPbSb16Sn16Cu2，宽径比为 1.2，试求轴承能承受的最大载荷。

13-11　试设计一提升机用非液体摩擦滑动轴承，已知每个轴承上的径向载荷为 2×10^4 N，轴颈直径为 100 mm，转速为 1200 r/min。

13-12　某设备采用了一深沟球轴承，轴颈直径为 35 mm，转速为 3 000 r/min，已知径向载荷为 $F_r=1\ 800$ N，轴向载荷为 $F_a=750$ N，预期工作寿命 8 000 h，试选择此轴承的型号。

13-13　根据设计要求，在某一轴上安装一对 70000AC 轴承(题 13-13 图)，已知两个轴承的径向载荷分别为：$F_{r1}=2\ 000$ N，$F_{r2}=1\ 000$ N，外加轴向载荷 $F_A=880$ N，轴径 $d=40$ mm，转速 $n=5\ 000$ r/min，常温下运转，有中等冲击，预期寿命 $L_h'=5\ 000$ h，试选择轴承型号。

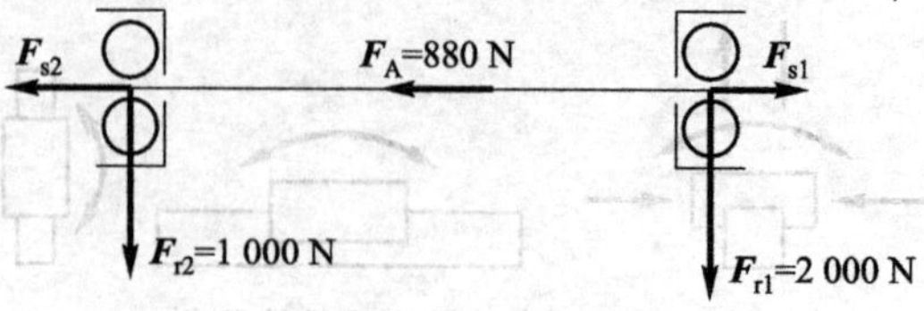

题 13-13 图

第十四章 轴

轴是组成机器的主要零件之一。轴的功能在于支持转动零件，使其具有确定的工作位置，并传递运动和动力。对于机器中一般的轴，其设计主要包括选择材料、结构设计、强度计算及刚度计算等方面的内容。本章以阶梯轴的设计为主要内容，重点讨论轴的结构设计和轴的强度计算。

§14-1 轴的分类和材料

一、轴的分类

根据轴所受载荷不同，可将轴分为心轴、转轴和传动轴三类。工作时只承受弯矩，不承受扭矩的轴称为心轴，如图 14-1 所示。按心轴是否转动，又可分为转动心轴（图 14-1a）和固定心轴（图 14-1b）。工作时既承受弯矩，又承受扭矩的轴称为转轴，如图 14-2 所示，转轴是机器中最常用的一种轴。主要承受扭矩，不承受弯矩或弯矩很小的轴称为传动轴，如图 14-3 所示。

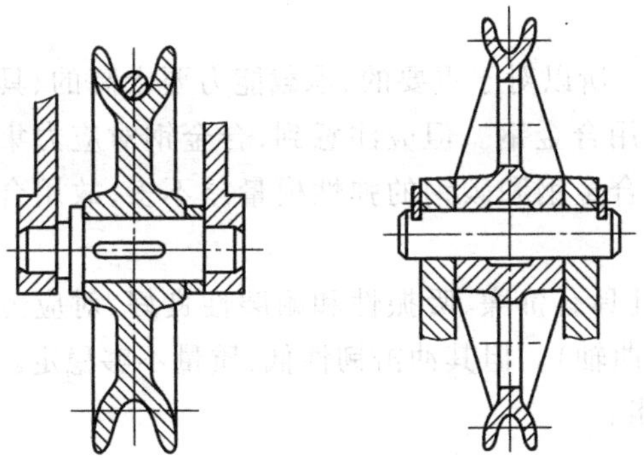

(a) 转动心轴　　(b) 固定心轴

图 14-1　心轴

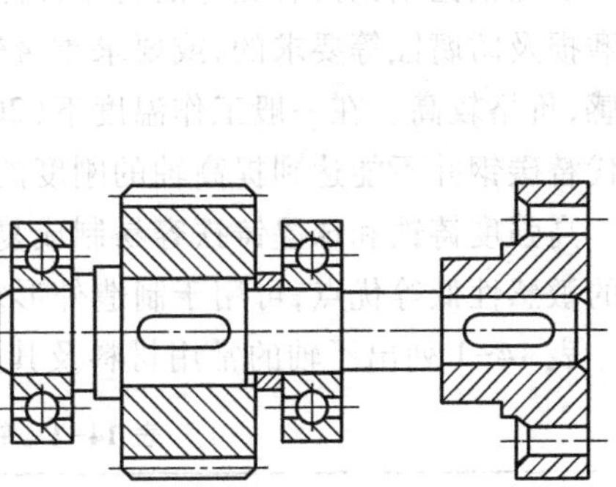

图 14-2　转轴

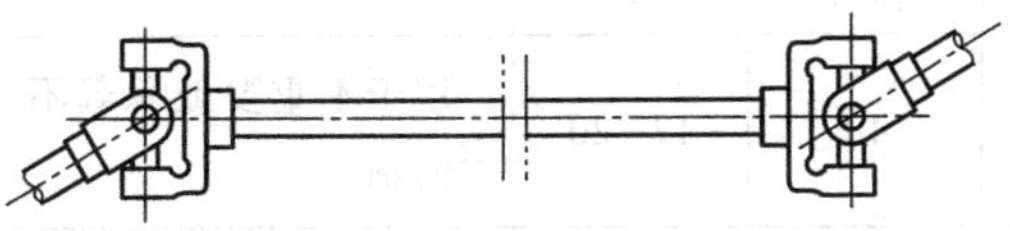

图 14-3　传动轴

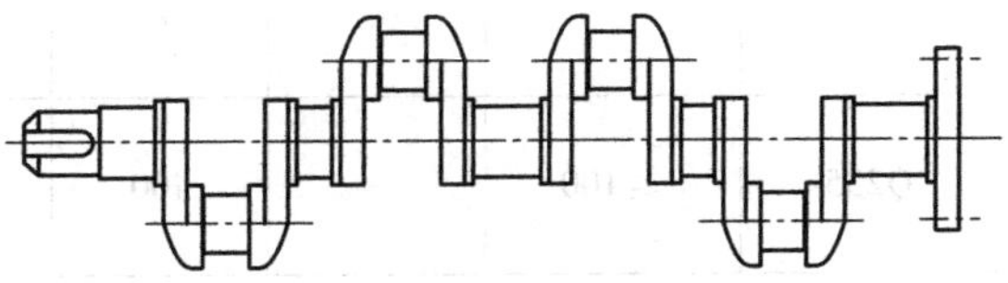

图 14-4　曲轴

根据轴线的形状不同,轴又可分为直轴(图 14-1,图 14-2,图 14-3)、曲轴(图 14-4)和钢丝软轴(图 14-5)。直轴根据外形不同,可分为光轴(图 14-1b)和阶梯轴(图 14-2)。直轴一般都制成实心的。但有时为了减轻重量(如大型水轮机轴、航空发动机轴)或满足工作要求(如机床主轴的中心常需穿过其他零件),也可制成空心轴(图 14-6)。

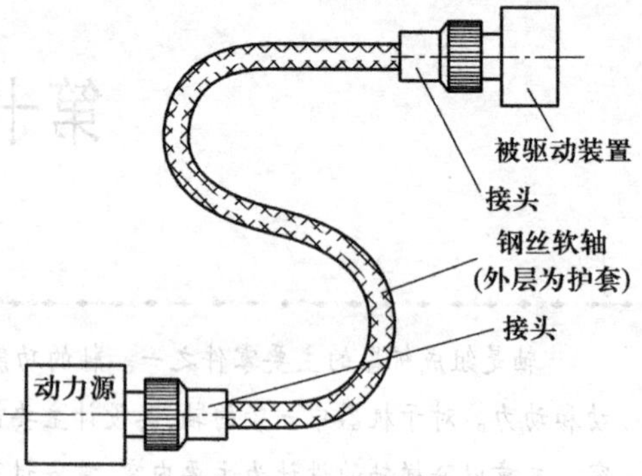

图 14-5　钢丝软轴

二、轴的材料

轴的工作应力通常为变应力,所以其主要失效形式为疲劳破坏。轴的材料应具有足够的疲劳强度且对应力集中的敏感性低,同时要有较好的工艺性和经济性。机器中轴的材料主要采用碳钢和合金钢,钢轴的毛坯多用轧制圆钢和锻件。

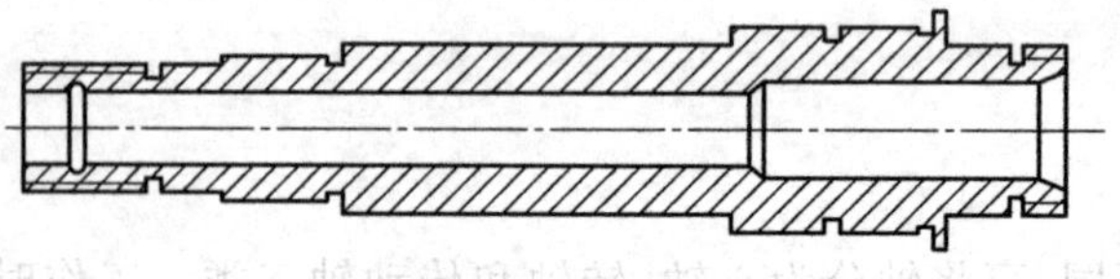
图 14-6　空心轴

碳钢比合金钢价廉,对应力集中的敏感性较低,并可用热处理或化学处理的办法提高其耐磨性和抗疲劳强度,故应用广泛,其中最常用的是 45 钢。不重要或受力较小的轴,可采用 Q235、Q275 等普通碳钢。

合金钢比碳钢具有更好的力学性能和淬火性能。所以对于重要的、承载能力要求高的、具有耐磨损及防腐蚀等要求的,或要求重量轻的轴,可采用合金钢。但应注意到,合金钢对应力集中敏感,价格较高。在一般工作温度下(200 ℃以下),合金钢和碳钢的弹性模量差不多,故用合金钢代替碳钢并不能达到提高轴的刚度的目的。

高强度铸铁和球墨铸铁容易制成复杂的形状,且具有价廉、吸振性和耐磨性良好、对应力集中的敏感性低等优点,可用于制造外形复杂的轴(如曲轴)。但其冲击韧性低,质量不够稳定。

表 14-1 列出了轴的常用材料及其主要力学性能。

表 14-1　轴的常用材料及其主要力学性能

材料及热处理	毛坯直径/mm	硬度/HBS	力学性能/MPa				备　注
			强度极限 σ_b	屈服极限 σ_s	许用弯曲应力 $[\sigma]$	许用扭转切应力 $[\tau]$	
Q235	≤100		400	225	40	12~20	用于不重要或承载不大的轴

续表

材料及热处理	毛坯直径/mm	硬度/HBS	力学性能/MPa				备　注
			强度极限 σ_b	屈服极限 σ_s	许用弯曲应力 $[\sigma]$	许用扭转切应力 $[\tau]$	
45 正火	≤100	170~217	600	300	55	30~40	应用广泛
45 调质	≤200	217~255	650	360	60		
40Cr 调质	≤100	241~266	750	550	70	40~52	用于承载较大而无很大冲击的重要轴
	>100~300		700	550	65		
35SiMn 调质	≤100	229~286	800	520	75	40~52	性能接近 40Cr，用于中小型轴
	>100~300	217~269	750	450	70		
40CrNi 调质	≤100	270~300	900	735	80	40~52	用于很重要的轴
	>100~300	240~270	785	570	75		
20Cr 渗碳淬火回火	≤60	表面 50~60HRC	650	400	60	30~40	用于要求强度和韧性均较高的轴

§14-2　轴的结构设计

轴的结构设计的任务就是要定出轴的合理外形和全部结构尺寸，包括各轴段的直径和长度以及各细小部分的结构尺寸。轴结构设计应遵循的一般原则是：轴的受力合理，有利于满足轴的强度条件；轴和轴上的零件要可靠地固定在准确的工作位置上；轴应便于加工；轴上的零件要便于拆装和调整；尽量减小应力集中等。

下面以单级齿轮减速器的输入轴为例来讨论轴的结构设计的一般步骤。图 14-7 所示为该

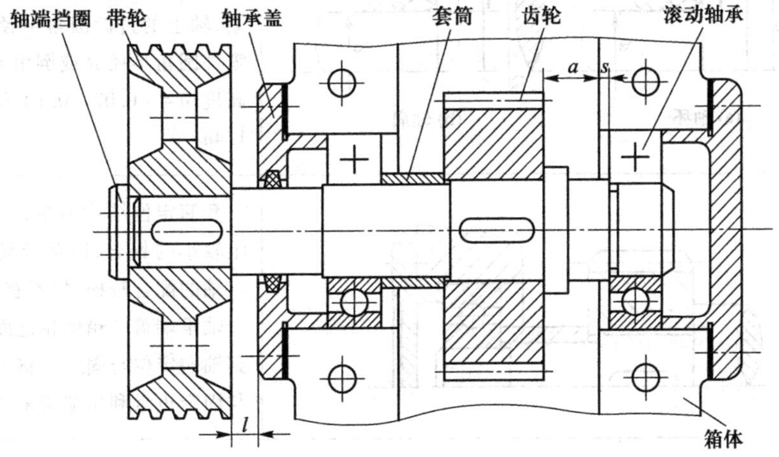

图 14-7　轴的结构

轴与轴上零件的装配图。图中给出了减速器主要零件的相互位置关系，箱体内壁与齿轮端面留有一定的距离 a，滚动轴承内侧与箱体内壁间的距离为 s，带轮与轴承端盖的距离为 l。这些参数均为经验数据。

1. 拟定轴上零件的装配方案

拟定轴上零件的装配方案是进行轴的结构设计的前提，它决定着轴的基本形式。所谓装配方案，就是预定出轴上主要零件的装配方向、顺序和相互关系。不同的装配方案可以得出不同的轴的结构形式，进而决定了轴的受力是否合理。因此，在进行轴的结构设计时，应当拟定几种不同的结构方案，以便比较和选择。

2. 初步确定轴的最小直径和各段长度

初步确定轴的直径时，往往还不知道支反力的作用点，不能确定弯矩的大小和分布情况，因而也就不能按轴所受的弯矩来确定其直径。这时，仅能按扭转强度来初步估算轴的直径（详见§14-3）。但应注意，这样求出的直径只能作为受扭矩的那一段轴的最小直径 d_{min}。轴的最小直径亦可由设计者凭经验用类比的方法取定。

求得 d_{min} 后，还应将此轴径按标准直径进行圆整，然后再按所拟定的装配方案，从 d_{min} 处起逐步确定各段轴的直径及长度。轴的各段长度是根据轴上各零件与轴配合部分的轴向尺寸及位置关系而初步确定的。

3. 轴上零件的轴向定位和固定

轴上零件的轴向定位和固定是以轴肩、轴环、套筒、锁紧挡圈、圆螺母、弹性挡圈、轴端挡圈、轴承端盖及圆锥面等来实现的，其特点和应用见表 14-2。

表 14-2　轴上零件的轴向定位和固定方法及特点

固定方法	简　图	特点和应用场合
轴肩、轴环	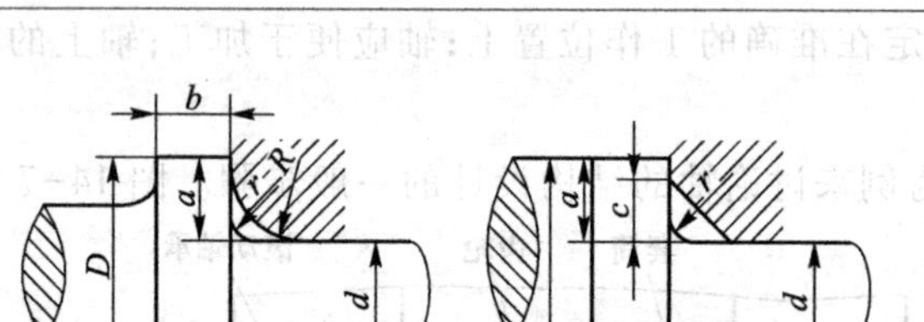 (a) 轴环　(b) 轴肩	结构简单、定位可靠，可承受大的轴向力。该方法会使轴径增大，阶梯处形成应力集中源。为保证零件与定位面靠紧，轴上的过渡圆角半径 r，应小于轴上零件圆角半径 R 或倒角 C。一般取定位高度 $a=(0.07\sim0.1)d$，轴环宽度 $b\geqslant1.4a$
套筒、轴承端盖	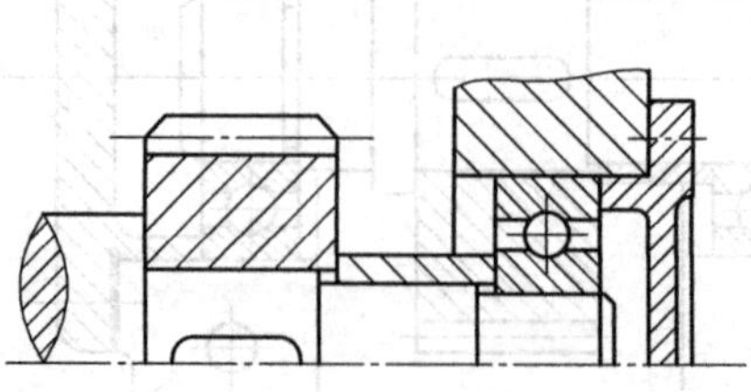	套筒定位结构简单，一般用于零件间距较小的场合，以免套筒过长。因套筒与轴的配合较松，故不宜用于高速场合 轴承端盖与箱体相连而使轴承外圈得到轴向定位与固定。整个轴的轴向定位与固定也常利用端盖来实现

续表

固定方法	简　图	特点和应用场合
弹性挡圈	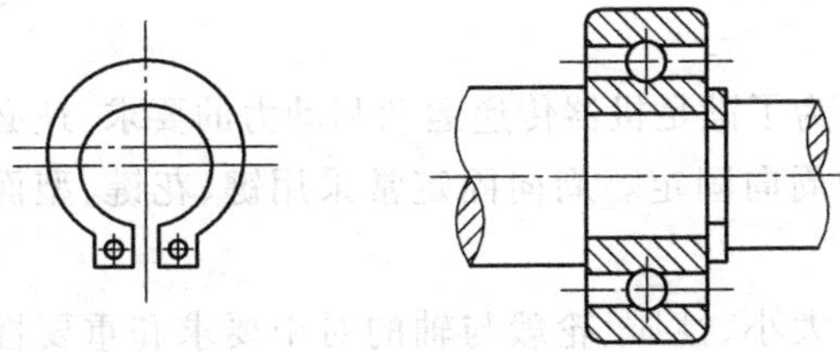	结构紧凑、简单，装拆方便，只能承受较小的轴向力。常用于轴承的固定。轴用弹性挡圈的结构尺寸见 GB/T 894—2017
圆螺母	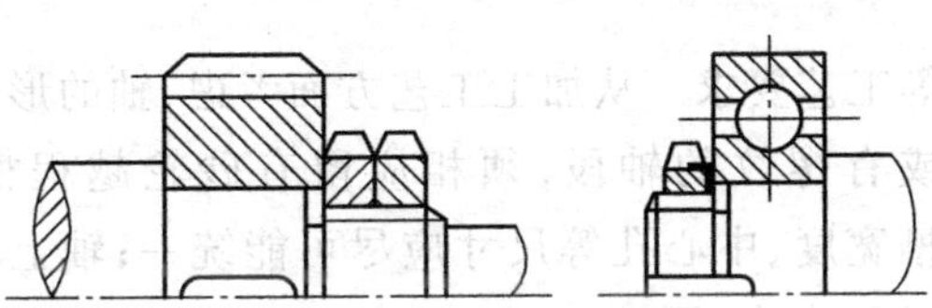	固定可靠，可承受较大的轴向力。但在螺纹处有很大的应力集中，会降低轴的疲劳强度。常用于固定装在轴端的零件，采用双圆螺母或圆螺母与止动垫圈固定零件。圆螺母与止动垫圈的结构尺寸见 GB/T 810—1988、GB/T 812—1988 及GB/T 858—1988
圆锥面	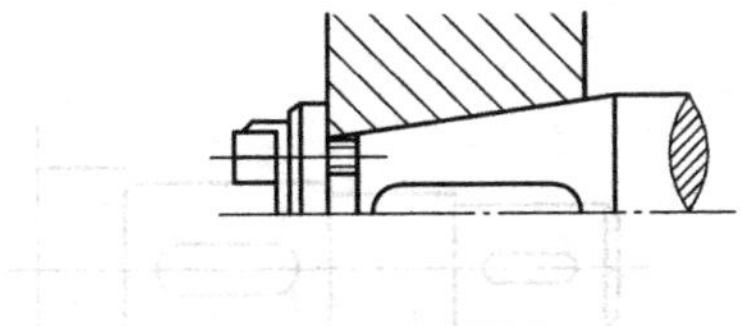	能消除轴与轮毂之间的间隙，对中性好，装拆较方便，且可兼作单方向轴向固定。宜用于高速、冲击及对中性要求较高的场合。常与轴端挡圈联合使用，实现零件的双向固定。圆锥形轴伸尺寸见 GB/T 1570—2005
轴端挡圈	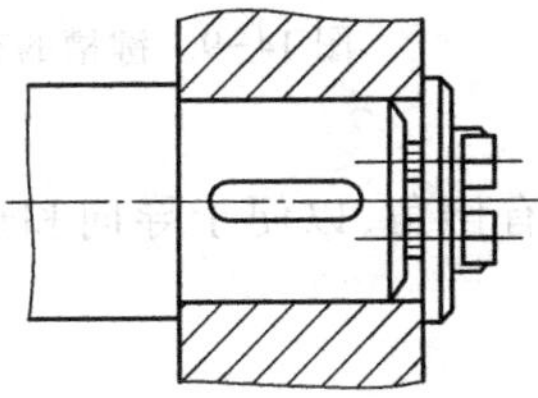	工作可靠，能承受较大的轴向力。适用于固定轴端的零件。为了防止轴端挡圈转动造成螺钉松脱，可采用双螺钉加止动垫片防松等固定方法。轴端挡圈见GB/T 891—1986，GB/T 892—1986
紧定螺钉和锁紧挡圈	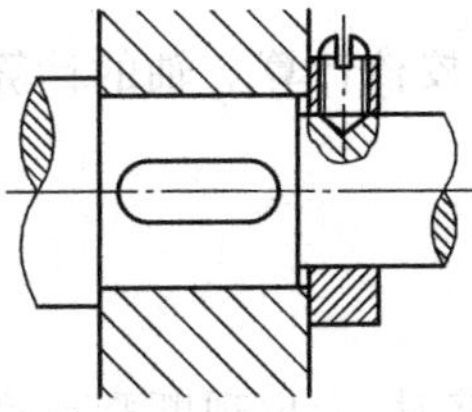	结构简单，承载能力较小，不宜用在高速场合。常用于光轴上零件的固定与定位。紧定螺钉见 GB/T 71—1985，锁紧挡圈见 GB/T 884—1986

在轴上零件的轴向定位和固定方案确定后，轴的各段长度才得以最后确定下来。必须注意，与标准件相配合的轴段的直径均应采用相应的标准值。例如，与滚动轴承相配的轴径，应符合滚动轴承的公称内径。在确定轴的各段长度时，应保证零件在轴上可靠的固定。为此，与齿轮和带轮相配部分的轴段长度一般应比毂长略短（一般约短 2~3 mm），如图 14-7 所示。

4. 轴上零件的周向固定

轴上零件除了需要轴向定位和固定外，为了满足机器传递运动和动力的要求，还必须有可靠的周向固定，如齿轮、带轮、联轴器等与轴的周向固定。周向固定常采用键、花键、型面、销、过盈配合和紧定螺钉等连接形式。

采用何种周向固定方式，要根据载荷的大小、性质、轮毂与轴的对中要求和重要性等因素来确定。例如，以传递动力为目的时，可用键连接；以传递精确运动为目的时，可用圆锥面或过盈配合；紧定螺钉或销连接仅用在传递扭矩小，且不重要的场合。

5. 轴的结构工艺性

轴的结构设计还需考虑到加工、装配等工艺要求。从加工工艺方面考虑，轴的形状应当力求简单；阶梯数尽可能少；对于需要磨制或有螺纹的轴段，须相应留有砂轮越程槽或退刀槽（图 14-8）；轴上各处的圆角半径、环形切槽宽度、中心孔等尺寸应尽可能统一；轴上不同轴段的键槽应布置在同一母线方向上，以利于加工和检验（图 14-9）。此外，加工精度和表面粗糙度应定得适当，不必要的提高会增加成本。

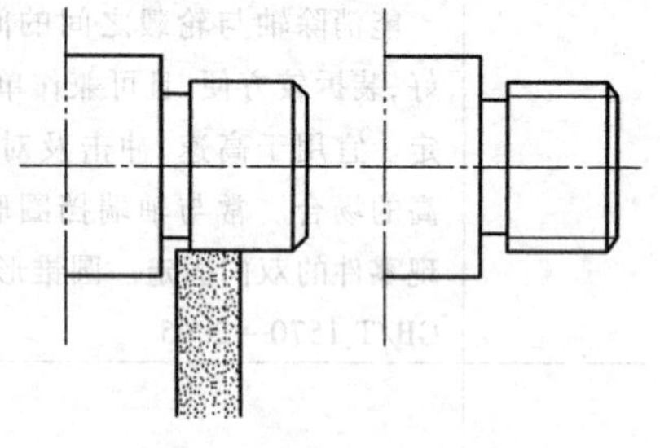

图 14-8　砂轮越程槽和退刀槽

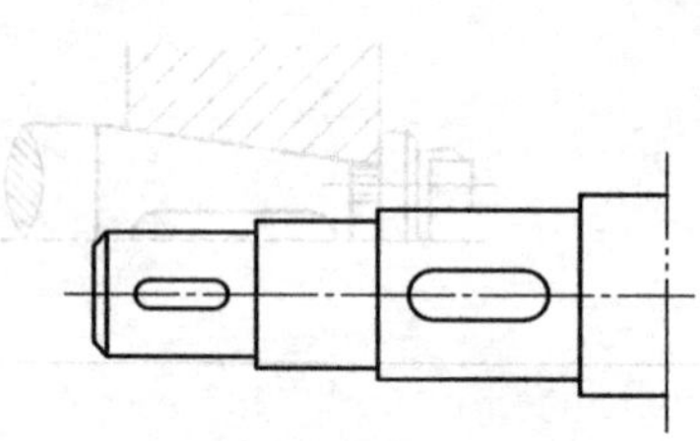

图 14-9　键槽的布置

从装配工艺性方面考虑，各零件装配时，轴端应有倒角，以便于导向和避免擦伤零件的配合表面。

§14-3　轴的计算

轴的计算通常是在初步完成轴的结构设计后进行校核计算。轴的计算准则是满足轴的强度和刚度要求，必要时还要进行轴的抗振性校核。

一、轴的强度计算

轴的工作能力主要取决于轴的强度，轴的强度不够时，会出现断裂或产生较大的塑性变形而失效。

轴的强度计算应根据轴的具体受载及应力情况，采用相应的计算方法。对于一般机械中受力不大的轴,可按类比法估算轴径;对于仅(或主要)承受扭矩的轴,应按扭转强度计算;对于既承受弯矩又承受扭矩的较重要的轴,应按弯扭合成强度计算。

1. 按类比法估算

一般机械中的轴大部分不需要进行强度计算。这些轴只需按类比法估算轴径就可以了。在按类比法估算轴径时,首先应与类似的用得较成功的轴进行比较,参考已有轴与轴上零件的结构,确定该轴与轴上零件的结构和尺寸,或进行某些改进。

对于一般转速装置中的轴,也可用经验公式来估算轴的最小直径。与电动机相连的轴径可按电动机轴径 D 来估算,$d=(0.8\sim1.2)D$;其他各级轴的最小直径可按同级齿轮中心距 a 来估算,$d=(0.3\sim0.4)a$。

2. 按扭转强度计算

这种方法是按轴所受的扭矩进行计算的。计算出来的轴径,一般作为受扭轴段最细处的直径。这种方法也适用于既受扭矩又受弯矩作用的转轴。这时为了考虑弯矩的作用,可用降低许用扭转切应力的方法来计算轴径。在作轴的结构设计时,通常用这种方法初步估算轴径。轴的扭转强度条件为

$$\tau=\frac{T}{W_T}=\frac{9.55\times10^6P/n}{0.2d^3}\leqslant[\tau] \tag{14-1}$$

式中:τ 为扭转切应力(MPa);T 为轴所受的扭矩(N·mm);W_T 为轴的抗扭截面系数(mm^3),圆轴的 $W_T=\pi d^3/16\approx0.2d^3$;$n$ 为轴的转速(r/min);P 为轴传递的功率(kW);d 为轴的直径(mm);$[\tau]$ 为许用扭转切应力(MPa),见表 14-1。

由式(14-1)得轴径 d(mm)的计算公式为

$$d\geqslant\sqrt[3]{\frac{9.55\times10^6P}{0.2[\tau]n}} \tag{14-2}$$

应当注意,当轴的计算截面上开有键槽时,由式(14-2)算得的轴径要相应增大,见表 14-3。

表 14-3　键槽修正值

轴的直径 d/mm	<30	30~100	>100
有一个键槽时的增加值/%	7	5	3
有两个相隔 180°键槽时的增加值/%	15	10	7

3. 按弯扭合成强度计算

轴的各部分尺寸确定之后,外载荷和支承反力的作用位置即可确定。由此可作轴的受力分析及绘制弯矩图和扭矩图,按弯扭合成强度计算轴径。

对于一般钢制的轴,可用第三强度理论(即最大切应力理论)进行计算。弯扭合成时按第三强度理论推导出的强度条件为

$$\sigma_{c3}=\sqrt{\sigma^2+4\tau^2}\leqslant[\sigma] \tag{14-3}$$

式中:σ_{c3} 为当量应力(MPa);τ 为扭转切应力(MPa);σ 为弯曲应力(MPa);$[\sigma]$ 为轴的许用弯曲应力(MPa),见表 14-1。

通常由弯矩所产生的弯曲应力 σ 是对称循环变应力，而由扭矩所产生的扭转切应力 τ 则常常不是对称循环变应力。为了考虑两者循环特性不同的影响，引入折合系数 α，则强度条件为

$$\sigma_{e3}=\sqrt{\sigma^2+4(\alpha\tau)^2}\leqslant[\sigma] \tag{14-4}$$

式中的弯曲应力为对称循环变应力。当扭转切应力为静应力时，取 $\alpha=0.3$；当扭转切应力为脉动循环变应力时，取 $\alpha=0.6$；若扭转切应力亦为对称循环变应力时，则取 $\alpha=1$。

对于直径为 d 的圆轴，弯曲应力 $\sigma=M/W$，扭转切应力 $\tau=T/W_T=T/(2W)$，将 σ 和 τ 代入式(14-4)，则轴的弯扭合成强度条件为

$$\sigma_{e3}=\sqrt{\left(\frac{M}{W}\right)^2+4\left(\frac{\alpha T}{2W}\right)^2}=\frac{\sqrt{M^2+(\alpha T)^2}}{W}\leqslant[\sigma] \tag{14-5}$$

式中：M 为轴所受的弯矩(N · mm)；T 为轴所受的扭矩(N · mm)；W 为轴的抗弯截面系数(mm^3)，圆轴的 $W=\pi d^3/32\approx 0.1d^3$；$[\sigma]$ 为轴的许用弯曲应力(MPa)，见表 14-1。

二、轴的刚度计算概念

轴在载荷的作用下会产生弯曲变形或扭转变形，前者用轴的挠度 y 和转角 θ 来度量，后者用轴的扭角 φ 来度量，如图 14-10 所示。若轴的刚度不足，将产生过大的弯曲或扭转变形，会影响到轴和轴上零件的正常工作，甚至会影响整个机械的正常工作。同时，刚度不适当又往往是轴发生振动的重要原因。因此，必要时应进行轴的刚度计算。

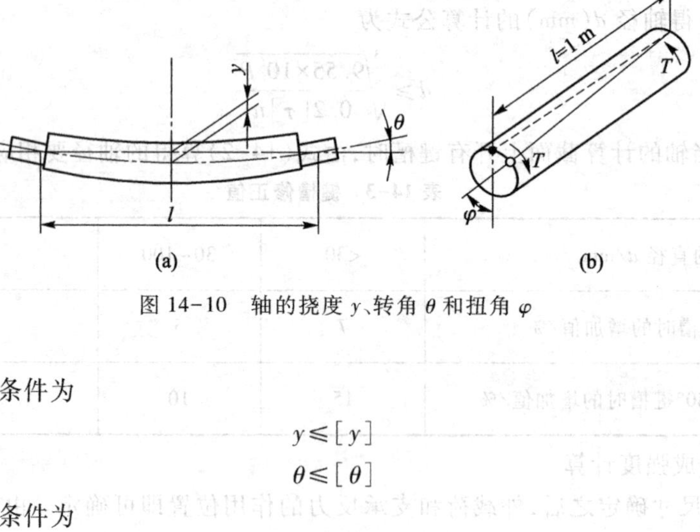

图 14-10　轴的挠度 y、转角 θ 和扭角 φ

轴的弯曲刚度条件为

$$y\leqslant[y] \tag{14-6}$$

$$\theta\leqslant[\theta] \tag{14-7}$$

轴的扭转刚度条件为

$$\varphi\leqslant[\varphi] \tag{14-8}$$

式中：$[y]$ 为轴的许用挠度(mm)；$[\theta]$ 为轴的许用转角(rad)；$[\varphi]$ 为轴的许用扭角[(°)/m]，可查机械设计手册。轴的刚度计算可参照材料力学中的有关公式进行。

三、轴的振动计算概念

轴的振动就是指轴与轴上的零件在平衡位置附近的往复运动。其形式有弯曲振动(横向振

动)、扭转振动(角振动)和纵向振动三种。这里仅讨论轴的弯曲振动计算的概念。轴是一个弹性体,且由于制造误差,轴及轴上安装的各种零件会产生对中不良,因而当轴旋转时,会产生以惯性力为表征的周期性干扰力,从而引起轴的弯曲振动。当这种弯曲振动频率与轴及轴上零件的自振频率接近或相同时,就会出现共振现象,轴的变形会迅速增大,严重时会造成机器破坏,必须避免。

产生共振时轴的转速称为临界转速 n_c。临界转速可以有多个,按其数值由小到大,分别称为一阶、二阶、三阶……临界转速等。

所谓轴的振动计算,就是计算轴的各阶临界转速,目的是使轴的工作转速避开临界转速,即避免共振现象。轴的临界转速计算较为复杂,可参阅转子动力学等专门文献。

工作转速 n 低于一阶临界转速 $n_{c,1}$ 的轴称为刚性轴,对于刚性轴,应使其满足 $n<(0.75\sim0.8)n_{c,1}$;工作转速 n 超过 $n_{c,1}$ 的轴称为挠性轴,挠性轴应满足 $1.4n_{c,k}<n<0.7n_{c,k+1}$。其中 $n_{c,k}$ 为第 k 阶临界转速。满足上述条件的轴,就具有了弯曲振动的稳定性。

例 14-1 图 14-11 所示为某传动装置示意图,其减速器输出轴的结构如图 14-12 所示,轴的材料采用 45 钢,正火处理。已知:减速器输出轴上的功率 $P=6.5$ kW,转速 $n=100$ r/min,单向旋转;大齿轮的分度圆直径 $d=325.20$ mm,轮毂长度 $L=65$ mm;作用在大齿轮上的圆周力 $F_t=3\ 820$ N,径向力 $F_r=1\ 413$ N,轴向力 $F_a=688$ N。试按弯扭合成强度条件校核减速器输出轴的强度。

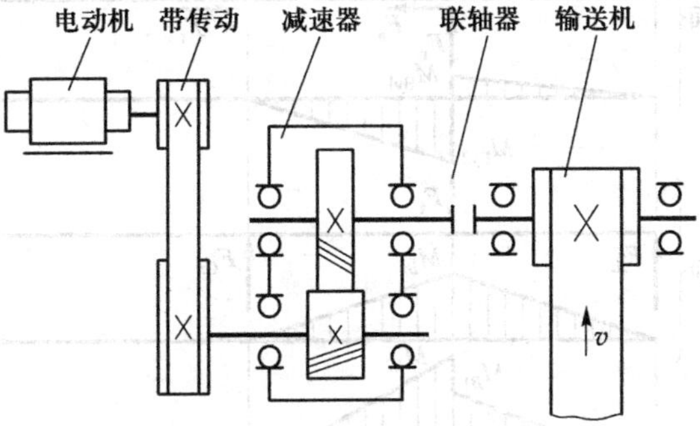

图 14-11 传动装置示意图

解 1. 作出轴的计算简图

根据输出轴的结构(图 14-12),把轴当作简支梁,支点取在轴承中点处,可得轴的跨距为 134 mm,齿轮位于中间,轴伸出段长度为 104.5 mm。根据轴系结构图作出轴的计算简图,如图14-13a 所示。

2. 求作用在轴上的外力和支反力

轴上所受的外力有作用在齿轮上的三个分力:圆周力 F_t(水平面上)、径向力 F_r 和轴向力 F_a(垂直面上),力的方向如图所示;扭矩 T 作用在齿轮和半联轴器之间轴段上。将作用在轴上的力向水平面和垂直面分解,然后按水平面和垂直面分别计算。

1) 垂直面上的支反力(图 14-13b)

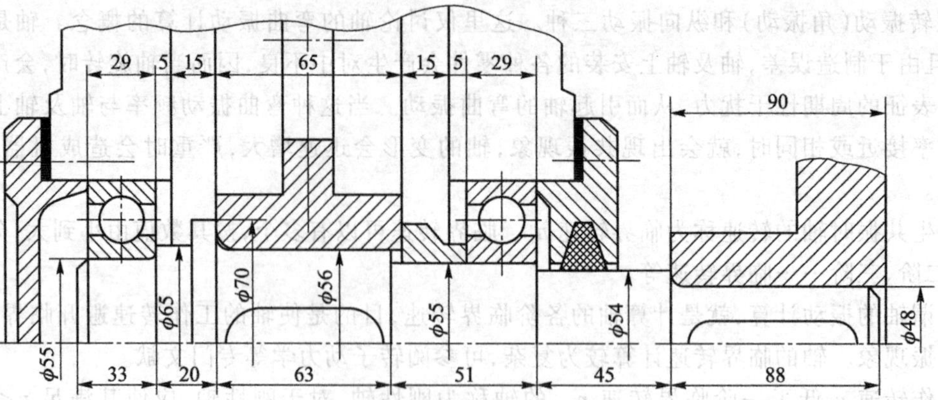

图 14-12　输出轴的结构

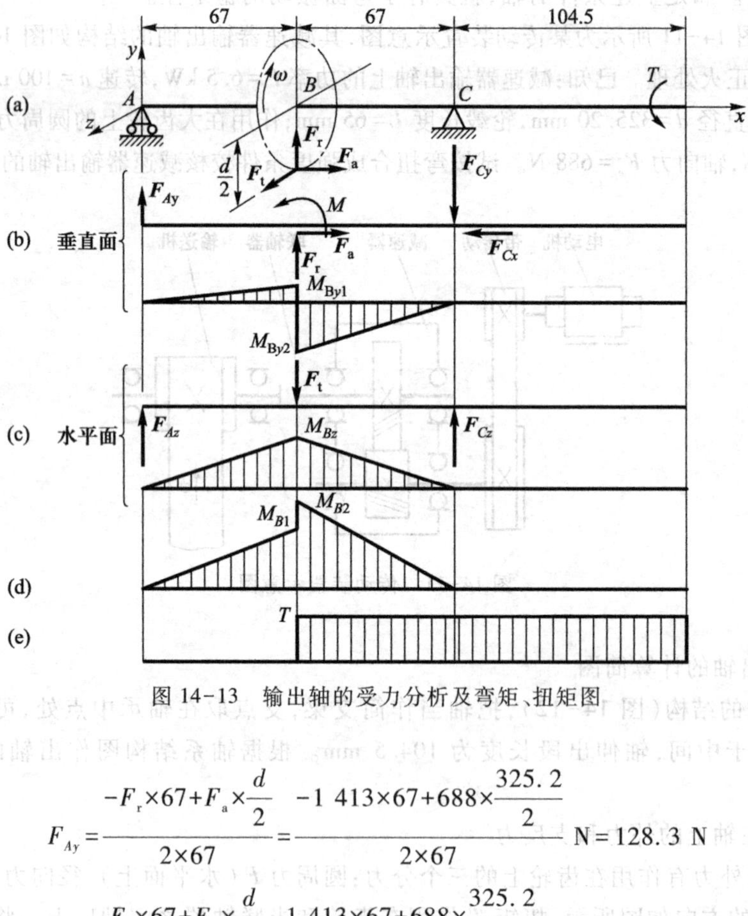

图 14-13　输出轴的受力分析及弯矩、扭矩图

$$F_{Ay}=\frac{-F_{\mathrm{r}}\times67+F_{\mathrm{a}}\times\dfrac{d}{2}}{2\times67}=\frac{-1\ 413\times67+688\times\dfrac{325.2}{2}}{2\times67}\ \mathrm{N}=128.3\ \mathrm{N}$$

$$F_{Cy}=\frac{F_{\mathrm{r}}\times67+F_{\mathrm{a}}\times\dfrac{d}{2}}{2\times67}=\frac{1\ 413\times67+688\times\dfrac{325.2}{2}}{2\times67}\ \mathrm{N}=1\ 541.3\ \mathrm{N}$$

$$F_{Cx}=F_{\mathrm{a}}=688\ \mathrm{N}$$

轴向力对轴所产生的压应力与轴上的弯曲应力相比，一般很小，对轴的强度影响不大，故在

作轴的强度计算时，通常不予考虑。但在作轴承的强度计算时，则应考虑轴向力的影响。

2）水平面上的支反力（图 14-13c）

$$F_{Az}=F_{Cz}=\frac{1}{2}F_{t}=\frac{1}{2}\times 3\ 820\ \mathrm{N}=1\ 910\ \mathrm{N}$$

3. 作弯矩图

1）作垂直面弯矩图（图 14-13b）

垂直面上截面 B 左侧的弯矩

$$M_{By1}=F_{Ay}\times 67=128.3\times 67\ \mathrm{N\cdot mm}=8\ 596.1\ \mathrm{N\cdot mm}$$

截面 B 右侧的弯矩

$$M_{By2}=-F_{Cy}\times 67=-1\ 541.3\times 67\ \mathrm{N\cdot mm}=-103\ 267.1\ \mathrm{N\cdot mm}$$

2）作水平面弯矩图（图 14-13c）

水平面上截面 B 处的弯矩

$$M_{Bz}=F_{Az}\times 67=1\ 910\times 67\ \mathrm{N\cdot mm}=127\ 970\ \mathrm{N\cdot mm}$$

3）作合成弯矩图（图 14-13d）

把水平面和垂直面上的弯矩按矢量和合成起来，其大小为

$$M_{B1}=\sqrt{M_{Bz}^{2}+M_{By1}^{2}}=\sqrt{127\ 970^{2}+8\ 596.1^{2}}\ \mathrm{N\cdot mm}=128\ 258\ \mathrm{N\cdot mm}$$

$$M_{B2}=\sqrt{M_{Bz}^{2}+M_{By2}^{2}}=\sqrt{127\ 970^{2}+103\ 267.1^{2}}\ \mathrm{N\cdot mm}=164\ 440\ \mathrm{N\cdot mm}$$

4. 作扭矩图（图 14-13e）

$$T=9.55\times 10^{6}\ \frac{P}{n}=9.55\times 10^{6}\times\frac{6.5}{100}\ \mathrm{N\cdot mm}=620\ 750\ \mathrm{N\cdot mm}$$

扭矩只作用在齿轮和半联轴器中间平面之间的一段轴上。

5. 校核轴的强度

轴在 B 截面处的弯矩和扭矩最大，故为轴的危险截面。轴单向转动，扭矩可认为按脉动循环变化，故取折合系数 $\alpha=0.6$。轴的材料为 45 钢，正火处理，查表 14-1 得 $[\sigma]=55$ MPa。

由式（14-5），轴的弯扭合成强度条件为

$$\sigma_{e3}=\frac{\sqrt{M^{2}+(\alpha T)^{2}}}{W}=\frac{\sqrt{M_{B2}^{2}+(\alpha T)^{2}}}{0.1d^{3}}=\frac{\sqrt{164\ 440^{2}+(0.6\times 620\ 750)^{2}}}{0.1\times 56^{3}}\ \mathrm{MPa}=23.2\ \mathrm{MPa}\leqslant[\sigma]$$

所以轴的强度满足要求。

思考题和练习题

14-1 轴在机器中的功用是什么？

14-2 按轴的受载情况不同，可将轴分为哪几类？

14-3 轴上零件的轴向、周向定位和固定各有哪几种方法？

14-4 指出图示中轴的结构有哪些不合理和不完善的地方，提出改进意见，并画出改进后的结构图。

14-5 在轴的弯扭合成强度计算公式中，折合系数 α 的含义是什么？应如何取值？

14-6 图示为二级斜齿圆柱齿轮减速器（$z_1=22$、$z_2=77$、$z_3=21$、$z_4=78$），由高速轴 Ⅰ 输入的功率 $P=40$ kW，转速 $n_1=590$ r/min，轴的材料为 45 钢。试按扭转强度计算三根轴的最小直径（不考虑摩擦损失）。

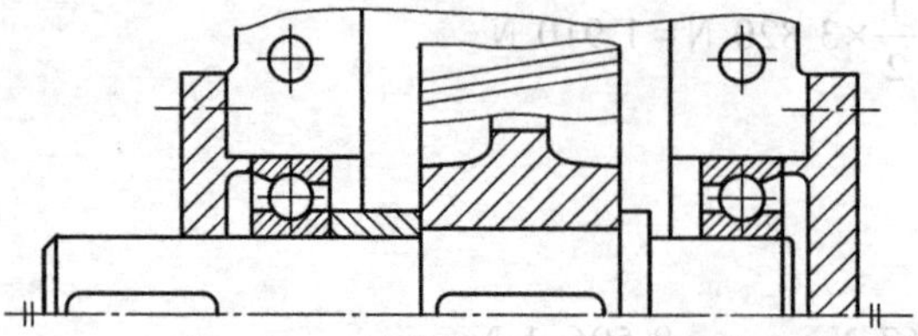

题 14-4 图

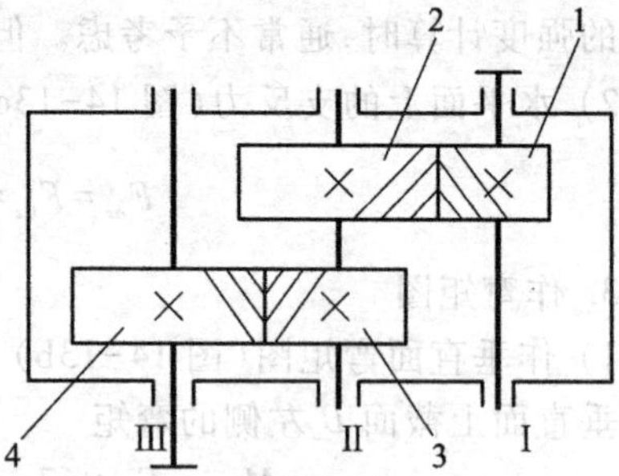

题 14-6 图

14-7　试校核图示直齿圆柱齿轮轴的强度。已知传递功率 $P=10$ kW，转速 $n=200$ r/min，齿轮分度圆直径 $d=356$ mm，单向转动。轴的材料为 40Cr 调质处理，齿轮相对于轴承对称布置，轴的输出端装联轴器。

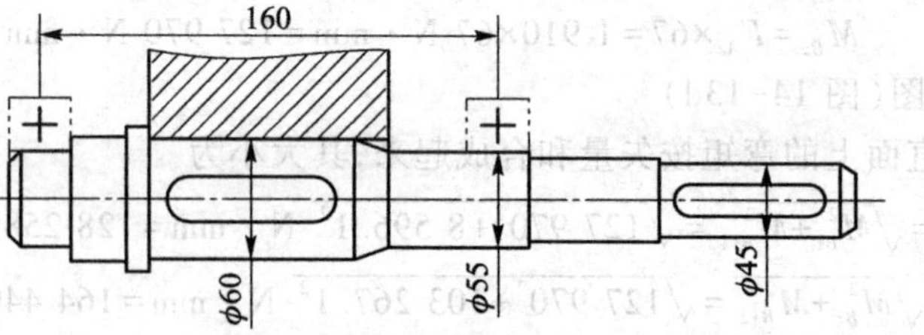

题 14-7 图

14-8　已知一单级直齿圆柱齿轮减速器，电动机直接驱动输入轴，电动机功率 $P=22$ kW，转速 $n_1=1\,440$ r/min，齿轮模数 $m=4$ mm，齿数 $z_1=18$、$z_2=82$，支承间跨距 $l=180$ mm，齿轮对称布置，轴的材料为 45 钢调质，轴的输出端装联轴器。试按弯扭合成强度条件确定输出轴危险截面处的直径 d。

第十五章　弹　　簧

弹簧是机械中常用的零件之一，类型很多，本章重点介绍圆柱螺旋压缩(拉伸)弹簧的结构、材料和设计计算。

§15-1　弹簧的功用和类型

一、弹簧的功用

弹簧是一种弹性元件。它利用材料的弹性和结构上的特点，使其在受到外载荷作用时吸收机械动能，将其转化成弹性变形能，或将变形能转化成动能以完成机械功。由于它具有刚性小、弹性大、在载荷作用下容易产生弹性变形等特点，被广泛应用于各种机械、仪器及日常用品中。

弹簧的主要功用有：

1）控制机械运动　如内燃机上的气门弹簧和离合器中的控制弹簧；

2）缓冲和减振　如各种车辆的减振弹簧和各种缓冲器中的弹簧；

3）储存能量　如钟表弹簧(发条)、枪栓弹簧等；

4）测力　如弹簧秤中的弹簧、指针式扭力扳手的弹簧等。

此外，也可用作振动元件，如振动筛、振动输送机等中的支承弹簧等。

二、弹簧的类型

弹簧的类型很多，按形状可分为螺旋弹簧、环形弹簧、碟形弹簧、平面涡卷弹簧和板弹簧等。

螺旋弹簧是用弹簧丝卷绕而成(图 15-1)，由于制造简便，所以应用最广。按其形状可分为圆柱形(图 15-1a、b、d)、截锥形(图 15-1c)等。按受载情况又可分为拉伸弹簧(图 15-1a)、压缩弹簧(图 15-1b、c)和扭转弹簧(图 15-1d)。

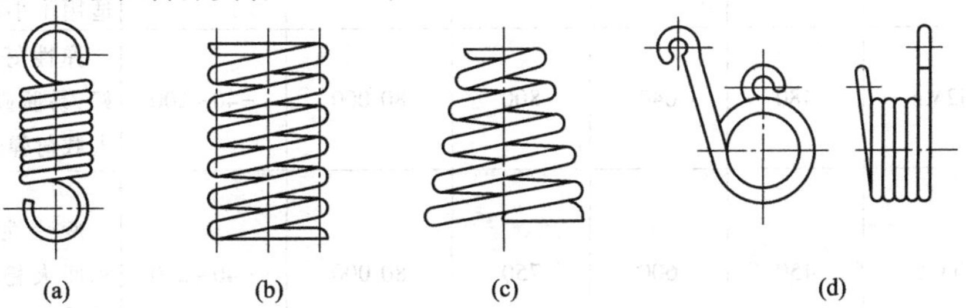

图 15-1　螺旋弹簧

环形弹簧(图 15-2a)和碟形弹簧(图 15-2b)都是压缩弹簧,在工作过程中,一部分能量消耗在各圈之间的摩擦上,因此具有很高的缓冲减振能力,多用于重型机械的缓冲装置。

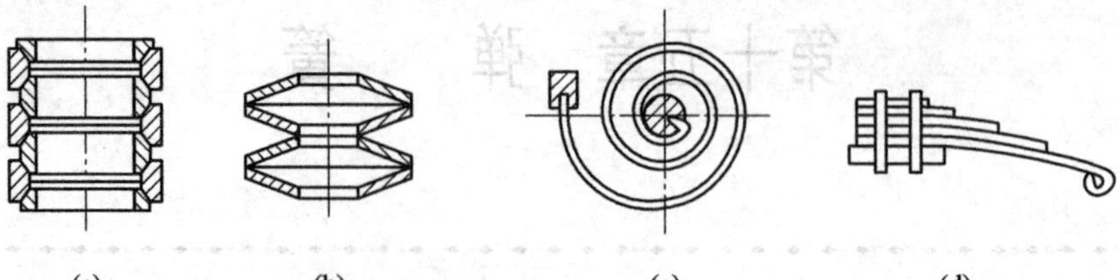

图 15-2 其他形状弹簧

平面涡卷弹簧(图 15-2c)的轴向尺寸很小,常用作仪器和钟表的储能装置。

板弹簧(图 15-2d)是由多片长度不同的钢板叠合而成,主要用作各种车辆的减振装置。

本章主要介绍圆柱螺旋弹簧的结构、特性和设计计算。

§15-2 弹簧的材料和许用应力

一、弹簧材料

弹簧在工作中承受变载荷或冲击载荷,为了保证弹簧能可靠地工作,弹簧的材料应当具有高的弹性极限和疲劳极限,还应具有良好的韧性及热处理性能。

选择弹簧的材料时,应综合考虑弹簧的功能,载荷的性质和大小,工作持续时间、工作温度、介质情况等工作条件及其在机械中的重要性。同时参照现有设备中使用的弹簧,以选择出合适的材料。

常用的弹簧材料有:碳素弹簧钢丝、合金弹簧钢丝、不锈钢丝及铜合金等。近年来非金属弹簧材料也有很大的发展,如塑料、橡胶等。

弹簧常用的材料和许用应力见表 15-1。

表 15-1 弹簧的常用材料和许用应力

类别	代　号	许用切应力[τ]/MPa			剪切弹性模量 G/MPa	推荐使用温度/°C	特性及用途
		Ⅰ类弹簧	Ⅱ类弹簧	Ⅲ类弹簧			
钢丝	碳素弹簧钢丝	$0.3\sigma_b$	$0.4\sigma_b$	$0.5\sigma_b$	80 000	-40~130	强度高,加工性能好,适用于小尺寸弹簧
	60Si2Mn	480	640	800	80 000	-40~200	弹性好,回火稳定性好,易脱碳,适用于承受大载荷弹簧
	50CrVA	450	600	750	80 000	-40~210	疲劳性能好,淬透性和回火稳定性好,适用于受变载荷的弹簧

续表

类别	代　　号	许用切应力[τ]/MPa			剪切弹性模量 G/MPa	推荐使用温度/°C	特性及用途
		Ⅰ类弹簧	Ⅱ类弹簧	Ⅲ类弹簧			
不锈钢丝	1Cr18Ni9	330	440	550	73 000	-200~300	耐腐蚀,耐高、低温,适用于腐蚀或高、低温条件下的小弹簧
铜合金	QSi3-1	230	270	330	41 000	-40~120	耐腐蚀性好,防磁性好,弹性好
	QBe2	320	380	470	44 000	-200~120	

注:拉伸弹簧材料的许用切应力取为表中数值的80%。

二、弹簧的许用应力

弹簧的许用应力不仅与弹簧材料的种类有关,还与材料的质量、热处理方法、载荷性质、弹簧钢丝直径等有关。

根据变载荷的作用次数以及弹簧的重要程度将弹簧分为三类:

Ⅰ类弹簧——受变载荷作用次数在 10^6 次以上或很重要的弹簧,如内燃机气门弹簧、电磁制动器弹簧等;

Ⅱ类弹簧——受变载荷作用次数在 10^3~10^6 次及受冲击载荷的弹簧,如调速器弹簧、一般车辆弹簧等;

Ⅲ类弹簧——受静载荷以及受变载荷作用次数在 10^3 次以下的弹簧,如一般安全阀弹簧、摩擦式安全离合器弹簧等。

弹簧的类别不同,其许用切应力也不相同(见表15-1)。

碳素弹簧钢丝按抗拉强度的高低分为低、中、高三类,分别用符号L、M、H表示。又按承受载荷的不同分为受静载荷和受动载荷,分别用符号S和D表示。根据抗拉强度高低和所受载荷的不同,碳素弹簧钢丝分为SL、SM、DM、SH和DH五个类型,碳素弹簧钢丝的抗拉强度见表15-2。

表15-2　碳素弹簧钢丝抗拉强度(摘自GB/T 4357—2009)　　MPa

钢丝直径 d/mm	抗拉强度 σ_b			钢丝直径 d/mm	抗拉强度 σ_b		
	SL型	SM、DM型	SH、DH型		SL型	SM、DM型	SH、DH型
2.00	1 520~1 750	1 760~1 970	1 980~2 200	3.40	1 370~1 580	1 590~1 780	1 790~1 990
2.10	1 510~1 730	1 740~1 960	1 970~2 180	3.60	1 350~1 560	1 570~1 760	1 770~1 970
2.25	1 490~1 710	1 720~1 930	1 940~2 150	3.80	1 340~1 540	1 550~1 740	1 750~1 950
2.40	1 470~1 690	1 700~1 910	1 920~2 130	4.00	1 320~1 520	1 530~1 730	1 740~1 930
2.50	1 460~1 680	1 690~1 890	1 900~2 110	4.25	1 310~1 500	1 510~1 700	1 710~1 900
2.60	1 450~1 660	1 670~1 880	1 890~2 100	4.50	1 290~1 490	1 500~1 680	1 690~1 880
2.80	1 420~1 640	1 650~1 850	1 860~2 070	4.75	1 270~1 470	1 480~1 670	1 680~1 840
3.00	1 410~1 620	1 630~1 830	1 840~2 040	5.00	1 260~1 450	1 460~1 650	1 660~1 830
3.20	1 390~1 600	1 610~1 810	1 820~2 020	5.30	1 240~1 430	1 440~1 630	1 640~1 820

§15-3 圆柱螺旋弹簧的结构和特性曲线

一、圆柱螺旋弹簧的结构

图 15-3a 所示为圆柱螺旋压缩弹簧的结构。其两端各有 3/4~7/4 圈并紧，称为支承圈或死圈。两支承端面通常磨平，支承圈在弹簧工作时不参加弹性变形，只使弹簧保持平直，减少侧弯的可能性。圆柱螺旋拉伸弹簧的结构如图 15-3b 所示。为了便于安装和加载，拉伸弹簧的两端部制有钩环。

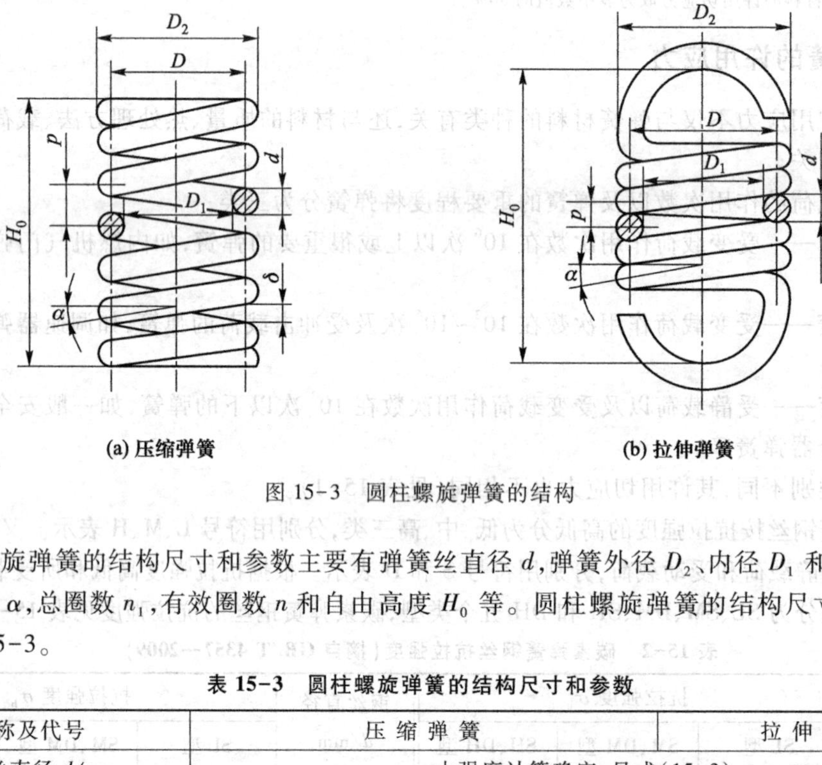

(a) 压缩弹簧　　(b) 拉伸弹簧

图 15-3　圆柱螺旋弹簧的结构

圆柱螺旋弹簧的结构尺寸和参数主要有弹簧丝直径 d，弹簧外径 D_2、内径 D_1 和中径 D，节距 p，螺旋升角 α，总圈数 n_1，有效圈数 n 和自由高度 H_0 等。圆柱螺旋弹簧的结构尺寸和参数计算公式见表 15-3。

表 15-3　圆柱螺旋弹簧的结构尺寸和参数

名称及代号	压缩弹簧	拉伸弹簧
弹簧丝直径 d/mm	由强度计算确定，见式(15-3)	
弹簧中径 D/mm	$D=Cd$	
弹簧内径 D_1/mm	$D_1=D-d$	
弹簧外径 D_2/mm	$D_2=D+d$	
旋绕比 C	$C=D/d$	
螺旋升角 α	$\alpha=\arctan\dfrac{p}{\pi D}$，压缩弹簧一般取 $\alpha=5°\sim9°$	
节距 p/mm	$p=(0.28\sim0.5)D$	$p=d$
间距 δ/mm	$\delta=p-d$	
有效圈数 n	根据工作条件确定，见式(15-6)	
总圈数 n_1	冷卷 $n_1=n+(2\sim2.5)$ 热卷 $n_1=n+(1.5\sim2)$	$n_1=n$

续表

名称及代号	压缩弹簧	拉伸弹簧
弹簧丝展开长度 L/mm	$L=\pi Dn_1/\cos\alpha$	$L\approx\pi Dn$+钩环展开长度
弹簧自由高度 H_0/mm	两端磨平 $H_0\approx np+(1.5\sim2)d$ 两端不磨平 $H_0\approx np+(3\sim3.5)d$	$H_0\approx nd$+钩环轴向长度
高径比 b	$b=H_0/D$	

二、圆柱螺旋弹簧的特性曲线

弹簧在弹性范围内工作时，其变形量随载荷的变化而变化。表示弹簧工作过程中所受载荷与变形量之间关系的曲线，称为弹簧的特性曲线。特性曲线反映了弹簧在工作过程中刚度的变化情况，是设计、制造和检验弹簧的重要依据。一般应绘制在弹簧工作图中。

图 15-4 所示为圆柱螺旋压缩弹簧的特性曲线，H_0 为未受载荷时弹簧的自由高度。弹簧在工作之前，通常预受一压缩力 F_1，使弹簧可靠地稳定在安装位置上。这时弹簧的高度由 H_0 被压缩至 H_1，相应的变形量为 λ_1。当弹簧受到最大工作载荷 F_2 时，弹簧的高度为 H_2，相应的变形量为 λ_2。弹簧的工作行程 $h=\lambda_2-\lambda_1=H_1-H_2$。

图中 $F_{\lim}$ 为弹簧的极限载荷，在它的作用下，弹簧的应力将达到材料的弹性极限。这时，弹簧的高度被压缩到 $H_{\lim}$，相应的变形量为 $\lambda_{\lim}$。

设计弹簧时，弹簧的初始载荷通常取为 $F_1=(0.1\sim0.5)F_2$。最大工作载荷 F_2 按工作要求确定，但为保证弹簧的正常工作，应使 $F_2\leqslant0.8F_{\lim}$。

图15-5所示为圆柱螺旋拉伸弹簧的特性曲线，其中图15-5b为无预应力弹簧的特性曲

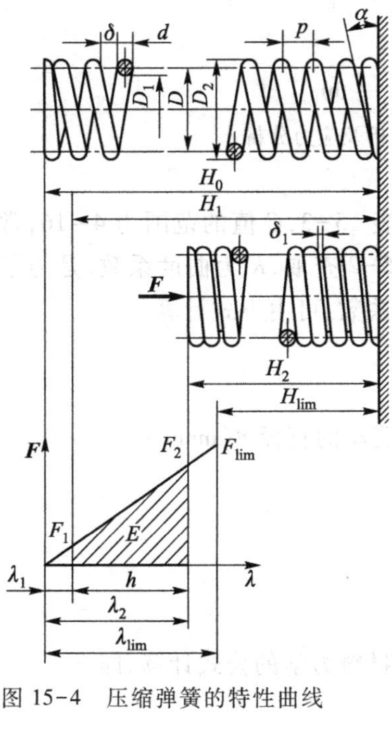

图 15-4 压缩弹簧的特性曲线

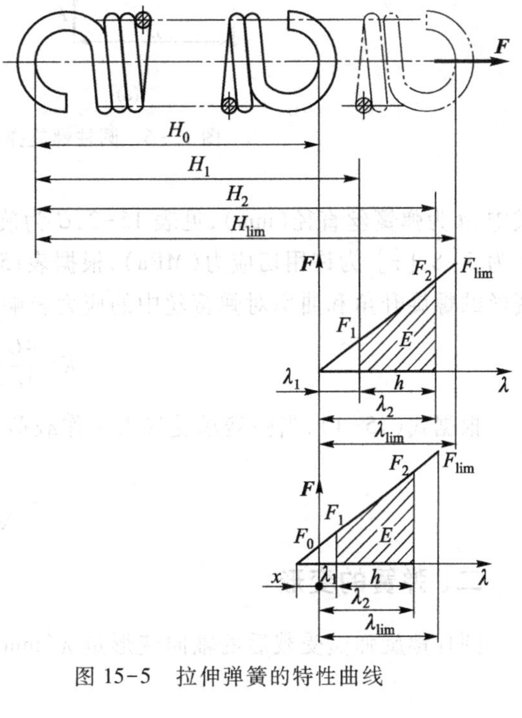

图 15-5 拉伸弹簧的特性曲线

线，与压缩弹簧的特性曲线相似。图 15-5c 为有预应力弹簧的特性曲线，即弹簧在自由状态下就受有预应力的作用，各圈相互并紧，当拉力超过 F_0 时，弹簧才开始伸长，F_0 称为弹簧的初拉力。在同样的拉力 F 作用下，有预应力弹簧比无预应力弹簧的变形小，故可节省轴向工作空间。

§15-4 圆柱螺旋弹簧的设计计算

圆柱螺旋弹簧设计计算的主要任务是：根据弹簧的使用要求，确定弹簧的结构尺寸和参数，并满足强度、刚度、稳定性及结构要求。

一、弹簧的应力

圆柱螺旋弹簧受压或受拉时，弹簧丝的受力情况是一样的。现以压缩弹簧承受轴向载荷 F 进行分析。图 15-6a 中弹簧下部截去，截面上的内力为扭矩 T 和剪力 F。由理论分析可知，截面上的最大切应力 τ_{max}(MPa)发生在弹簧丝截面内侧的点 a，如图 15-6b 所示。弹簧的强度条件为

$$\tau_{max}=K\frac{8FC}{\pi d^2}\leqslant[\tau] \tag{15-1}$$

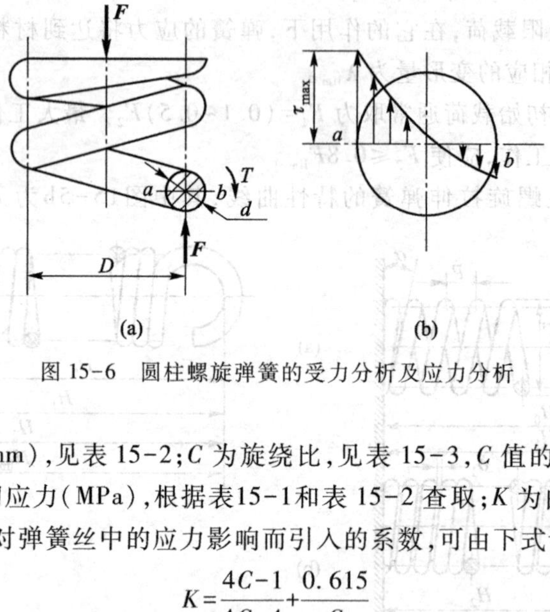

图 15-6　圆柱螺旋弹簧的受力分析及应力分析

式中：d 为弹簧丝直径(mm)，见表 15-2；C 为旋绕比，见表 15-3，C 值的范围为 4～16，常用值范围为 5～8；$[\tau]$ 为许用切应力(MPa)，根据表15-1和表 15-2 查取；K 为曲度系数，是为了考虑弹簧丝的螺旋升角和曲率对弹簧丝中的应力影响而引入的系数，可由下式计算

$$K=\frac{4C-1}{4C-4}+\frac{0.615}{C} \tag{15-2}$$

根据式(15-1)，当弹簧承受最大工作载荷 F_2 时，弹簧丝的直径 d(mm)为

$$d\geqslant\sqrt{\frac{8KF_2C}{\pi[\tau]}} \tag{15-3}$$

二、弹簧的变形

圆柱螺旋弹簧受载后的轴向变形量 λ(mm)，可根据材料力学的公式计算，即

$$\lambda=\frac{8FD^3n}{Gd^4}=\frac{8FC^3n}{Gd} \tag{15-4}$$

式中：n 为弹簧的有效圈数；G 为弹簧材料的剪切弹性模量(MPa)，见表 15-1。

使弹簧产生单位变形所需的载荷称为弹簧刚度 k(N/mm)，其计算公式为

$$k=\frac{F}{\lambda}=\frac{Gd^4}{8D^3n}=\frac{Gd}{8C^3n} \tag{15-5}$$

由上式可知，弹簧刚度 k 与旋绕比 C 的 3 次方成反比，即 C 值对 k 的影响很大。若 C 值过小，会使弹簧卷绕困难，弹簧丝受到强烈弯曲；若 C 值过大，则弹簧过软易颤动。另外，弹簧圈数越多，弹簧刚度就越小；反之，弹簧刚度越大。

根据式(15-4)和式(15-5)，弹簧的有效圈数 n 为

$$n=\frac{\lambda Gd}{8FC^3}=\frac{Gd}{8C^3k} \tag{15-6}$$

弹簧的有效圈数 n 通常应圆整为 0.5 的倍数，且一般应大于 3。

三、弹簧的稳定性

对于压缩弹簧，若长度较大，则受力后易失去稳定性(图 15-7a)，这在工作中是不允许的。为了保证压缩弹簧的稳定性，弹簧的高径比 $b=H_0/D$ 不应超过许用值。高径比 b 可按下列情况选取：当两端固定时，取 $b\leqslant 5.3$；当一端固定，另一端可自由转动时，取 $b\leqslant 3.7$；当两端均可自由转动时，取 $b\leqslant 2.6$。

如果高径比 b 的取值大于上述范围，又受到条件限制不能改变参数时，可以加装导杆(图 15-7b)或导套(图 15-7c)，以保证弹簧的稳定性。

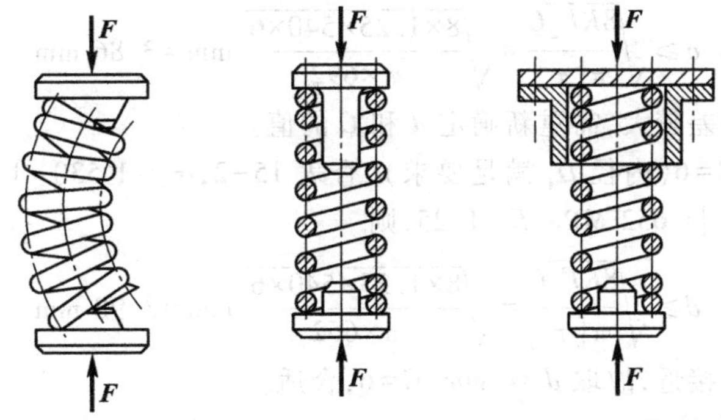

图 15-7　压缩弹簧失稳及对策

受变载荷的弹簧，可能发生疲劳破坏，因此除应进行静强度和刚度等计算外，还应进行疲劳强度计算。疲劳强度计算可参阅有关资料。

四、圆柱螺旋弹簧的设计计算步骤

圆柱螺旋弹簧设计的已知条件为弹簧承受的最大工作载荷 F_2、工作行程 h、工作及安装条件

等。其设计步骤如下：

1）选择弹簧材料，确定许用切应力$[\tau]$。

2）确定弹簧丝直径 d 和旋绕比 C。

3）计算弹簧的有效圈数 n。

4）弹簧的结构尺寸计算。

5）验算弹簧的稳定性。

6）绘制弹簧的工作图。

例 15-1 试设计一圆柱螺旋压缩弹簧。已知安装初载荷 $F_1=200$ N，最大工作载荷 $F_2=540$ N，工作行程 $h=20$ mm，要求弹簧内径 $D_1>14$ mm，Ⅱ类弹簧。

解 1. 选择弹簧材料，确定许用切应力

选用 DM 型碳素弹簧钢丝，由表 15-1 按照Ⅱ类弹簧查得许用切应力$[\tau]=0.4\sigma_b$，$G=80\ 000$ MPa。

2. 确定弹簧丝直径 d 和旋绕比 C

试取弹簧丝直径 $d=3$ mm，由表 15-2 查得 DM 型碳素弹簧钢丝的 $\sigma_b=1\ 630\sim1\ 830$ MPa，此处取 $\sigma_b=1\ 730$ MPa，则许用切应力

$$[\tau]=0.4\sigma_b=0.4\times1\ 730\ \text{MPa}=692\ \text{MPa}$$

试取旋绕比 $C=6$，则弹簧内径 $D_1=D-d=Cd-d=(6\times3-3)\text{mm}=15$ mm，满足内径要求。

由式(15-2)，曲度系数

$$K=\frac{4C-1}{4C-4}+\frac{0.615}{C}=\frac{4\times6-1}{4\times6-4}+\frac{0.615}{6}=1.25$$

由式(15-3)，所需的弹簧丝直径

$$d\geqslant\sqrt{\frac{8KF_2C}{\pi[\tau]}}=\sqrt{\frac{8\times1.25\times540\times6}{\pi\times692}}\ \text{mm}=3.86\ \text{mm}$$

计算结果与初估直径相差较大，需重新确定 d 和 C 的值。

再试取 $d=4$ mm、$C=6$（内径 D_1 满足要求），查表 15-2，$\sigma_b=1\ 530\sim1\ 730$ MPa，此处取 $\sigma_b=1\ 630$ MPa，计算得到$[\tau]=652$ MPa、$K=1.25$，则

$$d\geqslant\sqrt{\frac{8KF_2C}{\pi[\tau]}}=\sqrt{\frac{8\times1.25\times540\times6}{\pi\times652}}\ \text{mm}=3.98\ \text{mm}$$

计算结果与估取直径很接近，故取 $d=4$ mm、$C=6$，合适。

3. 计算弹簧的有效圈数 n

根据弹簧的力和变形的要求，由式(15-5)，弹簧的刚度

$$k=\frac{F}{\lambda}=\frac{F_2-F_1}{\lambda_2-\lambda_1}=\frac{540-200}{20}\ \text{N/mm}=17\ \text{N/mm}$$

由式(15-6)，弹簧的有效圈数

$$n=\frac{Gd}{8C^3k}=\frac{80\ 000\times4}{8\times6^3\times17}=10.89$$

取 $n=11$ 圈。

由表 15-3，取弹簧两端的支承圈为 2.5 圈，则弹簧的总圈数为 $n_1=n+n_2=11+2.5=13.5$，弹簧

的总圈数 n_1 的尾数推荐为 1/2 圈，这样工作较为平稳。

4. 弹簧的结构尺寸计算

中径 $D=Cd=6\times4\ \text{mm}=24\ \text{mm}$

内径 $D_1=D-d=(24-4)\ \text{mm}=20\ \text{mm}$

外径 $D_2=D+d=(24+4)\ \text{mm}=28\ \text{mm}$

节距 $p=(0.28\sim0.5)D=0.3\times24\ \text{mm}=7.2\ \text{mm}$

间距 $\delta=p-d=(7.2-4)\ \text{mm}=3.2\ \text{mm}$

螺旋升角 $\alpha=\arctan\dfrac{p}{\pi D}=\arctan\dfrac{7.2}{\pi\times24}=5.5°$（在 5°～9°间，合适）

总圈数 $n_1=13.5$

弹簧丝展开长度 $L=\dfrac{\pi Dn_1}{\cos\alpha}=\dfrac{\pi\times24\times13.5}{\cos5.5°}\ \text{mm}=1\ 022\ \text{mm}$

自由高度 两端磨平 $H_0\approx np+(1.5\sim2)d=(11\times7.2+1.5\times4)\ \text{mm}=85.2\ \text{mm}$

5. 验算弹簧的稳定性

采用两端固定形式，高径比 $b=\dfrac{H_0}{D}=\dfrac{85.2}{24}=3.55<5.3$（符合要求）

6. 绘制弹簧工作图（从略）

思考题和练习题

15-1 弹簧有哪些功用和类型？

15-2 根据载荷情况和重要程度将弹簧分为哪三类？是如何划分的？

15-3 弹簧旋绕比 C 的含义是什么？设计弹簧时为什么 C 值不宜取得过大或过小？

15-4 什么是弹簧的特性曲线？它与弹簧的刚度有什么关系？

15-5 试设计一受静载荷的压缩螺旋弹簧。已知条件如下：当弹簧受载荷 $F_1=178$ N 时，其高度 $H_1=89$ mm；当 $F_2=1\ 160$ N 时，$H_2=54$ mm；该弹簧使用时套在直径为 30 mm 的芯棒上。现有材料为碳素弹簧钢丝，要求所设计弹簧的尺寸尽可能小。

第四部分

机械传动系统设计基础

第十六章　机械的平衡和调速

机械工作的平稳性是衡量其性能好坏的重要指标之一。影响机械工作平稳性的原因很多，其中回转构件的不平衡及速度波动是两个重要因素。本章将就这两个问题进行讨论，着重介绍回转构件静平衡和动平衡的原理及方法，分析机器周期性速度波动和非周期性速度波动产生的原因及其调节方法。

§16-1　刚性转子的静平衡和动平衡

在机械中绕固定轴线回转的构件，常称为转子。对于工作转速低于(0.6~0.75)$n_{c,1}$($n_{c,1}$为转子的一阶临界转速)的转子，由于在此情况下，转子所产生的弹性变形甚小，可以忽略不计，故称为刚性转子；而对于工作转速较高[$n \geqslant (0.6\sim0.75)n_{c,1}$]的转子，由于其弹性变形的挠度较大，不能忽略，故称为挠性转子。本节主要讨论刚性转子的平衡问题。关于挠性转子的平衡问题，可参阅转子动力学等有关文献。

一、产生不平衡的原因

机械中的转子，由于结构上的不对称、材质的不均匀以及制造和装配中的偏差，都会导致其质量中心和回转轴线的不重合，使转子在回转时产生离心惯性力。如图 16-1 所示，若转子以角速度 ω 等速回转，设其偏心质量为 m，偏心距矢径为 $\boldsymbol{e}$，则该偏心质量所产生的离心惯性力$\boldsymbol{F}$(N)为

$$\boldsymbol{F} = m\omega^2\boldsymbol{e} \tag{16-1}$$

式中：m 为偏心质量(kg)；ω 为角速度(rad/s)；e 为偏心距(m)。

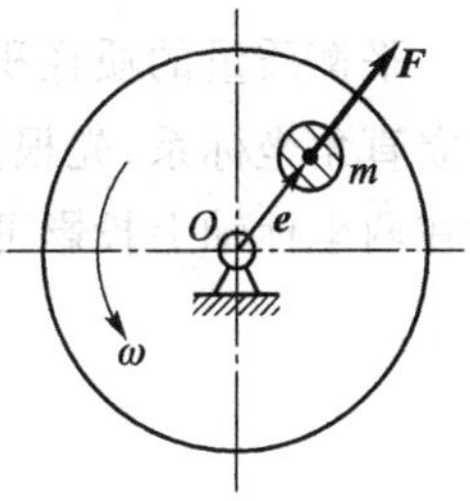

图 16-1　转子的不平衡

例如，一个具有偏心重量 $F_W = 100$ N，偏心距 $e = 1$ mm 的转子，若其转速 $n = 10\ 000$ r/min，则其离心惯性力为

$$\boldsymbol{F} = m\omega^2\boldsymbol{e} = \frac{F_W}{g}\left(\frac{\pi n}{30}\right)^2\boldsymbol{e}$$

$$= \frac{100}{9.81} \times \left(\frac{\pi \times 10\ 000}{30}\right)^2 \times \frac{1}{1\ 000}\ \text{N} = 11\ 178.62\ \text{N}$$

可见，虽然该转子的偏心重量和偏心距并不太大，但在高速运转情况下，它产生的离心惯性力却是很大的。

这种离心惯性力会在运动副中产生附加的动载荷，增大运动副中的摩擦，降低机械效率及使用寿命。尤其需要指出的是，由于这种离心惯性力的方向是变化的，当其变化频率接近该机械系

统的固有频率时，将会引起共振，甚至产生极其严重的后果。除了某些需要利用振动来进行工作的机器（如打夯机、按摩机、震实造型机等）之外，一般都必须将这类离心惯性力予以平衡，以消除或减少它所引起的不良后果。

对于刚性转子的平衡，首先在设计阶段就需要根据转子的结构及质量分布的实际情况进行平衡计算，使转子在运转时其惯性力的矢量和在理论上等于零，即达到平衡。至于因材质不均匀和制造、装配偏差等原因而引起的不平衡，只能采用试验的方法加以平衡。

二、刚性转子的静平衡

对于轴向尺寸 b 与直径 d 之比小于 0.2 的转子（如齿轮、带轮、飞轮、盘形凸轮及螺旋桨等），其质量可近似地看作分布在与其轴线垂直的同一平面内。正因为如此，各个偏心质量所产生的离心惯性力形成一平面汇交力系。故对这类转子只要求平衡其离心惯性力就可以了。我们把这类平衡称为转子的静平衡。

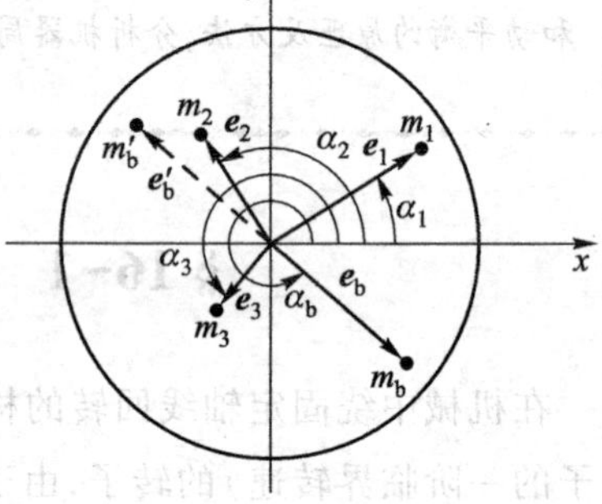

图 16-2　静平衡计算

如图 16-2 所示，如果某一刚性转子具有偏心质量 m_1、m_2、m_3，它们的偏心距矢径分别为 $\boldsymbol{e}_1$、$\boldsymbol{e}_2$、$\boldsymbol{e}_3$。当该转子以角速度 ω 等速回转时，各偏心质量所产生的离心惯性力将分别为 $\boldsymbol{F}_1=m_1\omega^2\boldsymbol{e}_1$、$\boldsymbol{F}_2=m_2\omega^2\boldsymbol{e}_2$、$\boldsymbol{F}_3=m_3\omega^2\boldsymbol{e}_3$。如上所述，$\boldsymbol{F}_1$、$\boldsymbol{F}_2$、$\boldsymbol{F}_3$ 为一平面汇交力系。为了平衡这些离心惯性力，可在该转子回转平面的适当位置加上一个平衡质量 m_b，使其所产生的离心惯性力 $\boldsymbol{F}_b$ 与 $\boldsymbol{F}_1$、$\boldsymbol{F}_2$、$\boldsymbol{F}_3$ 相平衡，即

$$\boldsymbol{F}_b+\boldsymbol{F}_1+\boldsymbol{F}_2+\boldsymbol{F}_3=0$$

设平衡质量 m_b 的矢径为 $\boldsymbol{e}_b$，则

$$m_b\omega^2\boldsymbol{e}_b+m_1\omega^2\boldsymbol{e}_1+m_2\omega^2\boldsymbol{e}_2+m_3\omega^2\boldsymbol{e}_3=0$$

故

$$m_b\boldsymbol{e}_b+m_1\boldsymbol{e}_1+m_2\boldsymbol{e}_2+m_3\boldsymbol{e}_3=0$$

式中各项 $m_i\boldsymbol{e}_i$ 称为质径积。上式写为一般形式为

$$m_b\boldsymbol{e}_b+\sum m_i\boldsymbol{e}_i=0 \tag{16-2}$$

平衡质量的质径积（$m_b\boldsymbol{e}_b$）的大小和方位可通过下述计算方法予以确定。如图 16-2 所示，建立直角坐标系，先根据转子的结构情况，选定平衡质量的偏心距 $\boldsymbol{e}_b$，然后将式（16-2）中各项分别在两坐标轴上投影可得

$$\left.\begin{aligned} m_{b,x}&=-\frac{\sum m_i\boldsymbol{e}_i\cos\alpha_i}{\boldsymbol{e}_b}\\ m_{b,y}&=-\frac{\sum m_i\boldsymbol{e}_i\sin\alpha_i}{\boldsymbol{e}_b}\end{aligned}\right\} \tag{16-3}$$

其中 α_i 为第 i 个偏心质量 m_i 的矢径 $\boldsymbol{e}_i$ 与 x 轴方向的夹角（从 x 轴正向到 $\boldsymbol{e}_i$，沿逆时针方向为正）。则平衡质量的大小为

$$m_b=\sqrt{m_{b,x}^2+m_{b,y}^2} \tag{16-4}$$

其方位角为

$$\alpha_b = \arctan\left(\frac{m_{b,y}}{m_{b,x}}\right) \tag{16-5}$$

根据式(16-3)中 $m_{b,x}$ 和 $m_{b,y}$ 计算结果的正负号，可以确定方位角 α_b 所在的象限。

为了使转子得到平衡，也可在平衡质径积($m_b\boldsymbol{e}_b$)的反方向 $\boldsymbol{e}'_b$ 处去除相应的质量 m'_b，只要保证 $m'_b\boldsymbol{e}'_b+m_b\boldsymbol{e}_b=0$ 即可。

由以上分析可知，一个静不平衡的转子，无论其含有多少个偏心质量，均可在同一个平面内的适当位置，用增加(或去除)一个平衡质量的办法予以平衡，故静平衡又称为单面平衡。

转子经过上述平衡计算，并在适当位置安装了所需的平衡质量后，只是从理论上解决了静平衡问题。实际上由于材质的不均匀以及制造和安装偏差等原因所产生的不平衡问题，是无法在设计阶段用计算的方法加以估计和消除的。它只能借助于试验设备，经过静平衡试验来加以解决。

图 16-3 是静平衡试验的示意图。试验时，先将欲平衡的转子的轴置于两个水平放置的平行刀刃上。如果转子存在偏心质量，且其质心 C 不在最低位置时，则由于重力对于回转轴线 O 的力矩作用，转子将在刀刃上滚动。待其静止时，便可断定其质心必位于轴心的正下方位置 C' 处。此时可在轴心的正上方加装一个平衡质量。然后再重复上述试验，继续调整平衡质量的大小和偏心距，直到转子能在任何位置都能保持静止为止。即说明此时转子质心已落在回转轴线上，转子达到静平衡。

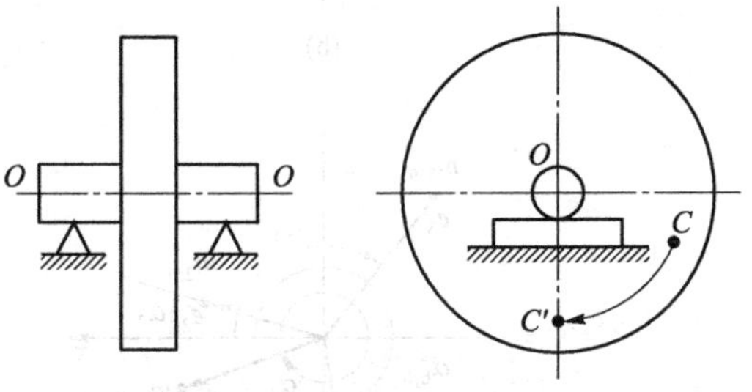

图 16-3　静平衡试验

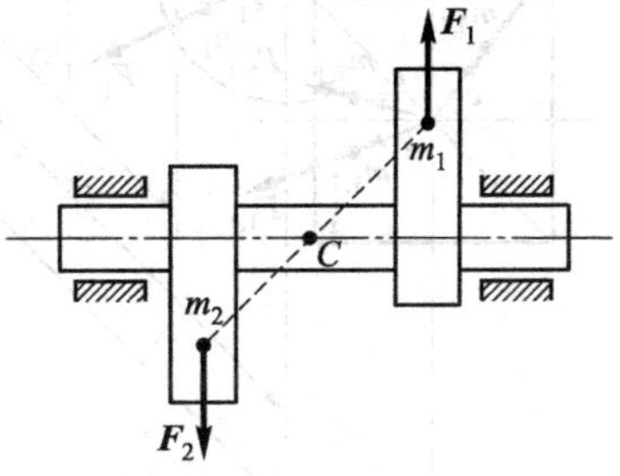

图 16-4　双凸轮轴转子的不平衡状况

三、刚性转子的动平衡

对于轴向尺寸较大的转子($b/d\geqslant 0.2$)，其偏心质量很可能分布在几个不同的回转平面上。如图 16-4 所示的双凸轮轴转子即为一例。在这种情况下，即使转子的质心 C 位于回转轴线上，满足静平衡条件，但在转子回转时，由于各偏心质量(m_1、m_2)所产生的离心惯性力($\boldsymbol{F}_1$、$\boldsymbol{F}_2$)不在同一回转平面内，将形成惯性力偶矩，因此仍然会在支承中引起附加的动载荷和机械振动。显然这类转子的平衡条件是：平衡质量和各偏心质量所产生的离心惯性力的矢量和以及这些惯性力所构成的惯性力偶矩的矢量和都等于零，即

$$\left.\begin{aligned}\boldsymbol{F}_b+\sum \boldsymbol{F}_i=0\\ \boldsymbol{M}_b+\sum \boldsymbol{M}_i=0\end{aligned}\right\} \tag{16-6}$$

这类平衡称为转子的动平衡。

如图 16-5 所示，设该转子的偏心质量 m_1、m_2、m_3 分别位于三个平行的回转平面 1、2、3 内，

它们的偏心距矢径分别为 $\boldsymbol{e}_1$、$\boldsymbol{e}_2$、$\boldsymbol{e}_3$。当此转子以角速度 ω 等速回转时，这些偏心质量所产生的离心惯性力 $\boldsymbol{F}_1$、$\boldsymbol{F}_2$、$\boldsymbol{F}_3$ 组成了一个空间力系。为了使该空间力系及其由各力所构成的惯性力偶矩得以平衡，可以根据转子的实际结构，选定两个平衡基面Ⅰ和Ⅱ，再把上述三个偏心质量分解到这两个平衡基面上去，得到 $m_{1,\mathrm{I}}$、$m_{2,\mathrm{I}}$、$m_{3,\mathrm{I}}$（在平衡基面Ⅰ上）和 $m_{1,\mathrm{II}}$、$m_{2,\mathrm{II}}$、$m_{3,\mathrm{II}}$（在平衡基面Ⅱ上）。它们的大小分别为

$$m_{1,\mathrm{I}}=\frac{m_1 l_1}{l},m_{2,\mathrm{I}}=\frac{m_2 l_2}{l},m_{3,\mathrm{I}}=\frac{m_3 l_3}{l}$$

$$m_{1,\mathrm{II}}=\frac{m_1(l-l_1)}{l},m_{2,\mathrm{II}}=\frac{m_2(l-l_2)}{l},m_{3,\mathrm{II}}=\frac{m_3(l-l_3)}{l}$$

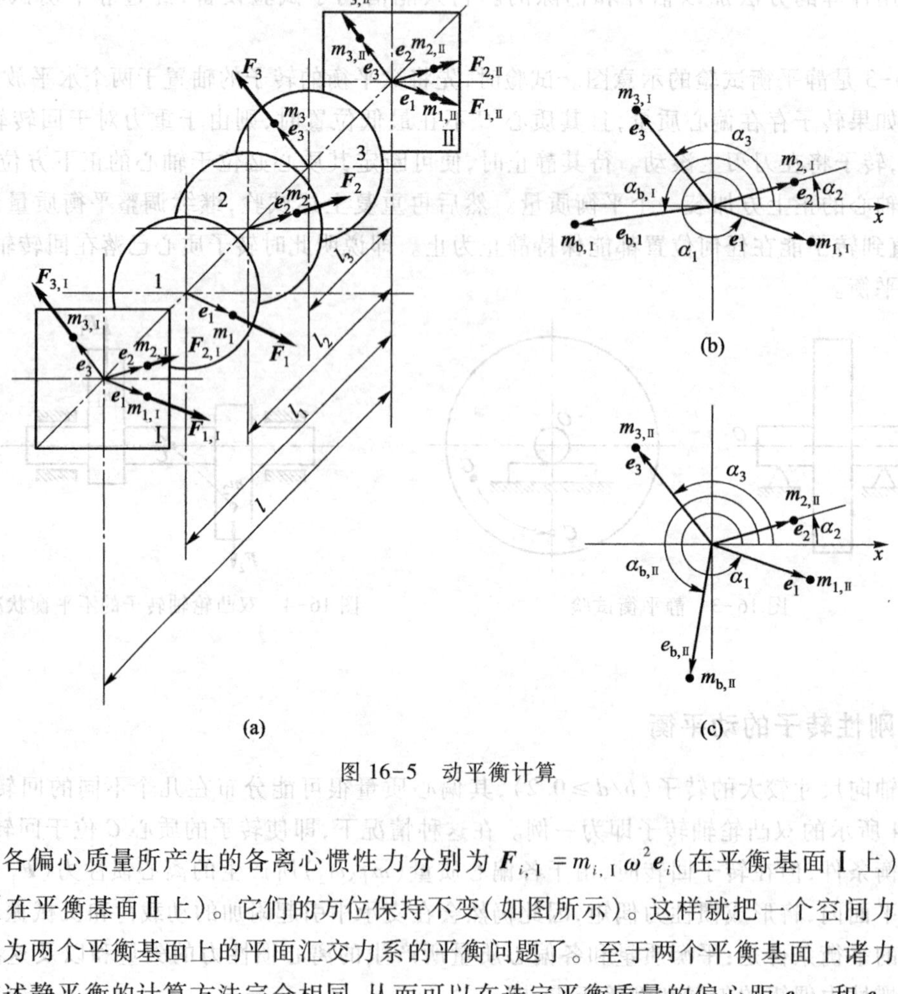

图 16-5　动平衡计算

上述各偏心质量所产生的各离心惯性力分别为 $\boldsymbol{F}_{i,\mathrm{I}}=m_{i,\mathrm{I}}\,\omega^2\boldsymbol{e}_i$（在平衡基面Ⅰ上）和 $\boldsymbol{F}_{i,\mathrm{II}}=m_{i,\mathrm{II}}\,\omega^2\boldsymbol{e}_i$（在平衡基面Ⅱ上）。它们的方位保持不变（如图所示）。这样就把一个空间力系的平衡问题转化为两个平衡基面上的平面汇交力系的平衡问题了。至于两个平衡基面上诸力的平衡问题则与前述静平衡的计算方法完全相同，从而可以在选定平衡质量的偏心距 $\boldsymbol{e}_{\mathrm{b},\mathrm{I}}$ 和 $\boldsymbol{e}_{\mathrm{b},\mathrm{II}}$ 后，确定在平衡基面Ⅰ和平衡基面Ⅱ上应施加的平衡质量 $m_{\mathrm{b},\mathrm{I}}$、$m_{\mathrm{b},\mathrm{II}}$ 及其方位角 $\alpha_{\mathrm{b},\mathrm{I}}$、$\alpha_{\mathrm{b},\mathrm{II}}$。

由以上分析可知，不论转子在几个回转平面内有多少个偏心质量，均可以通过在所选定的两个平衡基面上，分别加上（或去除）适当的平衡质量的办法，使该转子达到平衡。故动平衡又称为双面平衡。

以上是在设计阶段解决由于结构上的原因所产生的动不平衡问题。与静平衡问题一样,由于材质的不均匀以及制造和安装偏差所引起的动不平衡问题,还必须经过动平衡试验才能得到解决。

转子的动平衡试验一般需在专用的动平衡机上进行。动平衡机有各种不同的形式,其构造及工作原理也不尽相同,但其作用都是用来确定需加于两个平衡基面上的平衡质量的大小及方位。至于具体的动平衡试验方法,这里就不详述了。

§16-2 机械的速度波动及其调节原理

一、引起机械速度波动的原因

对于大多数的机械来说,由于其原动机的驱动力和工作机的阻抗力都是变化的,若两者不能时时相适应,就会引起机械速度的波动。当驱动功大于阻抗功时,机器出现盈功,机器的动能增加,机器的角速度增大;当驱动功小于阻抗功时,机器出现亏功,机器的动能减少,机器的角速度减小。机器的盈亏功为

$$\Delta W = \Delta E = W_d - W_r = \frac{1}{2}J(\omega^2 - \omega_0^2) \tag{16-7}$$

式中:W_d 为驱动功;W_r 为阻抗功;ΔE 为动能的变动量;J 为机械系统的等效转动惯量;ω 为瞬时角速度;ω_0为初始角速度。

机械在运转过程中,会出现盈功或亏功,将产生速度波动。速度波动会导致在运动副中产生附加动压力,并引起机械振动,降低机械的寿命,影响机械效率和工作质量。因此必须对机械运转的速度波动进行调节使其在许可范围之内。

二、机械运转的平均角速度和速度不均匀系数

1. 平均角速度

工程上一般都以主轴的最大角速度 ω_{max}和最小角速度 ω_{min}的算术平均值作为机械的平均角速度 ω_m,即

$$\omega_m = \frac{\omega_{max} + \omega_{min}}{2} \tag{16-8}$$

2. 速度不均匀系数

机械的速度波动的程度常采用速度不均匀系数 δ 来表示,其定义为角速度的最大波动幅度($\omega_{max}-\omega_{min}$)与平均角速度 ω_m 之比值,即

$$\delta = \frac{\omega_{max} - \omega_{min}}{\omega_m} \tag{16-9}$$

各种机械速度不均匀系数的许用值[δ]可查机械设计手册。

三、周期性速度波动的调节

驱动功和阻抗功在一个周期内是相等的,即没有动能的增减,使其平均速度保持不变。但在

周期中的各个时间间隔内，驱动功与阻抗功并不相等，如图 16-6a 所示为某机器主轴在一个运动周期 φ_T 内驱动力矩 $\boldsymbol{M}_d$ 与阻抗力矩 $\boldsymbol{M}_r$ 的变化曲线。当出现盈功时（图中以"+"号区域表示），机器动能增加；当出现亏功时（图中以"-"号区域表示），机器动能减小，从而导致机器主轴的角速度作周期性波动。机器主轴的动能变化如图 16-6b 所示。

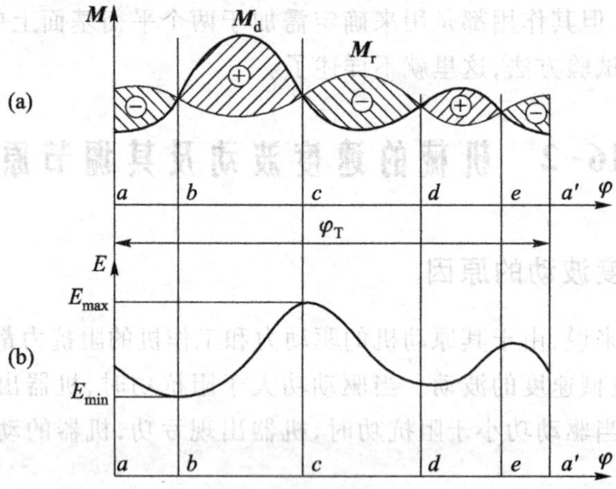

图 16-6　机器的盈亏功

对于这种周期性速度波动的调节方法是在机械中加上一个转动惯量较大的回转件飞轮。设飞轮的转动惯量为 $\boldsymbol{J}_F$，对应于一个周期中动能的最大变化量为 ΔE_{max}，机械的最大盈亏功为

$$\Delta \boldsymbol{W}_{max} = \Delta E_{max} = \frac{1}{2}(\boldsymbol{J} + \boldsymbol{J}_F)(\omega_{max}^2 - \omega_{min}^2) = (\boldsymbol{J} + \boldsymbol{J}_F)\omega_m^2\delta \tag{16-10}$$

或

$$\delta = \frac{\Delta \boldsymbol{W}_{max}}{(\boldsymbol{J} + \boldsymbol{J}_F)\omega_m^2} \tag{16-11}$$

上式说明在其他条件不变的情况下，增大飞轮转动惯量 $\boldsymbol{J}_F$，速度不均匀系数 δ 就减小，机器运转就平稳。

值得提出的是，飞轮之所以能起调速作用，关键是飞轮具有很大的转动惯量。也就是说，为了要使飞轮的转速有一点变化，就需要有较大的动能变化。当机械出现盈功时，飞轮轴的角速度只作微小的上升，即把多余的动能储存起来；而当机械出现亏功时，机械运动速度减慢，这时飞轮又可将其储存的能量释放出来，以弥补能量的不足，使其角速度只作小幅度的下降。因此可以说，飞轮实质上是一个能量储存器，它可以用动能的形式把能量储存或释放出来。某些机械（如锻压设备等）在一个工作周期中，只在很短的时间内有很大的峰值工作载荷。这就可利用飞轮在非工作时间里储存的能量来帮助克服瞬时的尖峰载荷，从而可以选用小功率的原动机来完成大的载荷输出，避免大马拉小车引起的多余能耗和达到降低投资的目的。

四、非周期性速度波动的调节

如果机械在运转过程中，在较长的一段时间内，驱动力和阻抗力彼此不相适应，导致机械持续盈功或持续亏功，使机器持续增速或持续减速。这样就产生了非周期性的速度波动。

如果机械的原动机是电动机，由于电动机的机械特性，其本身就能使驱动力矩和阻抗力矩自动相协调。这是因为当机械的阻抗力矩增大而使机械和电动机降速时，其驱动力矩会自动增大，以与阻抗力矩相适应;反之当机械的阻抗力矩减小,而使机械和电动机转速上升时,其驱动力矩又会自动减小,从而使驱动力矩与阻抗力矩自动地达到新的平衡。电动机的这种性能称为"自调性"。如果原动机为蒸汽机、汽轮机或内燃机等时,由于这类原动机不具有自调性,就必须采用调速器来加以调节。调速器的种类很多,现举一例来简要地说明其工作原理。

图 16-7 所示为一离心式调速器的工作原理简图。图中离心球 5 的转臂通过铰链与竖轴 4 相连,竖轴又通过一对锥齿轮与发动机 2 的主轴 3 相连,离心球转臂的另一端通过连杆 6 与套筒 7 相连。当工作机 1 上的负载减小时,发动机 2 的主轴 3 及调速器转轴 4 的转速上升,这时离心球 5 将因离心力增大而向外摆出,通过连杆 6 使套筒 7 向下移动,从而使节流阀 8 关小,输送给发动机的油量减小,因此发动机的驱动力矩减小,转速停止继续上升,机械重新归于稳定运转。反之,当工作机的负载增大时,发动机主轴转速下降,离心球摆回,套筒 7 上升,节流阀开大,供油量增加,驱动力矩加大,发动机转速停止继续下降,机械又恢复新的稳定运转。

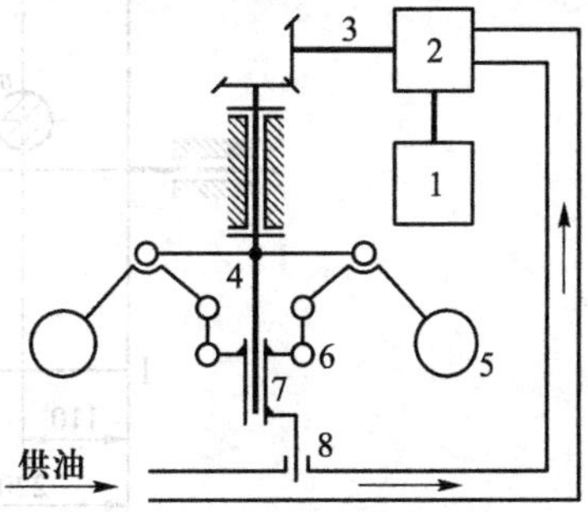

图 16-7　离心式调速器工作原理

思考题和练习题

16-1　在什么情况下需要对回转构件进行静平衡或动平衡?在对转子进行了动平衡之后,是否还需要进行静平衡?反之,在进行了静平衡之后,是否还需进行动平衡?

16-2　为了提高动平衡的效果,两平衡基面的位置及平衡质量的位置应如何选择?

16-3　飞轮的功用是什么?飞轮是否可以完全消除速度波动?能否利用飞轮来调节非周期性速度波动?

16-4　何谓速度不均匀系数?速度不均匀系数是否越小越好?

16-5　某特技演员在表演摩托车从一高楼顶飞越至另一高楼顶时,摩托车在空中爆炸,试从调速的角度分析发生事故的可能原因。

16-6　图示为一等厚均质圆盘,因工作需要其上开有三个圆孔,圆孔直径及偏心距分别为 $d_1=12$ mm、$\boldsymbol{e}_1=50$ mm;$d_2=16$ mm、$\boldsymbol{e}_2=40$ mm;$d_3=20$ mm、$\boldsymbol{e}_3=55$ mm。为使此回转体达到平衡,须再制一工艺圆孔,若其回转半径取为 $\boldsymbol{e}_b=60$ mm,试求该圆孔的直径 d_b 及方位角 α_b。

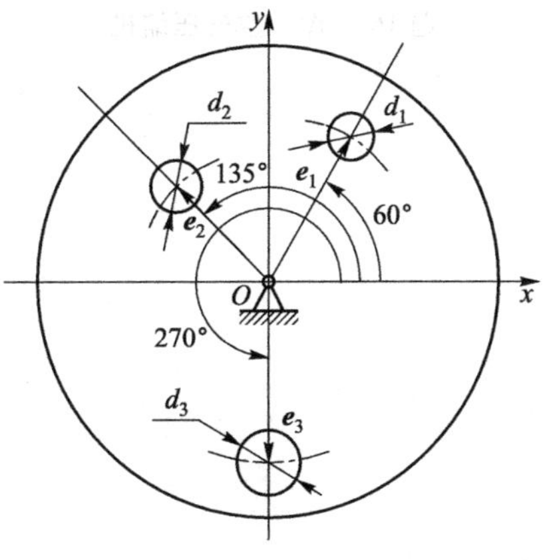

题 16-6 图

16-7　在图示的刚性转子中，三个偏心质量 $m_1=20\ \mathrm{kg}$、$m_2=30\ \mathrm{kg}$、$m_3=40\ \mathrm{kg}$，偏心距 $e_1=e_2=e_3=100\ \mathrm{mm}$，方位如图所示。若取Ⅰ、Ⅱ为平衡基面，平衡质量的偏心距 $e_{b,\mathrm{I}}=e_{b,\mathrm{II}}=120\ \mathrm{mm}$，试求平衡质量 $m_{b,\mathrm{I}}$、$m_{b,\mathrm{II}}$ 的大小及方位。

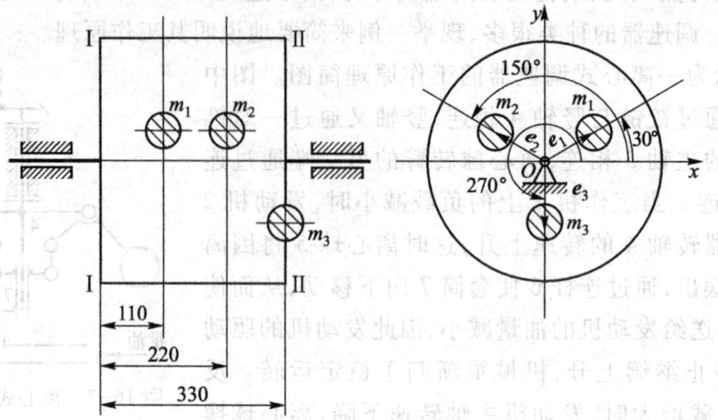

题 16-7 图

16-8　若某一机械主轴的平均转速 $n=1\ 500\ \mathrm{r/min}$，机械作周期性速度波动，经测定其最大盈亏功 $\Delta W_{\max}=800\ \mathrm{N\cdot m}$，现在主轴上安装了一个 $J_F=1.2\ \mathrm{kg\cdot m^2}$ 的飞轮，如不计其他活动构件的转动惯量，试求其最大角速度、最小角速度及速度不均匀系数。

16-9　小型空气压缩机如图所示，在储气罐已加压到较高压力后停机。若停机后立即再启动，为什么压气机常启动不起来？试说明其原因。

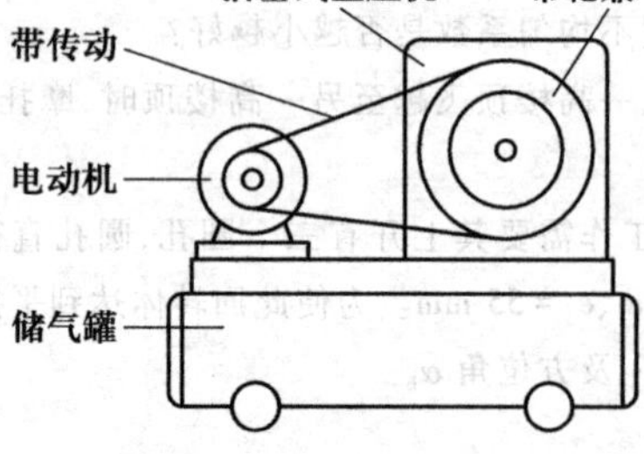

题 16-9 图　空气压缩机

第十七章　机械传动系统设计简介

机械传动系统是机械的重要组成部分,而机械传动系统方案的拟定是机械设计中最具创造性、最重要的一步。要搞好机械传动系统方案的拟定需要充分考虑以下几个方面:1)选好机械的工作原理方案;2)注意各执行构件间的运动协调配合;3)编制出机械的工作循环图;4)掌握机械传动系统方案拟定的基本要点。要搞好机械传动系统的方案设计,除应具有书本知识外,更要注意设计实践经验的积累。

§17-1　概　　述

绪论中已介绍了机械设计的基本要求和设计的一般过程,在后续的章节中又较详细地讨论了组成机械的各种常用机构及通用零件,以及为使机械能平稳运转所必须考虑的机械的平衡和调速问题。但如何来具体设计一台机械呢?这是一个十分重要而又十分棘手的问题,因为要真正理解和掌握这个问题,一般需要经过若干次设计实践之后才能达到。下面仅就这个问题作一些最基本的简略介绍。

一台机械通常包括四个部分,如图 17-1 所示。动力部分是拖动机械运动的动力源。现代机械工业为机械提供了形式繁多的动力源,如各式交流及直流电动机、步进电动机、伺服电动机、内燃机、汽轮机、油缸、气缸、液压马达等。设计时可根据工作需要选用。

执行部分是机械直接用来完成工作任务的部分,通常称为执行构件,如图 5-9 所示的破碎机的动颚和静颚就是执行构件。又如图 17-2 所示的牛头刨床用来装夹刨刀的刨头和夹持工件的工作台就是它的执行构件。执行部分是随机械的不同而不同的,执行部分的设计一般要涉及专业知识。

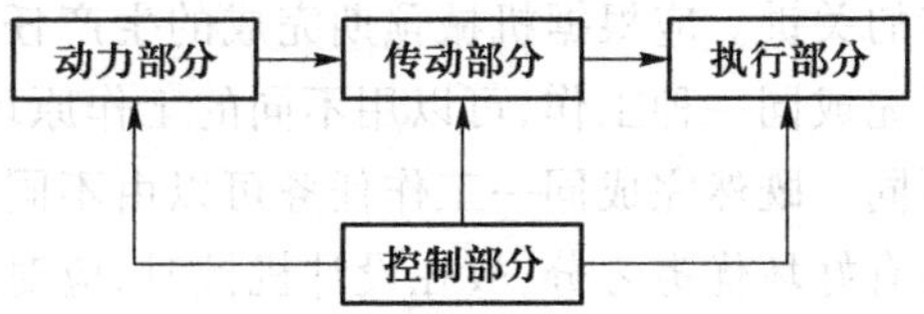

图 17-1　机械的四大部分

传动部分是用以联系机械动力部分和执行部分的桥梁,它是机械的重要组成部分,其功用如下:1) 实现减速(或增速)、变速和改变运动形式,把动力部分的运动变换成执行部分所需要的运动;2) 一台机械往往有多个执行构件,传动部分使各执行构件彼此能协调配合工作,以保证完成机械的总体任务;3) 把动力源的动力传递并分配到各执行构件上去,以克服各种阻抗。

控制部分用来控制机械的上述三部分,使之能正常工作。控制部分对不同的机械来说,其相差是非常悬殊的。一台简单的机械可能只有几个简单的按钮和操作手柄。而一部自动机则可能是由微机或编程器所控制的,它可能包含有自动检测、自动调整、自动报警、自动停车等一系列系统。

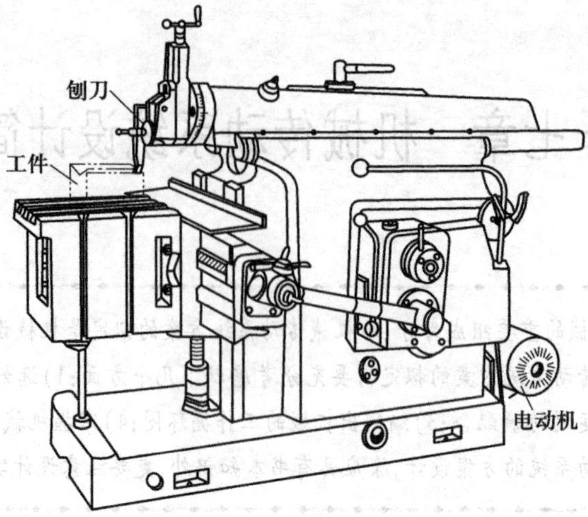

图 17-2 牛头刨床

本书着重讨论机械传动部分(传动系统)的设计问题。机械传动系统往往在机械中占有重要地位,无论是从其所占整个机械的比重、设计工作量的大小以及所占机械成本的比例来说都是如此。因此,机械传动系统的设计是机械设计中的重要一环,正确合理地设计机械传动系统,对提高机械的性能和质量,降低成本和使用费用都至关重要。

§17-2 机械传动系统方案的拟定

一、机械工作原理的确定

在机械传动系统设计中传动方案的拟定是重要的一步,而机械工作原理的确定又是方案拟定的关键。应根据机械预期完成的生产任务,选定机械的工作原理和机械的传动方案。机械为了完成同一种工作,可以用不同的工作原理来实现。而机械工作原理不同,其传动方案当然也就不同。既然完成同一工作任务可以由不同的工作原理,拟定出许多不同的传动方案来实现,其中必有好坏优劣之分,故在设计机械时,应对这些方案进行综合评价,以便从中选出最佳方案。

机械的工作原理确定得是否合理、先进,在很大程度上决定了该机械的先进程度。而其传动方案拟定得是否恰当,对机械的性能、质量和成本也起着决定性影响。所以对此项工作一定要认真对待,在拟定和评价各种工作原理和传动方案时,应同时考虑到机械工作的适应性、先进性、可靠性、工艺性和经济性等各方面的因素,总之要综合考虑问题。

例如,提出一个要加工螺纹的任务,可考虑用如下种种方案来实现。

1) 用车刀车螺纹　这可在普通车床上进行,设备现成,方法简单,但生产率低,单件成本高,不适合批量生产。

2) 用板牙套螺纹　设备较简单,便于自动化,生产率较高。但螺纹牙处的金属纤维被切断(图 17-3)。在螺纹根部易产生应力集中,对螺纹的强度不利。

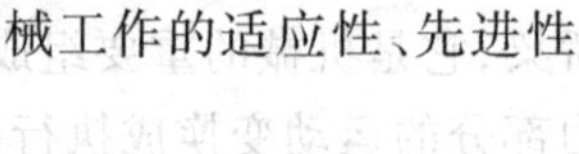

图 17-3 套丝的螺纹截面图

3）用搓丝板滚压搓螺纹（图 17-4）　曲柄 1 转动，通过连杆 2 带动活动搓丝板 3 作往复移动，置于固定搓丝板 4 和活动搓丝板 3 之间的工件 5 的表面就被搓出螺纹。设备简单，生产率高，螺纹牙处的金属纤维是连续的（图 17-5），对螺纹强度有利。但因搓丝板作往复运动，其惯性力不易平衡，而且有空回程，使生产率的进一步提高受到限制。

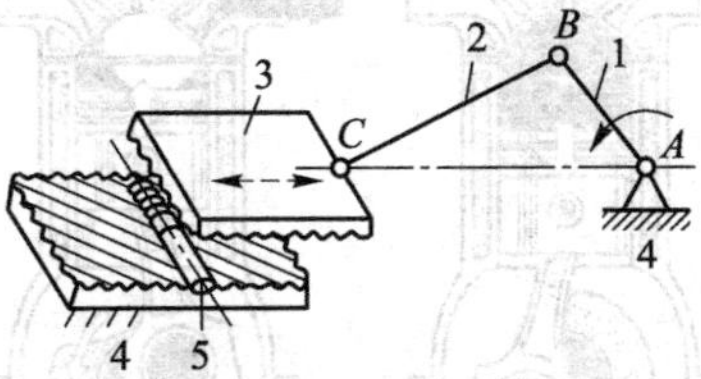

图 17-4　滚压搓螺纹机构

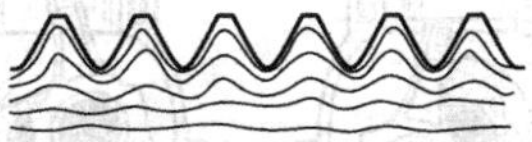

图 17-5　滚压搓螺纹的螺纹截面图

4）行星式搓螺纹（图 17-6）　其中轮 1 为动搓丝轮，作连续回转运动，2 为固定搓丝板，3 为被搓螺纹的螺栓。被搓螺栓从 A 处进入，从 B 处出来时螺纹已被搓好了。因其没有空程，同时运动件作回转运动，故可以大幅度提高劳动生产率，适合大批量生产螺栓。

由上述可知，第 2~4 种方案的螺纹生产率虽然较高，但所获得的螺纹的精度却不会太高。因此，当需要获得精密的螺纹时（如测微螺纹、精密机床的传动螺纹等），由于此时螺纹的精度是首要问题，故又必须反回头来考虑第 1 种方案，用螺纹车床或螺纹磨床来加工螺纹。所以设备的工作原理和传动方案的确定，必须紧密结合具体需要，权衡轻重利弊来加以决策。

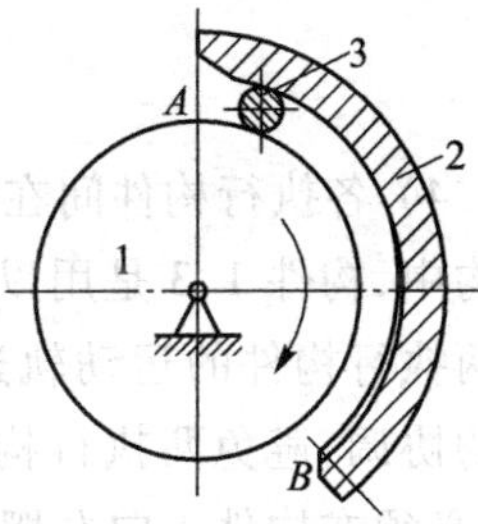

图 17-6　行星式搓螺纹工作原理

在选定了机械的工作原理后，就可以确定机械所需的执行构件的数目，执行构件的运动形式、运动参数以及执行构件间运动的协调配合问题。在选定了原动机及确定了原动机的运动参数之后，就可以进一步来拟定传动系统方案了。

二、各执行构件间运动的协调配合

因机械是一个有机的整体，如机械有两个以上的执行构件，在设计机械时，一定要注意它们彼此之间的协调配合问题，才能达到机械预期的工作目的。执行构件间的协调配合问题主要有如下几种情况。

1）无严格协调配合要求　在一些机器中，各执行构件的运动是彼此独立的。如图 17-7 所示的外圆磨床，其中砂轮和工件都作回转运动，工件同时作纵向往复移动，砂轮架还带着砂轮作横向进给。这些运动相互独立，没有严格的协调配合要求。

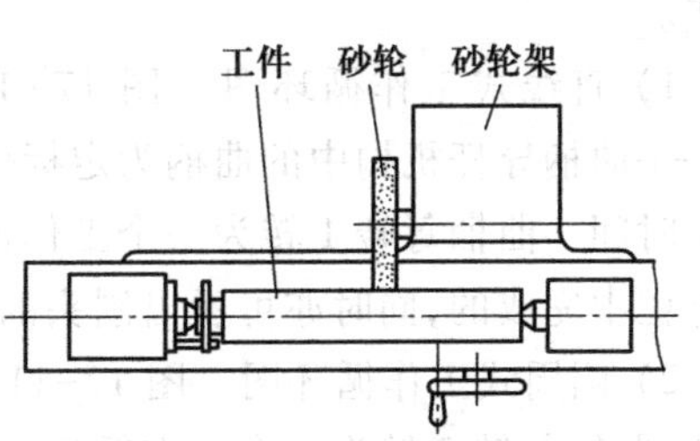

图 17-7　外圆磨床

2）各执行构件间有严格的速比要求　如螺纹车床和螺纹磨床，其主轴的转速和刀架的走刀速度之间必须保持严格的速比关系，否则就不可能获得精密的螺纹。

3）各执行构件间在时间上要协调配合　如四冲程内燃机的一个工作循环包含进气、压缩、作功、排气四个冲程(图 17-8),内燃机上有进气门、排气门和点火装置,为了使内燃机能正常工作,必须按规定的时间启闭进、排气门和点火,不然就会损坏机器或出力不足。

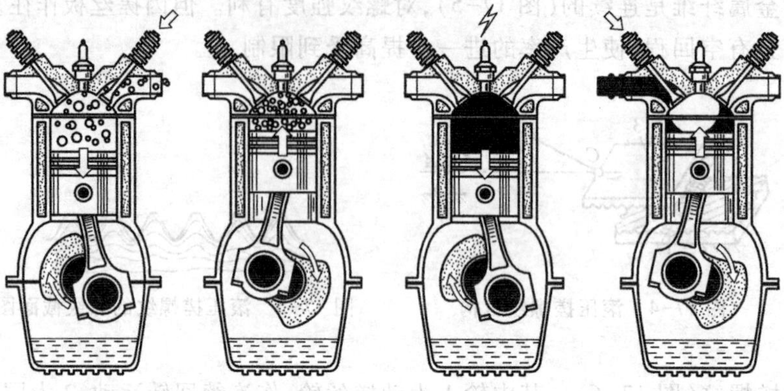

图 17-8 四冲程内燃机的工作原理

4) 各执行构件间在空间位置上有协调配合要求　如图 17-9 所示的饼干包装机包装纸折边机构中,构件 1、3 是用以折叠包装纸侧边的两个执行构件。因两执行构件的运动轨迹相交于点 M,故要注意空间位置上的协调,避免两执行构件发生干涉。如执行构件 1 先动作,必须在构件 1 向左摆回离开点 M 以后,构件 3 才能向左摆动进入点 M 以左的区域。

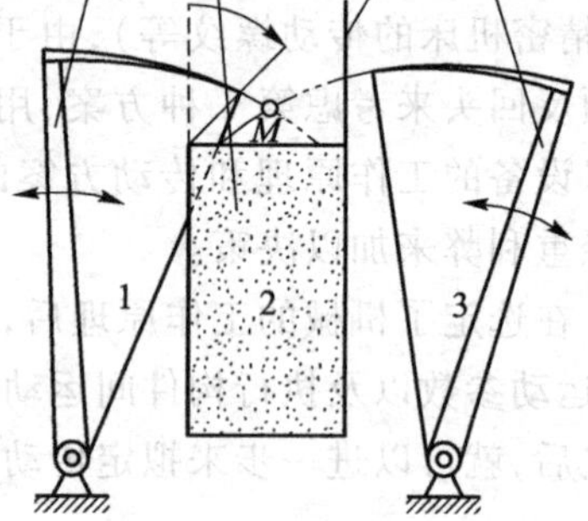

图 17-9 包装纸折边机构

三、机械的工作循环图

为了保证机械在工作时各执行构件间动作的协调配合关系,在设计机械时应编制出表明各执行构件间运动配合关系的工作循环图(也称运动循环图)。在编制工作循环图时,应从机械中选择一个构件作为定标件,以它的位移(角位移或线位移)作为确定其他执行构件运动先后次序的基准。工作循环图常用的有如下三种形式。

1) 直线式工作循环图　图 17-10 所示为牛头刨床的工作循环图,它以牛头刨床主体机构——曲柄导杆机构中的曲柄为定标件,以曲柄的转角 φ 为横坐标,安排了刨头和工作台运动的起讫时间。曲柄每转 1 转为一个工作循环。由图中可以看出,工作台的进给行程是在刨头的空回行程中完成的,同时亦可看出刨头的运动有急回作用。

2) 圆周式工作循环图　图 17-11 所示为单缸四冲程内燃机的工作循环图,它以曲轴作为定标件,曲轴每转 2 转为一个工作循环。进气门、排气门的开启时刻和开启角度,以及点火时刻如图所示。

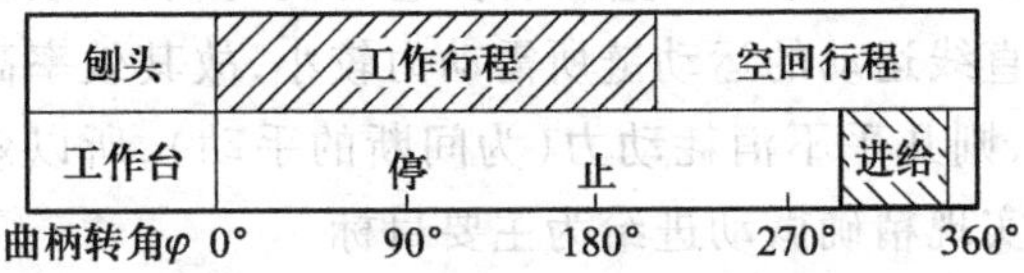

图 17-10　直线式工作循环图

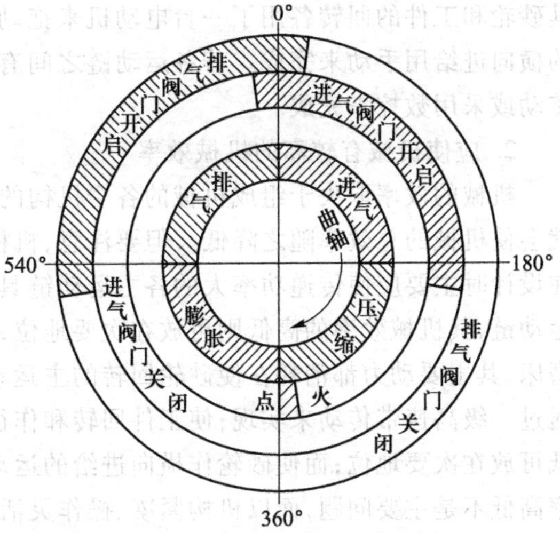

图 17-11　圆周式工作循环图

上述两种工作循环图，只表示了各执行构件动作的先后次序和动作持续时间的长短，而不能显示出各执行构件在工作时的运动规律和各执行构件在位置上的协调配合关系。

3）直角坐标式工作循环图　图 17-12 是前述饼干包装机包装纸折边机构的工作循环图，图中横坐标表示机械分配轴（定标件）运动的转角，纵坐标表示执行构件的转角。此图不仅能表示出两执行构件动作的先后，而且能表示出两执行构件的工作行程和空回行程的运动规律以及它们在运动上的配合关系，所以是一种比较完善的工作循环图。

工作循环图是在作机械传动系统进一步设计时的重要依据。

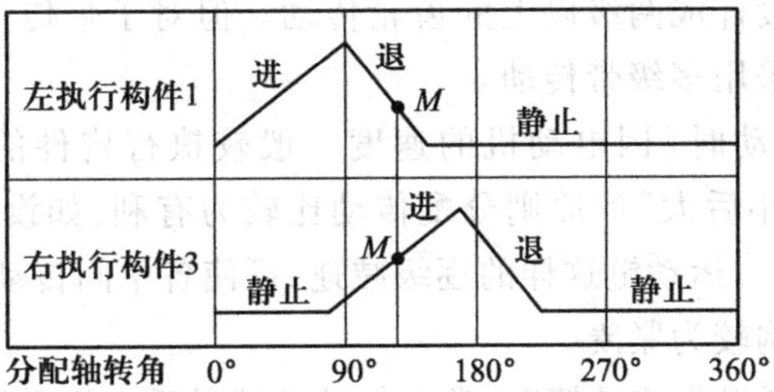

图 17-12　直角坐标式工作循环图

四、机械传动系统方案拟定的基本要点

下面对拟定机械传动系统方案的一些基本要点作一简要论述，以供设计时参考。

1. 应使运动链尽可能简短

在满足机械工作需要的前提下，应使运动链尽可能简短，这有利于降低机械的重量及成本，减小积累误差和提高传动效率。为使运动链简短，在机械各运动链之间没有严格速比要求的情况下，可考虑为每一运动链各选一台原动机来驱动，同时注意各原动机类型及其运动参数的选择，以简化运动链。如图 17-7 所示的外圆磨床，由于各执行构件的运动无严格协调配合关系，故其砂轮和工件的回转各用了一台电动机来拖动;而工件的纵向往复运动,则用油缸来实现,砂轮的横向进给用手动来完成。若各运动链之间有严格的速比要求,通常要由一台原动机采用分支传动或采用数控来完成。

2. 应使机械有较高的机械效率

机械的效率取决于组成机械的各个机构的效率。因此,当机械中包含有效率较低的机构时,就会使机械的总效率随之降低。但要注意,机械中各运动链所传递的功率的大小往往相差很大,在设计时主要应使传递功率大的各主运动链具有较高的机械效率,而对于传递功率较小的辅助运动链,其机械效率的高低则可放在次要地位,而着眼于其他方面的要求。如图 17-7 所示外圆磨床,其主要动力都消耗在使砂轮回转的主运动链上,故砂轮通常直接装在电动机的轴上,或仅通过一级高速带传动来实现;使工件回转和作往复直线运动的运动链所需动力较小,故其效率高低可放在次要地位;而使砂轮作横向进给的运动链,则几乎不消耗动力(为间断的手动),所以效率高低不是主要问题,而以机构紧凑、操作灵活、能实现精确微动进给为主要目标。

3. 合理安排传动机构的顺序

一般说来,在机构的排列顺序上有如下一些规律:首先,在可能的条件下,转变运动形式的机构(如连杆机构、螺旋机构、凸轮机构等)通常总是放在运动链的末端,与执行构件靠近。其次,带传动等摩擦传动一般都安排在转速较高的运动链的起始端,以减小其所传递的转矩,从而减小它的尺寸。这样安排,也有利于启动平稳和过载保护,而且原动机的布置也较自由。

4. 合理分配传动比

运动链的总传动比应合理地分配给各级传动机构,具体分配时应注意以下几点:

1) 每一级传动的传动比应在常用的范围内选取。如一级传动的传动比过大,对机构的性能和尺寸都是不利的。故当定轴轮系齿轮传动的传动比大于 8~10 时,一般应设计成两级传动;当其传动比在 30 以上时,常设计成两级以上的齿轮传动。但对于带传动来说,由于其外廓尺寸较大,故如无特殊需要,很少采用多级带传动。

2) 当运动链为减速传动时(因电动机的速度一般较执行构件的速度为高,故常为减速传动),在一般情况下,按“前小后大”的原则分配传动比较为有利,如设 i_1、i_2、…、i_k 依次表示各级传动比,则宜取 $i_1<i_2<\cdots<i_k$。运动链这样的逐级减速,可使各中间传动有较高的转速和较小的转矩,从而使其尺寸较小,机构较为紧凑。

3) 对于精密传动,为了提高传动精度,常在传动链的最后一级采用大减速比的传动装置(如回转传动最后一级采用蜗杆传动,直线传动最后一级采用螺旋传动),这样做的主要好处是,各级传动的传动误差反映为传动链的最终误差时都要除以相应的减速比,因而除最后一级传动外,前面各级传动的传动误差除以大减速比后,都变得微不足道了。

5. 机构适当的组合和变异

在拟定机械传动系统时,为了实现预定的机械功能,或者为了改善机械的特性,往往不是把所选定的各种机构简单地串联起来所能达到的,而是需要选择恰当的组合方式。机构有多种组合方式,通过不同方式的组合,机构可以获得不同的运动和动力特性,以满足各种不同工作的需要。

如图 17-13 所示的六杆机构,它是由两个杆机构经特殊串联组成的。其后一级杆机构(杆

4、5）铰接在前一级四杆机构（杆 1、2、3、6）中连杆 2 的点 M 处，连杆 2 上点 M 的轨迹如图中虚线所示，其 $\widehat{aa}$ 段近似为圆弧。若在设计时取杆 4 的长度等于此段圆弧的曲率半径，则当点 M 沿此段圆弧运动时，若点 E 刚好位于该圆弧的圆心上，这时从动件 5 将作较长时间的近似停歇，以满足某些特殊工作的需要。

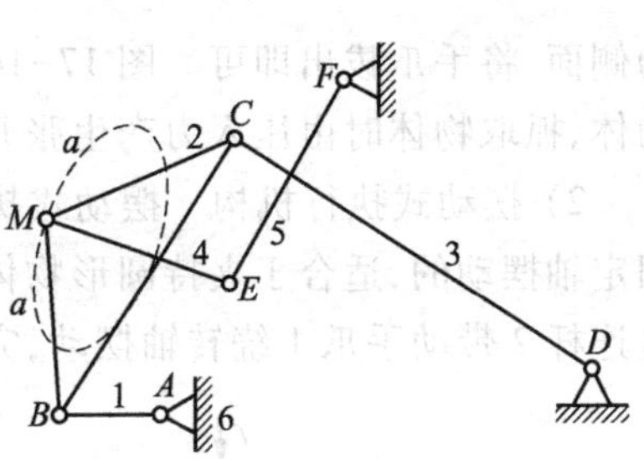

图 17-13　六杆机构

所谓机构的变异，就是用改变机构中某些构件的结构形状、运动尺寸，用不同构件作为机架或主动件，增加辅助构件等方法，来使机构获得新的功能、特性或结构，以满足设计上的一些特殊需要。前面所介绍过的连杆机构的演化和设计中的一些实例，实际上也就是机构的变异。

6. 保证机械的安全运转

设计机械传动系统时，必须十分注意机械的安全运转问题，防止发生损坏机械或出现人身事故的可能性。例如起重机械的起吊部分，必须防止在荷重的作用下自动倒转，为此在传动链中应设置具有自锁能力的机构或装设制动器。又如，为防止机械因过载而损坏，可采用具有过载打滑现象的摩擦传动机构或装设安全联轴器等。

§17-3　机械传动系统应用举例

在工程实际中，完成同一任务可以有不同的方案，各种方案各有其优、缺点和适用的工作范围，因此要根据具体条件综合考虑。下面通过几个典型的工程应用实例来介绍和说明。

一、机器人手部机构

机器人手部机构是机器人为了进行作业，在手腕上配置的操作机构，有时也称其为末端执行器。由于机器人作业内容的差异和作业对象的不同，末端执行器的形式也呈多样性。根据结构原理的不同，末端执行器可分为卡爪式、吸附式、柔性式等多种类型。

1. 卡爪式执行器

卡爪式执行器由手爪执行机构和驱动元件组成，通过手爪的开、合动作，实现对物体的夹持。手爪执行机构中手爪的运动有摆动和平动之分。驱动方式有气压驱动、液压驱动、电机驱动等，还有利用弹性元件的弹性力抓取物件，不需驱动元件。

1）弹性式执行机构　弹性式执行机构的特点是其夹持物体的力由弹性元件提供，不需要专门的驱动装置。在抓取物体时需要一定的压入力，而在卸下物体时则需要一定的拉出力。图 17-14a 所示是用两块板弹簧做成手爪。抓物时手爪在推力作用下张开，靠爪上的凹槽和弹性力抓取物体，卸下物体时需固定物体

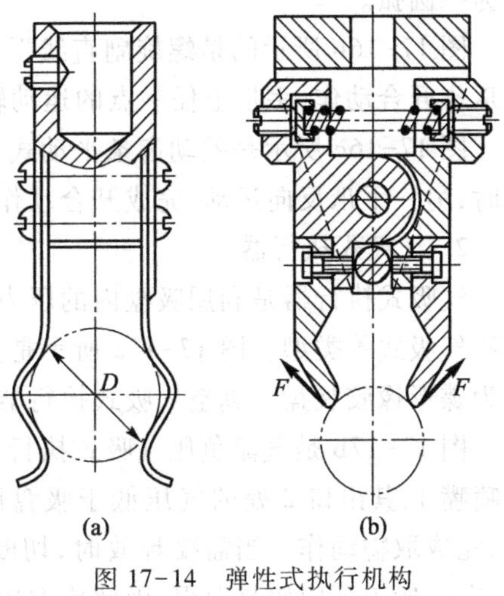

图 17-14　弹性式执行机构

的侧面，将手爪拔出即可。图 17-14b 所示的执行机构具有两个摆动手爪，在弹簧的作用下夹紧物体，抓取物体时由压入力产生张开力矩。

2）摆动式执行机构　摆动式执行机构的特点是手爪在开合过程中，其手爪的运动状态是绕固定轴摆动的，适合于夹持圆形物体。图 17-15a 所示是连杆摆动式手爪。构件 3 上下移动，通过连杆 2 带动手爪 1 绕转轴摆动，完成开合动作。

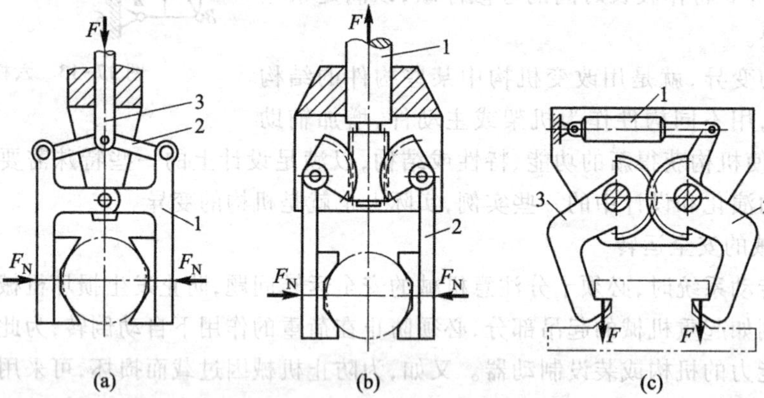

图 17-15　摆动式执行机构

图 17-15b 所示是齿轮齿条摆动式手爪。推拉杆 1 的端部两侧有齿条，与固定于手爪 2 上的齿轮啮合，齿条的上下移动带动两个手爪绕各自的转轴摆动。

图 17-15c 所示是挂钩摆动式手爪。气缸 1 动作使右侧挂钩 2 摆动，通过右侧挂钩上的齿轮使左侧挂钩 3 联动。挂钩式手爪不是靠夹紧力抓取物体，而是靠物体的重力对转轴引起的力矩抓住物体，因此有自锁作用，适合于提升大型物件。

3）平动式执行机构　平动式执行机构的特点是手爪在开合过程中，其手爪的运动状态是平动，可以有圆弧式平动和直线式平动之分。平动式手爪适合于夹持具有两个平行平面的物体。图 17-16a 所示是采用平行四边形的平动机构，手爪作平行开合运动，而手爪上任一点的运动轨迹为一圆弧。

图 17-16b 所示的是螺旋副直线平动式手爪。螺杆分左、右两段，旋向相反。螺杆旋转时，两手爪作开合动作，手爪上任一点的运动轨迹为一直线。

图 17-16c 所示是差动齿条平动式手爪，两手爪面上的齿条与中间齿轮啮合，当拉动一个手爪时，另一手爪反向运动，完成开合动作。

2. 气吸式执行器

气吸式执行器是利用吸盘内的压力与大气压的压力差而工作的，可分为真空气吸式和气流负压气吸式等类型。图 17-17a 所示是真空气吸式执行器。其真空的产生是利用真空泵，主要零件为碟形橡胶吸盘。真空气吸式执行器工作可靠，吸力大，但需要有真空系统，成本较高。

图 17-17b 是气流负压气吸式执行器，利用流体力学的原理，当需要取物时，压缩空气高速流经喷嘴 1，其出口 2 处的气压低于吸盘腔内的气压，于是腔内的气体被高速气流带走而形成负压，完成取物动作。当需要释放时，切断压缩空气即可。气流负压气吸式执行器需要的压缩空气，在一般工厂内较易取得，因此成本较低，应用广泛。

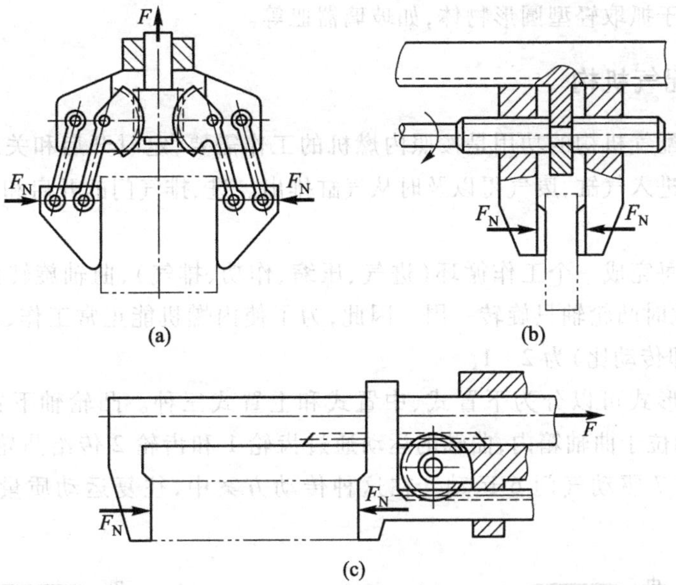

图 17-16　平动式执行机构

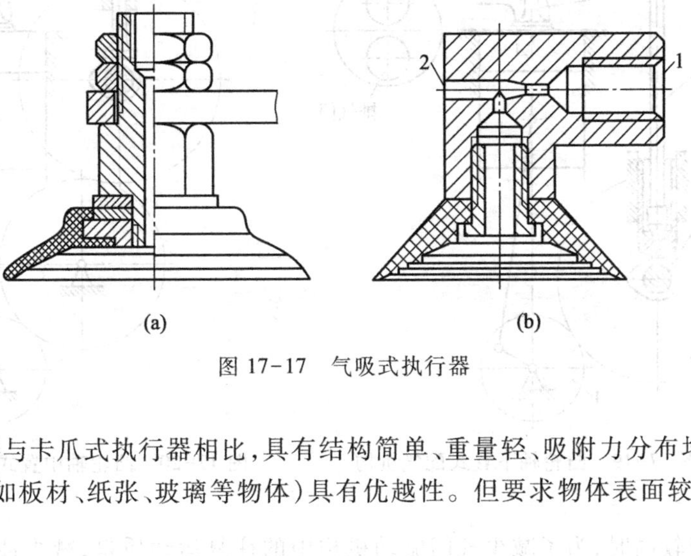

图 17-17　气吸式执行器

气吸式执行器与卡爪式执行器相比,具有结构简单、重量轻、吸附力分布均匀等优点。对于搬取薄片状物体(如板材、纸张、玻璃等物体)具有优越性。但要求物体表面较平整光滑,无孔或凹槽。

3. 柔性执行器

为了能对不同外形的物体实施抓取,并使物体表面受力比较均匀,可采用柔性执行器。图17-18所示为用柔性材料做成的柔性执行器。它的手爪 1 是一端固定而另一端自由的双管合一的柔性管状手爪,通过控制阀 2 和气(液)缸 3 控制。当一侧管内充气体或液体,另一侧管内抽气或抽液时形成压力差,柔性手爪就向抽空侧弯曲。此

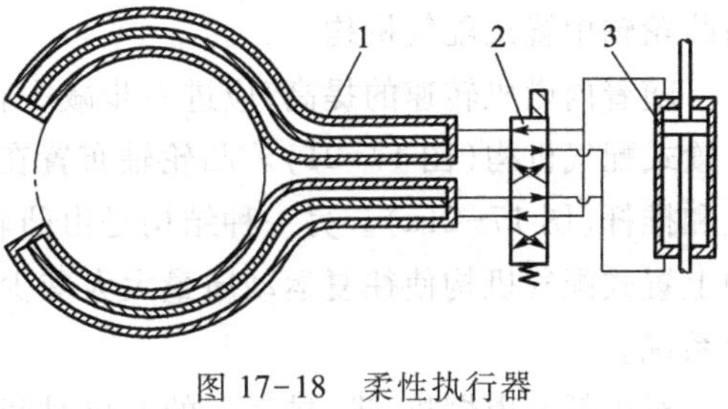

图 17-18　柔性执行器

种柔性执行器适用于抓取轻型圆形物体，如玻璃器皿等。

二、内燃机配气机构

汽车内燃机的配气机构的功用是按照内燃机的工作需要，定时开启和关闭进、排气门，使可燃混合气得以及时进入气缸，废气得以及时从气缸排出。进、排气门的开启和关闭是通过凸轮来控制的。

四冲程内燃机每完成一个工作循环（进气、压缩、作功、排气），曲轴旋转两周，各缸的进、排气门各开启一次，此时凸轮轴只旋转一周。因此，为了使内燃机能正常工作，应严格保证曲轴与凸轮轴的转速比（即传动比）为 2 : 1。

凸轮轴的布置形式可以分为下置式、中置式和上置式三种。凸轮轴下置式配气机构如图 17-19 所示，凸轮轴位于曲轴箱内，曲轴的运动通过齿轮 1 和齿轮 2 传给凸轮轴，凸轮 3 通过挺柱 4、推杆 5 和摇臂 7 驱动气门 6 运动。在这种传动方案中，往复运动质量大，适合于低速内燃机。

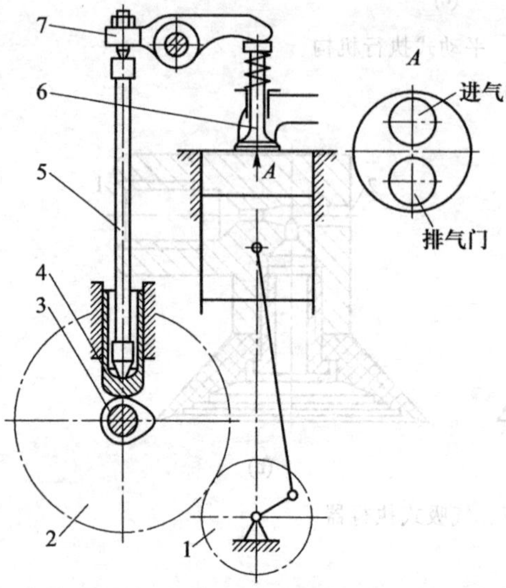

图 17-19　凸轮轴下置式配气机构

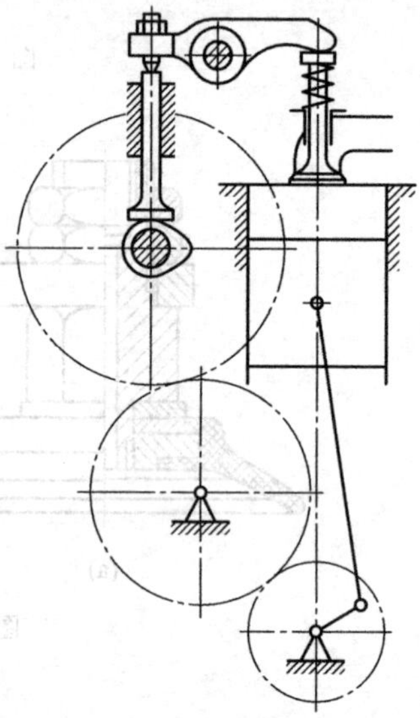

图 17-20　凸轮轴中置式配气机构

当内燃机转速较高时，为了减少气门驱动机构中的往复运动质量，减少冲击振动，将凸轮轴位置移到气缸体上部，如图 17-20 所示。凸轮通过挺柱直接驱动摇臂，省去了推杆，这种结构称为凸轮轴中置式配气机构。

随着内燃机转速的提高，应进一步减少往复运动质量。现代汽车高速内燃机均采用凸轮轴上置式配气机构（图 17-21）。凸轮轴布置在气缸盖上，凸轮直接通过摇臂来驱动气门，省去了挺柱和推杆（图 17-21a）。另一种结构是由凸轮直接驱动气门，将摇臂也省去（图 17-21b）。凸轮轴上置式配气机构使往复运动质量大大减少，提高了凸轮传动系统的运动稳定性，简化了凸轮传动系统。

对于低速内燃机，进、排气门的开启时间较长，因此每个气缸只需设置一个进气门和一个排

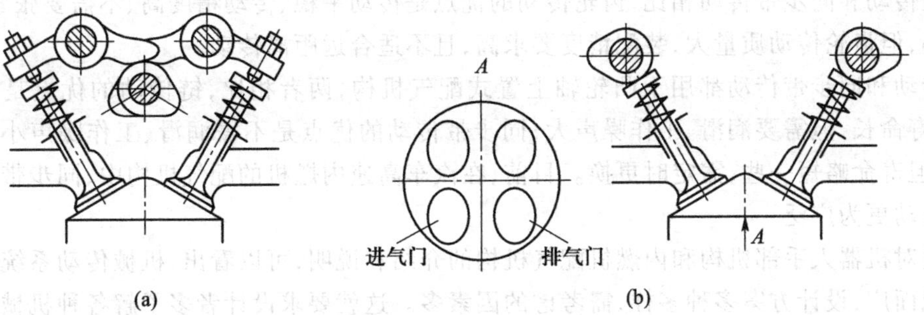

图 17-21　凸轮轴上置式配气机构

气门(图 17-19);而对于高速内燃机,进、排气门的开启时间减少,为了提高进气量和排尽废气,每个气缸通常设置两个进气门和两个排气门(图 17-21)。对于凸轮直接驱动气门的结构,将进气门控制凸轮和排气门控制凸轮分别布置在两根凸轮轴上(图 17-21b),这种双凸轮轴多气门的配气机构,是现代汽车高速内燃机配气机构的主要形式。

曲轴与凸轮轴之间有严格的传动比要求,传动方式有齿轮传动、链传动和同步带传动。

在凸轮轴下置式配气机构中,曲轴与凸轮轴的间距小,通常采用一对齿轮传动(图 17-19),结构简单紧凑。凸轮轴中置式配气机构大多采用齿轮传动,由于曲轴与凸轮轴的间距较大,需加装中间齿轮(图 17-20),结构较复杂。由于间距较大,也可采用链传动。在凸轮轴上置式配气机构中,由于曲轴与凸轮轴的间距很大,通常采用链传动(图 17-22)或同步带传动(图 17-23)。图中 1 为曲轴链轮或同步带轮,2 为凸轮轴链轮或同步带轮,3 为张紧轮,4 为驱动油泵或水泵的链轮或同步带轮。

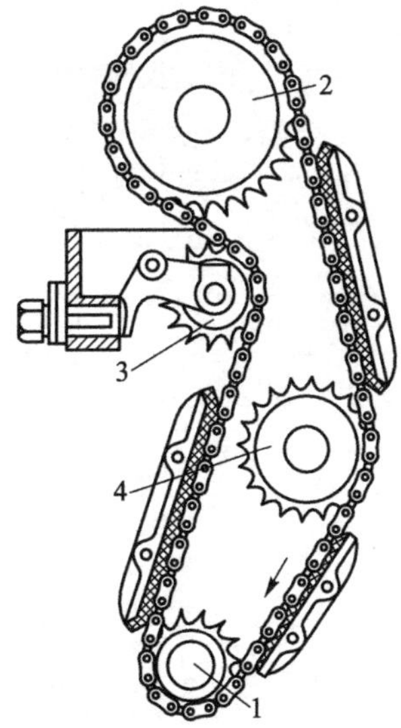

图 17-22　链传动

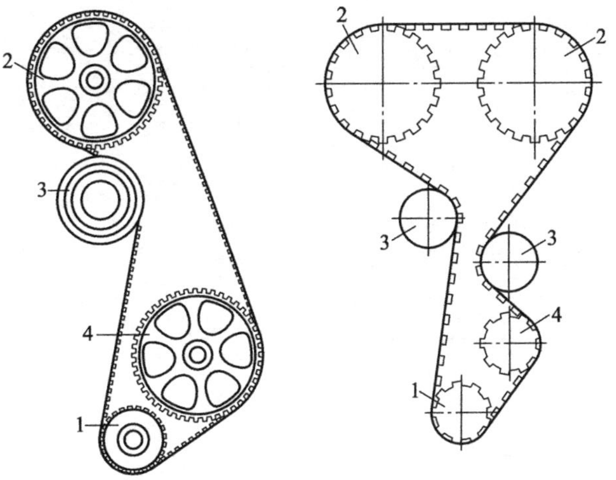

图 17-23　同步带传动

与链传动和同步带传动相比，齿轮传动的优点是传动平稳、传动精度高、不需要张紧机构，摩擦损失小，但齿轮传动质量大，装配精度要求高，且不适合远距离传动。

链传动和同步带传动都用于凸轮轴上置式配气机构，两者相比，链传动的优点是可靠性较高、使用寿命长，但需要润滑、工作噪声大；同步带传动的优点是不需润滑、工作噪声小、质量小、成本低，但寿命略短一些，需定时更换。目前，在汽车高速内燃机的配气机构中，同步带传动的应用比链传动更为广泛。

通过对机器人手部机构和内燃机配气机构的介绍和说明，可以看出，机械传动系统设计所涉及的知识面广，设计方案多种多样，需考虑的因素多。这就要求设计者多了解各种机械装置的原理、结构和特点，提高设计能力和综合运用各方面知识的能力，从而设计出满足工作要求、经济实用、安全可靠、美观大方的机械装置。

思考题

17-1 机械的四大组成部分是什么？分别在机械中起什么作用？为什么说传动部分是机械的重要组成部分？

17-2 何谓机械的工作循环图？它在机械设计中有何重要作用？

17-3 在工作循环图中，为什么用定标件的位移为横坐标，而不用时间为横坐标？

17-4 机械传动系统方案拟定的基本要点有哪些？

附　录

附表 1　凸缘联轴器(摘自 GB/T 5843—2003)

型号	公称转矩 T_n /(N·m)	许用转速 [n] /(r/min)	轴孔直径 d_1、d_2 /mm	型号	公称转矩 T_n /(N·m)	许用转速 [n] /(r/min)	轴孔直径 d_1、d_2 /mm
GY1	25	12 000	12、14、16、18、19	GY6	900	6 800	38、40、42、45、48、50
GY2	63	10 000	16、18、19、20、22、24	GY7	1 600	6 000	48、50、55、56、60、63
GY3	112	9 500	20、22、24、25、28	GY8	3 150	4 800	60、63、65、70、71、75、80
GY4	224	9 000	25、28、30、32、35	GY9	6 300	3 600	75、80、85、90、95、100
GY5	400	8 000	30、32、35、38、40、42	GY10	10 000	3 200	90、95、100、110、120、125

注:d_1 和 d_2 分别为两半联轴器的轴孔直径,可以在同一型号内取不同的直径。

附表 2　LT 型弹性套柱销联轴器(摘自 GB/T 4323—2017)

型号	公称转矩 T_n /(N·m)	许用转速 [n] /(r/min)	轴孔直径 d_1、d_2、d_Z /mm	型号	公称转矩 T_n /(N·m)	许用转速 [n] /(r/min)	轴孔直径 d_1、d_2、d_Z /mm
LT1	16	8 800	10、11、12、14	LT6	355	3 800	32、35、38、40、42
LT2	25	7 600	12、14、16、18、19	LT7	560	3 600	40、42、45、48
LT3	63	6 300	16、18、19、20、22	LT8	1 120	3 000	45、48、50、55、56、60、63、65
LT4	100	5 700	20、22、24、25、28	LT9	1 600	2 850	50、55、60、63、65、70
LT5	224	4 600	25、28、30、32、35	LT10	3 150	2 300	63、65、70、75、80、85、90、95

注:d_1 和 d_2 分别为两半联轴器的轴孔直径,可以在同一型号内取不同的直径。

附表 3　LX 型弹性柱销联轴器(摘自 GB/T 5014—2017)

型号	公称转矩 T_n /(N·m)	许用转速 $[n]$ /(r/min)	轴孔直径 d_1、d_2、d_Z /mm	型号	公称转矩 T_n /(N·m)	许用转速 $[n]$ /(r/min)	轴孔直径 d_1、d_2、d_Z /mm
LX1	250	8 500	12、14、16、18、19、20、22、24	LX6	6 300	2 720	60、63、65、70、71、75、80、85
LX2	560	6 300	20、22、24、25、28、30、32、35	LX7	11 200	2 360	70、71、75、80、85、90、95、100、110
LX3	1 250	4 700	30、32、35、38、40、42、45、48	LX8	16 000	2 120	80、85、90、95、100、110、120、125
LX4	2 500	3 850	40、42、45、48、50、55、56、60、63	LX9	22 400	1 850	100、110、120、125、130、140
LX5	3 150	3 450	50、55、56、60、63、65、70、71、75	LX10	35 500	1 600	110、120、125、130、140、150、160、170、180

注:d_1 和 d_2 分别为两半联轴器的轴孔直径,可以在同一型号内取不同的直径。

附表 4　常用向心轴承的基本额定动载荷 C 和基本额定静载荷 C_0　　kN

轴承内径 mm	深沟球轴承(60000 型)						圆柱滚子轴承(N0000 型)					
	(1)0*		(0)2		(0)3		N10		NF(0)2		NF(0)3	
	C	C_0	C	C_0	C	C_0	C	C_0	C	C_0	C	C_0
10	4.58	1.98	5.10	2.38	7.65	3.48						
12	5.10	2.38	6.82	3.05	9.72	5.08						
15	5.58	2.85	7.65	3.72	11.5	5.42			7.98	5.5		
17	6.00	3.25	9.58	4.78	13.5	6.58			9.12	7.0		
20	9.38	5.02	12.8	6.65	15.8	7.88	10.5	9.2	12.5	11.0	18.0	15.0
25	10.0	5.85	14.0	7.88	22.2	11.5	11.0	10.2	14.2	12.8	25.5	22.5
30	13.2	8.30	19.5	11.5	27.0	15.2	13.0	12.8	19.5	18.2	33.5	31.5
35	16.2	10.5	25.5	15.2	33.4	19.2	19.5	18.8	28.5	28.0	41.0	39.2
40	17.0	11.8	29.5	18.0	40.8	24.0	21.2	22.0	37.5	38.2	48.8	47.5
45	21.0	14.8	31.5	20.5	52.8	31.8	23.2	23.8	39.8	41.0	66.8	66.8
50	22.0	16.2	35.0	23.2	61.8	38.0	25.0	27.5	43.2	48.5	76.0	79.5
55	30.2	21.8	43.2	29.2	71.5	44.8	35.8	40.0	52.8	60.2	97.8	105
60	31.5	24.2	47.8	32.8	81.8	51.8	38.5	45.0	62.8	73.5	118	128

* 尺寸系列代号括号中的数字通常省略。N 为外圈无挡边的圆柱滚子轴承,NF 为外圈有单挡边的圆柱滚子轴承。

附表 5　常用角接触球轴承的基本额定动载荷 C 和基本额定静载荷 C_0　　kN

轴承内径 /mm	70000C 型（$\alpha=15°$）				70000AC 型（$\alpha=25°$）				70000B 型（$\alpha=40°$）			
	(1)0*		(0)2		(1)0		(0)2		(0)2		(0)3	
	C	C_0	C	C_0	C	C_0	C	C_0	C	C_0	C	C_0
10	4.92	2.25	5.82	2.95	4.75	2.12	5.58	2.82				
12	5.42	2.65	7.35	3.52	5.20	2.55	7.10	3.35				
15	6.25	3.42	8.68	4.62	5.95	3.25	8.35	4.40				
17	6.60	3.85	10.8	5.95	6.30	3.68	10.5	5.65				
20	10.5	6.08	14.5	8.22	10.0	5.78	14.0	7.82	14.0	7.85		
25	11.5	7.45	16.5	10.5	11.2	7.08	15.8	9.88	15.8	9.45	26.2	15.2
30	15.2	10.2	23.0	15.0	14.5	9.85	22.0	14.2	20.5	13.8	31.0	19.2
35	19.5	14.2	30.5	20.0	18.5	13.5	29.0	19.2	27.0	18.8	38.2	24.5
40	20.0	15.2	36.8	25.8	19.0	14.5	35.2	24.5	32.5	23.5	46.2	30.5
45	25.8	20.5	38.5	28.5	25.8	19.5	36.8	27.2	36.0	26.2	59.5	39.8
50	26.5	22.0	42.8	32.0	25.2	21.0	40.8	30.5	37.5	29.0	68.2	48.0
55	37.2	30.5	52.8	40.5	35.2	29.2	50.5	38.5	46.2	36.0	78.8	56.5
60	38.2	32.8	61.0	48.5	36.2	31.5	58.2	46.2	56.0	44.5	90.0	66.3

* 尺寸系列代号括号中的数字通常省略。

附表 6　常用圆锥滚子轴承的基本额定动载荷 C 和基本额定静载荷 C_0

轴承代号	轴承内径 /mm	C/kN	C_0/kN	接触角 α	轴承代号	轴承内径 /mm	C/kN	C_0/kN	接触角 α
30203	17	20.8	21.8	12°57′10″	30303	17	28.2	27.2	10°45′29″
30204	20	28.2	30.5	12°57′10″	30304	20	33.0	33.2	11°18′36″
30205	25	32.2	37.0	14°02′10″	30305	25	46.8	48.0	11°18′36″
30206	30	43.2	50.5	14°02′10″	30306	30	59.0	63.0	11°51′35″
30207	35	54.2	63.5	14°02′10″	30307	35	75.2	82.5	11°51′35″
30208	40	63.0	74.0	14°02′10″	30308	40	90.8	108	12°57′10″
30209	45	67.8	83.5	15°06′34″	30309	45	108	130	12°57′10″
30210	50	73.2	92.0	15°38′32″	30310	50	130	158	12°57′10″
30211	55	90.8	115	15°06′34″	30311	55	152	188	12°57′10″
30212	60	102	130	15°06′34″	30312	60	170	210	12°57′10″

参考文献

[1] 李继庆,李育锡.机械设计基础[M].3 版.北京:高等教育出版社,2012.
[2] 杨可桢,等.机械设计基础[M].6 版.北京:高等教育出版社,2013.
[3] 孙桓,陈作模,葛文杰.机械原理[M].8 版.北京:高等教育出版社,2013.
[4] 濮良贵,陈国定,吴立言.机械设计[M].9 版.北京:高等教育出版社,2013.
[5] 李育锡.机械设计基础[M].北京:高等教育出版社,2007.
[6] 张策.机械原理与机械设计[M].北京:机械工业出版社,2004.
[7] 王旭,王积森.机械设计课程设计[M].北京:机械工业出版社,2003.
[8] 汪信远.机械设计基础[M].3 版.北京:机械工业出版社,2002.
[9] 吴宗泽,高志.机械设计[M].2 版.北京:高等教育出版社,2009.
[10] 黄华梁,彭文生.机械设计基础[M].4 版.北京:高等教育出版社,2007.
[11] 邹慧君.机构系统设计[M].上海:上海科学技术出版社,1996.
[12] 李秀珍,曲玉峰.机械设计基础[M].2 版.北京:机械工业出版社,1996.
[13] 沈继飞.机械设计基础[M].上海:上海科学技术出版社,1995.
[14] 张展.机械设计通用手册[M].2 版.北京:机械工业出版社,2017.
[15] 石永刚,徐振华.凸轮机构设计[M].上海:上海科学技术出版社,1995.
[16] 孟宪源.现代机构手册[M].北京:机械工业出版社,1994.
[17] 刘鸿文.材料力学[M].6 版.北京:高等教育出版社,2017.
[18] 陈家瑞.汽车构造[M].北京:机械工业出版社,2000.
[19] 全国链传动标准化技术委员会,中国标准出版社第三编辑室.零部件及相关标准汇编:链传动卷[M].北京:中国标准出版社,2011.
[20] 全国滚动轴承标准化技术委员会,中国标准出版社.中国机械工业标准汇编:滚动轴承卷[M].3 版.北京:中国标准出版社,2008.
[21] 成大先.机械设计手册[M].6 版.北京:化学工业出版社,2017.
[22] 龚振邦,等.机器人机械设计[M].北京:电子工业出版社,1995.
[23] 李允文.工业机械手设计[M].北京:机械工业出版社,1996.
[24] 纽厄尔,等.精巧机构设计实例[M].孔庆征,译.北京:中国铁道出版社,1987.
[25] 斯克莱特.机械设计实用机构与装置图册.5 版.邹平,译.北京:机械工业出版社,2015.

郑重声明